# ROTHAMSTED

---

## TRENTE ANNÉES D'EXPÉRIENCES AGRICOLES

DE

### MM. LAWES ET GILBERT

PAR

## A. RONNA

---

SIX GRAVURES

ET QUATRE-VINGT-ONZE TABLEAUX INTERCALÉS DANS LE TEXTE

---

PARIS

LIBRAIRIE AGRICOLE DE LA MAISON RUSTIQUE

26, RUE JACOB, 26

1877

# ROTHAMSTED

---

## TRENTE ANNÉES D'EXPÉRIENCES AGRICOLES

DE

## MM. LAWES ET GILBERT

PAR

## A. RONNA

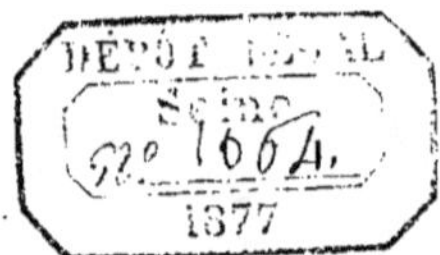

---

### SIX GRAVURES

ET QUATRE-VINGT-ONZE TABLEAUX INTERCALÉS DANS LE TEXTE

---

**PARIS**

LIBRAIRIE AGRICOLE DE LA MAISON RUSTIQUE

26, RUE JACOB, 26

---

1877

## PARIS

TYPOGRAPHIE GEORGES CHAMEROT

19, RUE DES SAINTS-PÈRES, 19.

# DÉDIÉ

A

# L'INSTITUT NATIONAL AGRONOMIQUE

FONDÉ PAR LA LOI DU 9 AOUT 1876

## AU CONSERVATOIRE DES ARTS ET MÉTIERS

A PARIS

# PRÉFACE.

L'accueil bienveillant qu'ont reçu les articles sur les travaux de MM. Lawes et Gilbert, publiés dans le *Journal d'Agriculture pratique* depuis le mois de décembre 1874, m'a engagé à les revoir, à les compléter et à les réunir en un volume que je soumets aujourd'hui au public agricole.

Il y a peu d'exemples, s'il y en a, dans les annales des sciences, d'une œuvre aussi assidue, aussi magistrale que celle de Rothamsted. Par leurs diligentes et laborieuses recherches de plus de trente années de durée, par les solutions fournies aux problèmes les plus complexes de l'agriculture, par les déductions pratiques utilement propagées dans leur pays, MM. Lawes et Gilbert ont élevé à la méthode expérimentale un monument qui devra servir de but et de modèle à toutes les investigations de même nature. Sans vouloir faire des deux savants, attachés aux mêmes poursuites par une si intime collaboration, l'éloge que d'autres feront avec une plus grande autorité que la mienne, je ne saurais m'empêcher de signaler les heureux effets de l'union dans leurs personnes, de la pratique éclairée et de la science du laboratoire, pour mener à bien l'étude des lois et des phénomènes biologiques qui règlent la production végétale et animale.

L'agriculture a été désignée comme *un art* qui s'appuie sur diverses sciences : l'histoire naturelle, la géologie, la chimie (1). On l'a même qualifiée « le plus beau des arts (2) » ; mais en même temps le plus difficile, exigeant surtout de la patience et de la persévérance. Pour d'autres, au contraire, bien qu'elle n'ait souci que de ce qui peut être utile, l'agriculture est *une science du premier ordre* (3), qu'on la restreigne à la culture et aux avantages que l'homme peut tirer des végétaux, ou bien qu'on l'étende à l'éducation des animaux et aux ressources qu'ils procurent. A ce titre, elle est l'expression la plus haute des sciences naturelles, physiques et chimiques, impliquant l'esprit de recherche et la rigueur d'examen au même degré que les autres sciences d'observation.

Le comte de Gasparin, pour tout concilier, a fait de l'agronomie une *science technologique*, une branche technique de la science des végétaux ou phytologie. « Celui qui se dirige d'après les lois de l'agronomie est l'agriculteur ; celui qui exécute matériellement les principes de l'agriculture est le cultivateur. Le cultivateur est l'artisan ; l'agriculteur est l'artiste ; l'agronome est le savant qui ouvre la voie dans laquelle les deux autres doivent marcher (4). »

(1) E. Littré. *Dict. de la langue française,* t. IV, p. 1856.
(2) L. de Lavergne. *Essai sur l'écon. rurale de l'Angleterre,* première édit., préface.
(3) Ampère. *Essai sur la philosop. des sciences,* première partie, p. 104.
(4) *Cours d'agriculture,* t. V, p. 421 ; t. VI, p. 18.

Quoi qu'il en soit de ces définitions, pour les uns, comme pour les autres, c'est dans la pratique expérimentale, avant tout, que l'agriculture a dû chercher la base de ses lois théoriques (1); mais, hâtons-nous de le dire, c'est pour elle que l'expérience a été la plus lente et l'art d'expérimenter le plus ardu.

« Moins par sa nature une science renferme de faits, a-t-on dit, plus tôt elle arrive à la perfection; (2) » or les faits en agriculture sont plus nombreux, et les phénomènes qui interviennent pour les compliquer sont plus multipliés qu'ailleurs; les comparaisons, qui ne se renouvellent même pas tous les ans, sont beaucoup moins dans les mains de l'agronome que dans celles du physicien ou du naturaliste. Aussi la perfection ne devait-elle pas être atteinte aussi promptement pour elle que pour les sciences connexes!

Combien d'essais à tenter, en effet, avant de trouver la solution d'un seul parmi les problèmes de la culture! S'agit-il, par exemple, de rechercher le meilleur mode de production de l'une des plantes de nos assolements? Il faudra, sur un sol préalablement analysé, ou réduit à un état connu d'épuisement, cultiver cette plante dans autant de parcelles qu'il y a d'engrais de composition bien définie, ou de mélanges fertilisants à doses déterminées; enregistrer soigneusement les poids des engrais ajoutés au sol, les poids des récoltes et de leurs divers produits; apprécier leur qualité; tenir note des phénomènes observés dans les phases de la végétation sous le rapport de l'atmosphère, du sol, de la plante elle-même; analyser les produits des récoltes afin de fixer leur composition ou leurs principes immédiats, et renouveler pendant plusieurs années la même expérience, avec les mêmes détails, pour formuler des conclusions, ou passer à des applications en grand.

Les résultats obtenus aussi péniblement ne permettront pas toujours de discerner exactement les éléments constitutifs des terres et des engrais les plus propres à la récolte, de même que les agents susceptibles de favoriser ou d'entraver la formation et l'accumulation, dans les végétaux, des corps que leur utilité y fait convoiter. Il y aura lieu alors, relativement à la condition initiale des sols, à la nature des fertilisants, à l'exposition topographique, à l'état hygrométrique et aux influences du climat, de répéter les mêmes essais dans d'autres localités, sous d'autres latitudes, pour établir des rapprochements et transformer en lois les observations recueillies sur plusieurs points.

Ainsi, dans une seule recherche, des plus importantes, il est vrai, car elle consiste à décider des procédés et des fumures pour obtenir, de la manière la plus parfaite et la plus économique, chaque végétal, suivant chaque espèce de terrain et chaque climat, la série des essais exige le concours des connaissances les plus variées, et principalement de la chimie physiologique.

C'est, en effet, de la chimie intervenant dans les problèmes agricoles que naît toute lumière sur les fonctions du sol, des engrais et des organes des plantes. Grâce à elle seulement, il est possible, en comparant la somme des corps simples contenus dans une récolte avec la même somme des corps renfermés dans le sol et les engrais, de calculer la balance des éléments de production, en vue de la force et du capital à dépenser; de connaître rigoureusement les conditions de croissance des plantes, en vue des récoltes, et de signaler avec sûreté les agents de fertilité dont le sol peut être dépourvu.

(1) Kuhlmann. *Ann. chim. et phys.*, vol. XX.
(2) Destutt-Tracy. *Instit. Mém. sc. mor. et pol.*, t. I, p. 391.

Le programme d'une exécution si minutieuse que nous venons d'esquisser est pourtant celui que MM. Lawes et Gilbert ont suivi dès l'origine de leurs recherches, sans interruption, jusqu'à ce jour ; depuis 1843, pour les blés et les turneps ; depuis 1847, pour les légumineuses ; depuis 1852, pour l'orge ; depuis 1856, pour les prairies. L'assolement quadriennal, dont le rôle a été si marqué dans l'économie rurale de l'Angleterre, a été expérimenté depuis 1848, pendant sept rotations successives. De nombreuses variétés de froment, l'avoine, la betterave, le navet de Suède, le mangold, etc., ont été soumis à des essais du même genre, plus ou moins prolongés, sous l'action des engrais, en présence du sol naturel ou fumé avec du fumier et dans des terres de conditions différentes.

Joindrons-nous à cet ensemble déjà si vaste d'investigations celles sur le mode d'ensemencement et de distribution des engrais, sur les façons mécaniques, sur la jachère, sur l'arrosage des prés ; et les remarquables travaux de laboratoire institués pour la détermination des sources de l'azote et de l'évaporation des plantes ; pour la composition, l'humidité et l'épuisement des terres ?

Mentionnerons-nous enfin les études économiques ou chimiques sur la composition du blé et de ses dérivés, sur la production et la consommation du froment, sur l'emploi des eaux d'égout des villes, sur les indemnités dues au fermier sortant ?

Nous n'aurions encore indiqué qu'en partie, par cette énumération, les questions approfondies à Rothamsted, puisque nous omettons celles qui se rapportent à l'alimentation, à l'engraissement et au produit des animaux (1).

S'il est un sujet d'étonnement, c'est qu'une entreprise de cette importance ait attendu si longtemps avant d'être offerte dans son ensemble aux méditations des agriculteurs ; c'est que, sauf certaines recherches jugées dignes de citations, d'extraits ou de rapports sommaires (2), des travaux d'une si haute portée n'aient pas été, au fur et à mesure, traduits et vulgarisés ; c'est que les articles du *Journal d'Agriculture pratique* aient paru révéler les résultats, féconds à tant de titres, obtenus par les savants agronomes.

Doit-on mettre cet oubli au compte des difficultés qu'offrent des publications périodiques, se greffant les unes sur les autres, s'émaillant de tableaux où tous les chiffres sont en mesures étrangères, ou se référant à des pratiques agricoles différentes des nôtres ?

Toujours est-il qu'à la faveur de cette ignorance, on a vu, il y a peu d'années, s'affirmer des prétentions à l'originalité de certaines doctrines, exclusivement fondées, dans ce qu'elles ont de rationnel, sur les données des champs d'expériences de Rothamsted.

Personne ne voudrait soutenir aujourd'hui que les champs d'essais et leurs témoignages ; que l'action des dominantes, parmi les éléments de fertilité appropriés aux diverses récoltes, aient été découverts ailleurs qu'à Rothamsted. Personne ne songerait davantage à contester la priorité des admirables recherches de

(1) Dans ses intéressantes leçons à la faculté des sciences de Nancy, M. Grandeau a traité longuement des travaux de MM. Lawes et Gilbert sur la chimie animale. Nous espérions pouvoir joindre à ce volume le résumé qu'il en a préparé pour le *Journal d'Agriculture pratique*, mais qui n'a pas encore paru, de manière à présenter, avec sa collaboration, toute l'œuvre de Rothamsted.

(2) Citons entre autres les mémoires sur les sources d'azote des plantes, dont les résultats, admis par la science, ont été reproduits dans tous les traités de chimie agricole, et sur les essais des phosphates appliqués aux racines.

M. Boussingault à Bechelbronn (1); des travaux de M. Chevreul au Muséum; des expériences de MM. Kuhlmann et Schattenmann (2); des brillantes spéculations de Liebig sur le mode de nutrition des plantes (3), qui ont marqué ensemble la rénovation scientifique de l'agriculture.

La traduction de ceux des mémoires de Rothamsted qui se réfèrent à la chimie agricole, à la culture expérimentale, et dépassent le nombre de quarante, m'aurait imposé une tâche au-dessus de mes forces, et n'eût procuré à leurs auteurs qu'une satisfaction d'un intérêt rétrospectif. C'est en témoignant leur préférence pour un exposé synthétique qui placerait sous leur vrai jour les méthodes et les conclusions de leurs recherches, qu'ils m'ont encouragé à entreprendre le présent ouvrage.

Je dois à mon ami M. C. Tronquoy, ingénieur, qui a calculé à mon intention les tables de conversion des mesures anglaises en mesures métriques, d'avoir pu donner aux nombres des tableaux et du texte une exactitude mathématique. Toute approximation, dans un résultat d'expérience, m'eût paru devoir porter préjudice aux consciencieuses démonstrations des auteurs. Le seul regret que j'éprouve, c'est d'avoir laissé de côté tant d'observations précieuses, de faits nouveaux et de détails instructifs, qui expliquent les anomalies et impriment aux méthodes de Rothamsted le caractère rigoureux, désormais exigé par le progrès de la science.

L'ouvrage, divisé en vingt-six chapitres, comprend : la description de Rothamsted ; la ferme et le laboratoire ; la biographie de MM. Lawes et Gilbert ; l'état des connaissances sur la végétation et la production agricoles à l'origine de leur collaboration ; le plan des cultures expérimentales et toute la série des essais sur les céréales, les racines, les légumineuses, les prairies et l'assolement du Norfolk. Puis viennent les recherches plus spécialement du domaine du laboratoire, relatives à la composition et à l'évaporation des sols et des plantes ; aux sources d'azote de la végétation et à leur utilisation par les récoltes, et à l'épuisement des terres. Deux chapitres, l'un sur la statistique et la composition du froment et de ses dérivés, l'autre sur la pratique des engrais, un appendice sur les analyses des sols, une table analytique détaillée des matières et une liste des mémoires consultés pour la rédaction de l'ouvrage, complètent l'exposé des travaux accomplis à Rothamsted.


Tel qu'il est, ce livre est dédié à l'institut national agronomique, par le désir que j'ai d'être des premiers à saluer le rétablissement des hautes études agricoles et de rendre hommage aux professeurs appelés à répandre les bienfaits de l'enseignement supérieur parmi les agriculteurs amis du progrès.

Je me verrais récompensé au delà de toute attente s'il contribuait à renouer la chaîne des grands travaux que la suppression de l'institut de Versailles a rompue, et à guider les futurs élèves dans la voie si lumineuse de l'expérimentation, tracée par MM. Lawes et Gilbert.

A. RONNA.

Paris, ce 1<sup>er</sup> décembre 1876.

(1) *Économie rurale*, 1834, 2 vol.
(2) *Expér. chim. et agron.*, 1847.
(3) *Chim. organ. appliq. à l'agric.*, 1840.

# MÉMOIRES DE ROTHAMSTED

## CITES DANS CET OUVRAGE

---

### 1° *AGRICULTURE ET CHIMIE VÉGÉTALE AGRICOLE*, in-8°.


Nombre de pages.

1. Agricultural chemistry; by J.-B. Lawes. — 36
2. Agricultural chemistry; turnip culture; by J.-B. Lawes. — 74
3. Experimental investigation into the amount of water given off by plants during their growth, especially in relation to the fixation and source of their various constituents; by J.-B. Lawes. — 28
4. Report of some experiments undertaken at the suggestion of professor Lindley, to ascertain the comparative evaporating properties of evergreen and deciduous trees; by J.-B. Lawes. — 17
5. Agricultural chemistry, especially in relation to the mineral theory of Baron Liebig; by J.-B. Lawes and Dr J.-H. Gilbert. — 41
6. On the amounts of, and methods of estimating ammonia and nitric acid in rain water. — » »
7. Report to the Right Hon. the Earl of Leicester on the experiments, conducted by M. Keary, on the growth of wheat upon the same land for successive years, at Holkham Park farm; by J.-B. Lawes. — 16
8. On some points connected with agricultural chemistry; being a reply to Baron Liebig's " Principles of agricultural chemistry "; by Lawes and Gilbert. — 90
9. On the growth of wheat by the Lois Weedon system, on the Rothamsted soil, and on the combined nitrogen in soils; by Lawes and Gilbert. — 38

Dates des publications.

1. Chimie agricole. (*Journ. Roy. Ag. Soc. Engl.*; vol. VIII, p. 226.) — 1847
2. Chimie agricole; culture du turneps. (*Journ. Roy. Ag. Soc. Engl.*; vol. VIII, p. 494.) — 1847
3. Recherche expérimentale sur la quantité d'eau évaporée par les plantes pendant leur croissance, surtout par rapport à la fixation et à l'origine de leurs divers éléments. (*Journ. Hort. Soc. London*; vol. V, p. 38.) — 1850
4. Rapport sur quelques expériences entreprises à la demande du professeur Lindley, pour rechercher la propriété d'évaporation des plantes (arbres) à feuilles persistantes et à feuilles caduques. (*Journ. Hort. Soc. Lond.*; vol. VI, p. 227.) — 1851
5. Chimie agricole, surtout par rapport à la théorie minérale du baron Liebig. (*Journ. Roy. Ag. Soc. Engl.*; vol. XII, p. 1.) — 1851
6. Sur les quantités et les méthodes de dosage de l'ammoniaque et de l'acide nitrique dans l'eau de pluie. (*Rep. Brit. Assoc. 1854.*) — 1854
7. Rapport à l'honorable comte de Leicester sur les expériences dirigées par M. Keary, pour la culture du blé sur la même terre, pendant plusieurs années consécutives, à la ferme de Holkam Park. (*Journ. Roy. Ag. Soc. Engl.*; vol. XVI, p. 207.) — 1855
8. De quelques points concernant la chimie agricole. Réponse aux « Principes de chimie agricole » du baron Liebig. (*Journ. Roy. Ag. Soc. Engl.*; vol. XVI, p. 411.) — 1855
9. Sur la culture du blé par le système de Lois Weedon, dans le sol de Rothamsted, et sur l'azote combiné dans les sols. (*Journ. Roy. Ag. Soc. Engl.*; vol. XVII, p. 582.) — 1856

## 2° *EAUX D'ÉGOUT DES VILLES*, in-8°.

## 3° *MÉMOIRE ET FEUILLES,* in-4°.

# ROTHAMSTED

## TRENTE ANNÉES D'EXPÉRIENCES AGRICOLES

### DE MM. LAWES ET GILBERT

On se rend en une heure et demie environ, par chemin de fer, de Londres à Rothamsted (45 kilomètres). Aux gares métropolitaines de Saint-Pancras ou de Moorgate, on trouve une dizaine de trains par jour pour Harpenden, la station la plus rapprochée de Rothamsted. Le voyage s'accomplit à travers les faubourgs interminables de la capitale, Camden et Kentishtown ; puis Hampstead ; à droite, Hendon, résidence de lord Tenterden ; à gauche, Edgeware et Cannons Park séjour, favori des anciens ducs de Chandos ; au loin, le prieuré de Bentley avec son vaste parc, où habite le marquis d'Abercorn, et Moor Park, à lord Ebury. On entre à Elstree seulement, dans le comté de Hertford, parsemé, comme celui de Middlesex, de châteaux, de maisons de plaisance et de jardins, et l'on atteint bientôt Saint-Albans, laisant en vue Aldenham house, Woodhall et Tittenhanger Park, au comte de Hardwick.

Saint-Albans est une station principale de la ligne qui va par Luton à Bedford, où la Société royale d'agriculture tenait en 1874 son grand concours ; où MM. Howard ont leur importante fabrique d'instruments et leurs cultures remarquables. C'est une très-vieille cité que Saint-Albans avec ses 9,000 habitants ! Son origine remonte à la *Verulamium* des Romains ; et l'on retrouve aux alentours d'intéressants vestiges de cette époque. Un lord Verulam habite encore près de là, à Gorham-bury Park, où vivaient au seizième siècle le *lord Keeper* (garde du grand sceau) de la reine Élisabeth, et son illustre fils lord Fr. Bacon de Verulam, dont le monument orne l'église de Saint-Michel. A Saint-Albans, comme dans tout le pays environnant, prospéraient jadis les institutions monastiques, et, pour qui vient du côte de Watford, la vieille église abbatiale des bénédictins frappe les regards par son grand air de cathédrale. C'est aujourd'hui ce qui reste, ou à peu près, de la fondation faite par Offa, roi des Merciens, en l'honneur du saint Alban. Comme par une sorte d'ironie de l'histoire, ce même pays fut le théâtre des sanglants combats des Deux Roses, entre Richard, duc de York, et Henri VI (1455); entre Marguerite d'Anjou et le comte de Warwick (1461)!

Mais laissons les souvenirs de cette lutte fratricide, et poursuivons notre chemin en songeant aux bénédictins, dont le labeur éclairé et patient reparaît aujourd'hui, comme au moyen âge, à Rothamsted (encore une ancienne abbaye!). La science d'observation infatigable, animée par l'esprit moderne, a entassé là des travaux qui, pour avoir été bien imparfaitement étudiés en France, n'en ont pas moins droit au premier rang dans la science agronomique.

Passé Saint-Albans, on descend à Harpenden, petit village de quelques milliers d'âmes, où le docteur Gilbert occupe une de ces habitations à l'aspect simple et modeste, mais si éminemment confortable, dont nos voisins ont le secret.

De Harpenden, on a bien vite gagné à pied les terres de Rothamsted et la demeure de M. Lawes. C'est bien ici le prieuré du nom. Malgré le lierre et les plantes grimpantes qui tapissent les murs et masquent les lignes de l'édifice, l'architecture atteste l'empreinte monacale. Au dedans, les vastes salles de congrégation avec leur mobilier, leurs boiseries et sculptures du temps passé, réparées, entretenues avec un soin jaloux, disent bien quels étaient les seigneurs du lieu. Au dehors, le parc avec ses avenues d'arbres séculaires, ses charmilles sans rivales, que le propriétaire a peuplées de myriades d'oiseaux, en leur offrant toutes les variétés imaginables de nids, ses grandes pelouses au gazon toujours vert et frais tondu, ses corbeilles parées, ses eaux courantes, renoue la chaîne du passé au temps présent. Nous n'aurions rien dit de Rothamsted, si nous omettions, en quittant le seuil, de mentionner, comme ils le méritent, l'hospitalité gracieuse du châtelain et l'accueil cordial réservé par sa famille au visiteur étranger qu'entourent les séductions du bien-être britannique.

### I. — LA FERME DE ROTHAMSTED.

La ferme et les bâtiments d'exploitation sont à peu de distance du parc. Ils n'offrent rien, disons-le, qui soit digne d'une visite spéciale ; ni écuries de pur sang, ni bêtes à cornes primées, ni porcheries médaillées, que l'on doive comparer à celles des grands propriétaires ou tenanciers voisins. Il y a bien des étables et des écuries, des boxes à engrais et des emplacements de meules ; mais ce qui attire plus que tout l'attention, c'est le laboratoire, charmant édifice dû à la libéralité des agriculteurs reconnaissants, et que l'on aperçoit à côté du parc, vers les cultures.

Il ne s'agit pas, en effet, à Rothamsted, d'animaux de race ou d'engrais, vivant de fourrages, à convertir en viande, en lait, ou en laine ; ni de fumier servant de base à l'économie de l'exploitation ; mais bien, avant tout, de machines et d'instruments perfectionnés pour la préparation du sol ; de troupeaux de pacage temporaire pour la fumure, et d'engrais complémentaires, guanos, nitrates et phosphates, substitués, le plus souvent, au fumier de ferme dans quelques cultures dominantes. Il ne s'agit pas, en d'autres termes, de la ferme anglaise, que l'on a comparée à une manufacture de fourrages, ni du système pastoral, mais bien de la culture des céréales. Tout y repose, d'ailleurs, sur la méthode expérimentale, et la ferme n'est, à vrai dire, qu'un vaste laboratoire de culture.

Les terres de Rothamsted sont à la limite des argiles plastiques qui comprennent les sables, les glaises et les lignites dont le grand bassin crétacé de Londres est recouvert.

Une partie de ces terres a été consacrée entièrement, depuis 1843, aux essais de culture, dans le but d'élucider des questions spéciales aux engrais et aux récoltes. Sur une autre partie, quelques pièces ont reçu moins d'engrais qu'elles n'en eussent exigé pour donner des récoltes luxuriantes ; tandis que d'autres pièces ont reçu plus d'engrais qu'il n'eût fallu en mettre, en tenant compte de la moyenne des saisons. La question du prix de revient ne saurait être invoquée pour juger, dans ce cas, de la culture expérimentale, bien que celle-ci ait fourni des données économiques de la plus grande importance sur le meilleur mode de fumure applicable dans la pratique ordinaire.

Quand on veut exposer les améliorations agricoles réalisées en Angleterre pendant ce dernier demi-siècle, on insiste surtout sur le développement soutenu de la puissance d'assimilation de ces admirables races d'animaux, recherchées à l'envi par tous les autres pays ; comme aussi, sur le perfectionnement de l'ancien outillage agricole et la création de machines appropriées aux besoins multiples de la culture progressive.

Pour le bétail, on note l'augmentation croissante des surfaces en fourrages, correspondant à une plus-value effective de rendement, et l'emploi de plus en plus grand de tourteaux oléagineux et d'aliments préparés par le commerce, qui concourent à la formation précoce des animaux, de même qu'à l'augmentation de la viande et du fumier. L'effectif du bétail de rente, destiné à la fabrique de produits vendables, tels que la laine, le lait, le lard, la viande, etc., s'est accru, en conséquence, dans de grandes proportions, mais à une condition, devenue un axiome pour le fermier anglais : c'est que l'animal doit être parfaitement nourri ; sans quoi, il produit peu et chèrement. Si l'effectif a diminué, pour les moutons, par exemple, l'élevage n'en a pas moins été dirigé d'après cet axiome, vers la production du poids vif et de la meilleure qualité de la viande.

Par le perfectionnement incessant de l'outillage, on a non-seulement voulu obvier à la rareté des bras et à la cherté de la main-d'œuvre, et réduire l'étendue des terres arables pour accroître celle des herbages, mais on a poursuivi la réalisation des conditions mécaniques propres à favoriser dans le sol le travail des plantes qui fabriquent le mieux la matière végétale, sous les influences dominantes du climat des îles Britanniques.

La culture des céréales restant stationnaire, celle du froment et de l'orge a gagné du terrain, en même temps que le rendement et la qualité ont progressé ; la valeur nutritive a augmenté ; l'hectolitre de grain pèse plus qu'il y a vingt ans. Le froment qui occupe la première place rend en moyenne au-delà de 26 hectolitres à l'hectare ; l'orge le suit de près et rend 34 hectolitres. L'avoine recule chaque jour, et le seigle n'est plus cultivé que pour mémoire.

L'outillage a permis de trouver dans la profondeur ce que la superficie ne pouvait plus donner ; et, d'autre part, les plus heureux efforts ont été faits pour amener le végétal, dans chaque espèce, au degré de perfection, par le choix des variétés fournissant les plus grands rendements et les meilleurs produits.

Tandis que ces modifications se sont accomplies, le prix de la terre a beaucoup augmenté, surtout celui des terres légères, et le capital dépensé à l'hectare est devenu bien plus considérable.

Malgré cela, l'assolement s'est peu modifié dans chaque district. On ne s'est pas rendu indépendant de la rotation, fixée il y a un siècle ; comme s'il n'y avait pas là, avec les données de la science moderne, une tentative sérieuse à faire !

Le fermier anglais, qui nourrit son bétail richement, obtient un fumier copieux et de qualité supérieure, lui permettant de disposer de plus de 12,000 kilogr. de fumier à l'hectare et par an. Ce fumier, il le distribue dans l'assolement alterne, à raison de 25000 kilogr. tous les deux ans ; ou dans l'assolement quadriennal du Norfolk, à raison de 50,000 kilogr. tous les quatre ans. La jachère, bien qu'en réduction manifeste, est contre-carrée par les sols argileux d'une culture difficile. Mais les engrais complémentaires et chimiques sont là !

Si le fermier est en mesure actuellement de dépenser de 75 à 100 fr. par hectare pour ces engrais, indépendamment du fumier, il peut avoir intérêt, pour s'adonner à la culture dominante des céréales, ou pour exploiter avec plus de profit ses terres fortes, à diminuer son bétail et son fumier et à augmenter notablement ses fumures d'engrais commerciaux. A ce point de vue de la modification à apporter aux assolements et aux fumures, la ferme de Rothamsted est d'un précieux enseignement.

Sur les cent trente hectares non soumis à l'expérimentation, M. Lawes a su tirer heureusement parti de ses expériences pour cultiver les céréales, pendant plusieurs années de suite, sur les mêmes pièces, à l'aide d'engrais azotés et phosphatés ; mais pourvu que le sol fût entretenu en parfait état d'ameublissement et de propreté. Le nitrate de soude et le guano se prêtent à cette culture intensive ; et, dans l'opinion de MM. Lawes et Gilbert, elle pourrait se développer de même, avec succès, sur toutes les terres moyennement fortes. Si l'on met en regard, en effet, les prix de l'engrais employé et du produit excédant, les dépenses de nettoiement du sol et la nécessité d'obtenir des récoltes spéciales pour alimenter le bétail, on reconnaît l'avantage de la culture dominante des céréales, pourvu qu'elle cède la place, par intervalles, à la jachère, aux racines, ou aux légumineuses, afin d'éviter l'épuisement ou l'appauvrissement de sol. Ainsi les racines qui reçoivent du fumier de ferme, font retrouver périodiquement au sol certains éléments minéraux fertilisants que ne fournissent pas les engrais commerciaux en usage pour le blé.

On obtient donc à Rothamsted trois ou quatre récoltes successives de céréales, sur le même champ, et bien que nous ne soyons pas en mesure de faire connaître la balance des cultures de M. Lawes, il est du plus haut intérêt d'examiner, en détail, le tableau suivant des récoltes et des fumures pendant sept années consécutives (1863 à 1869), de chacune des dix-neuf pièces de terre composant les cent vingt-neuf hectares de terres affranchies de l'expérience analytique :

# FERME DE ROTHAMSTED

*Tableau des cultures et fumures des terres non soumises à l'expérimentation de 1863 à 1869.*

| NOMS DES PIÈCES. | SUPERFICIE. — Hectares. | 1863. | 1864. | 1865. | 1866. | 1867. | 1868. | 1869. |
|---|---|---|---|---|---|---|---|---|
| Barn | 8.0 | *Trèfle rouge.*<br>Sans engrais, | *Blé.*<br>250 k. guano. | *Blé.*<br>250 k. guano.<br>125 k. nitrate.<br>190 k. engrais à blé. | *Avoine.*<br>250 k. guano.<br>125 k. sulfate ammoniaque. | *Avoine.*<br>250 k. guano.<br>125 k. sulfate ammoniaque. | *Mangolds.*<br>Fumier et 375 k. guano.<br>*Swedes.*<br>250 k. guano.<br>310 k. superphosphate. | *Blé.*<br>Sans engrais après enfouissement des swedes |
| Thirty Acres | 12.0 | *Blé.*<br>Après pacage et 250 k. guano. | *Avoine.*<br>250 k. guano.<br>125 k. engrais à blé. | *Avoine.*<br>125 k. guano.<br>375 k. engrais à blé. | *Lentilles et swedes.*<br>Fumier et engrais commerciaux. | *Avoine.*<br>Après pacage. | *Trèfle.* | *Blé.*<br>250 k. guano. |
| Upper Harpenden | 5.6 | *Trèfle rouge.*<br>Sans engrais, | *Blé.*<br>190 k. guano.<br>190 k. engrais spécial. | *Avoine.*<br>125 k. guano.<br>250 k. engrais à blé. | *Avoine.*<br>250 k. guano.<br>125 k. sulfate ammoniaque. | *Lentilles.*<br>Fumier.<br>*Swedes.*<br>Engrais commerciaux. | *Blé.*<br>3/4 = 310 k. guano.<br>1/4 = pacage. | *Avoine.*<br>250 k. guano.<br>125 k. sang sec.<br>65 k. sulfate ammoniaq. |
| Harpenden | 9.6 | *Avoine.*<br>375 k. guano. | *Mangolds et turneps.*<br>Fumier et engrais commerciaux. | *Blé.*<br>Après pacage. | *Trèfle rouge.*<br>Sans engrais. | *Blé.*<br>310 k. guano. | *Avoine.*<br>250 k. guano.<br>125 k. nitrate.<br>Pacage et 125 k. nitrate. | *Swedes.* |
| Little Hoos | 3.6 | *Orge.*<br>375 k. guano.<br>125 k. superphosphate. | *Trèfle rouge.* | *Blé.*<br>190 k. guano.<br>125 k. nitrate.<br>125 k. engrais spécial. | *Mangolds.*<br>Fumier et engrais commerciaux. | *Blé.*<br>Sans engrais. | *Avoine.*<br>250 k. guano.<br>125 k. nitrate. | *Orge.*<br>125 k. sang sec.<br>62 k. sulfate ammon.<br>125 k. superphosphate. |
| Fosters | 7.3 | *Orge.*<br>700 k. engrais spécial. | *Swedes.*<br>Fumier et engrais commerciaux. | *Avoine.*<br>125 k. guano.<br>125 k. engrais spécial. | *Trèfle rouge.*<br>Sans engrais. | *Blé.*<br>250 k. guano.<br>62 k. engrais spécial. | *Avoine.*<br>250 k. guano.<br>125 k. nitrate. | *Orge.*<br>125 k. sang sec.<br>62 k. sulf. ammoniaq.<br>125 k. superphosphate. |
| Knott Wood | 12.0 | *Avoine.*<br>Pacage de moutons. | *Trèfle rouge.* | *Blé.*<br>Après pacage.<br>125 k. guano. | *Avoine.*<br>250 k. guano.<br>220 k. sulfate ammoniaque. | *Avoine.*<br>250 k. guano.<br>125 k. sulfate ammon. | *Swedes.*<br>250 k. guano.<br>310 k. superphosphate et fumier. | *Blé.*<br>1/2 = 375 k. guano.<br>1/2 = sans engrais, après enfouissement des swedes et jachère. |
| Little Knott Wood. | 5.6 | *Swedes.*<br>Fumier et engrais commerciaux. | *Blé.*<br>Sans engrais, | *Trèfle rouge.*<br>Sans engrais. | *Trèfle rouge.*<br>Après pacage. | *Blé.*<br>125 k. guano.<br>62 k. engrais spécial. | *Avoine.*<br>250 k. guano.<br>125 k. nitrate. | *Mangolds.*<br>30,000 k. fumier.<br>375 k. guano. |
| Sawpit | 5.6 | *Lentilles et avoine.*<br>Après pacage et 250 k. guano, | *Orge.*<br>190 k. guano.<br>62 k. superphosphate.<br>125 k. engrais à blé. | *Mangolds et turneps.*<br>Fumier et engrais. | *Blé.*<br>Sans engrais. | *Trèfle rouge.*<br>Sans engrais. | *Blé.*<br>125 k. guano.<br>125 k. engrais spécial. | *Blé.*<br>375 k. guano. |
| Rickyard | 3.2 | *Blé.*<br>Sans engrais. | *Blé.*<br>Après pacage et 375 k. guano. | *Orge.*<br>256 k. guano.<br>190 engrais, | *Trèfle rouge.*<br>Pacage. | *Blé.*<br>Guano. | *Orge.*<br>250 k. engrais à blé. | *Lentilles.*<br>Fumier. |
| Six Acres | 2.5 | *Mangolds.*<br>Fumier et engrais. | *Blé.*<br>Sans engrais. | *Trèfle rouge.*<br>Sans engrais. | *Blé.*<br>250 k. guano.<br>250 k. engrais. | *Avoine.*<br>375 k. guano. | *Fèves.*<br>Fumier. | *Blé.*<br>250 k. guano.<br>125 k. nitrate. |
| Clay Croft | 2.0 | *Blé.*<br>Fumier. | *Blé.*<br>250 k. guano.<br>250 engrais à blé. | *Avoine.*<br>250 k. guano.<br>125 k. sulfate ammon. | *Avoine.*<br>250 k. guano.<br>125 k. sulfate ammon. | *Fèves.*<br>Fumier. | *Blé.*<br>250 k. guano. | *Avoine.*<br>250 k. guano.<br>125 k. sang sec.<br>62 k. sulfate ammon. |
| Apple Tree | 7.3 | *Prairie.*<br>Ensemencée. | *Prairie.*<br>Herbe. | *Prairie.*<br>Herbe. | *Prairie.*<br>Herbe. | *Prairie.*<br>Herbe. | *Prairie.*<br>125 k. guano.<br>125 k. nitrate. | *Prairie.*<br>Herbe. |
| Ten Acres | 4.0 | *Avoine.*<br>375 k. guano. | *Avoine.*<br>250 k. guano.<br>125 k. sang sec. | *Lentilles.*<br>Fumier. | *Turneps.*<br>Engrais commerciaux. | *Blé.*<br>Guano. | *Trèfle rouge.* | *Blé.*<br>250 k. guano. |
| Park field | 4.0 | *Avoine.*<br>375 k. guano. | *Lentilles.*<br>Fumier. | *Orge.*<br>Pacage. | *Orge.*<br>125 k. guano.<br>190 k. engrais blé. | *Swedes.* | *Blé.*<br>125 k. guano. | *Avoine.*<br>250 k. guano.<br>125 k. sang sec.<br>62 k. sulfate ammon. |
| Agdell | 3.6 | *Orge.*<br>Après pacage. | *Orge.*<br>190 k. guano.<br>62 k. superphosphate.<br>125 k. engrais à blé. | *Trèfle rouge.*<br>Sans engrais. | *Orge.*<br>190 k. guano.<br>190 k. engrais. | *Avoine.*<br>250 k. guano. | *Lentilles.*<br>Fumier. | *Orge.*<br>Sans engrais. |
| Long Hoos | 10.0 | *Jachère.* | *Swedes.*<br>Fumier et engrais. | *Orge.*<br>190 k. guano.<br>125 k. engrais à blé. | *Orge.*<br>190 k. guano.<br>125 k. engrais blé. | *Mangolds et swedes.*<br>37,000 k. fumier.<br>375 k. guano. | *Blé.*<br>125 k. guano. | *Avoine.*<br>250 k. guano.<br>125 k. sang sec.<br>62 k. sulfate ammon. |
| Sawyers | 10.0 | *Swedes et jachère.* | *Orge.*<br>125 k. guano.<br>125 k. engrais blé. | *Swedes.*<br>Fumier et engrais commerciaux. | *Blé et orge.*<br>Après pacage. | *Trèfle rouge.*<br>Sans engrais. | *Blé.*<br>375 k. guano. | *Jachère.* |
| Barn field | 14.0 | *Swedes.*<br>Fumier et engrais. | *Avoine.*<br>190 k. guano.<br>190 k. engrais blé. | *Trèfle rouge.*<br>Pacage. | *Blé.*<br>190 k. guano.<br>190 k. engrais. | *Orge.*<br>125 k. sang.<br>125 k. superphosphate.<br>125 k. sulfate ammon. | *Jachère.* | *Blé.*<br>375 k. guano. |
| TOTAL | 129.8 | | | | | | | |

## II. — LES CHAMPS D'EXPÉRIENCES.

Nous venons de parcourir les terres en pleine culture, il reste à parler de celles divisées en parcelles, soumises aux essais.

En 1872, les champs d'expériences proprement dits étaient : Hoos, Broadbalk, the Park, Geescroft, Barn, Agdell, Little-Hoos, Thirty Acres, Foster, Sawpit, et Sawyer.

Hoos field. (*Orge.*) — Le premier champ qui se présente au visiteur, offre une surface en expérience d'environ 2 hectares. En 1847, il avait reçu une fumure de superphosphate de chaux et de fumier et porté une récolte de *swedes*. En 1848, il avait été cultivé en orge ; en 1849, trèfle; en 1850, blé; en 1851, orge, avec fumure de sels ammoniacaux. Depuis 1852, l'orge y a été cultivée consécutivement, c'est-à-dire sans interruption, pendant vingt années.

La partie de Hoosfield affectée à l'orge comprend vingt-neuf parcelles dont deux sont restées tout le temps sans engrais, et deux ont été fumées avec du fumier de ferme à raison de 35,000 kilogr. à l'hectare. Les autres parcelles ont reçu chacune le même engrais, ou le même mélange d'éléments fertilisants, à savoir : superphosphate, sulfates de potasse, de soude et de magnésie; sels ammoniacaux nitrate de soude, silicate de soude, tourteau de navette, cendres. Chaque mélange d'engrais, représenté quelquefois par six pesées d'éléments divers, a été renouvelé pendant vingt-deux années sur la même parcelle.

Les produits de chaque parcelle, grain vanné, en hectolitres, poids de l'hectolitre de grain, et poids de la paille, ont été mesurés, calculés par rapport à l'hectare et enregistrés chaque année ; et les chiffres correspondants ont été établis pour la moyenne des années antérieures. A ce compte, on voit que du fait seul de la culture expérimentale de l'orge, on a obtenu sur les vingt-neuf parcelles, chaque année, quatre-vingt-sept chiffres nouveaux modifiant les quatre-vingt-sept nombres moyens obtenus précédemment.

Hoos field. (*Trèfle.*) — Une autre partie de Hoosfield a été consacrée depuis 1849, à des essais de culture de trèfle rouge (*Trifolium pratense*), à l'aide de nombreux mélanges d'engrais, et en intercalant de temps à autre, une céréale ou une jachère.

Dès la première année (1849), la récolte fut très-forte pour toutes les parcelles, surtout avec les engrais minéraux, sans matières azotées. Après une récolte de blé, on sema de nouveau du trèfle au printemps de l'année 1850 ; en 1851, on fit de faibles coupes ; et en 1852, bien que les coupes ne fussent pas fortes, la récolte n'avait pas été trop mauvaise. Mais, à partir de cette année, toutes les tentatives pour cultiver trèfle sur trèfle dans le même sol, n'ont pas permis d'obtenir une pleine récolte, ni une plante susceptible de végéter le temps voulu.

En 1853 et en 1854, de fortes fumures avec fumier furent données à quelques-unes des parcelles, tandis que d'autres furent soumises au chaulage.

En 1864, une certaine étendue de la pièce fut défoncée à $0^m.60$ de profondeur. Un tiers de l'engrais fut mélangé avec la couche arable sur une épaisseur de $0^m.40$ à $0^m.60$ ; un autre tiers, sur une épaisseur de $0^m.20$ à $0^m.40$ ; et le reste, sur moins de $0^m.20$, sans améliorer pour cela les conditions de végétation ultérieure du trèfle.

Dans l'hiver 1867-1868, on fit des essais de labour sur de petites parcelles, à des profondeurs de $0^m.22$, $0^m.45$ et $0^m.90$, où l'on enfouit les mélanges d'engrais, en faisant varier les doses de potasse, de chaux, de magnésie, d'acide phosphorique, etc., sans plus de résultat.

D'autre part, il est curieux de noter qu'à quelques centaines de mètres de Hoosfield, dans un jardin soumis depuis très-longtemps à la culture maraîchère, du trèfle semé en 1854, et ressemé quatre fois depuis, n'a pas cessé, jusqu'en 1872, de donner les plus belles récoltes.

Broadbalk field. (*Blé.*) — Ce champ voué à la culture du blé, a une superficie de plus de 5 hectares. En 1839, il avait reçu une fumure de fumier pour turneps. En 1840, il avait porté de l'orge; en 1841, des pois; en 1842, du blé; en 1843, de l'avoine; ces quatre récoltes sans engrais. Depuis 1844 jusqu'à l'année présente, c'est-à-dire pendant trente années consécutives, le blé a été cultivé sur 22 parcelles, dont 14 ont été dédoublées à diverses époques. Deux de ces parcelles sont restées sans engrais; une parcelle a reçu uniquement du fumier de ferme, à raison de 35,000 kilogr. à l'hectare, et les autres ont été fumées avec des matières et mélanges identiques à ceux employés pour l'orge.

Comme pour l'orge, on a constaté chaque année, sur chacune des parcelles, la quantité de grain produite et récoltée après nettoiement, le poids de l'hectolitre de grain et le poids total de paille.

THE PARK. (*Prairie.*) — Cette pièce de terre, de 3 hectares environ de superficie, était en prairie depuis un temps immémorial. Pendant quarante ans, aucune graine nouvelle n'y avait été semée, et personne ne se rappelait en avoir vu semer auparavant. Les expériences ont commencé en 1856, l'aspect de la prairie indiquant une grande uniformité dans les plantes, et elles ont duré jusqu'à présent. Le pré du Park est divisé en 20 parcelles, dont 2 ont été dédoublées; une d'elles est restée sans engrais depuis vingt-huit ans; une autre a reçu seulement du fumier de ferme, et une troisième des sels ammoniacaux seulement.

Le produit de chaque parcelle a été pesé à l'état de foin, et les résultats moyens de dix-neuf ans ont été calculés, se modifiant chaque année d'après ceux obtenus dans l'année même.

GEESCROFT FIELD. (*Avoine.*) — La surface actuellement en expérience pour l'avoine, 33 ares, avait été consacrée en 1847 et 1848 à des essais d'engrais pour la culture du trèfle, et de 1849 à 1859 à des essais sur les fèves. En 1860, le champ entier resta en jachère; en 1861 et 1862, il porta du blé sans engrais; en 1863, jachère; en 1864, des haricots avec engrais; en 1865, du blé sans fumure; en 1866, des fèves, et, en 1867 et 1868, du blé également sans fumure.

Depuis 1869, l'avoine est cultivée sans interruption sur 6 parcelles, dont une sans engrais, une autre avec des sels ammoniacaux seulement, à raison de 145 kilogr. à l'hectare, et une troisième, avec du nitrate de soude, à raison de 620 kilogr. à l'hectare.

GEESCROFT. (*Légumineuses.*) — C'est sur ce même champ de Geescroft qu'ont eu lieu, durant treize années de suite (1847-1859), les essais des engrais pour la culture des fèves; mais, dans les dernières années, la récolte diminua tellement, et la terre devint si sale, qu'il fallut abandonner la culture continue. On laissa la pièce en jachère en 1860; puis on sema du blé sans engrais, et l'on fit la récolte en 1861. En 1862, la culture des fèves fut reprise avec quelques différences dans la composition des engrais et continuée jusqu'en 1869, sauf une

jachère en 1863. Après avoir chaulé toutes les parcelles dans l'hiver 1869-1870, à raison de 5,600 kilogr. à l'hectare, on sema de nouveau des fèves en 1870, sans engrais; mais l'hiver fut tellement rigoureux que la récolte suivante fut enfouie, de même qu'en 1871, où l'humidité avait été si préjudiciable.

Sur cette même pièce, la culture consécutive des pois et des lentilles, à l'aide de divers engrais, dut être délaissée, dès les premières années, à cause de la difficulté de maintenir le sol exempt de mauvaises herbes.

BARN FIELD. (*Turneps.*) — Une superficie de 3 hectares a servi à la culture des turneps par séries. La première série comprend des essais de dix années de culture consécutive, 1843 à 1848, avec les turneps blancs de Norfolk, et de 1849 à 1852, avec les *swedes*. Elle fut suivie d'une culture d'orge pendant trois années, afin d'égaliser les conditions fertilisantes du sol. La deuxième série d'essais avec le turneps a repris, sans interruption, depuis 1856 jusqu'en 1871, c'est-à-dire pendant quinze années, avec divers mélanges d'engrais, comparés au fumier de ferme et à une parcelle sans aucun engrais.

BARN FIELD. (*Betterave.*) — Depuis 1871, Barn field est consacré à la culture expérimentale de la betterave à sucre, et partagé en cinq planches.

Des huit parcelles en expérience sur chaque planche, une est fumée avec du fumier à raison de 35,000 kilogr. à l'hectare, et une autre est restée sans engrais depuis 1853. Les mélanges d'engrais essayés sont les mêmes que ceux appliqués aux turneps, sauf qu'ils renferment des alcalis; mais, pour la deuxième planche, les parcelles ont reçu en outre 600 kilogr. à l'hectare de nitrate de soude; pour la troisième planche, 450 kilogr. de sels ammoniacaux; pour la quatrième, 2,250 kil. de tourteau de navette et 450 kilogr. de sels ammoniacaux; enfin, pour la cinquième planche, 2,250 kilogr. de tourteau seul.

AGDELL FIELD (*Rotation*). — C'est sur cette pièce d'un hectare qu'ont été inaugurées, depuis 1848, les expériences sur l'assolement quadriennal comprenant : turneps, orge, légumineuse et blé. La récolte de 1874 a été la vingt-septième, ou la troisième de la septième rotation. Un tiers de cette pièce n'a reçu aucun engrais, un autre tiers n'a été fumé qu'avec du superphosphate de chaux, tous les quatre ans, c'est-à-dire à l'année en turneps, recommençant la rotation ; et le dernier tiers a reçu également, pour la reprise en turneps seulement, un engrais complexe formé, depuis la troisième rotation, de :

| | A l'hectare. |
|---|---|
| Sulfate de potasse......... | 336 kil. |
| Sulfate de soude.......... | 224 |
| Sulfate de magnésie....... | 112 |
| Cendres d'os.............. | 224 |
| Acide sulfurique.......... | 168 |
| Sulfate d'ammoniaque...... | 112 |
| Chlorhydrate d'ammoniaque | 112 |
| Tourteau de navette....... | 2,240 |

A partir de la seconde rotation, au lieu de trèfle comme légumineuse, on a cultivé des fèves sur moitié de la pièce, et laissé l'autre moitié en jachère.

Pour la sole en turneps commençant chaque rotation, on a enlevé, sur moitié de chaque parcelle, les bulbes et les feuilles, et, sur l'autre moitié, on les a fait manger sur place par les moutons.

Pour les autres récoltes, la totalité des produits a été exportée.

FOSTERS FIELD, THIRTY ACRES, SAWYER, SAWPIT, désignent les diverses pièces de la ferme où, depuis 1867, M. Lawes cultive comparativement diverses variétés de froment, avec des fumures différentes.

En 1848, sur *Sawpit field*, avec 125 kilogr. de guano et 125 kilogr. d'engrais à blé, à l'hectare, après trèfle, on a cultivé sept variétés de blé et relevé, pour chacune, le volume et le poids de l'hectolitre du grain produit. Moyenne du rendement : 41 hectolitres.

En 1869, sur *Thirty acres field*, avec 250 kilogr. de guano à l'hectare, après trèfle, on a cultivé de même dix variétés de froment, dont trois nouvelles. Moyenne : 45 hectolitres.

En 1870, *Sawyers field*, fumé avec 500 kilogr. à l'hectare de guano, après jachère, a porté douze variétés de froment, dont les dix de l'année précédente. Moyenne : 44 hectolitres.

En 1871, *Sawpit field*, de nouveau fumé avec 375 kilogr. de guano à l'hectare, après mangolds enlevés du champ, recevait vingt et une variétés de blé. Moyenne : 29 hectolitres.

Enfin, en 1872, sur *Fosters field*, auquel on donnait pour fumure 250 kilogr. de superphosphate et 250 kilogr. de nitrate de soude à l'hectare, après racines enlevées du champ, vingt-quatre variétés de froment ont été cultivées comparativement.

Ces variétés comprennent les blés blancs tendres et les blés rouges les plus connus.

On a ainsi enregistré le poids et le volume de grains à l'hectare, de sept variétés, pendant cinq années consécutives ; de dix variétés, pendant quatre années ; de douze variétés, pendant trois ans, etc.

LITTLE HOOS et THIRTY ACRES. — Sur ces deux pièces de la ferme ont été entamées, depuis 1871, des expériences sur l'application économique des engrais coûteux, tels que ceux additionnés de sulfate d'ammoniaque et de nitrate de soude. On a reconnu, en effet, par une longue pratique, que la moitié seulement de l'azote fourni par ces engrais se retrouve dans l'excédant de produit ; qu'une proportion considérable reste dans le sol à l'état latent, et longtemps inactive, et qu'une proportion non moins considérable se perd par les eaux de drainage ou autrement. Les essais comparatifs sur des parcelles de 10 ares pour le blé, de 20 ares pour l'orge, ont consisté à recueillir les données résultant de l'application de l'engrais en quantité relativement faible, à l'aide du semoir, en même temps que la semence ou par-dessus la semence, et à les comparer aux données de l'ensemencement en lignes, avec divers intervalles ; ou de l'ensemencement à la volée, avec hersage ultérieur.

Ces expériences sont complétées par la recherche des époques de l'année les plus avantageuses pour la fumure.

Ainsi, bien avant l'exposé des théories de M. Georges Ville, en 1843, alors que Liebig et M. Boussingault discutaient sur le rôle de l'atmosphère, de l'humus, de l'azote et des matières minérales dans le sol ; des assolements et des saisons, MM. Lawes et Gilbert expérimentaient scientifiquement, pour se mêler à leur tour à la discussion, avec des faits, et en agissant pratiquement sur une ferme entière. Leur œuvre de longue haleine, puisqu'elle se continue encore (témoin les magnifiques champs d'essais que nous venons de décrire), pouvait seule inspirer la foi dans les résultats et engager la pratique agricole de tout un pays à sa suite.

Ce sont les résultats de cette œuvre que nous avons formé le dessein de retracer à grands traits, pour les faire apprécier des agronomes auxquels des communications sommaires, des citations tronquées, ou quelques paragraphes de livres de texte se référant seulement aux premiers essais, n'ont pu donner qu'un notion incomplète des recherches systématiques qui les ont amenés.

Mais auparavant, nous demandons à consacrer quelques lignes à la biographie des deux savants, volontairement attachés l'un à l'autre, malgré l'inégalité de leurs fortunes, par une collaboration de trente années !

### III. — MM. LAWES ET GILBERT.

**M. Lawes.** — *John Bennet Lawes*, né à Rothamsted en 1814, devenait à la mort de son père, en 1822, l'héritier du domaine de famille. Il fit ses premières études au collége d'Eton et les acheva, comme les fils de tous *gentlemen* à cette époque, à l'université d'Oxford, au Brazenose college. Après avoir acquis, dans les laboratoires de Londres, des connaissances positives en chimie, il prit possession de Rothamsted en 1834, et s'appliqua aussitôt à des recherches d'agriculture expérimentale. Les travaux du célèbre de Saussure sur la végétation avaient de bonne heure fixé son attention et déterminé chez lui une inclination des plus vives vers l'étude des solutions pratiques, à l'appui des théories agricoles qui avaient alors cours dans le monde savant. Son voisin et ami, lord Dacre, fut des premiers à l'engager à faire des essais sur l'emploi des os, dont l'action fertilisante était remarquable pour certains sols, et nulle pour d'autres. M. Lawes institua dès lors une première série d'expériences sur diverses récoltes en plein champ et sur des plantes en pots, auxquelles il donna pour fumures les éléments des cendres de ces plantes et des mélanges fertilisants à diverses doses, et à divers états de combinaison. Ces essais démontrèrent l'excellence, notamment pour les racines, du phosphate de chaux des os, des cendres d'os et de l'apatite, dissous par les acides et mélangés.

Les résultats furent si concluants de 1837 à 1840 que, dans les deux années suivantes, M. Lawes mit en expérience des pièces entières de sa ferme. Dès ce moment, le riche et savant agronome se décidait, sans théorie préconçue, à résoudre pratiquement, dans l'intérêt de l'agriculture, les problèmes les plus importants relatifs aux engrais, « tant pour éviter aux fermiers des mécomptes parfois

désastreux, que pour épargner aux innovations vraiment utiles le discrédit dont tout insuccès les frappe pour longtemps. »

En 1840, Liebig, discutant le rôle prépondérant de chacune des matières minérales qui dominent dans les cendres des végétaux, avait insisté, pour la première fois, sur le rôle de l'acide phosphorique dans la végétation. On connaissait, pratiquement, l'effet du phosphate des os, mélangé en poussière avec les fumiers, fermenté avec les cendres, la tourbe, etc., ou arrosé de purin et de lessives. Des districts entiers au nord-est de l'Angleterre, les *wolds* du comté de Lincoln, les terres arides du Nottinghamshire, etc., avaient acquis une fertilité exceptionnelle par l'emploi des os broyés, comme engrais. Mais il appartenait à Liebig d'indiquer, dans sa *Chimie appliquée*, que si l'on met les os en digestion avec la moitié de leur poids d'acide sulfurique, étendu de trois à quatre parties d'eau, si l'on délaye la pâte ainsi formée dans cent parties d'eau et que l'on arrose le sol avec ce liquide acide avant le labour, on active de beaucoup l'action des phosphates solubles sur la végétation.

On a voulu reconnaître, dans cette indication, l'origine de la fabrication des *superphosphates* de chaux à base minérale. Ce qui est certain, c'est que M. Lawes, expérimentant bien avant la publication de la *Chimie* de Liebig, avec des phosphates animaux et minéraux dissous par les acides, se décidait, en 1842, à établir à Deptford, près de Londres, une usine pour la fabrication, par des procédés brevetés, des engrais solides et pulvérulents, connus depuis sous le nom de *superphosphates*.

Dans le but d'alimenter cette fabrication, il donnait le plus grand essor aux recherches et à l'exploitation des gisements de phosphates minéraux, tant en Angleterre, qu'en Norvége et ailleurs.

*Usines de M. Lawes.* — Quelques années plus tard, la première usine de Deptford était doublée de celle construite à Barking, sur la rive opposée de la Tamise, en aval de Londres, où la production de l'acide sulfurique atteignait bientôt des proportions inusitées. En 1870, les deux usines livraient plus de 40,000 tonnes de produits phosphatés à l'agriculture des Iles-Britanniques et de leurs colonies. Ces produits consistent en *engrais pour turneps*, riches en phosphates solubles et insolubles, et renfermant des matières organiques et de l'ammoniaque; en *os dissous*, quelquefois préférés pour le turneps, mais plus riches que les précédents en phosphate insoluble, en *superphosphates de chaux*, riches en phosphates solubles, utilisables pour les racines, mais surtout pour le blé de printemps, les pommes de terre, etc., et en mélange avec le guano ou avec les autres engrais ammoniacaux ; en *engrais pour pommes de terre ; engrais pour blé et pour prairies ; engrais concentré pour blé et pour prairies; engrais spécial pour cannes à sucre*, etc.

Nous rappellerons qu'il y a dix ans, nous décrivions dans le *Journal d'Agriculture pratique* (1) les vastes établissements de M. Lawes, les exploitations des gisements de coprolites, et les emplois variés des superphosphates et des autres engrais à base d'acide phosphorique, en Angleterre. L'attention avait bien été appelée en France sur l'utilité agricole du phosphore, par le regretté Elie de Beaumont ; M. de Molon avait déjà lancé en grand l'application des nodules dont il découvrait des gîtes importants; mais le rôle considérable des superphosphates était à peine soupçonné, et, en tout cas, mal défini. En effet, lorsque, répondant à une invitation de M. Lawes, les jurés étrangers de l'exposition universelle de Londres en 1862, furent reçus princièrement dans l'usine de Barking, l'industrie des superphosphates, développée sur

Fig. 1. — J. B. Lawes.

une si vaste échelle, fut pour eux une véritable révélation.

L'année suivante, sur les rapports de quelques-uns des jurés français, nous recevions la mission d'étudier la fabrication des superphosphates et ses conditions économiques; nous étions heureux de pouvoir la remplir sous les auspices de notre ami, le docteur Vœlcker, alors professeur de chimie au collége royal de Cirencester, et, depuis, chimiste-conseil de la Société royale d'agriculture. Nous obtenions enfin l'autorisation (2) de publier les résultats de notre travail, et d'initier ainsi ce pays à une industrie qui a fini par recevoir un très-grand développement, dans ces dernières années, aux mains des compagnies de produits chimiques de Saint-Gobain, de Henry Merle, de Joulie, etc.

Notre connaissance de MM. Lawes et Gilbert à Rothamsted, et de leurs travaux scientifiques, date de cette époque.

*Compagnie des engrais Lawes.* — En 1872, une compagnie puissante, sous le titre de *Lawes chemical manure*, établie au capital de 15 millions de fr. acquérait de M. Lawes ses usines, ses gisements, ses installations et produits, pour la somme de 7 millions et demi de francs. Cette acquisition comprenait :

1° La fabrique de Barking occupant une

(1) *Journal d'Agriculture pratique*, 1863, t. II, et 1864, t. I.

(2) Cette autorisation nous était généreusement accordée par M. Isaac Péreire, sur la proposition de M. le Chatelier, alors ingénieur en chef des mines, et de M. Alexandre Bixio.

superficie de 40 hectares, avec des quais pourvus de tramways, de grues, etc., bien établis sur les rives de la Tamise et de la Creek ; quarante-trois chambres de plomb produisant 20,000 tonnes d'acide sulfurique annuellement ; un appareil en platine pour la concentration de l'acide ; trois machines à vapeur avec leurs chaudières ; cinq moulins de deux tournants; des broyeurs Blake, des mélangeurs Carr; des appareils à sulfate d'ammoniaque ; une maison et des locaux de direction, et environ cinquante maisons d'ouvriers.

2° La fabrique de Deptford couvrant une superficie considérable, avec voies de service au quai sur la Creek, quatre machines à vapeur avec chaudières ; cinq moulins de deux tournants, des broyeurs Carr, etc.

3° Les exploitations de phosphate minéral, notamment dans les comtés de Cambridge et de Suffolk, avec leur matériel spécial, assurant une production annuelle de 10,000 tonnes de coprolites.

La nouvelle compagnie, administrée par les industriels les plus compétents de Manchester et de Newcastle, a pris la suite des affaires de M. Lawes, sur le pied de bénéfices nets, calculés à plus de 1 million et demi de francs par an, ou d'un revenu minimum de 10 pour 100 sur le capital engagé.

M. Chaston, qui dirigeait depuis quinze

Fig. 2. — J. H. Gilbert.

années les usines de M. Lawes, a continué ses services au compte de la compagnie.

Quant à M. Lawes, il annonçait en 1872 sa retraite définitive de l'industrie des engrais, dans les termes suivants, empruntés à sa circulaire :

« J'ai l'intention de consacrer entièrement le reste de mes jours à la science agronomique, et je me propose dans un bref délai, de doter mon laboratoire et les champs d'essais d'une somme de 2 millions et demi de francs, dont l'intérêt sera appliqué, après ma mort, à subvenir aux dépenses nécessaires pour poursuivre les expériences depuis tant d'années en cours à Rothamsted. » Cette dotation a été faite.

M. GILBERT. — *Joseph Henri Gilbert* est né à Hull en 1817. Son père, le révérend Joseph Gilbert, professeur d'humanités au collège théologique de Rotherham, puis ministre à Hull, s'était fait connaître par plusieurs ouvrages didactiques très-estimés. Sa mère avait aussi publié, en collaboration avec sa tante, sous les noms de Anne et Jane Taylor, divers écrits littéraires fort appréciés.

Les premières études du jeune Gilbert, interrompues par les suites d'un accident dû à une arme à feu, qui le priva d'un œil, furent reprises à l'université de Glasgow, et s'achevèrent à Londres, au collège de l'Université, où professait Graham. Il manipulait spécialement dans le laboratoire du docteur A. Todd Thomson, professeur de thérapeutique et de toxicologie à cette université; et se rendait quelques années plus tard, au laboratoire de Liebig, à Giessen.

Revenu à Londres en 1840, avec le titre de docteur en philosophie, M. Gilbert reprit son service au laboratoire Thomson, mais cette fois, en qualité de répétiteur et de préparateur des cours de son ancien maître. De là, il s'établit aux environs de Manchester, où il passa quelque temps pour étudier les procédés industriels de teinture et d'impression sur tissus; et c'est à Manchester qu'en 1843, il accepta l'offre faite par M. Lawes de remplacer le chimiste Dobson, pour diriger les essais analytiques du laboratoire de Rothamsted.

*Collaboration.* — La collaboration de MM. Lawes et Gilbert, remontant ainsi à 1843, s'étend à un ensemble de travaux agricoles et physiologiques, le plus vaste sans doute qu'il ait été donné à des savants d'embrasser, et de mener à bonne fin. Ces recherches, patientes, sans éclat, où la rigueur de l'observation dispute le pas à l'intelligente interprétation des phénomènes, ont été consignées, au fur et à mesure, dans les recueils les plus variés, mais principalement dans le *Journal de la Société royale d'Agriculture d'Angleterre*, dont les deux savants ont si vivement concouru à rehausser le rôle et à étendre l'influence.

On trouve également leurs mémoires dans les comptes rendus de l'*Association britannique pour l'avancement des sciences ;* dans le *Journal de la Société chimique de Londres* ; dans les *Transactions de la Société royale*, le *Journal de la Société des arts* et le *Journal de la Société d'horticulture de Londres ;* dans le *Journal de la Société royale de Dublin*, la *Revue vétérinaire* et la *Revue philosophique d'Edimbourg*, etc.

Comme membres de la plupart des associations scientifiques dont les recueils viennent d'être énumérés (1), les deux associés ont déterminé chez toutes, la tendance la plus profitable vers l'examen et la solution des problèmes les plus ardus de la physiologie et de l'agronomie.

(1) M. Lawes est membre de la Société royale (qui correspond à notre Académie des sciences), depuis 1854, et le docteur Gilbert, depuis 1860. Tous deux sont, depuis la fondation, associés de la Société de chimie, dont M. Gilbert fut le vice-président en 1868. M. Lawes est encore membre du conseil de la Société royale d'agriculture d'Angleterre. L'un et l'autre appartiennent à une foule de sociétés et d'institutions savantes étrangères, inutiles à rappeler.

## IV. — LE LABORATOIRE.

La biographie de MM. Lawes et Gilbert serait incomplète, si nous négligions de présenter une courte notice sur le laboratoire où se sont exécutés leurs travaux. Nous devrions dire les *laboratoires*, car depuis 1855, la grange qui avait été transformée en laboratoire, ne sert plus aux manipulations, mais bien à d'autres emplois ; et c'est dans un édifice spécial que se sont poursuivies les recherches chimiques des deux savants, pendant les vingt dernières années.

Quoi qu'il en soit, l'ancienne grange avec son toit surbaissé, ses petites ouvertures et son aspect d'atelier de fabrique, avait joué son rôle. M. de Lavergne, dans son Essai sur l'*Économie rurale de l'Angleterre* (1), ne manque pas de mentionner parmi les établissements les plus curieux du pays, le laboratoire de chimie agricole de M. Lawes, *alors unique au monde* (1854); celui du même genre, établi à grands frais à l'institut agronomique de Versailles, ayant été détruit. « Un simple particulier, écrit-il, a créé là, et soutenu à ses frais une entreprise dispendieuse, qui fait ailleurs reculer des gouvernements, et qui sera pour le pays entier d'une immense utilité. Toute l'Angleterre a les yeux fixés sur ses expériences; on en a déjà tiré de précieux renseignements sur les variétés d'engrais qui conviennent le mieux aux diverses espèces de cultures et de terrains. »

Dans un de ses rapports sur la mission qui lui avait été confiée en Angleterre (1850) par le ministre de l'agriculture et du commerce, Payen a fait connaître les principales dispositions de l'ancien laboratoire visité par M. de Lavergne.

« Il est divisé, dit-il, en deux parties : l'une, consacrée aux collections des produits et aux analyses délicates, ressemble aux laboratoires ordinaires; on y remarque une collection d'environ 3,000 échantillons de cendres provenant de substances récoltées, de produits, ou des débris animaux et des déjections solides et liquides.

« Le laboratoire proprement dit, destiné à préparer les échantillons moyens pour les analyses, offre les proportions d'une petite usine manufacturière, et permet d'agir sur des masses telles, que les essais

(1) 4° édition, 1863, p. 245.

acquièrent une valeur pratique incontestable.

« Un générateur de la force de dix chevaux fournit la vapeur nécessaire pour le chauffage de grandes capsules plates de 1 mètre de diamètre, où s'opèrent les évaporations, soit des urines, soit des autres liquides ; le service du feu pour ce générateur se fait en dehors, afin d'éviter dans le laboratoire toute poussière provenant, soit du combustible, soit des cendres.

« Une grande étuve en fonte, longue de 2$^m$.50, large de 1$^m$.50, haute de 1 mètre, chauffée par une double enveloppe de vapeur, sert aux évaporations et aux dessiccations. Pour éviter l'odeur nauséabonde qu'exhalent plusieurs de ces produits, elle dirige, au moyen d'un tube, sa vapeur dans la cheminée.

« Une plaque en fonte, glissant sur des coulisses, facilite l'introduction et la sortie des vases qui contiennent les substances à dessécher, et permet d'observer à volonté les progrès des opérations.

« De grands bains de sable, entretenus aux températures convenables, complètent les moyens de concentration, de dessiccation et de chauffage des substances à traiter.

« Un grand fourneau contient quatre moufles de 0$^m$.60 de longueur et de 0$^m$.25 de largeur, soutenues horizontalement et chauffées au moyen du coke qui les environne. Un courant d'air pénètre à volonté dans les moufles où s'effectuent les incinérations des divers produits végétaux ou animaux, dans le but de déterminer les proportions moyennes de cendres dans les engrais, dans les récoltes et dans les différents produits et résidus de l'alimentation des animaux... » (1).

C'est dans ce laboratoire qu'ont été relégués les appareils remarquables que MM. Lawes, Gilbert et Pugh avaient installés pour vérifier les expériences de M. Boussingault et de M. Georges Ville sur l'assimilation de l'azote de l'air, par les plantes. On sait que les résultats obtenus à Rothamsted de 1857 à 1859, confirmèrent entièrement ceux de M. Boussingault, à savoir, qu'il n'y a pas d'absorption libre par les végétaux, de l'azote gazeux atmosphérique, et contredirent d'une manière absolue les conclusions que M. Ville avait formulées.

Dès 1854, les agriculteurs du comté de Herts, pénétrés de reconnaissance pour les avantages qu'ils avaient tirés des recherches de MM. Lawes et Gilbert, prenaient l'initiative d'une souscription publique, à l'effet de construire un laboratoire modèle dans le parc de Rothamsted, et de l'offrir à M. Lawes, au lieu de celui qui vient d'être décrit, où l'emplacement avait fini par manquer, et où l'installation se ressentait des inconvénients dus à l'origine même du bâtiment.

Un comité local, présidé par M. F. Gough, avec M. Overman, pour trésorier, et M. Kerl, de Harpenden, pour secrétaire, se mettait à l'œuvre et recueillait en peu de temps, dans tout le pays, les fonds nécessaires pour construire le laboratoire, d'après les plans et devis fournis par M. J. C. Gilbert, architecte à Nottingham. Le 19 juillet 1855, le comte de Chichester, assisté de sir John Tylden, du révérend Huxtable, de sir E. Baker et de l'élite des agriculteurs, et propriétaires de l'Angleterre et des environs de Rothamsted, remettait solennellement à M. Lawes, au nom du comité, le nouvel édifice et deux magnifiques candélabres en métal massif, à la fabrication desquels le reliquat de la souscription avait servi. Sur ces deux pièces d'orfévrerie figure l'inscription suivante :

« Offert, à titre d'apanage, à John Bennet Lawes, de Rothamsted (comté de Herts), en même temps qu'un laboratoire construit pour lui, et sur son domaine, à l'aide des deniers publics, comme témoignage de gratitude pour les éminents services qu'il a rendus à la science et à la pratique de l'agriculture : ce 19 juillet 1855. »

De cette présentation mémorable, car le souvenir s'en perpétuera pendant de longues années à Rothamsted, nous ne retiendrons que les dernières paroles du discours adressé par le comte de Chichester à M. Lawes.

« Je n'essayerai pas, dit le noble lord, de narrer ce que vous doit la cause agricole dans ce pays. En effet, tant que nous aurons des cultivateurs sachant lire et rechercher les conditions des progrès réalisés ; tant que nous aurons des fermiers prêts à tirer parti de l'expérience scientifique ; tant que l'on regardera comme essentiel pour l'agriculture et pour la nation, de pouvoir produire le plus possible d'ali-

(1) *Mission de M. Payen en Angleterre. — Rapports à M. le ministre de l'agriculture et du commerce.*—Paris, Imprimerie nationale : décembre 1850, page 40.

ments animaux et végétaux avec la plus grande économie; tant que l'on se proposera de développer le rendement des céréales, d'activer la croissance des légumineuses et de protéger les racines contre la maladie; cette journée figurera comme une des plus glorieuses pour l'agriculture; et votre nom, monsieur Lawes, sera estimé et honoré à l'égal de ceux des plus grands bienfaiteurs de notre pays. J'exprime ici tout haut les sentiments que chacun des assistants éprouve intérieurement; et je souhaite que vous puissiez longtemps jouir des marques de sympathie et de respect que nous professons tous pour votre personne, en souvenir des bienfaits que vous avez rendus à l'agriculture (1)! »

Le nouveau laboratoire, vu du parc, (fig. 3) avec son revêtement en briques blanches et ses deux toits d'angle, étagés à la flamande, a le caractère qui convient à l'asile de l'étude et de l'enseignement. L'architecture en est simple, sans être banale. Les grandes fenêtres de façade, surmontées de leurs frontons, découpent symétriquement l'édifice et admettent la lumière sous la meilleure exposition.

En plan (fig. 5), le bâtiment a la forme d'un parallélogramme de 55 mètres sur 65 mètres environ, dont les deux ailes en avant-corps flanquent les deux principales pièces de manipulation.

Fig. 3. — Rothamsted. Vue du laboratoire de MM. Lawes et Gilbert.

L'aile de gauche, à partir de la façade, renferme :

1° La salle des fourneaux, où se font les combustions organiques et les opérations nécessitant l'usage des fourneaux;

2° La salle des balances, ou des pesées et des instruments de précision, dans laquelle ont lieu les expériences délicates de densité, de températures; les observations au microscope, etc.

3° Le magasin du matériel, verrerie, poterie, produits; où la lampe d'émailleur a sa place;

4° Le dépôt des combustibles : charbon de bois, houille et coke, avec le water-closet.

Ce dernier dépôt a un accès direct au dehors pour le service, et un, dans l'arrière-salle de laboratoire, qui renferme les foyers à haute température des moufles, du générateur, etc.

L'aile de droite, dans le même ordre, comprend :

5° Le cabinet particulier avec la bibliothèque, et les casiers à correspondance;

6° Les archives et le dépôt des registres et documents courants du laboratoire;

7° Le vestibule, par lequel on entre dans le bâtiment; l'escalier de ce vestibule conduit à l'étage supérieur;

8° Le laboratoire particulier de M. Gilbert.

Entre les ailes se trouvent les deux

(1) *The Herts Guardian*, 28 juillet 1855.

laboratoires proprement dits, vastes salles d'égales dimensions (12 mètres × 7ᵐ.70). Le premier, ou avant-laboratoire, dont la figure 4 représente la vue perspective, forme un vaisseau très-élevé, éclairé par trois fenêtres de façade et par le vitrage du toit en ogive surbaissée. Dans cette salle s'exécutent surtout les travaux délicats d'analyse et de classement des produits, à l'abri des poussières et des fumées des foyers. L'étuve à bain de sable, dont la grande cage vitrée occupe la paroi du fond (fig. 4 et 5), est desservie extérieurement par un foyer spécial. Cinq portes établissent la communication directe, soit avec le vestibule et le cabinet particulier, soit avec la salle des combustions, l'arrière-laboratoire, le magasin, et, par ce dernier, avec la salle des balances.

Le second laboratoire du fond (fig. 4) encadre une salle spéciale des foyers à températures élevées, dont les parois sont occupées, à gauche, par les fours de fusion ou à creusets; au fond, par les fourneaux du générateur à vapeur et du bain-marie; à droite, par les fours à moufles; enfin, à l'avant, par le foyer de l'étuve à bain de sable. Il résulte de cette excellente disposition que toutes les poussières de charbon et de cendres, les vapeurs fuligineuses sont concentrées sur un même point, et que la distillation

Fig. 4. — Vue perspective de l'intérieur de l'avant-laboratoire.

à l'alambic, l'évaporation à l'étuve, l'incinération dans les moufles, sont à l'abri des inconvénients causés par le service des grilles. Un seul foyer se trouve dans la salle à l'arrière, celui qui chauffe l'étuve à bain de sable du laboratoire particulier.

L'étage supérieur du bâtiment (fig. 6) consiste en une pièce ou séchoir, éclairée par le toit, qui recouvre la salle des foyers, et en une galerie qui fait le tour extérieurement du séchoir, pour se continuer intérieurement autour du laboratoire de face. La figure perspective (fig. 4) donne une idée exacte de l'aspect de cette dernière galerie.

La salle de dessication, avec son poêle au centre (fig. 6), est circonscrite par des treillis ou grillages horizontaux, correspondant aux carneaux des foyers inférieurs, sur lesquels s'opère le séchage des plantes et des produits, à la température que des registres permettent de régler à volonté.

La galerie, qui a la largeur des ailes sur les deux faces latérales seulement, est occupée par des armoires vitrées et des casiers, où sont méthodiquement rangés les produits recueillis et soumis à l'analyse depuis que les recherches ont commencé. Chaque spécimen, enfermé dans un flacon hermétiquement bouché, qu'il appartienne au règne animal, végétal ou minéral, est étiqueté et référé par son étiquette aux répertoires volumineux, ou aux catalogues tenus à jour par les statisticiens, dans la salle des archives; de telle sorte que l'analyse de n'importe quel produit pourrait être refaite et contrôlée à trente années d'intervalle, s'il y avait lieu.

C'est surtout en parcourant cette galerie et à la vue de la vaste armée de flacons répertoriés, que le visiteur saisit l'importance des recherches auxquelles les deux savants de Rothamsted ont voué leur existence. A l'une de nos visites en 1868, le docteur Gilbert nous apprit qu'il y avait huit mille échantillons de tous genres déjà analysés. Combien y en a-t-il aujourd'hui?

Blé, orge, avoine, grains et pailles; trèfle, fèves, haricots, pois, plantes des prés et foin, turneps, mangolds, betteraves, etc., avec leurs cendres respectives; os, graisses, tissus des animaux (bœufs, moutons et porcs); engrais de toutes sortes; résidus d'eaux de drainage et d'irrigation, de malteries, de panification, etc., tous sont là, année par année, depuis 1840, s'ajoutant sans cesse et payant cha-

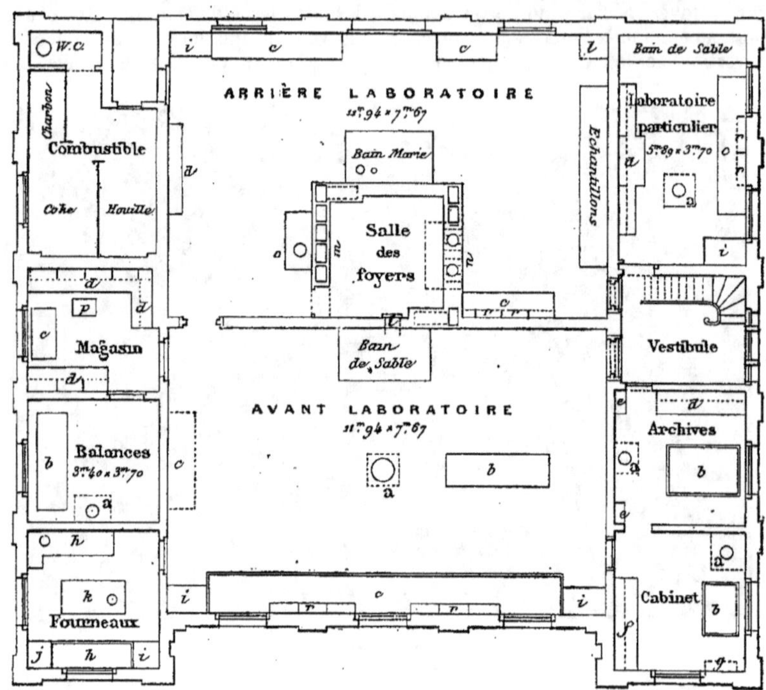


Fig. 5. — Plan du rez-de-chaussée du laboratoire (1).

(1) *Légende des figures* 5 et 6 :

*a a a*, poêles de chauffage.
*b b b*, tables.
*c c c*, tables de manipulation, avec tiroirs.
*d d d*, armoires et casiers.
*e e*, casiers pour répertoires et cartonniers.
*f*, bibliothèque.
*g*, casiers pour correspondance et copie lettres.
*h h*, paillasses et hottes.
*i i i*, éviers.
*j j*, charbonniers.
*k k*, fourneaux de combustion.
*l l*, foyers des étuves à bain de sable.
*m*, fours de fusion.
*n*, moufles.
*o*, alambic pour l'eau distillée.
*p*, lampe d'émailleur.
*r r r*, cases à réactifs.

cun leur tribut scientifique à la science agronomique.

Le docteur Gilbert préside à tous les travaux du laboratoire.

Un chef des cultures reçoit les instructions de MM. Lawes et Gilbert pour les champs d'expériences : préparation du sol, composition et distribution des fumures, assolements; soins à donner à la culture; récoltes, pesées, remise des échantillons au laboratoire. C'est également lui qui surveille les étables et les boxes, lorsqu'il y a des animaux en expérience.

Des deux chimistes attachés à M. Gilbert, l'un s'occupe spécialement de déterminer la matière sèche et les cendres, et de classer les résidus des analyses ; l'autre, des analyses organiques et des recherches délicates.

Deux garçons de laboratoire font le service intérieur.

Pour certains travaux exceptionnels, tels que celui de la détermination botanique des plantes des prés, des graminées, etc., un aide botaniste a été longtemps engagé à Rothamsted, sur la recommandation des directeurs de Kew-garden.

Enfin deux employés à poste fixe sont chargés de calculer journellement les résultats des champs d'expériences, des étables et des analyses de laboratoire ; de les inscrire, de les développer sous forme de tableaux, et de délivrer, à toute réquisition, les copies des documents qui sont nécessaires.

C'est grâce au concours de ce personnel dévoué, à l'ordre méthodique qui a invariablement régné dans leurs opérations, à l'installation remarquable de leurs champs d'essais et de leur laboratoire, que MM. Lawes et Gilbert ont pu éclairer d'une aussi

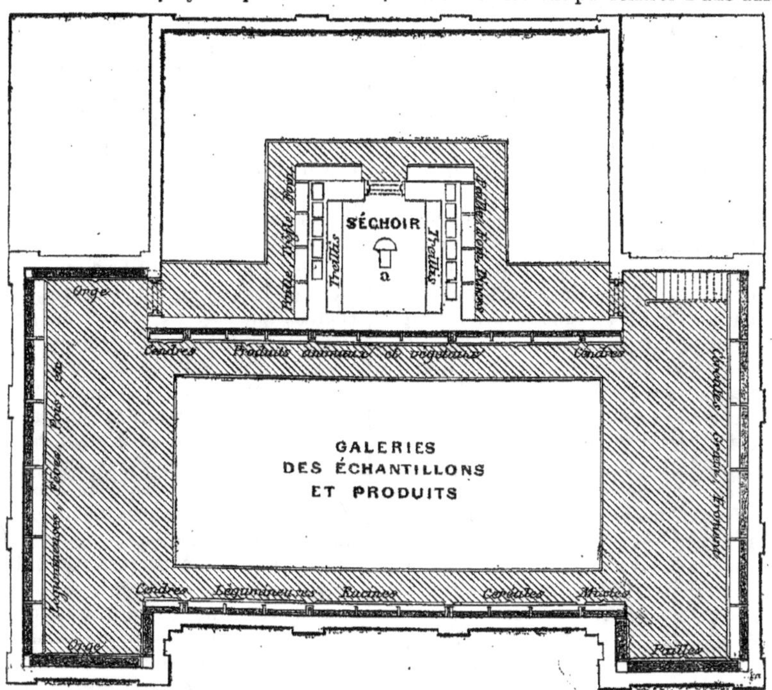


Fig. 6. — Plan de l'étage supérieur du laboratoire.

vive lumière les questions les plus difficiles de la physiologie et de l'agriculture.

## V. L'AZOTE ET LA THÉORIE MINÉRALE.

Pour exposer les travaux de MM. Lawes et Gilbert sur les engrais et la culture, il convient de remonter à l'origine, pour ainsi dire, de nos connaissances en chimie agricole, et de retracer celles dont l'agriculteur disposait au début de leurs investigations.

L'histoire du progrès des doctrines agricoles a été souvent présentée dans le *Journal d'Agriculture pratique*, comme ailleurs. Le *Journal* lui-même, dont la collection prend date après ce livre encyclopédique encore si précieux, *la Maison rustique du dix-neuvième siècle*, n'est-il pas le développement le plus complet des nombreuses phases subies par la science agronomique moderne ? Nos amis, MM. Risler et Grandeau, à l'occasion du système de fumure exclusivement chimique, réédité, depuis l'illustre Liebig, par M. Georges Ville, résumaient, il y a peu d'années, les recherches des devanciers et des successeurs du savant de Giessen (1). A notre tour, nous devons dire également, pour MM. Lawes et Gilbert en particulier, ce qu'avait été, et ce qu'était la question si complexe de la nutrition minérale des végétaux, au moment où ils publiaient les résultats de leurs premiers travaux.

On le sait, Bernard de Palissy avait entrevu déjà, au seizième siècle, le rôle nécessaire des matières minérales comme aliments des plantes. La valeur qu'il reconnaissait au fumier était attribuable, dans sa croyance, aux *sels végétatifs*, ou aux principes minéraux.

L'immortel Lavoisier, à la fin du siècle dernier, rendait compte du système d'investigations qu'il avait organisées sur ses fermes, relativement au rendement des terres, à la quantité de prairies et de bétail nécessaire à une exploitation rationnelle. Ainsi, en principe, l'idée de la nutrition minérale et celle de la culture expérimentale, basée sur l'emploi de la balance, apparaissent avant notre siècle; mais c'est à partir de 1800 seulement, que le naturaliste génevois, de Saussure, reprend, ou fonde, pour mieux dire, les recherches chimiques et physiologiques sur la végétation.

*Théorie de l'humus.* — De Saussure, en étudiant les relations entre la composition des cendres des végétaux et celle du sol, reconnaît bien quelque importance aux résidus incombustibles des plantes. Les matières minérales, pour lui, ne sont pas accidentelles dans les plantes; leur nature varie avec les terres; le phosphate de chaux et la potasse font partie de toutes les cendres des végétaux, et ceux-ci n'absorbent pas en même proportion les substances que contient à la fois une même dissolution. Cependant il conclut que » ce sont les extraits végétaux et animaux qui déterminent la valeur du sol en agriculture ». Aussi, ses travaux contribuent-ils pour une large part à confirmer la doctrine qui a cours alors, et que l'on désigne sous le nom de doctrine de l'*humus*.

L'*humus*, substance noirâtre, partie constitutive du terreau, provenant de la décomposition dans le sol des débris végétaux, avant que leur substance disparaisse sous forme d'eau, d'acide carbonique, d'ammoniaque, etc., passe alors pour l'élément fertilisateur par excellence. C'est le suc nourricier des plantes cultivées, qui par-

(1) *Journal d'Agriculture pratique*, 1868, t. I; 1869, t. II, et 1870, t. I.

tage avec l'air et l'eau, les fonctions de leur alimentation.

Sir Humphry Davy reproduit cette même théorie, malgré les recherches importantes qu'il a poursuivies sur l'intervention de l'ammoniaque et des sels dans la végétation.

Plus tard encore, en 1839, Berzélius ne voit dans le sol « qu'une influence mécanique par rapport à la plante. La chaux, les alcalis de la cendre n'agissent qu'en transformant plus rapidement les matières en humus».

Payen, qui signe l'article *Engrais* dans la *Maison rustique*, range les engrais minéraux (le plâtre, les cendres, les nitrates, etc.,) sous le titre de *stimulants*, et parle de la conductibilité et des courants électro-chimiques, développés par les sels neutres et alcalins.

Voilà pour les chimistes et les naturalistes! Les praticiens agronomes ne sont guère plus avancés.

Thäer fait de l'humus l'étalon destiné à mesurer la fécondité de la terre. «Si les engrais minéraux ne contiennent aucune matière organique, ils n'opèrent exclusivement ou essentiellement qu'en favorisant la décomposition. » Pour Mathieu de Dombasle, les substances minérales ne sont ni des engrais, ni des aliments des plantes. Enfin Schwerz, renonçant à toute explication, déclare que « les merveilleux effets de l'engrais organique sont incompréhensibles ».

Tous sont ainsi à peu près d'accord avec de Saussure et, plus tard, avec Sprengel, pour affirmer que la vie végétale dépend de la circulation de matières organiques, c'est-à-dire, de matières ayant elles-mêmes déjà vécu. En dehors de cette circulation, il n'est pas possible d'accroître la production par l'agriculture.

Pourtant les sols, les végétaux et leurs cendres sont analysés en grand nombre; l'expérimentation directe de divers engrais, à l'aide de la balance, a commencé; et l'on n'a encore vu de rôle essentiel, indispensable, dans la culture, que celui des matières organiques ou humiques. Il faudrait parvenir à démontrer qu'un végétal peut vivre et prospérer loin de tout humus; et ce n'est pas démontré!

M. Boussingault, dont les magnifiques recherches sur l'origine de l'hydrogène et de l'azote dans les végétaux, sur la fonction des feuilles dans la nutrition des plantes, ont porté une vive atteinte à la thèse si absolue de Thäer, affirme encore en 1838, dans la *Discussion des assolements,* que « la fertilité normale du sol ne peut s'entretenir que si on lui rend des quantités égales après chaque rotation. » Mais cette restitution ne s'applique qu'aux substances organiques, dont l'assimilation se ferait directement par le végétal. Les conditions meilleures des assolements seraient donc déterminées par l'évaluation de l'azote des matières organiques, fournies par l'humus ou par l'atmosphère.

*Théorie minérale.* — On est arrivé ainsi en 1840! D'importantes découvertes se sont réalisées partout, en chimie, comme en physiologie végétale. Sennebier a découvert la décomposition de l'acide carbonique dans les plantes; M. Boussingault, celle de l'eau, et l'emploi de la balance dans l'étude des phénomènes de la végétation ; MM. Dumas et Boussingault ont nettement tracé le rôle réducteur qui résume l'effet général du règne végétal sur le globe; etc. Tout est prêt pour expliquer les principales fonctions de la nutrition des plantes et de l'assimilation; mais rien n'est encore coordonné, qui laisse déduire les causes d'épuisement du sol par les récoltes ou le rôle réparateur des fumiers et des engrais minéraux. C'est alors que Liebig fait paraître sa *Chimie organique appliquée à l'agriculture et à la physiologie,* et, dans cette œuvre magistrale, il formule de toutes pièces une doctrine qui rejette au loin celle de l'humus, regardée avec raison comme l'erreur capitale de l'agriculture ancienne. Cette doctrine demeure encore inattaquable aujourd'hui, dans la plupart de ses points fondamentaux. Son exposé précède celui de cette admirable leçon de MM. Dumas et Boussingault sur la *Statique chimique des êtres organisés,* de 20 août 1841.

Liebig, partant d'un nombre restreint de faits positifs, définit les rapports qui unissent la plante au monde minéral, et dès son entrée en matière, il énonce ce fait « que la nature inorganique *exclusivement* offre aux végétaux leurs premières sources d'alimentation ». De l'analyse des cendres des plantes, il tire cette conséquence absolument neuve que, comme toutes les plantes enlèvent certaines parties minérales au sol, aucune ne saurait l'améliorer, ni le rendre plus fertile pour une autre espèce de plante. « Le principal avantage des assolements con-

siste ainsi dans les proportions inégales de substances minérales enlevées au sol par les plantes, cultivées alternativement dans le même terrain. » De même, il conclut de l'étude de chacune des matières minérales qui domine dans les cendres des plantes, « que si l'on veut conserver à la terre sa première fertilité, il faut rétablir l'équilibre en silicates, en phosphates, en sels calcaires ou magnésiens » ; ce qui se fait par l'*engrais.*

Nous n'essayerons pas de pousser plus loin l'exposé d'une théorie dont les axiomes sont presque tous la base de l'agronomie moderne, et qui a exercé la plus durable influence sur les progrès réalisés en agriculture. Mais nous ne pouvons passer entièrement sous silence la *fameuse querelle,* comme on l'a appelée, soulevée par cette théorie, entre Liebig, ses ardents élèves, d'une part, et MM. Boussingault, Lawes et Gilbert, et un nombre considérable de savants agronomes de toutes nationalités, d'autre part.

Liebig, par ses généralisations exclusives, par ses affirmations tranchantes, parfois passionnées et injustes, jetées en défi à toutes les idées reçues jusqu'alors, devait surtout faire naître les recherches les plus décisives, telles que celles de MM. Lawes et Gilbert, et, grâce à elles, apporter la lumière sur les phénomènes les plus complexes de la vie végétale et animale. Cette influence de l'œuvre de Liebig est incontestable.

*L'azote.* — Sur un des points les plus essentiels de sa doctrine, l'alimentation des plantes en azote, Liebig avait varié. Ainsi, en 1840 et 1842, il avait commencé par affirmer que les sources naturelles de l'azote ne suffisaient pas aux besoins de l'agriculture; mais, l'année suivante, frappé des énormes quantités d'azote dont l'analyse décèle la présence dans diverses terres arables, il revient sur sa manière de voir, « après une longue suite d'observations et de réflexions », et abandonne ses anciennes opinions. Il ne s'arrête pas là, car en 1867 il écrit « que la culture ne peut épuiser l'azote dans une terre; l'azote n'étant pas un des éléments du sol, mais bien de l'air qui le prête au sol. Ce que perd le sol sur un point est aussitôt remplacé par l'air qui se trouve partout; d'où il résulte que l'infertilité de nos champs ne peut provenir d'un manque d'azote (1) ». Et il ajoute :

(1) *Théorie et pratique de l'agriculture.* Lille, 1857, p. 14.

« Les engrais riches en azote ne produisent par eux-mêmes aucun effet. Leur action dépend du concours des conditions qui assurent leur efficacité : si ces conditions font défaut, le plus grand excès d'engrais n'exerce aucune influence sur le rendement du sol (1) ». C'était bien, en d'autres termes, la conclusion consignée dans la cinquième édition de sa *Chimie*, c'est-à-dire : « Il est donc parfaitement entendu que par l'addition d'engrais azotés, par les sels ammoniacaux seuls, on ne peut augmenter ni la fertilité des champs, ni leur faculté productive; qu'au contraire, cette faculté augmente ou diminue en proportion directe des aliments minéraux que l'engrais renferme. »

M. Boussingault, dans son *Économie rurale* (1844), n'en avait pas moins maintenu son avis sur l'action prépondérante de l'azote. « Dans tous les temps, écrit-il, les agriculteurs ont admis que les engrais les plus énergiques sont ceux qui dérivent des substances d'origine animale : cette opinion traditionnelle, exprimée dans le langage de la science, revient à dire que les fumiers les plus actifs sont précisément ceux qui renferment la plus forte proportion de principes azotés. » La fertilité rétablie par l'emploi du guano n'est-elle pas due presque exclusivement à « l'utile intervention des sels à base d'ammoniaque sur la végétation »? Du reste, il suffisait de comparer l'influence du fumier et des cendres de ce même fumier, pour constater, avec M. Boussingault, que, dans le champ qui reçoit le fumier, 1 de grain en fournit 14, tandis que dans le champ contigu, qui reçoit les cendres du même fumier, 1 de grain en donne 4.

MM. Lawes et Gilbert, entrés en lice avec les résultats de leurs premières expériences, en déduisent également que les quantités d'azote fournies par « les sources naturelles sont insuffisantes pour les besoins d'une bonne récolte de froment »; ce à quoi Liebig répond que la thèse manque de fondement, et « que toutes les conclusions que ces deux messieurs ont tirées de leur thèse sont fausses et ne peuvent être maintenues (2) ».

M. Lawes, dans son premier travail de chimie agricole (1847), avait d'ailleurs relevé justement les variations du chimiste de Giessen sur le sujet de l'azote. « Il est très-

regrettable, écrit-il, que Liebig ait altéré, dans sa troisième édition, tant de vues et de jugements consignés dans la première. Si bien qu'à la suite d'une visite faite à l'Angleterre pour se familiariser (comme il l'avoue lui-même dans sa préface) avec l'agriculture pratique, il déclare sans valeur les expériences de M. Boussingault, dont l'opinion a droit à tout respect, car elle vient d'un savant qui réunit aux connaissances théoriques de la chimie, celles de la pratique de la culture. Sans examiner les mérites des avis divergents que tous deux soutiennent, je crois devoir faire remarquer que si Liebig est tombé dans bien des erreurs, c'est parce qu'il ne s'est pas rendu un compte suffisant de ce qu'est l'agriculture pratique » (1).

La controverse ne devait pas s'arrêter là, et Liebig, dans son livre qui a pour titre : *Théorie et pratique en agriculture*, dédié à son ami F. Kuhlmann, de Lille, prend véhémentement à partie ses adversaires de Rothamsted, aussi bien que le docteur Wolff, de Hohenheim, et le docteur Stöckhardt, de Tharand. S'il ne nous convient pas d'insister, par respect pour la mémoire de Liebig, sur les personnalités dont il ne craint pas de faire usage vis-à-vis de M. Lawes, il importe de laisser entrevoir combien il s'agite difficilement, malgré la hardiesse de ses vues, en présence des faits consciencieusement observés et interprétés. « Pour moi personnellement, dit-il, je n'ai pas le moindre intérêt à la solution des questions qui forment l'objet du débat avec M. Lawes. Si mes opinions sont victorieuses, je ne gagne rien dans l'estime des chimistes et des naturalistes, la seule qui me touche. Et je ne perds pas cette estime, si les prétentions de M. Lawes sont triomphantes auprès des agriculteurs; car les chimistes et les naturalistes reconnaissent les vérités que je défends comme lois naturelles, et ils sont parfaitement indifférents à l'issue d'un débat qui n'est pas de leur ressort et ne peut pas, par conséquent, les intéresser (2). »

Empressons-nous de dire, après ce singulier aveu, que les agriculteurs, en donnant raison à M. Lawes, ne se sont pas désintéressés du sujet en litige. Mais Liebig n'a pas perdu pour cela, quoi que ce soit de l'estime dans laquelle les agriculteurs tiennent, au même titre que les chi-

<hr>

(1) *Idem.*, p. 33.
(2) *Théorie et pratique en agriculture*, 1857, p. 14.

(1) *Journ. Roy. agr. Soc. Eng.*, t. VIII, 1847, p. 227.
(2) *Théorie et pratique en agriculture*, p. 46.

mistes, les doctrines fondamentales dont son puissant et fécond esprit a doté la science actuelle.

*Engrais inorganiques et assolements.* — La question de l'azote s'étendait naturellement à celle des engrais minéraux et azotés. Liebig explique, en 1867 seulement, que, s'il s'était associé en 1845 avec quelques amis pour la fabrication d'engrais artificiels, desquels toutes substances organiques étaient exclues, et dont la composition était basée sur l'analyse des cendres, il comprenait que l'azote exigé pour un haut rendement. devait être fourni à ces engrais sous forme de sels ammoniacaux (1). A ses yeux, « aucun progrès réel ne lui semble possible en agriculture, que dans le cas où l'on pourrait se rendre indépendant du fumier » ; mais il a toujours sous-entendu, dans la composition de l'engrais artificiel, les sels ammoniacaux, et l'on a dénaturé sciemment le sens des définitions qu'il avait données des engrais *organiques* et des engrais *inorganiques.*

M. Lawes avait énoncé que « d'après la théorie proposée par M. Liebig, le rendement d'un champ s'accroît ou diminue en rapport direct avec l'augmentation ou la diminution des matières minérales contenues dans l'engrais (2) ». Liebig objecte que :

(1) Dans ses excellents articles sur la doctrine agricole de M. Ville, M. E. Risler rappelle comment était composé l'engrais pour le froment, d'après la théorie minérale de Liebig :

*a.* Six parties d'un mélange obtenu en fondant ensemble cinq parties de chaux et deux parties de potasse.

*b.* Une partie d'un mélange obtenu en fondant égales parties de phosphate de chaux, de potasse et de soude.

*c.* Deux parties de plâtre.

*d.* Une partie d'os calcinés.

*e.* Assez de silicate de potasse pour que son acide silicique représente six parties du tout.

*f.* Une partie de phosphate ammoniaco-magnésien.

Les recettes des engrais pour les autres plantes ont des proportions différentes des mêmes substances; mais on remarquera, avec M. E. Risler, la faible proportion d'azote que renferme celle pour le blé. « Il n'y en a qu'un peu, donné sous forme de phosphate ammoniaco-magnésien; Liebig admettant *alors* que les plantes en tirent assez de l'atmosphère. » (*Journal d'Agriculture pratique*, 1868, t. I, p. 483.)

Les recettes des engrais Liebig devinrent l'objet d'un brevet pris par Muspratt le 15 avril 1845. Les mélanges fondus dans un four à réverbère, furent répandus dans les champs, et l'insuccès de l'engrais dit minéral fut complet. (Rapport de Hoffmann sur l'exposition universelle de 1862.)

(2) *Journ. Roy. agr. Soc. Eng.* T. VIII, p. 22.

« Les engrais organiques sont ceux qui contiennent des matières organiques », et non pas, comme le prétend M. Lawes, *ceux seulement qui peuvent fournir à la plante, par suite de décomposition, ou de toute autre manière, des principes organiques, tels que le carbone, l'hydrogène et l'azote.*

« Les engrais inorganiques sont ceux qui ne renferment pas de matières organiques », et, non pas seulement, d'après le sens que donne M. Lawes, *les substances composées des éléments minéraux que renferment les cendres des plantes.*

« D'après les définitions de M. Lawes, ajoute Liebig, l'acide carbonique, l'eau, l'ammoniaque et les sels ammoniacaux ne sont *pas* des substances minérales, et l'engrais *minéral* serait celui qui ne contient *que* les éléments des cendres des plantes..... »

« M. Lawes, appuyé sur ses fausses définitions, essaye de prouver que j'avais eu l'intention de *faire éliminer l'ammoniaque de l'engrais*, l'ammoniaque étant une combinaison organique !!! »

La déclaration, dans ces termes, était catégorique, mais bien tardive. Si Liebig était dans le vrai, comme on l'a assuré, en considérant comme des composés minéraux, l'eau, l'acide carbonique, aussi bien que l'ammoniaque et l'acide nitrique, sources de l'hydrogène, du charbon et de l'azote de tous les êtres organiques vivants, il aurait dû l'établir distinctement, à une époque où tout éloignait de cette acception, surtout pour les sels ammoniacaux.

Du reste, la plupart des agronomes français et allemands avaient admis l'interprétation donnée par M. Lawes. Payen, revenant de sa mission officielle en Angleterre, écrivait en 1850 ce qui suit :

« On avait d'abord admis en Angleterre, l'opinion d'un illustre chimiste, M. Liebig, qui pensait que les substances minérales pourraient suffire, soit à l'entretien de la fertilité, soit à l'amélioration des sols en culture. Ce savant n'avait point hésité à prendre part à la fondation d'une manufacture d'engrais où l'on préparait des mélanges de différents sels minéraux destinés à remplacer les fumiers ordinaires. Cette sorte d'engrais incomplet a échoué dans presque toutes les applications qu'on en a faites, et l'établissement n'a pu se soutenir. C'est un résultat négatif bien acquis aujourd'hui à la science agronomique.

« Deux autres circonstances remarquables, ajoute-t-il, ont contribué à éclairer les esprits les plus prévenus en faveur de la théorie allemande, que nous avons toujours combattue en France. Au moment même où les mélanges des sels minéraux, employés exclusivement, restaient inefficaces sur le sol, un autre engrais commercial, le *guano*, composé principalement de phosphates, de matières azotées et de sels ammoniacaux, était importé en Angleterre, où il eut le plus grand succès dans toutes les cultures : résultat bien propre à montrer le rôle utile que remplissent les substances azotées dans les engrais : car, entre la composition du mélange inefficace livré dans la fabrique d'engrais minéraux et celle du guano du Pérou, la seule différence à remarquer, c'est que la substance azotée, absente du premier, abonde dans le second.

« Vers la même époque, un large système d'expérimentation était institué sur une grande exploitation agricole par M. Bennet Lawes. Son établissement a été affecté à l'essai en grand des engrais minéraux non azotés, ou azotés, ou mixtes, chacun d'eux étant préalablement analysé. Les résultats des analyses, rapprochés des observations relatives à la végétation des plantes, au volume, au poids et à la qualité des produits, permettent de constater chaque année les effets réels des engrais appliqués aux principales cultures (1). »

Au demeurant, Liebig n'est pas en peine pour reconnaître que s'il a fait fausse route au début avec ses engrais minéraux, les principes sur lesquels il se fondait n'en demeurent pas moins indiscutables.

« Je confesse volontiers, dit il en 1857, que l'emploi de ces engrais était fondé sur des suppositions qui n'existaient pas en réalité.

« Ces engrais devaient amener une révolution complète en agriculture. Le fumier d'écurie devait être complétement exclu, et toutes les substances minérales enlevées par les récoltes, remplacées par des engrais minéraux.

« Les rotations ordinaires devaient cesser. On allait connaître celles des plantes qui avaient besoin d'ammoniaque dans l'engrais et celles qui pouvaient s'en passer.

« L'engrais devait donner le moyen de cultiver sur un même champ, sans discontinuité et sans épuisement, toujours la même plante, le trèfle, le froment, etc., selon la volonté et les besoins de l'agriculteur.

« Je suis convaincu que ces engrais présentaient, sous le rapport de la forme et de la solubilité, de grands défauts; qu'ils étaient susceptibles d'importantes améliorations ; mais je ne crois pas que les principes sur lesquels est

(1) *Rapports à M. le ministre de l'agriculture et du commerce.* Paris, Imprimerie nationale, 1850.

basée leur composition puissent être jamais trouvés inexacts ou faux (1). »

Il n'est pas plus en peine pour expliquer ses propres contradictions, d'après le but même de généralisation qu'il s'est proposé d'atteindre, et par le besoin de formuler une doctrine chimique agricole, indépendamment des conditions pratiques.

« Il faut se rappeler, ai-je dit dans ma deuxième édition anglaise (*Chimie dans ses applications à l'agriculture et à la physiologie*), que le but de l'auteur n'a pas été d'écrire un manuel systématique de chimie agricole, mais de faire la chimie de l'agriculture. Un système de chimie agricole comprend la théorie et ses applications : un livre qui traite de la chimie considérée dans ses applications à l'agriculture expose les principes chimiques et donne l'explication des phénomènes chimiques que présente la culture des plantes. Un système de chimie agricole ne peut être écrit que par un agriculteur qui connaît les éléments de la chimie; une chimie de l'agriculture peut être écrite par un chimiste possédant les principes généraux de l'agriculture... Si l'on voulait voir un système dans mon livre, celui-ci pourrait sembler écrit avec le plus grand désordre et plein des plus étranges contradictions... Il n'y est pas question de donner à l'agriculture des conseils pour faire produire à sa terre de la manière la plus avantageuse, le rendement le plus élevé, relativement à certaines plantes. Il n'y est pas question non plus, de faire connaître si l'on doit donner ou non, dans l'engrais, de l'ammoniaque au froment, ou d'indiquer les plantes qui en réclament (2). »

Ce n'est pas précisément ainsi, comme on le verra, que MM. Lawes et Gilbert entendent le rôle de la chimie agricole, et qu'ils se résignent aux revirements du novateur de Giessen.

Vingt-trois années après l'apparition de la *Chimie appliquée* de Liebig, lorsqu'ils présentent le résumé de vingt années d'expériences sur la culture du froment, ils se reportent au point initial de leurs recherches, dans un passage de leur mémoire que nous tenons à citer textuellement.

En dehors de l'intérêt historique qui s'y rattache, on y trouvera, croyons-nous, une preuve positive de l'enchaînement des travaux de Rothamsted avec ceux de Bechelbronn.

« C'est principalement aux laborieuses recherches de M. Boussingault en chimie agri-

(1) *Théorie et pratique en agriculture* 1857, p. 53.

(2) *Théorie et pratique en agriculture*, 1871, pp. 16, 17.

cole, et aux généralisations de Liebig, basées, pour la plupart, sur ces mêmes recherches, qu'il faut attribuer l'impulsion et la direction des études chimiques appliquées, il y a un quart de siècle, à l'agriculture.

« Si nous omettons les faits, d'ailleurs très-importants, constatés par nos devanciers, et qui ont été le point de départ des investigations de M. Boussingault, on peut dire qu'avant 1840, cet expérimentateur infatigable et si rigoureux avait déjà déterminé, autant que les méthodes analytiques connues le permettaient, les proportions des éléments les plus importants fournis par le sol à l'état d'engrais et à l'état de récoltes, pendant plusieurs années d'assolement régulier. Les conclusions sommaires des travaux de M. Boussingault étaient les suivantes :

« 1. Les récoltes enlèvent au sol une bien plus forte proportion de carbone et d'azote que celle fournie au sol par l'engrais;

« 2. Les meilleures soles dans une rotation sont celles qui accumulent le plus d'éléments atmosphériques dans la terre;

« 3. Certaines plantes, les légumineuses principalement, accumulent une plus grande quantité de l'azote fourni par l'atmosphère. Non seulement leurs récoltes enlevées au sol renferment plus d'azote; mais encore, leurs résidus laissent dans le sol plus d'azote qu'il n'y en avait auparavant;

« 4. La valeur fertilisante d'un engrais se mesure par la proportion d'azote qu'il contient.

« Dans son premier ouvrage sur *la Chimie organique et ses applications à l'agriculture et à la physiologie*, publié en 1840, Liebig démontra plus particulièrement que ne l'avait fait M. Boussingault l'importance des éléments incombustibles, ou des cendres, désignés sous le nom de substances *inorganiques*, afin de les distinguer de l'acide carbonique, de l'eau, de l'ammoniaque, etc., qui constituent en grande partie les organes des végétaux. Il insista, en même temps, sur le rôle important de l'azote ou des substances azotées dans les engrais, susceptibles de produire de l'ammoniaque.

« Bientôt après l'apparition de la chimie de Liebig, M. Boussingault donna d'une manière bien plus complète les résultats de ses propres recherches agricoles et les conclusions à en déduire, en accusant plus énergiquement ses idées sur la part importante qu'a l'azote dans les engrais, au point de vue pratique.

« En 1843, Liebig publia une nouvelle édition de sa *Chimie*, où il critiqua les expériences de M. Boussingault, condamna ses idées sur l'importance relative de l'azote dans les engrais, et maintint (contrairement à ce qu'il avait exprimé dans sa précédente édition) que l'atmosphère fournit assez d'azote aux plantes cultivées, comme aux plantes non cultivées. Il ajoutait que cette dose d'azote suffit également aux céréales et aux légumineuses; qu'il était inutile de fournir de l'azote aux céréales. Il insistait ensuite plus vivement que dans la première édition sur le rôle des éléments incombustibles, c'est-à-dire *inorganiques* ou minéraux, et il s'avançait au point de dire :

« *La fertilité n'est-elle pas indépendante de l'ammoniaque apportée au sol? Que nous évaporions l'urine, que nous desséchions et incinérions les fèces solides, et que nous fournissions à la terre les sels de l'urine et les cendres des fèces solides, les plantes cultivées sur la terre ainsi fumée (graminées et légumineuses) ne tireraient-elles pas leur carbone et leur azote des mêmes sources auxquelles puisent les graminées et les légumineuses de nos prairies? Il peut à peine y avoir doute sur ces questions, etc.* (1). »

« Plus loin, il affirmait que *les récoltes d'une terre diminuent ou augmentent exactement dans le même rapport que les matières minérales fournies à cette terre par l'engrais* (2). »

« Enfin il complétait sa pensée ainsi qu'il suit :

« *Il a été démontré que l'ammoniaque est un des éléments constitutifs de l'atmosphère, et que, comme tel, l'ammoniaque est directement disponible et absorbée par toutes les plantes. Si donc, les autres conditions qu'exige la croissance des plantes sont remplies, si le sol est convenable et renferme une dose suffisante d'alcali, de phosphates et de sulfates, rien ne manquera. Les plantes soutireront l'ammoniaque à l'atmosphère, comme elles soutirent l'acide carbonique. Nous savons qu'elles jouissent de la faculté d'assimiler ces deux éléments; et je ne vois pas réellement pourquoi l'on chercherait leur présence dans les engrais employés..... La nécessité de l'ammoniaque pour les engrais se réduit à la nécessité d'employer des engrais animaux. C'est de cette solution que dépend tout l'avenir de l'agriculture; car, si nous pouvons nous passer du fumier de ferme volumineux, en recourant à des engrais artificiels, nous tenons dans nos mains la puissance productive de nos champs.*

« Les résultats de nos expériences directes, ceux de la pratique générale de l'Angleterre, ont confirmé, en somme, les conclusions de M. Boussingault et condamné celles de Liebig que nous venons de citer.

« Dans ses ouvrages plus récents, Liebig reprend affirmativement bien des faits que nous avions avancés de notre côté pour battre en brèche ses propres doctrines. Un exemple suffira. Ainsi, dans ses *Lois naturelles de l'agriculture* (3), au milieu de démonstrations multiples, il dit :

« *Il est aisé de voir que l'accumulation par le fumier de ferme d'éléments azotés dans la couche supérieure du sol, si essentielle pour*

(1) Troisième édition, p. 204.
(2) Troisième édition, p. 211.
(3) Munich, 1862.

*le parfait développement des céréales, devra dépendre principalement du bon développement des plantes fourragères.*

« Liebig est donc ici en contradiction ouverte avec les idées exprimées dans ses écrits antérieurs. Il affirme le rôle important des récoltes accessoires pour les matières azotées, nécessaires au plein développement des céréales. »

Nous terminerons par cette citation le trop long exposé que nous avons fait de la polémique engagée sur la théorie *minérale* et terminée par l'acquiescement tardif de Liebig aux faits d'expérience.

MM. Lawes et Gilbert, comme le démontrent les résultats de leurs recherches, peuvent presque s'attribuer le mérite d'avoir formulé clairement la nature des substances indispensables au développement des végétaux cultivés dans la terre arable. Ils ont reconnu, en laissant de côté le sable calciné, l'analyse du sol et les essais de laboratoire physiologique, le rôle des sels ammoniacaux et des nitrates mêlés aux matières minérales, sulfates alcalins, sulfates de chaux et de magnésie, phosphates, silicates, etc. Et bien que Liebig ait cru devoir écrire « qu'après dix années d'essais, ils n'avaient pas réussi à donner aux cultivateurs *une seule recette* d'engrais efficace, soit pour une contrée, soit pour un terrain, soit pour une plante », ils ont propagé dans la grande culture l'emploi d'engrais composés, et surtout des phosphates acidifiés, d'après les résultats d'une pratique éclairée par l'analyse, sur les plantes les plus variées.

Comme le faisait très-justement observer M. Lecouteux en quittant Rothamsted, où il nous avait accompagné : « Malgré une expérience de trente ans, malgré l'assiduité avec laquelle MM. Lawes et Gilbert suivent les travaux des autres savants, ils n'en sont pas encore venus à formuler un système de culture universelle qui réduirait le problème de l'économie rurale en une formule d'engrais chimique.

« MM. Lawes et Gilbert croient que les engrais chimiques peuvent produire des plantes de toutes pièces ; que les plantes peuvent dire leur opinion sur chacun des éléments offerts à leur alimentation ; que, dans leur terre, le nitrate de soude développe les graminées prairiales au détriment des légumineuses ; que le succès continu du blé sur un même terrain est surtout une question d'engrais, de bonne culture mécanique et de destruction de mauvaises herbes ; enfin que les assolements doivent surtout se décider par les influences du marché (1). »

## VI. — PLAN DES EXPÉRIENCES DE CULTURE A ROTHAMSTED.

*Pratique et science en 1847.* — Il est facile de déduire du chapitre précédent les conséquences auxquelles les agronomes arrivaient, avant les expériences de MM. Lawes et Gilbert, s'ils voulaient appliquer la doctrine de Liebig.

Ainsi les éléments minéraux étant indispensables à la plante pour son développement, le sol devait les fournir d'une manière immédiate. L'humus cessant d'approvisionner la plante en éléments organiques essentiels, l'azote devait lui être fourni extérieurement. Mais, du moment où un sol renfermait assez d'aliments inorganiques, l'atmosphère suffisait pour fournir l'ammoniaque.

Les cendres des plantes pouvant avantageusement remplacer comme engrais les fèces des animaux, si l'on restituait au sol les sels contenus dans les urines et les déjections solides, l'atmosphère se chargeait de porter à la plante assez de carbone et d'azote. A l'aide d'engrais fabriqués d'après la composition des cendres des diverses plantes cultivées, le fermier n'avait plus besoin de recourir aux fumiers d'étable ou d'écurie, ni à une rotation définie. Il lui suffisait de choisir des engrais appropriés, pour se livrer à la culture de son choix, ou à une culture répétée, sur le même sol. La fertilité du sol se réglait finalement, sous le rapport de la fumure, par l'analyse du sol et des cendres de la plante, ou des plantes à cultiver.

Ces conclusions de l'agronome, quelle que fût leur simplicité, n'étaient pourtant pas encore celles du cultivateur en 1847, si nous nous en rapportons à ce qu'écrit M. Lawes à cette même date, sur l'état de la science agricole et de l'empirisme.

« Il y a lieu de s'étonner, dit-il alors, de l'ignorance où l'on est actuellement sur les théories agricoles. La pratique remonte aux premiers âges de l'humanité, mais la science de l'agriculture existe à peine. Demandez au fermier le plus habile

(1) *Journal d'Agriculture pratique*, 32ᵉ année, 1869, t. II, p. 133. Le Concours de Leicester.

qu'il vous explique le pourquoi de la routine qu'il suit journellement? Demandez-lui la valeur ou l'utilité d'un assolement quelconque? quel est l'état d'épuisement relatif du sol après telles ou telles récoltes? quelles matières il faut restituer à la terre pour maintenir son degré de fertilité? quelle est l'influence réelle du climat sur la production, etc.?

« Il répondra vaguement, ou de manière à ne pas vous satisfaire. Or ces questions, et bien d'autres de même nature, trouvent leur solution dans la science. Il faut pouvoir y répondre par la science pour affirmer que l'agriculture repose sur des bases sérieuses.

« Sans parler de l'argent que l'on enfouit chaque année en essais inutiles, ne saisit-on pas les nombreux inconvénients causés par l'absence des règles fixes? Combien de gens ayant des capitaux se détournent-ils de l'agriculture parce que les bénéfices y sont d'une incertitude proverbiale! Combien de gens aussi, exerçant la profession agricole avec des ressources, se refusent à améliorer leurs terres faute des connaissances qui leur permettraient de calculer exactement les bénéfices de leurs placements! Aussi le cultivateur est-il souvent obligé d'adopter par bail un assolement tout à fait préjudiciable à ses intérêts, parce que telle était la pratique séculaire de ses devanciers. Et cet assolement, on l'impose aussi bien à un fermier qui dépense 500 fr. à l'hectare qu'à celui qui en dépense 150 (1)! »

Ailleurs, encore, M. Lawes insiste sur le rôle de la science, en parallèle avec celui de la pratique éclairée.

« La pratique, dit-il, est assurément un guide sûr et naturel dans tous les arts qui touchent à la condition physique de notre race. Aussi, en agriculture, de même que dans beaucoup d'autres branches de l'industrie humaine, la pratique a réalisé, sans l'aide de la science, des progrès considérables. Mais pour se fier exclusivement à la pratique, il faudrait pouvoir contrôler les faits avec intelligence et se conduire en profitant des leçons qu'ont données les erreurs du passé. Or les observateurs qui remplissent ces conditions sont en nombre bien restreint.

« Quoique l'on parvienne, en examinant certaines pratiques, à démontrer leur compatibilité avec la science, plutôt que leur

désaccord fondamental, il est certain qu'un principe scientifique bien défini, facilement expliqué, sert à un bien plus grand nombre de praticiens que la recette empirique la plus habile. Nul ne saurait douter, par cela même, des bienfaits de la science pour améliorer et développer les arts industriels.

« Quiconque, en effet, possède une instruction et une intelligence ordinaires, peut, avec les principes de la science, atteindre promptement le but auquel l'empirisme l'eût amené seulement à la fin de sa carrière.

« En admettant (ce qui n'est pas admissible) que les meilleures pratiques agricoles puissent se passer du concours de la science, et qu'il vaille mieux faire des efforts pour les divulguer, que pour les perfectionner, il n'en est pas moins constant que la simple connaissance des principes élémentaires de la végétation mettrait le cultivateur à l'abri des piéges dans lesquels la fraude ou l'ignorance le fera inévitablement tomber avec ce qu'il sait actuellement. Comme d'ailleurs les recherches théoriques tendent à expliquer et à appuyer les bonnes et anciennes pratiques, on ne saurait assurément s'opposer au perfectionnement agricole par la science (1). »

Il faut dire que les conseils de M. Lawes aidant, et les résultats des recherches scientifiques se vulgarisant, la situation révélée par les passages que nous venons de citer ne s'est pas longtemps maintenue, puisque, quelques années plus tard, M. de Lavergne s'exprime ainsi : « Rien ne montre mieux les progrès que fait en Angleterre la chimie agricole qu'un quart d'heure de conversation avec le premier fermier venu. Les termes scientifiques sont familiers à la plupart d'entre eux; ils parlent d'ammoniaque et de phosphates comme des chimistes de profession, et comprennent très-bien quel avenir indéfini ce genre d'études peut ouvrir à la production (2). »

Nous arrivons maintenant au plan même des recherches de culture, instituées à Rothamsted, d'après un ensemble d'idées générales que MM. Lawes et Gilbert ont fait connaître.

*Expériences de culture.* — Ces expé-

(1) *Journ. Roy. agric. Soc. Engl.*, t. VIII, p. 226. 1847.

(1) *Journ. Roy. agric. Soc. Engl.*, t. VIII, p. 491. 1847.

(2) *Essai sur l'économie rurale de l'Angleterre*, 1863, p. 246.

riences devaient servir à déterminer, pour chacune des plantes de la rotation usuelle, les relations caractéristiques de la plante avec l'atmosphère, le sol et l'engrais.

Dans ses recherches antérieures, M. Boussingault avait voulu fixer les éléments que l'atmosphère, le sol et l'engrais fournissaient à l'ensemble des récoltes d'une rotation, et il avait reconnu que, pour chaque plante individuelle, ses expériences, bien que donnant des indications sûres, n'étaient pas concluantes.

MM. Lawes et Gilbert, en vue de leurs essais sur le blé, l'orge, le turneps, etc., firent choix, comme point de départ, d'un sol arrivé à la fin de la rotation de quatre ans, habituelle en Angleterre. Comme il n'avait pas été fumé depuis la première année de cette rotation, il se trouvait, par conséquent, dans l'état d'épuisement relatif où la pratique générale des cultivateurs anglais reconnaît la nécessité d'une fumure. Pour les essais sur le blé, par exemple, la pièce choisie avait porté consécutivement, depuis sa dernière fumure, des turneps, de l'orge, des pois, du blé et de l'avoine. Ils pensaient que des terres, amenées à cet état, convenaient, pour l'indication de l'élément ou des éléments qui feraient défaut à la récolte suivante. Il s'ensuivait que, si, sur plusieurs parcelles, on apportait certains éléments isolés du fumier de ferme, par exemple; si, sur d'autres parcelles voisines, on apportait ces mêmes éléments à divers états de mélange; si d'autres parcelles restaient sans engrais, et d'autres, avec du fumier uniquement; enfin, si l'ensemble des parcelles était soumis à la même culture, on apprendrait par les résultats comparatifs, mieux que par toute analyse du sol, quels sont les éléments efficaces pour la récolte, en cours d'expérimentation.

En consultant ainsi la préférence de chaque plante pour tel engrais ou tels éléments d'engrais, MM. Lawes et Gilbert établissaient, dès 1843, ce qui a été depuis présenté comme une nouveauté, à savoir, l'analyse du sol par les plantes. Ils font ressortir, en effet, à l'origine de leurs expériences, qu'il reste beaucoup à faire pour déterminer analytiquement les caractères chimiques et physiques des sols, eu égard à l'atmosphère et aux matières fertilisantes. Il importe, selon eux, de beaucoup perfectionner les méthodes analytiques elles-mêmes, avant de pouvoir se prononcer sur la valeur fertilisante comparative des divers sols et apprécier l'état d'épuisement ou de fertilité d'une même terre, à diverses époques. « On a beaucoup fait assurément, disent-ils, dans cet ordre d'idées. Mais, comme toutes les discussions le prouvent, on a encore trop peu de notions sur les conditions qu'un sol doit remplir, ou remplit, au point de vue chimique, pour appliquer directement les données de l'analyse chimique à la solution des problèmes agronomiques. » D'autre part, les résultats obtenus par divers chimistes qui avaient étudié analytiquement les conditions fertilisantes des sols, entre autres par le professeur Magnus, chimiste du *Landes OEconomie Collegium* de Berlin, confirmaient MM. Lawes et Gilbert dans leur plan d'expériences.

Aussi les savants de Rothamsted ne firent-ils pas l'analyse de leurs terres (1), et le reproche d'empirisme, à ce sujet, ne leur fut pas ménagé par Liebig. M. Risler a résumé d'une manière très-nette leur raisonnement, qu'il déclare d'ailleurs ne pas partager entièrement. Ce raisonnement, le voici :

« L'analyse chimique des terres n'est pas encore assez parfaite. Les cultivateurs auxquels nous voulons donner des règles pratiques pour fumer leurs terres, ne savent ni faire une analyse, ni même quelquefois en apprécier les résultats. Nous nous mettons en leur lieu et place. Nous faisons ce que chacun d'eux pourrait faire. Nous essayons telle substance chimiquement pure, ou tel engrais commercial, dont nous connaissons exactement la composition, comme le premier venu pourrait le faire, et les récoltes elles-mêmes diront les engrais qui leur conviennent le mieux dans telle nature de sol, ou dans telle autre (2). »

Nous ne voulons faire ressortir ici, quant à nous, que le caractère synthétique d'expériences ainsi conçues, fondées principalement sur l'étude de l'action des matières fertilisantes au point de vue du rendement, et en parfait accord avec la définition que MM. Lawes et Gilbert donnent de l'agriculture *pratique*, « qui consiste à accumuler artificiellement certains éléments utilisables pour l'alimentation de l'homme

(1) Depuis une dizaine d'années, le sol de Rothamsted a été souvent analysé. MM. Lawes et Gilbert y ont fait de nombreux dosages d'azote (Nottingham : 1866), et le fils de Liebig a publié les analyses des terres de Broadbalk, affectées à la culture du blé.

(2) *Journal d'Agric. prat.*, 1868, t. I, p. 484.

et des animaux, sur une étendue limitée de sol, incapable de les produire, s'il fût resté à l'état naturel ».

Cette définition distingue l'agriculture, telle qu'elle est pratiquée en Angleterre, de celle des pays où la population est moins dense ; où la terre a moins de valeur ; où l'on se borne à enlever les produits sans chercher à les augmenter, en recourant à la jachère.

Le problème, pour les engrais, consiste ainsi à rechercher les éléments nécessaires afin de maintenir ou d'accroître la fertilité du sol. Si l'on n'avait égard qu'à la composition chimique des récoltes enlevées, la solution serait simple. S'il suffisait au fermier qui a envoyé à la ville une voiture de grain, de rapporter les quelques kilogrammes de substances minérales contenues dans les cendres de ce grain, et de les rendre au sol pour en tirer l'année suivante la même récolte, le problème serait aisément résolu. Mais les plantes agricoles ne se comportent pas de la même manière, vis-à-vis du sol, du climat, de la fumure et du rang qu'elles occupent dans la rotation, outre qu'elles jouissent de facultés très-différentes par rapport à l'atmosphère. Si les céréales agissaient sur les matières organiques, naturelles ou artificielles, à la façon des légumineuses et des crucifères, pourquoi le fermier cultiverait-il ces dernières ? Avec le trèfle, avec la prairie, le cultivateur recherche surtout le développement herbacé des tiges et des feuilles, qui sont les organes primaires de la plante ; au contraire, avec le turneps, avec le mangold, il recherche le développement des bulbes ou des organes intermédiaires ; enfin, avec les céréales, les fèves, etc., il veut produire la graine, c'est-à-dire l'organe final. « De là, deux conditions bien distinctes auxquelles doivent se plier les plantes agricoles : l'une qui implique une circulation plus ou moins active des éléments nutritifs ; l'autre qui exige l'élaboration complète et la fixation définitive de ces éléments. Dans le premier cas, l'eau entre pour plus des trois quarts dans le produit de la végétation ; dans le second, elle n'atteint pas le cinquième. »

D'ailleurs le climat régit ces conditions, et, par climat, il faut entendre la quantité d'eau pluviale, le nombre de jours de pluie et la température pendant la croissance active, aussi bien que pendant la fructification des plantes.

Les engrais veulent aussi être étudiés, non-seulement pour les éléments qu'ils apportent à la substance intrinsèque des récoltes, mais encore comme des agents dont l'effet favorable ou défavorable dépend de l'état de combinaison ou de mélange de leurs éléments et de leur appropriation au sol et au climat.

Enfin la rotation exerce une grande influence, en ce sens qu'elle établit quels sont les éléments absorbés de préférence à tels autres, par les récoltes successives. En effet, on remarque que la culture prolongée du blé est en rapport très-intime avec la quantité d'azote fournie au sol ; mais, comme les sels ammoniacaux ou les composés azotés deviennent de plus en plus rares et dispendieux, la rotation, aidée du fumier et du bétail, doit suppléer à cette source d'azote, quand il s'agit de maintenir la fertilité. Cette pratique est d'autant plus économique que, si l'on accumule ainsi de l'azote dans le sol, on y accumule également des matières minérales et carbonées.

L'efficacité des récoltes alternes ou de la rotation n'étant pas douteuse, l'étude de la composition, du port et de l'alimentation de chaque plante, dans une rotation, fera ressortir les différences essentielles de ses fonctions particulières. Jusqu'alors on avait été amené, par de simples affinités botaniques, ou par des observations superficielles, à définir le rôle des plantes dans la rotation agricole. Ainsi, le turneps offant une grande surface à l'action atmosphérique par ses feuilles, on avait recommandé l'emploi d'engrais azoté, croyant assurer par là le développement des bulbes, sans rechercher s'il était contraire ou favorable à la santé de plante et à sa faculté de reproduction.

Nous en avons assez dit pour faire comprendre la portée pratique d'expériences conçues dans le but de rechercher quelles sont les conditions effectives de végétation de chaque plante, en faisant varier celles de son alimentation, par l'engrais et l'atmosphère.

Les expériences de culture, dont nous nous avons à rendre un compte sommaire, se rapportent au blé, à l'orge, aux turneps, aux légumineuses, aux plantes prairiales, aux assolements, au choix des engrais et à leur application pratique aux diverses récoltes de la ferme. Elles se compléteront par des essais sur les propriétés des sols, les effets de la jachère et des façons mécaniques, sur l'épuisement des terres, et par des recherches sur la végétation.

### VII. — EXPÉRIENCES SUR LE BLÉ.

Nous commencerons par les expériences de culture du blé, qui se réfèrent à trois catégories d'observations très-complètes, à savoir :

*a.* Sur le champ de Broadbalk (Rothamsted), déjà décrit et consacré au blé depuis trente années ;

*b.* Sur d'autres champs, tant à Rothamsted qu'à Holkham Park (comté de Norfolk), et à Rodmersham (comté de Kent);

*c.* Sur les effets des saisons et des fumures, relativement à la composition du grain.

La première série d'expériences de culture a été l'objet de nombreux mémoires successifs. Ainsi les résultats [des trois premières années, de 1844 à 1846, à Broadbalk, ont été présentés en 1847 (1); ceux des huit premières années (1844 à 1850), en 1851 (2); ceux des douze premières années (1844 à 1855), en 1855 (3). D'autres expériences, sur un champ voisin de Broadbalk Field, dans le but d'étudier le système de culture proposé par M. Smith, sous le nom de Lois Weedon, c'est-à-dire de sa ferme, ont donné lieu à des résultats relevés pendant quatre années consécutives (1851 à 1855) et résumés dans un mémoire spécial en 1856 (4). Enfin, l'ensemble des résultats des vingt premières années de culture du blé sur la pièce de Broadbalk, a été analysé dans un remarquable rapport, de beaucoup le plus important par ses conclusions (5).

#### A. — Essais de Broadbalk field.

En 1843, lorsque les expériences s'installaient sur la pièce de Broadbalk, elle pouvait passer pour une terre à blé de qualité moyenne, car elle rendait de 22 à 24 hectol. de grain tous les cinq ans. Le prix de terres semblables, dans le voisinage immédiat, variait entre 75 et 90 fr. à l'hectare, franc d'impôt de la dîme (*tithe free*).

(1) *Journ. Roy. agric. Soc. Engl.*, t. VIII, 1847.
(2) *Idem*, t. XII, part. I, 1851.
(3) *Idem*, t. XVI, 1855.
(4) *Idem*, t. XVII, part. II, 1866.
(5) *Idem*, t. XXV, part. I et II, 1864.

Le terrain consiste en une argile forte, reposant sur un sous-sol d'argile jaune rougeâtre, supérieur à la craie et offrant un bon drainage naturel.

De 1843 à 1848, le blé cultivé appartenait à la variété *Old Red Lamma ;* de 1849 à 1852, à la variété *Red Cluster*, et, depuis 1853, à la variété dite *Red Rostock*.

Pendant les vingt premières années, le rendement le plus faible, correspondant à la première année, a été de $13^h.47$, et à la vingtième année, de $15^h.45$; tandis que le rendement le plus fort, correspondant à la première année, a été de $21^h.76$, et à la vingtième année, de $50^h.70$.

Ces seuls chiffres extrêmes révèlent l'intérêt de pareilles expériences, pour le praticien, aussi bien que pour l'économiste et le savant.

*Engrais.* — En ayant égard aux éléments des cendres du grain et de la paille du blé, MM. Lawes et Gilbert se sont proposé, dès l'origine de leur culture expérimentale, de fournir de la potasse, de la soude, de la chaux, de la magnésie, des acides phosphorique et sulfurique, du chlore et de la silice, sous la forme la plus assimilable et la mieux appropriée à la plante. Si l'on néglige les éléments minéraux apportés au sol par le fumier ordinaire, le paille hachée, le tourteau, ou par les cendres de fumier et de paille, qui furent également expérimentés comme engrais, les diverses substances minérales ont été fournies à la plante, dans l'engrais, sous les formes suivantes :

*Potasse*, à l'état de cendres, de sulfate et de silicate ;

*Soude*, à l'état de cendres et de sulfate ;

*Chaux*, à l'état de sulfate, de phosphate et de superphosphate ;

*Magnésie*, à l'état de carbonate et de sulfate ;

*Acide phosphorique*, à l'état de cendres d'os, traitées le plus souvent par de l'acide sulfurique, de façon à transformer une grande partie des phosphates de chaux insolubles en phosphates solubles et en sulfate;

*Acide sulfurique*, à l'état de sulfate de potasse, de soude ou de magnésie, et dans le mélange phosphaté ;

*Chlore*, à l'état d'acide chlorhydrique (avec cendres d'os), ou de chlorure de sodium (sel marin), etc.;

*Silice*, à l'état de silicate de potasse artificiel, obtenu en fondant ensemble des parties égales de sable et de potasse carbonatée (*pearl ash*).

Indépendamment de ces substances, que Liebig avait d'abord définies comme engrais *inorganiques*, le blé a reçu de l'azote et des matières organiques non azotées.

L'*azote* a été fourni à l'état de sulfate, de chlorhydrate et de carbonate d'ammoniaque, ou de nitrate de soude, ainsi que dans le fumier et les matières azotées des tourteaux, etc.

Les *matières non azotées*, donnant par leur décomposition de l'acide carbonique et d'autres produits, comprenaient les tourteaux de navette, le riz, la paille, le fumier.

*Distribution.* — L'engrais, ou le mélange des substances formant l'engrais, destiné à chaque parcelle, a été mécaniquement broyé avec assez de cendres argileuses pour occuper un volume convenable à la distribution. Dans les premières années, la distribution s'est faite au semoir, puis à la main, afin d'être maître de la limiter à l'espace voulu, et finalement, à l'aide d'un semoir spécial pour les expériences.

*Parcellement.* — La pièce de Broadbalk, d'une superficie de 5ʰ.66, avait d'abord été partagée en parcelles, comprenant pour la plupart, deux bandes d'une largeur de 3ᵐ.80 et de la longueur du champ, et occupant environ 27 ares. A partir de la deuxième année, on subdivisa chaque parcelle en deux, bien que, le plus souvent, les deux divisions dussent recevoir la même fumure; mais on avait ainsi l'avantage d'une double expérience avec la même fumure.

Dans les premières années, on tenait surtout à établir certains points particuliers, tels que : l'action isolée des substances minérales; la nécessité de pourvoir le sol de matières carbonées; les effets d'une fumure partielle ou surabondante pour une récolte, par rapport à la récolte suivante. Dès la quatrième année, les engrais furent appliqués plus uniformément; mais en maintenant des différences dans la composition, et surtout dans les quantités, jusqu'à la huitième récolte. C'est seulement à partir de la neuvième, qu'il fut résolu de fournir chaque année le même engrais, en même quantité, à chaque parcelle.

*Tableaux de culture.* — Les détails de la culture du blé: formules et quantités d'engrais, rendements en grain et paille, ont été enregistrés, chaque année, dans un tableau identique à celui que nous reproduisons pour la vingt-huitième saison (1871), et qui donne le résultat moyen des vingt années antérieures, 1852 à 1871.

Nous devons faire pour ce tableau (1) une remarque au sujet des bandes *a* et *b* d'une même parcelle. Ces bandes de terrain ont reçu le même engrais, sauf dans les années 1864 à 1867, pendant lesquelles les bandes *a* des parcelles 5, 6, 7, 8, 9, 16 et 17 ou 18 reçurent additionnellement un mélange de silicates solubles. Comme les silicates ne produisirent aucun effet, on les remplaça depuis 1868, par de la paille hachée sur les bandes *a*, des parcelles numéros 5, 6, 7, 8, 11, 12, 13, 14 et 17 ou 18.

Outre les vingt tableaux semblables au tableau I, mais correspondant aux premières années, MM. Lawes et Gilbert ont groupé les données les plus importantes de cette première période dans cinq tableaux comprenant, chaque année, pour la moyenne de vingt ans (1844 à 1863), et pour la moyenne de douze ans (1852 à 1863), le volume à l'hectare de grain vanné et le poids de l'hectolitre, le poids du grain, le poids de la paille et des balles, et le rendement total en poids, de grain et de paille, à l'hectare, pour chaque parcelle.

*Moyennes.* — Nous avons réuni les moyennes seulement, en un tableau (tableau II), pour fixer les idées de nos lecteurs sur les résultats ainsi classifiés, qui ont permis d'apprécier :

1° L'action de chaque engrais comparée à celle des autres années ;

2° La différence dans l'efficacité du même engrais, dans telle saison, par rapport à telle autre saison ;

3° L'efficacité croissante ou décroissante de tel engrais répété tous les ans sur la même parcelle.

Il nous est difficile, on le concevra, à moins de sortir du cadre assigné par une revue succincte, de suivre MM. Lawes et Gilbert dans le développement que leur remarquable mémoire de 1864 assigne aux traits caractéristiques de chacune des vingt années, au point de vue météorologique, comme à celui du rendement et de la qualité de la récolte. Nous ne saurions davantage entrer avec eux dans l'examen comparatif des deux années extrêmes 1853 et 1863, c'est-à-dire, de l'année la plus favorable et de l'année la plus défavorable ; pas plus que des périodes des huit premières années (1844-1852) et des

(1) *Memoranda of the plan and results of the Field Experiments at Rothamsted.* May, 1872.

TABLEAU I. — *Broadbalk Field. Expériences sur la culture du blé pendant 28 années consécutives* (1843 à 1872)

| NUMÉROS des PARCELLES. | POIDS ET COMPOSITION DES ENGRAIS A L'HECTARE ET PAR AN. | PRODUIT A L'HECTARE. | | | | | |
|---|---|---|---|---|---|---|---|
| | | Moyenn de 20 années (1852 à 1871). | | | 28e saison, 1871. | | |
| | | Grain vanné. | | PAILLE | Grain vanné. | | PAILLE |
| | | Hectolit. | Poids de l'hectol. | totale. | Hectolit. | Poids de l'hectol. | totale. |
| | | | Kil. | Kil. | | Kil. | Kil. |
| 0 | Superphosphate de chaux (3 fois autant que sur la parcelle 5 et suivantes) | 15.94 | 72.82 | 1,914 | 22.57 | 70.47 | 1,757 |
| 1 | Sulfates de potasse, de soude et de magnésie (2 fois autant que sur la parcelle 5 et suivantes) | 13.58 | 72.51 | 1,742 | 9.20 | 71.10 | 1,632 |
| 2 | Fumier de ferme (35,000 k.) | 32.22 | 74.85 | 4,253 | 35.03 | 74.85 | 5,053 |
| 3 | Sans engrais | 13.02 | 71.72 | 1,632 | 8.31 | 68.28 | 1,240 |
| 4 | Sans engrais en 1852 et depuis 1852. (Cette parcelle avait antérieurement reçu du superphosphate et du sulfate d'ammoniaque) | 14.14 | 72.82 | 1,726 | 9.20 | 71.10 | 1,428 |
| 5 (a et b) | 224 k. sulfate de potasse, 112 k. sulfate de soude, 112 k. sulfate de magnésie, 440 k. superphosphate de chaux [1] | 15.27 | 73.45 | 1,914 | 10.66 | 70.47 | 1,601 |
| 6 (a et b) | 224 k. sulfate de potasse, 112 k. sulfate de soude, 112 k. sulfate de magnésie, 440 k. superphosphate de chaux et 224 k. sels ammoniacaux | 23.69 | 74.07 | 3,076 | 15.27 | 70.47 | 2,573 |
| 7 (a et b) | 224 k. sulfate de potasse, 112 k. sulfate de soude, 112 k. sulfate de magnésie, 440 k. superphosphate de chaux et 448 k. sels ammoniacaux | 31.66 | 73.92 | 4,441 | 19.98 | 70 63 | 3,452 |
| 8 (a et b) | 224 k. sulfate de potasse, 112 k. sulfate de soude, 112 k. sulfate de magnésie, 440 k. superphosphate de chaux et 672 k. sels ammoniacaux | 34.36 | 73.60 | 5,194 | 24.81 | 72.03 | 4,409 |
| 9 a | 224 k. sulfate de potasse, 112 k. sulfate de soude, 112 k. sulfate de magnésie, 440 k. superphospate de chaux et 616 k. nitrate de soude | 33.01 | 72.82 | 5,210 | 30.99 | 73.14 | 5,508 |
| 9 b | 616 k. nitrate de soude | 23.35 | 70.63 | 3,546 | 15.83 | 65.82 | 2,715 |
| 10 a | 448 k. sels ammoniacaux en 1845 et à partir de 1845. (Cette pièce avait reçu de l'engrais minéral en 1844.) | 20.21 | 71.25 | 2,715 | 9.09 | 67.03 | 1,397 |
| 10 b | 448 k. sels ammoniacaux en 1845 et à partir de 1845 (tant en 1846 et 1850); engrais minéral en 1844, 1848 et 1850 | 23.24 | 72.35 | 3,107 | 8.98 | 67.03 | 1,506 |
| 11 (a et b) | 448 k. sels ammoniaux et 440 k. superphosphate | 25.15 | 71.56 | 3.311 | 9.88 | 67.35 | 1,522 |
| 12 (a et b) | 448 k. sels ammoniacaux, 440 k. superphosphate et 411 k. sulfate de soude | 30.43 | 73.76 | 4,064 | 18.86 | 69.85 | 2,887 |
| 13 (a et b) | 448 k. sels ammoniacaux, 440 k. superphosphate et 224 k. sulfate de potasse | 30.42 | 74.38 | 4,253 | 27.06 | 72.19 | 4,237 |
| 14 (a et b) | 448 k. sels ammoniacaux, 440 k. superphosphate et 314 k. sulfate de magnésie | 30.42 | 73.92 | 4,127 | 21.78 | 70.95 | 3,358 |
| 15 a | 224 k. sulfate potasse, 112 k. sulfate soude, 112 k. sulfate magnésie, 440 k. superphosphate et 448 k. sels ammoniacaux | 29.53 | 74.38 | 4,080 | 26.27 | 73.60 | 4,033 |
| 15 b | 224 k. sulfate de potasse, 112 k. sulfate soude, 112 k. sulfate magnésie, 440 k. superphosph., 336 k. sels ammoniac. et 560 k. tourteau navette | 30.54 | 74.54 | 4,253 | 28.74 | 73.29 | 4,268 |
| 16 (a et b) | De 1862 à 1864 (13 années), 224 k. sulfate potasse, 112 k. sulfate soude, 112 k. sulfate magnésie, 440 k. superphosph. et 896 k. sels ammoniac.. À partir de 1865, sans engrais (1865 à 1871, pendant 7 ans, le rendement moyen a été de $17^h$.29 grain et 2,087 k. paille) | 29.08 | 73.60 | 4,535 | 12.12 | 70.95 | 1,726 |
| 17 (a et b) [2] | 448 k. sels ammoniacaux | 28.40[3] | 74.23[3] | 3,923[3] | 14.37 | 70.31 | 2,040 |
| 18 (a et b) [2] | 224 k. sulfate de potasse, 112 k. sulfate de soude, 112 k. sulfate de magnésie et 440 k. superphosphate | 15 83[4] | 73.45[4] | 2,024[4] | 25.49 | 72.82 | 3,750 |
| 19 | 440 k. superphosphate de chaux, 336 k. sulfate d'ammoniaque et 560 k. tourteau de navette | 27.62 | 73.14 | 3,656 | 19.98 | 69.85 | 3,013 |
| 20 | Sans engrais | 13.92[5] | 72.35[5] | 1,820[5] | 9.43 | 69.54 | 1,506 |
| 21 | 224 k. sulfate potasse, 112 k. sulfate soude, 112 k. sulfate magnésie, 440 k. superphosphate et 112 k. chlorhydrate d'ammoniaque | 19.20 | 73.29 | 2,448 | 13.70 | 70.78 | 2,103 |
| 22 | 224 k. sulfate potasse, 112 k. sulfate soude, 112 k. sulfate magnésie, 440 k. superphosphate, et 112 k. sulfate d'ammoniaque | 18.86 | 73.14 | 2,385 | 15.04 | 70.95 | 2,103 |

[1] Le superphosphate est fabriqué à l'aide de 224 k. de cendres d'os et 168 k. d'acide sulfurique pesant 1.7, sauf pour les parcelles 15 et 19 pour lesquelles on emploie l'acide chlorhydrique.

[2] Les engrais des parcelles 17 et 18 sont transposés chaque année.

[3] Résultats de 20 années de sels ammoniacaux s'alternant avec l'engrais minéral.

[4] Résultats de 20 années d'engrais minéraux, s'alternant avec des sels ammoniacaux.

[5] Moyenne de 19 années seulement, par suite d'une erreur en 1868.

TABLEAU II. — *Broadbalk Field.* — *Résultats moyens de la culture du blé pour deux périodes comparatives de vingt ans (1844-1863) et de douze ans (1852-1863).*

| Numéros des parcelles (1). | GRAIN VANNÉ. | | | | GRAIN TOTAL. | | PAILLE ET BALLES. | | PRODUIT TOTAL. | |
|---|---|---|---|---|---|---|---|---|---|---|
| | Hectolitres à l'hectare et par an. | | Poids moyen de l'hectolitre. | | Poids à l'hectare et par an. | | Poids à l'hectare et par an. | | Grain et paille, poids à l'hectare et par an. | |
| | pour 20 ans (1844-63). | pour 12 ans (1852-63). | pour 20 ans (1844-63). | pour 12 ans (1852-63). | pour 20 ans (1844-63). | pour 12 ans (1852-63). | pour 20 ans (1844-63). | pour 12 ans (1852-63). | pour 20 ans (1844-63). | pour 12 ans (1852-63). |
| | | | Kilogr. | Kilogr. | Kilogr. | Kilogr. | Kilogr. | Kilogr. | Kilogr. | Kilogr. |
| 0 | 18.30 | 16.39 | 72.85 | 71.73 | 1,432 | 1,281 | 2,324 | 2,069 | 3,776 | 3,350 |
| 1 | 16.39 | 14.71 | 72.48 | 71.35 | 1,310 | 1,149 | 2,202 | 1,980 | 3,512 | 3,129 |
| 2 | 29.13 | 31.77 | 74.85 | 73.98 | 2,327 | 2,502 | 3,940 | 4,336 | 6,267 | 6,838 |
| 3 | 14.59 | 13.92 | 72.23 | 70 48 | 1,150 | 1,080 | 1,897 | 1,863 | 3,017 | 2,943 |
| 4 | 18.47 | 15.21 | 73.23 | 71.35 | 1,487 | 1,201 | 2,362 | 1,941 | 3,869 | 3,142 |
| 5 *a* | 19.87 | 15.39 | 73.73 | 72.23 | 1,594 | 1,284 | 2,628 | 2,080 | 4,222 | 3,364 |
| 5 *b* | 20.88 | 16.67 | 73.60 | 72.10 | 1,675 | 1,310 | 2,803 | 2,172 | 4,478 | 3,482 |
| 6 *a* | 24.64 | 25.09 | 74.35 | 73.10 | 1,971 | 1,958 | 3,261 | 3,314 | 5,232 | 5,272 |
| 6 *b* | 25.49 | 25.82 | 74.23 | 73 23 | 2,034 | 2,013 | 3,412 | 3,438 | 5,446 | 5,451 |
| 7 *a* | 29.92 | 32.56 | 74.23 | 72.10 | 2,377 | 2,542 | 4,232 | 4,693 | 6,609 | 7,235 |
| 7 *b* | 30.31 | 32.84 | 74.10 | 72.73 | 2,412 | 2,559 | 4,293 | 4,748 | 6,705 | 7,307 |
| 8 *a* | 29.19 | 34.07 | 73.48 | 72.10 | 2,313 | 2,664 | 4,329 | 5,275 | 6,642 | 7,939 |
| 8 *b* | 27.98 | 34.19 | 73.73 | 72.10 | 2,382 | 2,674 | 4,457 | 5,296 | 6,839 | 7,970 |
| 9 *a* | 28.12 | 30.99 | 72.85 | 71.23 | 2,231 | 2,422 | 4,191 | 4,961 | 6,422 | 7,383 |
| 9 *b* | 23.46 | 23.18 | 71.98 | 63.10 | 1,872 | 1,816 | 3,360 | 3,572 | 5,232 | 5,388 |
| 10 *a* | 21.55 | 20.32 | 72.10 | 69.73 | 1,734 | 1,608 | 2,977 | 2,918 | 4,711 | 4,526 |
| 10 *b* | 23.24 | 24.19 | 73.10 | 71.10 | 1,855 | 1,897 | 3,212 | 3,431 | 5,067 | 5,328 |
| 11 *a* | 26.10 | 26.27 | 72.73 | 70.35 | 2,085 | 2,055 | 3,502 | 3,565 | 5,587 | 5,620 |
| 11 *b* | 26.33 | 27.00 | 72.73 | 70.60 | 2,102 | 2,113 | 3,560 | 3,682 | 5,662 | 5,795 |
| 12 *a* | 29.13 | 31.60 | 74.10 | 72.60 | 2,313 | 2,459 | 4,054 | 4,407 | 6,367 | 6,866 |
| 12 *b* | 29.13 | 31.60 | 74.23 | 72.73 | 2,314 | 2,473 | 4,043 | 4,441 | 6,357 | 6,914 |
| 13 *a* | 28.46 | 30.82 | 74.35 | 73.10 | 2,277 | 2,427 | 4,015 | 4,422 | 6,292 | 6,849 |
| 13 *b* | 28.69 | 31.32 | 74.48 | 73.10 | 2,296 | 2,469 | 4,071 | 4,521 | 6,367 | 6,990 |
| 14 *a* | 28.63 | 31.23 | 74.35 | 72.73 | 2,289 | 2,456 | 4,045 | 4,467 | 6,334 | 6,923 |
| 14 *b* | 28.69 | 31.60 | 74.35 | 72.85 | 2,290 | 2,471 | 4,052 | 4,505 | 6,342 | 6,976 |
| 15 *a* | 27.84 | 29.81 | 74.48 | 73.10 | 2,229 | 2,340 | 3,922 | 4,254 | 6,151 | 6,594 |
| 15 *b* | 28.91 | 31.32 | 74.48 | 73.23 | 2,301 | 2,450 | 4,112 | 4,515 | 6,413 | 6,965 |
| 16 *a* | 31.49 | 34.58 | 73.85 | 71.85 | 2,509 | 2,712 | 4,978 | 5,776 | 7,487 | 8,488 |
| 16 *b* | 32.11 | 34.58 | 73.73 | 71.85 | 2,560 | 2,725 | 5,056 | 5,774 | 7,616 | 8,499 |
| 17 *a* | 24.50 | 16.90 | 74.23 | 72.35 | 1,974 | 1,323 | 3,430 | 2,223 | 5,404 | 3,548 |
| 17 *b* | 24.08 | | 74.10 | | 1,932 | | 3,360 | | 5,292 | |
| 18 *a* | 24.81 | 20.30 | 74.48 | 73.23 | 1,988 | 2,302 | 3,435 | 4,209 | 5,423 | 6,511 |
| 18 *b* | 24.42 | | 74.35 | | 1,963 | | 3,470 | | 5,433 | |
| 19 | 27.79 | 28.46 | 73.85 | 72.48 | 2,224 | 2,259 | 3,829 | 3,946 | 6,053 | 6,205 |
| 20 | 14.59 | 14.03 | 71.98 | 71.10 | 1,158 | 1,168 | 2,025 | 1,921 | 3,183 | 3,020 |
| 21 | 19.59 | 19.91 | 72.60 | 72.23 | 1,539 | 1,551 | 2,576 | 2,626 | 4,115 | 4,177 |
| 22 | 19.20 | 19.48 | 72.48 | 72.10 | 1,493 | 1,504 | 2,540 | 2,587 | 4,033 | 4,091 |

(1) Les parcelles correspondent pour la nature et le poids des engrais à l'hectare, à celles du tableau précédent (tableau I).

douze années suivantes (1852-1863), par rapport à la période totale, et eu égard à leur faculté de production.

*Épuisement des engrais.* — Un autre chapitre très-intéressant de ce volumineux travail se réfère à l'action du résidu des fumures non épuisées, en faveur des récoltes suivantes. C'est là un sujet souvent discuté par les praticiens, pour savoir quelle est la persistance d'action des divers engrais, et quel est le degré d'épuisement du sol que la fumure partielle amène. On ne peut évidemment le traiter d'une manière suffisante qu'après avoir enregistré exactement les rendements de chaque année et la composition, aussi bien que la quantité, des engrais employés. En s'attachant d'une façon plus spéciale à la fumure azotée et à la fumure minérale, les savants expérimentateurs de Rothamsted sont arrivés aux conclusions suivantes sur ce point spécial et délicat de l'épuisement dans la culture du blé.

Une terre à blé, forte, de qualité moyenne, prise à la fin d'une rotation de cinq ans, sans qu'elle eût reçu aucun engrais depuis cinq ans, a donné un rendement en blé à peine supérieur, pour avoir reçu en fumure un mélange de silicate, de potasse et de superphosphate de chaux ; tandis qu'elle a donné un rendement très-considérablement accru, bien que diminuant progressivement, pour n'avoir reçu que des sels ammoniacaux pendant dix-neuf années de suite.

Il est évident que bien qu'épuisé au point de vue pratique, le sol renfermait au début un excès de matières minérales disponibles, par rapport à l'azote fourni annuellement par le sol et par l'air. Toutefois, en présence de grosses fumures de sels ammoniacaux, les matières minérales furent en déficit dès la quatrième année.

Par l'application des sels ammoniacaux, la plus grande partie de l'azote ne se retrouva pas dans l'excédant de produit de la récolte à laquelle il avait été destiné; et le résidu dans le sol ne fut assimilé que partiellement, et très-lentement, même en présence de nouveaux engrais minéraux.

Si les substances minérales à l'état soluble, en mélange avec des sels ammoniacaux, continuent à développer leur efficacité, ces mêmes substances, quand elles ne sont pas en mélange avec les sels ammoniacaux, peuvent être appliquées à un sol ayant reçu antérieurement un excès de ces sels, sans accroître sensiblement le rendement.

Enfin le résidu des fumures minérales antérieures, bien qu'il servît de réserve effective contre l'épuisement du sol, a eu peu ou point d'action sur l'augmentation de rendement du blé, tant que l'azote n'a pas été fourni dans l'engrais. D'autre part, le résidu de fumures azotées dans le sol a exercé peu d'influence sur les récoltes suivantes, lors même qu'on eut appliqué des engrais minéraux.

*Résultats de douze années.* — Nous examinerons actuellement les résultats moyens des principaux engrais, pendant les douze années (1852-1863), par rapport à la parcelle restée sans engrais. C'est, en effet, à partir de 1852 que les mêmes engrais et mélanges ont été donnés d'une façon invariable aux mêmes parcelles, à l'exception de cinq ou six. Nos explications se référeront au tableau II précédent, et au tableau III suivant, qui indique spécialement l'augmentation de rendement pour le grain vanné, le grain total, la paille, et le produit total par rapport à la parcelle sans engrais (n° 3) et à la parcelle avec engrais minéraux seuls (n° 5 *a* et *b*).

*Parcelles sans engrais* (n°ˢ 3, 4 et 20). — Le rendement moyen à l'hectare et par an, sur un même sol n'ayant reçu aucun engrais depuis plus de vingt années, s'est élevé (parcelle n° 3) à 13ʰ.92 de grain vanné, pour la période de douze ans (1852-1863). La première année, il était de 13ʰ.46, et en 1863, de 15ʰ.25. Il ne s'est produit aucune diminution notable pendant les dernières années. Si le rapport du blé à la paille, sur cette parcelle, a été aussi élevé qu'en recourant au fumier, et plus élevé que sur la plupart de celles où l'on a employé des engrais commerciaux, il faut reconnaître que le poids

de l'hectolitre de blé vanné, produit sur cette parcelle, a été beaucoup moindre.

*Parcelle avec fumier* (n° 2). — Le fumier appliqué chaque année en dose telle, que le sol eut à recevoir plus d'éléments qu'il ne pouvait en perdre, a porté le rendement moyen par hectare et par an à 31ʰ.77 de blé vanné. Il avait été la première année de 18ʰ.39, et la dernière année, de 35ʰ.97. Le fumier avait donc élevé le rendement de près de 18 hectolitres et fourni le blé le plus lourd à l'hectolitre. Il faut remarquer toutefois que le rapport du blé à la paille se maintient égal à celui constaté sur les parcelles sans engrais. Le rendement annuel, après s'être élevé beaucoup plus dans la seconde moitié que dans la première, a fini par croître très-lentement.

D'après cela, on aurait à trancher les deux questions suivantes : 1° Quels sont les éléments qui manquent au sol dépourvu d'engrais ? 2° A quels éléments fournis par le fumier, doit-on attribuer l'augmentation de rendement ?

*Sels minéraux sans silice* (parcelles n°ˢ 0, 1 et 5). — Un mélange d'engrais minéraux, sulfate de potasse, de soude, de magnésie et de superphosphate, renfermant plus de bases et plus d'acide sulfurique que les récoltes n'en enlèvent au sol (5 *a* et *b*), n'ont donné que 2ʰ.61 de plus à l'hectare, relativement au sol sans engrais, et 15ʰ.24 de moins que la parcelle avec le fumier. Le rapport du blé à la paille s'est élevé, il est vrai; mais le poids de l'hectolitre de grain est moindre que celui dû au fumier. Les engrais minéraux employés seuls ne permettent pas à la plante d'assimiler plus de carbone et d'azote atmosphérique que sur le sol épuisé et resté sans engrais.

*Sels ammoniacaux seuls* (parcelle 10 *a*). — Les sels amoniacaux seuls, à la dose de 224 kilogr. sulfate et 224 kilogr. chlorhydrate, soit 448 kilogr. à l'hectare, après qu'on eut rétabli dans le sol, la potasse enlevée par les trois premières récoltes et l'acide phosphorique soustrait par les cinq premières récoltes, ont donné une augmentation de rendement considérable tout d'abord, mais qui a été sans cesse en décroissant.

Par rapport à la parcelle sans engrais, l'augmentation, après avoir atteint plus de 8 hectolitres dans les neuf premières années, s'est réduite à un peu plus de 6 hectolitres (6ʰ.40). Le rendement moyen des

TABLEAU III. — *Broadbalk Field. Résultats comparés des divers engrais pendant 12 années* (1852-1863).

| NUMÉROS des parcelles | ENGRAIS A L'HECTARE ET PAR AN (12 années, 1852-1863). | RENDEMENT. Grain vanné. | Grain total. | Paille et balles. | Total. — Grain et paille. | Grain pour 100 de paille. | AUGMENTATION. Grain vanné sur parcelle sans engrais (no 3). | Grain vanné sur parcelle engrais minéraux (5 a et b). | Grain total sur parcelle sans engrais (n° 3). | Grain total sur parcelle engrais minéraux (5 a et b). | Paille et balles sur parcelle sans engrais (no 3). | Paille et balles sur parcelle engrais minéraux (5 a et b). | Produit total sur parcelle sans engrais (no 3). | Produit total sur parcelle engrais minéraux (5 a et b). |
|---|---|---|---|---|---|---|---|---|---|---|---|---|---|---|
| | | Hectolit. | Kilogr. | Kilogr. | Kilogr. | Pour 100. | | | | | | | | |
| 2 | 35,000 k. fumier de ferme, chaque année (20 ans, 1844-1863) | 31.77 | 2,502 | 4,336 | 6,838 | 57.9 | 17.85 | » | 1,422 | » | 2,473 | » | 3,895 | » |
| 3 | Sans engrais (20 ans, 1844-1863) | 13.92 | 1,080 | 1,863 | 2,943 | 57.8 | » | » | » | » | » | » | » | » |
| 20 | Sans engrais (17 ans, 1847-1863) | 14.03 | 1,108 | 1,921 | 3,029 | 57.9 | 0.11 | » | 28 | » | 58 | » | 86 | » |
| 4 | Sans engrais (12 ans, précédés de superphosphate et de sels ammoniacaux) | 15.21 | 1,201 | 1,941 | 3,142 | 61.6 | 1.29 | » | 121 | » | 78 | » | 199 | » |
| 0 | Superphosphate de chaux (16 ans, 1848-1863) | 16.39 | 1,281 | 2,069 | 3,350 | 61.9 | 2.47 | » | 201 | » | 206 | » | 407 | » |
| 1 | Sulfates de potasse, de soude et de M g O (15 ans, 1849-1863) | 14.71 | 1,149 | 1,980 | 3,129 | 58.0 | 0.79 | » | 69 | » | 117 | » | 186 | » |
| 5 a et b. | Mélange d'engrais minéraux (tableau I) | 16.53 | 1,297 | 2,126 | 3,423 | 62.0 | 2.61 | » | 217 | » | 263 | » | 480 | » |
| 21 | 112 k. chlorhydrate d'ammoniaque et mélange engrais minéraux | 19.91 | 1,551 | 2,626 | 4,177 | 59.7 | 5.99 | 3.38 | 471 | 254 | 763 | 500 | 1,234 | 754 |
| 22 | 112 k. sulfate d'ammoniaque et mélange engrais minéraux | 19.48 | 1,504 | 2,587 | 4,091 | 59.0 | 5.56 | 2.95 | 424 | 207 | 724 | 461 | 1,148 | 668 |
| 6 a et b. | 224 k. sels ammoniacaux et mélange engrais minéraux | 25.45 | 1,985 | 3,376 | 5,361 | 59.0 | 11.53 | 8.92 | 905 | 688 | 1,513 | 1,250 | 2,418 | 1,938 |
| 7 a et b. | 448 k. — — — — | 32.70 | 2,550 | 4,720 | 7,271 | 54.1 | 18.78 | 16.17 | 1,470 | 1,253 | 2,857 | 2,594 | 4,328 | 3,848 |
| 8 a et b. | 672 k. — — — — | 34.13 | 2,669 | 5,285 | 7,954 | 50.4 | 20.21 | 17.60 | 1,589 | 1,373 | 3,422 | 3,159 | 5,011 | 4,531 |
| 16 a et b. | 896 k. — — — — | 34.35 | 2,718 | 5,775 | 9,493 | 47.3 | 20.43 | 17.82 | 1,638 | 1,421 | 3,912 | 3,649 | 5,550 | 5,070 |
| 17 a et b ou 18 a et b | Engrais minéraux (mélange) s'alternant avec 448 k. sels ammoniacaux | 16.90 | 1,323 | 2,225 | 3,548 | 59.7 | 2.98 | 0.37 | 243 | 26 | 362 | 99 | 605 | 125 |
| | | 29.30 | 2,302 | 4,209 | 6,511 | 55.0 | 15.38 | 12.77 | 1,222 | 1,005 | 2,346 | 2,083 | 3,568 | 3,088 |
| 10 a. | 448 k. sels ammoniacaux seuls (19 ans, 1845-1863) | 20.32 | 1,608 | 2,918 | 4,526 | 54.0 | 6.40 | 3.79 | 528 | 311 | 1,055 | 792 | 1,583 | 1,103 |
| 10 b. | 448 k. — — (13 ans, 1851-1863) | 24.19 | 1,897 | 3,431 | 5,328 | 54.6 | 10.27 | 7.66 | 817 | 600 | 1,568 | 1,305 | 2,385 | 1,905 |
| 11 a et b. | 448 k. — — et superphosphate | 26.63 | 2,084 | 3,623 | 5,702 | 57.1 | 12.71 | 10.10 | 1,004 | 787 | 1,760 | 1,497 | 2,764 | 2,284 |
| 12 a et b. | 448 k. — — superphosphate et sulfate soude | 31.60 | 2,466 | 4,424 | 6,890 | 55.7 | 17.68 | 15.07 | 1,386 | 1,169 | 2,561 | 2,298 | 3,947 | 3,467 |
| 13 a et b. | 448 k. — — — et sulfate potasse | 31.07 | 2,488 | 4,471 | 6,919 | 54.9 | 17.15 | 14.54 | 1,408 | 1,191 | 2,568 | 2,345 | 3,976 | 3,496 |
| 14 a et b. | 448 k. — — — et sulfate magnésie | 31.41 | 2,463 | 4,486 | 6,949 | 54.9 | 17.49 | 14.88 | 1,383 | 1,166 | 2,623 | 2,360 | 4,006 | 3,526 |
| 9 a. | 616 k. nitrate de soude et mélange engrais minéraux | 30.99 | 2,422 | 4,961 | 7,383 | 48.5 | 17.07 | 14.46 | 1,342 | 1,125 | 3,098 | 2,835 | 4,440 | 3,960 |
| 9 b. | 616 k. — — seul | 23.18 | 1,816 | 3,572 | 5,388 | 49.8 | 9.26 | 6.65 | 736 | 519 | 1,709 | 1,446 | 2,445 | 1,965 |
| 15 a. | 448 k. sels ammoniacaux; mélange alcalis et superphosphate | 29.81 | 2,340 | 4,254 | 6,594 | 54.9 | 15.89 | 13.28 | 1,260 | 1,043 | 2,391 | 2,128 | 3,651 | 3,171 |
| 15 b. | 336 k. — — — et tourteaux | 31.32 | 2,450 | 4,515 | 6,965 | 64.4 | 17.40 | 14.79 | 1,370 | 1,153 | 2,652 | 2,389 | 4,022 | 3,542 |
| 19 | 336 k. — 440 k. superphosphate et 560 k. tourteau | 28.46 | 2,259 | 3,946 | 6,205 | 57.2 | 14.54 | 11.93 | 1,179 | 962 | 2,083 | 1,820 | 3,262 | 2,782 |

douze années (1852-1863) pour la parcelle 10 *a*, a été de 20ʰ.32.

Comme les sels amoniacaux ont accru le rendement bien plus que les engrais minéraux seuls, et cela pendant de longues années, il s'ensuit que si le sol pratiquement épuisé manquait d'azote, il renfermait un excédant d'éléments minéraux, par rapport à la quantité d'azote disponible dans le sol et dans l'atmosphère. Les faits démontrent, d'ailleurs, que les plantes dont la croissance se fait en présence d'une abondante provision d'éléments minéraux, fixent à peine plus d'azote provenant des sources naturelles que sur le sol resté sans engrais.

*Sels minéraux et ammoniacaux*. — En ajoutant au mélange d'engrais minéraux, celui des sels ammoniacaux, dont on vient de constater les effets, on a obtenu (7 *a* et *b*), par rapport à la parcelle sans engrais, un accroissement moyen annuel de 18ʰ.78 de grain et de 2,857 kilogr. de paille, ou 93 litres de grain et 384 kilogr. de paille de plus, que sur la parcelle avec fumier. En forçant la dose de sels ammoniacaux, on obtient des rendements plus élevés, mais qui dépendent de l'addition d'ammoniaque.

La moyenne de vingt années, obtenue par le mélange de sels ammoniacaux et minéraux (parcelle 7 *a* et *b*), atteint 30ʰ.12; c'est-à-dire qu'elle excède de beaucoup la moyenne obtenue dans la culture par assolements, de la Grande-Bretagne, et dépasse le rendement du fumier répandu pendant vingt années de suite, à raison de 35,000 kilogr. à l'hectare. Sans apport de silice ou de matières organiques fournissant de l'acide carbonique ou des produits carbonés, ce mélange couvre et au delà, la perte annuelle subie par les matières minérales, y compris la silice, et par l'azote et le carbone contenus dans les récoltes.

*Sels minéraux et nitrate de soude* (parcelles 10 *a* et *b*).—Le même mélange d'engrais minéral avec une quantité de nitrate de soude contenant l'équivalent de l'azote des sels ammoniacaux employés, fournit un rendement en grain, à peu près égal à celui du fumier, mais plus de paille.

*Engrais organiques*. — Il n'est résulté aucun avantage de l'emploi d'engrais organiques, susceptibles de fournir, par leur décomposition, de l'acide carbonique ou des produits carbonés. Quoique une récolte de blé renferme plus de 2,000 kilogr. de carbone par hectare, le grain

semble se passer du carbone de l'engrais. Elle est en état de soutirer, grâce à l'atmosphère, cette énorme quantité de carbone, par ses racines, ou par ses feuilles, pourvu toutefois que les éléments minéraux et l'azote à l'état assimilable approvisionnent suffisamment le sol.

Le blé jouit de cette faculté, comme l'orge et les plantes prairiales. Les racines, au contraire, dépendent, pour leur développement, de la décomposition des matières organiques dans le sol.

La matière organique du fumier peut avoir exercé une action; mais il semble qu'elle ait été superflue. L'accroissement de produit dû au fumier est surtout attribuable à l'ammoniaque qui |se dégage en abondance, mais lentement; ou bien à l'azote sous un autre état; de même qu'aux éléments minéraux.

*Augmentation de rendement par l'azote*. — Il a été démontré sur le champ de Broadbalk qu'on ne peut obtenir de pleines récoltes de blé que s'il y a dans le sol, à la disposition de la plante, des éléments minéraux assimilables, en abondance, et si, en même temps, l'ammoniaque, ou l'azote à tout autre état, est fourni au sol. Aussi était-il intéressant de déterminer l'augmentation de rendement, correspondant à un poids donné d'ammoniaque ou d'azote à tout autre état, contenu dans l'engrais. C'est ce que MM. Lawes et Gilbert ont établi, en se basant sur les résultats des années 1852 à 1863. Ils ont calculé le poids d'ammoniaque dans l'engrais, et le poids d'azote du nitrate, converti en ammoniaque, qui est nécessaire pour accroître de 1 hectolitre la quantité de grain, avec la paille correspondante, sur chacune des parcelles principales de *Broadbalk field*.

Le tableau suivant (nº IV) reproduit ces calculs, référés comme terme de comparaison, non point à la parcelle sans engrais, puisque l'action de l'ammoniaque dépend de la préexistence d'éléments minéraux assimilables ; mais bien à la parcelle contenant le mélange normal de sels minéraux adopté; le poids de l'hectolitre de blé ayant été fixé à 74ᵏ.85, d'une manière égale.

D'après ce tableau, on remarquera que par l'emploi de 56 kilogr. d'ammoniaque à l'hectare et par an, ajouté à l'engrais minéral complexe (qui ne comprend pas de silice) de la parcelle type nº 6, on a dû employer 4ᵏ.988 d'ammoniaque pour produire 27ᵏ.205 d'excédent de blé, avec la paille correspondante. Or, ce poids d'ammoniaque équivaut à la fumure généralement pratiquée en Angleterre, c'est-à-dire à environ 100 kilogr. de sulfate d'ammoniaque commercial, ou à 89 kilogr. de chlorhydrate, ou encore à 140 kilogr. de guano du Pérou véritable, et à 114 kilogr. de nitrate de soude, à l'hectare.

TABLEAU IV. — *Quantité d'ammoniaque dans l'engrais pour produire 1 hectol. de blé d'excédant avec sa paille.*

| NUMÉROS des parcelles. | ENGRAIS PAR HECTARE ET PAR AN PENDANT DOUZE ANNÉES (1852-1863). | MOYENNES | | |
|---|---|---|---|---|
| | | Six années 1ʳᵉ moitié (1852-57) | Six années 2ᵉ moitié (1858-63) | Douze années (1852-63) |
| | | Kil. | Kil. | Kil. |
| 6 (*a* et *b*) | 224 kil. sels ammoniacaux (1) et mélange d'engrais minéraux (2)........... | 5,737 | 4,475 | 4,988 |
| 7 (*a* et *b*) | 448 kil. sels ammoniacaux et mélange d'engrais minéraux................ | 6,015 | 5,081 | 5,512 |
| 8 (*a* et *b*) | 672 kil. sels ammoniacaux et mélange d'engrais minéraux................ | 8,216 | 6,980 | 7.544 |
| 16 (*a* et *b*) | 896 kil. sels ammoniacaux et mélange d'engrais minéraux................ | 10,244 | 9,238 | 9,720 |
| 17 (*a* et *b*) ou 18 (*a* et *b*) | 448 kil. sels ammoniacaux s'alternant avec mélange d'engrais minéraux.................................................. | 7,103 | 6,641 | 6,894 |
| 10 *a* | 448 kil. sels ammoniacaux seuls (19 années, 1845-1863)................ | 21,063 | 23,342 | 22,141 |
| 10 *b* | 448 kil. sels ammoniacaux seuls (13 années, 1851-1863)................ | 10,664 | 12,481 | 11,496 |
| 11 (*a* et *b*) | 448 kil. sels ammoniacaux et superphosphate de chaux (3).............. | 9,155 | 8,488 | 8,796 |
| 12 (*a* et *b*) | 448 kil. sels ammoniacaux, superphosphate de chaux et sulfate de soude... | 6,556 | 5,378 | 5,912 |
| 13 (*a* et *b*) | 448 kil. sels ammoniacaux, superphosphate de chaux et sulfate de potasse.. | 6,754 | 5,427 | 6,004 |
| 14 (*a* et *b*) | 448 k. sels ammoniacaux, superphosphate de chaux et sulfate de magnésie. | 6,477 | 5,450 | 5,922 |
| 9 *a* | 616 kil. nitrate de soude et engrais minéraux......................... | 6,792 | 4,855 | 5,553 |
| 9 *b* | 616 kil. nitrate de soude seul........................................ | 11,588 | 15,064 | 13,138 |

(1) Moitié sulfate et moitié chlorhydrate d'ammoniaque. — (2) Superphosphate de chaux, et sulfates de potasse, de soude et de magnésie. — (3) 4 parties cendres d'os et 3 parties acide sulfurique pesant 1.7.

Ainsi, quoi que Liebig ait pu objecter à ce fait, lorsqu'il fut produit, au début de la controverse, par MM. Lawes et Gilbert, le fermier peut pratiquement compter qu'il obtiendra en moyenne, un hectolitre de blé avec son *quantum* de paille, en excédant du produit ordinaire dû au sol et à la saison, moyennant chaque 5 kilogr. d'ammoniaque appliquée comme engrais à la récolte.

En doublant à l'hectare la fumure de sels ammoniacaux, ce qui constitue une fumure trop considérable pour la plupart des sols et des années, la quantité employée, par hectolitre d'excédant, atteint 5ᵏ.512; en la triplant, elle devient 7ᵏ.544, et en quadruplant, 9ᵏ.720. Quand on a recours à un excès d'ammoniaque, il faut donc en dépenser beaucoup plus pour produire un excédent de récolte déterminé, que lorsqu'on a recours à des quantités moyennes.

Les résultats sont bien moins favorables encore, par l'emploi de 448 kilogr. de sels ammoniacaux (correspondant à 112 kilogr. d'ammoniaque) à l'hectare, lorsque les éléments minéraux font défaut. Ainsi, sur les parcelles 17 et 18, qui ont reçu tous les deux ans cette dose, et, dans l'année intercalaire, le mélange d'engrais minéraux, il a fallu 6ᵏ.894 d'ammoniaque pour produire un excédent de 1 hectolitre de grain avec sa paille. Sur les parcelles nᵒ 11 qui manquaient depuis vingt années de potasse, de soude et de magnésie (sauf les faibles quantités fournies au sol par le tourteau de navette), il a fallu 8ᵏ.796 d'ammoniaque. Enfin, sur la parcelle 10 *a* où le manque d'éléments minéraux était encore plus accusé, la quantité normale d'ammoniaque nécessaire a été quadruple, soit de 22ᵏ.141 par hectolitre d'excédent.

Avec l'azote fourni à l'état de nitrate de soude, correspondant à 112 kilogr. d'ammoniaque à l'hectare, les résultats sont identiques.

En admettant que le fumier renfermât une moyenne proportion d'azote, la quantité d'azote dépensée pour produire une augmentation de rendement, correspondait à une dose d'ammoniaque beaucoup plus forte que celle effectivement employée en recourant à des sels ammoniacaux (56 kilogr.), ou a du nitrate de soude (112 kilogr), conjointement avec le mélange des sels minéraux.

Il y a donc une différence très-notable pour l'augmentation de produit, dans l'action de l'azote, à l'état de sels ammoniacaux ou de nitrate, suivant la proportion de substances minérales disponibles dans le sol. Aussi le cultivateur qui, en présence d'un sol déjà épuisé en matières minérales, cherche à accroître sa récolte exclusivement par des engrais azotés, non-seulement réduit davantage ces matières, mais paye d'une manière exorbitante l'excédant qu'il obtient.

D'ailleurs, les saisons influent beaucoup, nous le verrons plus tard, sur l'action d'une quantité donnée d'ammoniaque dans l'engrais.

En somme, quelque grande que soit la différence d'action de l'ammoniaque apportée dans le sol par l'engrais, sous le rapport du poids distribué à l'hectare, de l'état minéral du sol, et des saisons, quand on se place dans les conditions de la pratique ordinaire, c'est-à-dire, d'une fumure modérée et d'un sol suffisamment pourvu d'éléments minéraux, 5 kilogr. d'ammoniaque correspondent à la production d'un excédant de 1 hectolitre de grain avec sa paille.

Les principales conséquences des essais de culture prolongée du blé, dans le champ de Broadbalk, sont les suivantes :

1. Sur une terre à blé de moyenne qualité, prise à l'expiration d'une rotation, après cinq récoltes successives sans engrais, on est parvenu à cultiver du blé pendant trente années consécutives, sans engrais, et avec diverses sortes d'engrais.

2. Sans engrais, le rendement en grain vanné a été, la première année, de 13$^h$.47 à l'hectare ; la dernière année de 15$^h$.49, et, en moyenne, pendant vingt ans, de 14$^k$.59.

3. Avec le fumier de ferme, appliqué chaque année, à raison de 35,000 kilogr. à l'hectare, le rendement a été la première année de 18$^h$.41 ; la dernière année de 39$^h$.52, et, en moyenne, pendant vingt ans, de 29$^h$.19.

4. Avec les engrais artificiels, le rendement le plus élevé a été, la première année, de 24$^h$.78 ; la dernière année, de 50$^h$.75, et, en moyenne, pendant vingt ans, de 32$^h$.11 ; c'est-à-dire de beaucoup supérieur au rendement obtenu par la rotation ordinaire, et à celui obtenu dans le même sol, par l'application continue du fumier.

5. Les engrais minéraux employés exclusivement, bien qu'à l'état soluble, ont faiblement augmenté le produit ; ils ne permettent pas à la plante d'assimiler plus d'azote et de carbone de l'atmosphère que lorsqu'elle est cultivée sur un sol pratiquement épuisé.

6. Les engrais azotés, exclusivement employés, ont augmenté le produit très-notablement pendant bien des années de suite ; ce qui prouve que le sol à l'état d'épuisement relatif où on l'avait pris, était bien plus riche en matières minérales qu'en azote disponible, pour la végétation du blé.

7. Les plus fortes récoltes correspondent à l'emploi simultané d'engrais minéraux et azotés ; et c'est par ce mélange, indépendant de silice ou de carbone, que le rendement du fumier a été notablement dépassé.

## B. Autres expériences que celles de Broadbalk.

Les conclusions obtenues à Broadbalk, relativement à l'épuisement initial du sol, à la nature et à l'action des engrais, se vérifient-elles sur d'autres sols ?

Liebig avait répondu négativement, sous le prétexte que les résultats étaient confinés au sol de Rothamsted, et que les champs d'expériences, en thèse générale, étaient inutiles comme base de déduction, en ce qui concernait les champs voisins, et encore plus, pour les champs, dans d'autres localités.

MM. Lawes et Gilbert ont paré à cette objection peu fondée, en cultivant le blé avec les mêmes engrais pendant huit années de suite (1856-1863) sur un autre champ de Rothamsted *Hoos Field*, (1) ; pendant trois années (1852-1854) à Holkham Park, dans le comté de Norfolk (2), et pendant quatre années (1856-1859) à Rodmersham, dans le comté de Kent (3).

Dans la pièce de Hoos Field, les expériences avaient lieu sur un sol ayant déjà porté plusieurs récoltes de blé sans engrais.

A Holkham, le sol était léger et maigre, formé d'un sable argileux coloré, reposant sur de la marne très-calcaire. On y avait cultivé du blé l'année précédente avec les mêmes engrais, et deux années auparavant, des turneps, fumés avec du guano et du fumier.

A Romersham, le sol argileux reposait

(1) *Journ. Roy. agr. Soc. Eng.*, t. XXV ; part. I et II ; p. 100. (1864).
(2) *Idem*, t. XVI ; part. I. (1855).
(3) *Idem*, t. XXIII. (1862).

sur de la craie. On y avait cultivé successivement, en 1853, des turneps avec guano et superphosphate; en 1854 de l'orge; en 1855 des fèves avec fumier.

Nous avons reproduit, dans le tableau suivant n° V, les données des principaux fertilisants, par rapport à la parcelle laissée sans engrais et à celles de Broadbalk.

TABLEAU V. — *Expériences comparatives de culture du blé dans diverses localités.*

| ENGRAIS COMMERCIAUX APPLIQUÉS CHAQUE ANNÉE. | RENDEMENTS MOYENS ANNUELS. | | | |
| --- | --- | --- | --- | --- |
| | ROTHAMSTED, 8 ANS (1856-1863). | | Holkham. 3 ans 1852-1854. | Rodmersham. 4 ans 1856-1859. |
| | Broadbalk. | Hoos Field. | | |
| GRAIN VANNÉ PAR HECTARE. | Hectol. | Hectol. | Hectol. | Hectol. |
| 1. *Sans engrais* | 14.37 | 13.47 | 16.11 | 22.96 |
| 2. Engrais minéraux seuls | 17.06 | 14 43 | 17.18 | 25.60 |
| 3. Sels ammoniacaux seuls | 20.83 | 23.46 | 24.40 | 28.24 |
| 4. Engrais minéraux et sels ammoniacaux | 34.52 | 33.57 | 29.80 | 30.09 |
| POIDS DU BLÉ VANNÉ A L'HECTOLITRE. | Kilogr. | Kilogr. | Kilogr. | Kilogr. |
| 1. *Sans engrais* | 71.10 | 71.98 | 76.45 | 74.10 |
| 2. Engrais minéraux seuls | 72.85 | 72.98 | 77.46 | .4.98 |
| 3. Sels ammoniacaux seuls | 69 85 | 70.98 | 74.85 | 72.98 |
| 4. Engrais minéraux et sels ammoniacaux | 73.48 | 72.35 | 77.85 | 72.10 |
| POIDS TOTAL DE GRAIN A L'HECTARE. | | | | |
| 1. *Sans engrais* | 1,109 | 1,038 | 1,245 | 1,754 |
| 2. Engrais minéraux seuls | 1,336 | 1,106 | 1,347 | 1,973 |
| 3. Sels ammoniacaux seuls | 1,649 | 1,814 | 1,834 | 2,149 |
| 4. Engrais minéraux et sels ammoniacaux | 2,698 | 2,572 | 2,303 | 2,264 |
| PAILLE ET BALLES A L'HECTARE. | | | | |
| 1. *Sans engrais* | 1,821 | 1,635 | 3,343 | 3,747 |
| 2. Engrais minéraux seuls | 2,041 | 1,713 | 3,949 | 4,426 |
| 3. Sels ammoniacaux seuls | 2,843 | 3,082 | 4,788 | 5,307 |
| 4. Engrais minéraux et sels ammoniacaux | 4,680 | 4,501 | 5,696 | 6,384 |

La coïncidence des résultats est des plus frappantes. L'engrais minéral employé seul offre peu d'augmentation; les sels ammoniacaux seuls en offrent une bien plus considérable; et le mélange assure un rendement encore plus élevé. Les parcelles sans engrais, à Holkham et à Rodmersham, n'ayant pas été choisies comme à Rothamsted, à l'expiration d'une rotation sans engrais, c'est-à-dire à l'état d'épuisement, ont accusé des rendements naturellement plus élevés; et les engrais azotés ont de même fourni une augmentation moins sensible. On n'en doit pas moins conclure qu'à de rares exceptions près, plus une terre est épuisée dans le sens de la pratique agricole ordinaire, plus l'efficacité des engrais azotés employés exclusivement, est manifeste par rapport à celle des engrais minéraux employés de même.

*Culture du blé par le système Lois Weedon.* — Les conclusions énoncées jusqu'ici se sont en outre vérifiées à l'occasion des essais du système Smith, à Rothamsted. Nous avons dit ailleurs (1) en quoi consistait le mode de culture présenté par

(1) *Journ. Agric. prat.*, t. II, 1874, p. 278 : La culture améliorante, par A. Ronna.

le révérend S. Smith en 1849, appliqué sur la ferme de Lois Weedon et décrit en 1856, dans un petit livre intitulé : *Lois Weedon Husbandry.*

Smith proposait de produire la même récolte tous les ans, sur un même champ dont la surface eût été divisée alternativement en bandes cultivées et en bandes de jachère. Les bandes restées en jachère recevaient deux gros labours, deux façons simples à la herse, un roulage, etc., à l'aide d'instruments spéciaux de l'invention de Smith. Le système était exclusivement basé sur le développement maximum de l'état mécanique du sol, par rapport à l'action atmosphérique et sans aucun recours à l'engrais.

MM. Lawes et Gilbert ont répété avec le plus grand soin, sur un de leurs champs, à Rothamsted, les expériences de culture du blé, d'après les indications de Smith, pendant les quatre années consécutives 1852 à 1855.

Le sol consacré à ces essais était une argile forte, avec un sous-sol d'argile jaune rougeâtre, reposant sur la craie. Il constituait une terre à blé de moyenne qualité. On y avait obtenu une récolte de blé en 1850, et on l'avait laissée en jachère en

1851. Des trois parcelles réservées sur le champ, la première fut cultivée par le procédé Smith; la deuxième fut emblavée en froment, sans jamais passer par la jachère, et la troisième, qui porta du blé la première année, resta en jachère pendant la deuxième année, et donna encore du blé pendant la troisième et la quatrième année.

La parcelle spéciale fut ensemencée en lignes, à une graine, et à deux graines par trou, aux distances recommandées par Smith, et la culture reçut les façons désignées par l'inventeur.

Ces opérations ont donné lieu, à Rothamsted, aux résultats suivants :

1$^{re}$ *récolte* 1851-1852. — Après avoir labouré, hersé, etc., par les procédés ordinaires, on ensemença à raison d'une graine et de deux graines en septembre ; on donna deux façons à la houe; on enleva les mauvaises herbes. La récolte, coupée au mois d'août suivant, fut trouvée sale, maigre et attaquée par la nielle (rendement : 9$^h$.09 et 14$^h$.02 à l'hectare).

2$^e$ *récolte*, 1852-1853. — Les bandes laissées en jachère, et qui avaient été défoncées à 0$^m$.35 et 0$^m$.38 en décembre 1851, furent remuées à la fourche au printemps, puis à l'automne, avant l'ensemencement qui eut lieu au mois d'octobre 1852. Même culture que précédemment. Récolte coupée en septembre 1853; maigre, sale et niellée (3$^h$.64 et 4$^h$.72 à l'hectare).

3$^e$ *récolte*, 1853-1854. — On défonça à 0$^m$35 et 0$^m$.38 le chaume des bandes ayant porté l'avant-dernière récolte, et l'on remua deux fois à la fourche, avant d'ensemencer en octobre 1853. Récolte coupée en septembre 1854 (10$^h$.10 et 13$^h$.08 à l'hectare); plus propre, mais maigre et niellée.

4$^e$ *récolte*, 1854-1855. — Défoncement et façons à la fourche, comme précédemment. Ensemencement en septembre 1854. Récolte en septembre 1855; propre, mais maigre et niellée (4$^h$.21 et 5$^h$.78 à l'hectare).

Ainsi le succès du système Lois Weedon était loin d'avoir été brillant.

La surface prise dans les bandes alternativement cultivées et laissées en jachère, n'avait pas donné un rendement supérieur à celui de la même surface constamment emblavée. Bien plus, la parcelle restée en repos complet pendant toute l'année, donna une récolte bien supérieure à celle des terres soumises au procédé Smith, comme à celles toujours emblavées, et, à la quatrième récolte, elle n'offrit plus qu'un produit identique à celui de la terre qui n'avait cessé de produire.

L'échec de la culture du blé par la méthode Lois Weedon ayant été communiqué à M. Smith, il suggéra que le sol de Rothamsted devait manquer d'éléments minéraux solubles, assimilables par le froment; qu'il fallait lui donner la matière minérale nécessaire ; et qu'alors, le sol étant suffisamment poreux et perméable, l'atmosphère fournirait abondamment la substance organique.

Bien qu'il fût évident que le sol ne manquait pas de matières minérales, puisque, dans les mêmes circonstances, la parcelle cultivée en jachère ordinaire avait donné un rendement bien plus élevé, dû à l'alimentation atmosphérique, MM. Lawes et Gilbert firent un cinquième essai dans le même champ, après la récolte de 1855. Ils le partagèrent en quatre parcelles, de telle sorte que chacune eut une portion égale de sol déjà défoncé, remué à la fourche et en jachère, et de sol avec chaume, ou en jachère commune. On laboura alors le tout et on emblava par le procédé ordinaire. Une des parcelles fut laissée sans engrais; une autre ne reçut que des engrais minéraux; une troisième, des sels ammoniacaux, et la quatrième, un mélange de sels minéraux et ammoniacaux. On procédait dès lors à l'analyse du sol par l'emploi d'engrais incomplets, suivant la méthode attribuée plus tard à M. G. Ville.

Les produits de cette expérience ont été comparés dans le tableau suivant n° VI, avec les produits moyens des essais précédents de culture Smith (1852-1855) et d'un champ adjacent ayant porté successivement treize récoltes de blé, (treizième récolte en 1856).

Les expériences de la division B du tableau VI indiquent les effets des divers engrais, aussi bien sur la partie du champ défoncé, façonné et ameubli à la manière Smith, que sur la partie traitée par la culture en jachère ordinaire. La parcelle restée sans engrais dans cette division, comparée à celle de la division A soumise à la culture par jachère ordinaire, a fourni, à 1 hectolitre de grain près, et à quelques kilogr. de paille en plus, le même rendement total. Ce qui indique bien que le mauvais résultat des récoltes, sur les parcelles soumises à la culture, Smith était plutôt attribuable au maigre ensemencement et au sous-sol ramené à la surface, qu'au manque de matières minérales, comme Smith le présumait.

TABLEAU VI. — *Expériences de culture comparative du blé* (1852-1856).

| DÉSIGNATION DES CULTURES ET ENGRAIS. | PRODUIT A L'HECTARE. | | | | QUALITÉ du produit. | |
| --- | --- | --- | --- | --- | --- | --- |
| | Grain vanné. | | Paille et bailles. | Produit total Grain et paille. | Poids de l'hectolitre de grain. | Rapport pr 100 du grain à la paille. |
| | Volume. | Poids. | | | | |
| *A. Expériences du système Lois Weedon.* Moyennes des 4 années ( 1852-1855 ). | Hectol. | Kilogr. | Kilogr. | Kilogr. | Kilogr. | p. 100. |
| 1.) Système Smith { une graine par trou..... ................. | 7.39 | 463 | 1,243 | 1,790 | 66.85 | 4 . |
| 2.) Système Smith { deux graines id.. ................. | 9.37 | 641 | 1,519 | 25,55 | 67.85 | 4 . |
| 3. Jachère cultivée ordinaire, 1851-1852, blé ; 1852-1853, jachère; 1853-1854, blé ; 1854-1855, moitié blé, moitié jachère (1)..... | 17.74 | 1,233 | 2,656 | 4,000 | 70.10 | 50.6 |
| 4. Champ adjacent, sans engrais, de 1852 à 1855................. | 12.47 | 934 | 1,942 | 2,966 | 69.73 | 50.7 |
| *B. Expériences sur les parcelles déjà soumises au système Lois Weedon, avec engrais.* Récolte de 1856 (2). | | | | | | |
| 1. Sans engrais................ | 18.86 | 1,402 | 2,406 | 3,953 | 74.85 | 64.3 |
| 2. Engrais minéraux seuls (336 kil. sulfate potasse, 224 kil. sulfate soude, 112 kil. sulf. magnésie, 224 kil. os calcinés, 168 kil. acide sulfurique................ | 21.11 | 1,607 | 2,725 | 4,444 | 76.10 | 63.1 |
| 3. Sels ammoniacaux seuls (224 kil. sulfate et 224 kil. chlorhydrate d'ammoniaque)................ | 31.72 | 2,319 | 4,306 | 6,887 | 73.10 | 58.8 |
| 4. Sels minéraux et ammoniacaux en mélange (nos 2 et 3)....... | 36.94 | 2,724 | 5,497 | 8,371 | 72.73 | 52.3 |
| 5. Parcelle en jachère culti vée, ordinaire, sans engrais............ | 19.48 | 1,459 | 2,368 | 3,924 | 74.85 | 65.7 |
| *C. Expériences sur le champ adjacent ;* 13ᵉ année de blé consécutif. Récolte de 1856. | | | | | | |
| 1. Sans engrais................ | 13.02 | 884 | 1,746 | 2,746 | 67.73 | 57.3 |
| 2. Sels minéraux seuls (formule tableau 1) ..................... | 16.90 | 1,190 | 2,255 | 3,563 | 70.35 | 58.0 |
| 3. Sels ammoniacaux seuls (idem)................ | 21.72 | 1,505 | 3,159 | 4,846 | 69.23 | 53.4 |
| 4. Sels minéraux et ammoniacaux en mélange (idem)............ | 33.46 | 2,420 | 5,111 | 7,702 | 72.35 | 50.7 |

(1) Le blé pour la culture avec jachère ordinaire a été semé au semoir, à raison de 180 litres à l'hectare.
(2) Même observation qu'en 1 pour la quantité de semence à l'hectare et pour le semoir.

Si maintenant l'on compare la parcelle sans engrais de la division B, avec les autres de la même division, on constate que :

Les engrais minéraux seuls ont donné un faible accroissement de 2ʰ.25 de blé et de 319 kilogr. de paille ;

Les sels ammoniacaux seuls ont donné 12ʰ.86 d'augmentation de rendement en grain et de 1,900 kilogr. de paille ;

Le mélange des sels minéraux et ammoniacaux a donné un excédant de 18ʰ.08 de grain et de 3,094 kilogr. de paille.

La comparaison des divisions A et C donnerait lieu à des observations non moins intéressantes. L'azote évidemment ne faisait pas défaut dans le sol, puisque l'on en a trouvé une quantité notable à l'état combiné, dans les sols analysés de Lois Weedon et de Rothamsted; mais cet azote combiné n'était pas à l'état assimilable, et l'on n'avait pas alors les moyens de distinguer exactement les combinaisons azotées solubles de celles qui ne le sont pas.

Nous aurons du reste l'occasion de revenir sur ces expériences instructives du système Lois Weedon, lorsqu'il sera question de la jachère et de l'épuisement des terres.

### C. Effet des saisons et des fumures sur la composition du grain.

Dès les premières années d'expérience de culture du blé, MM. Lawes et Gilbert sont frappés de l'influence des saisons et des engrais, sur la composition du grain.

Dans un premier mémoire (1), M. Lawes arrivait déjà, bien qu'incidemment, à des conclusions contraires à l'opinion qui avait eu cours jusqu'alors. Ainsi il déduisait de la comparaison des trois années 1844, 1845 et 1846 pour les parcelles sans engrais, que l'action du climat concorde absolument avec le caractère général de chaque saison.

(1) *Journ. Roy. agr. Soc. Engl.*, t. VIII, 1874.

|  | 1844 | 1845 | 1846 |
| --- | --- | --- | --- |
| *Parcelles sans engrais.* | | | |
| Grain à l'hectare (hectol.) .. | 14.4 | 20.6 | 15.9 |
| Paille à l'hectare (kilogr.).. | 1,254 | 3,034 | 1,690 |
| Poids de l'hectolitre de grain (kilogr.)........... | 72.9 | 70.5 | 79.5 |
| Rapport du grain à la paille, pour 1,000 kilogr ..:.... | 821 | 534 | 797 |
| *Moyennes de toutes les autres parcelles.* | | | |
| Poids de l'hectolitre de grain (kilogr.)............... | 75.7 | 70.5 | 78.5 |
| Rapport du grain à la paille (1,000 kilogr.).......... | 868 | 499 | 765 |

C'est, en effet, dans la saison de 1845, qui a compté le plus de jours de pluie, et où la température a été la plus basse, que l'hectolitre de grain pèse le moins et que l'on obtient le plus de paille. Le minimum de paille correspond, au contraire, à la saison la plus sèche de 1844; et la meilleure qualité de grain, à l'été le plus chaud de 1846.

Si l'on compare le rapport du grain à la paille, et le poids de l'hectolitre de grain, sur les parcelles sans engrais et sur l'ensemble des parcelles du champ (résultats moyens), on constate une parfaite analogie: ce qui est d'autant plus remarquable que les engrais les plus variés ont été employés, et que plusieurs d'entre eux out doublé le produit naturel du sol.

En relevant, comme données de chaque récolte, les observations météorologiques et l'état respectif de la culture pendant chaque saison, pour les parcelles principales, afin de les discuter en regard de la quantité et de la qualité du produit, MM. Lawes et Gilbert ont vérifié les conséquences qui précèdent et déterminé l'influence climatérique locale de Rothamsted. Il est évident que si, sur chaque ferme, l'on pesait soigneusement les diverses récoltes provenant d'un quart d'hectare, par exemple; si l'on évaluait le rapport du grain à la paille ou des feuilles aux racines, et si l'on appréciait la qualité du produit, on arriverait à déterminer sûrement l'effet de chaque pluie, ou d'une modification quelconque de température, en même temps que le rendement et la qualité des diverses récoltes, avant de les enlever.

On comprendra que nous nous contentions de signaler ici la nécessité d'observations climatologiques, sans entrer pour cela dans la discussion des faits que MM. Lawes et Gilbert n'ont jamais oublié de présenter dans leurs nombreuses recherches.

Nous ferons seulement observer que dans les expériences à Broadbalk , les saisons ont exercé la plus grande influence sur le rôle de l'ammoniaque contenue dans l'engrais. Ainsi, dans un sol dépourvu de matières minérales, une saison défavorable réduit l'efficacité de l'ammoniaque au-dessous de la moyenne. Sur la parcelle 6 de Broadbalk (tableau IV), où l'on applique chaque année 60 kilogr. d'ammoniaque, en même temps que des engrais minéraux, l'écart a varié entre $2^k.5$ et $12^k.5$ d'ammoniaque pour obtenir un hectolitre excédant de grain, avec sa paille : ces deux chiffres correspondent comme extrêmes à l'année exceptionnellement productive de 1863 et à celle très-favorable de 1852. Dans un cas (la bonne saison), il a suffi d'ajouter $2^k.5$ d'ammoniaque au-delà de la fumure normale pour obtenir un hectolitre de blé d'excédant, et dans l'autre cas (la mauvaise saison), il en a fallu ajouter $12^k.5$ pour obtenir le même résultat.

*Composition du grain et de la paille.* — L'analyse chimique du grain a pour résultat d'éclairer sur les variations de composition et de produit dues à la culture et à la manutention du blé. MM. Lawes et Gilbert se sont attachés à cette étude, dont ils ont fait connaître les résultats dans un mémoire très-important (1).

Sur des échantillons de grain et de paille recueillis de 1843 à 1856, dans les parcelles cultivées avec les divers engrais, dont les rendements en grain, en paille et en balles ; et les poids par hectolitre, etc., avaient été notés, on fit deux lots que l'on broya séparément, après avoir pesé. Avec l'un de ces lots, on détermina la matière sèche à 100 degrés centigrades, et les cendres, par la combustion à la moufle sur des feuilles de platine. L'autre lot, grain et paille, fut partiellement desséché, afin de prévenir la décomposition, et réservé pour le dosage des éléments organiques. Des nombreux résultats ainsi obtenus, on put déduire l'influence des saisons et des fumures sur la proportion pour cent de matière sèche et des matières minérales dans les produits. Dans quelques cas, on dosa l'azote du grain et de la paille. Enfin on ne fit pas moins de trente analyses complètes des cendres.

Indépendamment de ces essais, on rechercha le rendement comparatif du grain

(1) *On some points in the composition of wheat grain*, etc. (*Journ. of chemic. soc*, London, 1857.)

des diverses récoltes, en farine, et les caractères de la farine, suivant les engrais employés chaque année à produire le blé.

Les premiers essais de mouture de grain, à l'aide d'un appareil à noix d'acier, difficile à régler, ayant donné du son imparfaitement dépouillé, MM. Lawes et Gilbert firent moudre les échantillons prélevés chaque année (50 à 100 kilogr.) dans un moulin hydraulique du voisinage et bluter séparément la boulange de chaque échantillon, en notant la proportion pour cent de farine et de son. Une partie de chacun des produits fut alors desséchée à 100 degrés centigrades, et une autre partie, incinérée. L'azote fut dosé dans la fleur de farine et dans les issues, et les principaux éléments des cendres furent déterminés.

Enfin MM. Lawes et Gilbert ont fait essayer, au point de vue de la panification, les divers produits du blutage, correspondant au froment obtenu dans des conditions opposées, de façon à connaître le rendement en pain pour une quantité donnée de farine, la proportion d'eau et d'azote pour cent contenus dans le pain, etc.

Nous ne saurions aborder la discussion des chiffres (1) consignés dans le mémoire spécial de MM. Lawes et Gilbert, que pour mettre en évidence les conséquences essentielles auxquelles ils sont arrivés au sujet de la culture du blé, qui nous occupe dans ce chapitre. Ainsi, ils ont constaté :

1° Que, dans toutes les années où la récolte offre un développement favorable, il y a tendance à une proportion élevée pour cent de matière sèche, et, dans cette matière sèche, à une proportion inférieure pour cent de matières minérales et d'azote, aussi bien pour le grain que pour la paille;

2° La maturité du grain tend à réduire la proportion pour cent de matières minérales et souvent de l'azote. Ce fait est d'autant plus important que la récolte dépend quant à son plein développement, d'une ample provision d'azote assimilable dans le sol.

3° Les divers engrais exercent une action bien plus sensible sur la quantité que sur la qualité du produit. Les différences générales dans la composition et la qualité des produits s'accusent bien autrement par les variations climatériques, ou les saisons, que par les engrais.

4° Avec des sels ammoniacaux employés seuls comme engrais, la substance sèche du grain offre une proportion d'azote plus élevée pour cent que celle du grain venu dans le même sol sans engrais. Cette observation s'applique au mélange de sels minéraux et ammoniacaux, bien que l'avantage sous ce rapport reste aux sels ammoniacaux seuls. Il ne faudrait pas cependant en inférer que l'on peut, par la fumure, exercer une action directe sur la composition du grain et son *quantum* d'azote.

5° L'analyse des cendres du grain indique une fixité de composition sur laquelle l'engrais n'a aucune influence. Elle révèle surtout le degré de développement et de maturité dû à la saison. Pour une même variété de grain, arrivé à parfaite maturité, la composition des cendres est constante.

6° Dans une saison défavorable, la composition des cendres et de la paille indique une diminution, faible, mais appréciable, dans la proportion pour cent, de chaux et de potasse, ainsi que de l'acide sulfurique, et une augmentation de magnésie, d'acide phosphorique et de silice (1).

7° L'emploi des sels ammoniacaux seuls, pendant un grand nombre d'années consécutives, sur le même sol, donne lieu, pour le grain, à une réduction appréciable d'acide phosphorique, et, pour la paille, à une réduction de silice.

8° Si les matières minérales de la récolte, sur une surface déterminée en culture de froment, sont beaucoup augmentées par l'emploi des sels ammoniacaux, elles le sont *a fortiori* par l'emploi du mélange des sels minéraux et ammoniacaux et par le fumier de ferme.

### D. Conclusions.

Après une culture expérimentale du blé, pendant douze années de suite, MM. Lawes et Gilbert formulaient, comme il suit, les données pratiques de leurs

---

(1) On se fera une idée du nombre de données recueillies, par ce simple fait que quarante échantillons environ ont été traités chaque année, comme nous l'avons expliqué, et que les essais sur la mouture et la boulangerie ont duré dix ans.

(1) *Report to the British association for* 1861.

essais, en opposition aux doctrines de Liebig :

*a.* Les engrais minéraux, dans les conditions qu'exige la pratique agricole de l'Angleterre, ne sont pas avantageusement employés à la reproduction directe du blé, exporté de la ferme. Ils devraient être appliqués aux récoltes fourragères ou à la jachère cultivée, dont le rôle est de puiser dans l'atmosphère et de conserver au sol l'azote assimilable, pour l'utiliser à l'augmentation de rendement des céréales.

*b.* L'azote que le sol réclame dans ce but est bien plus considérable que celui contenu dans l'excédant de produit auquel il a donné lieu.

*c.* L'action chimique de la jachère, en vue de l'accroissement du produit des céréales, ne peut s'évaluer d'après la quantité additionnelle de matières minérales mises en liberté; car ces matières, dans la culture ordinaire, sont en excès par rapport à l'azote assimilable déjà présent dans le sol, ou fixé par lui pendant ce temps. La quantité d'azote assimilable est la mesure de l'excédant de rendement en grain que l'on obtiendra.

*d.* On ne saurait expliquer les effets favorables de la rotation, pour accroître les produits vendables, par la raison qu'une plante enlève au sol plus d'éléments minéraux qu'une autre.

Ils dépendent de la propriété qu'ont les fourrages, ou la jachère cultivée, d'amener et de conserver sur la ferme plus de substances azotées que l'engrais ne leur en apporte. Au contraire, les récoltes qu'elles préparent sont enlevées de la ferme, et leur augmentation de produit fournit beaucoup moins d'azote que l'engrais ne leur en a apporté.

*e.* Au résumé, dans les conditions normales de l'agriculture anglaise, on ne peut atteindre un plein rendement de céréales, en même temps que d'autres récoltes à exporter, par l'engrais, la jachère ou la rotation, que s'il y a accumulation d'azote assimilable dans le sol lui-même (1).

### VIII. — EXPÉRIENCES SUR L'ORGE.

Dans presque toute l'Angleterre, l'orge vient directement après le froment, dans la culture des céréales; pour certaines localités elle occupe même le premier rang. C'est une des soles de l'assolement quadriennal; elle figure d'ailleurs dans la plupart des rotations. Les conditions de sa croissance, en ce qui concerne le sol, et de sa valeur commerciale, en raison des mesures fiscales dont le malt est l'objet, font qu'il y a un grand intérêt à connaître exactement son rendement, sous l'action des fumures et des diverses circonstances climatériques.

La culture de l'orge offre la plus grande analogie avec celle du froment ; mais elle en diffère sur quelques points. Ainsi, le blé est semé le plus souvent à l'automne; tandis que l'orge est toujours semée au printemps ; ce qui lui donne moins de temps pour étendre ses radicelles et absorber les principes constitutifs du sol. Les terrains appropriés à la culture du froment ne le sont pas également à celle de l'orge, et fournissent, à ce point de vue, un sujet instructif d'expérience scientifique.

Dès 1845, les premiers essais de culture de l'orge avaient suggéré à M. Lawes des relations définies avec celle du froment ; mais ces essais sur une pièce de 4 hectares furent délaissés à cause des recherches entamées ailleurs, et ne purent être repris qu'en 1852.

Les résultats des expériences instituées en 1854, sur deux pièces différentes, Barnfield et Hoosfield, ont été publiés dans un mémoire de 1855 (1); ceux des six premières années (1852-1857) dans le champ expérimental de Hoos field, et de culture comparative sur d'autres champs, ont été rapportés dans un second mémoire de 1857 (2). Finalement, les conclusions de vingt années d'expériences (1852-1871) ont été présentées dans un travail qui correspond à celui dont nous avons fait l'exposé sommaire pour le blé (3). C'est à cette intéressante étude, des plus complètes, que nous emprunterons les faits caractéristiques relatifs à l'orge.

### A. Essais de Hoosfield.

La pièce de Hoos field est attenante à

(1) *Journ. Roy. agr. Soc. Engl.* t. XVI, p. II, (1855).

(1) *Journ. Roy. agric. Soc. Engl.*, t. XVI, part. II, 1855.

(2) *Jour. Roy. agric. Soc. Eng.*, t. XVIII, part. II, 1857.

(3) *Idem.* t. IX, 2ᵉ série, parts I et II, 1873.

celle de Broadbalk; le sol y jouit des mêmes propriétés, sauf qu'il n'a pas été drainé, comme à Broadbalk, et nous renvoyons, à son sujet, aux détails déjà fournis chapitre II.

Nous ajouterons que, sur des terres de cette consistance, la pratique usuelle conduirait à ne faire venir l'orge qu'après des racines, consommées sur place par les moutons ; mais elles sont trop fortes pour que, dans les années humides, cette pratique soit avantageuse. Cependant on obtient sur ces terres, par de bonnes années, de grosses récoltes, lorsque l'orge suit une autre céréale.

Le sol de Hoos field, épuisé dans le sens agricole, fut partagé, sur une superficie totale de 1ʰ.72, en vingt-quatre parcelles à peu près carrées, dont deux laissées sans engrais, sur chaque côté du champ ; une fumée d'une manière continue avec du fumier, à raison de 35,000 kilogr. à l'hectare, et les autres parcelles soumises à divers engrais ou mélanges analogues à ceux employés pour le froment. La distribution des engrais, mélangés avec des cendres argileuses en poudre, au lieu de se faire au semoir, s'est faite à la main pour éviter toute irrégularité; et la semence a été légèrement enfouie.

L'orge adoptée pour les expériences, appartient à la variété dite chevalier ; et l'ensemencement depuis 1854 s'est pratiqué sur le pied de 500 litres de graine à l'hectare.

Le choix des engrais a été fixé d'après les éléments principaux d'une récolte d'orge; et pour cela MM. Lawes et Gilbert indiquent dans le tableau qui suit, la composition d'une récolte d'orge par rapport à une récolte de froment, en admettant :

1° Pour le froment : 26ʰ.95 de grain pesant 74ᵏ.85 à l'hectolitre; soit 2,017 kilogr. de grain et 3,363 kilogr. de paille; ensemble 5,380 kilogr., à l'hectare ;

2° Pour l'orge : 35ʰ.93 de grain pesant 64ᵏ.85 à l'hectolitre; soit 2,330 kilogr. de grain et 2,802 kilogr. de paille; ensemble, 5,132 kilogr. à l'hectare.

Tableau I. — *Composition à l'hectare de deux récoltes comparées de blé et d'orge.*

| ÉLÉMENTS DES RÉCOLTES. | GRAIN. | | PAILLE. | | PRODUIT TOTAL. | |
| --- | --- | --- | --- | --- | --- | --- |
| | Blé. | Orge. | Blé. | Orge. | Blé. | Orge. |
| | kil. | kil. | kil. | kil. | kil. | kil. |
| Azote.................... | 35.87 | 36 99 | 14.57 | 13.45 | 50.44 | 50.44 |
| Acide phosphorique........ ......... | 17.93 | 19 05 | 7.85 | 5.60 | 25.78 | 24.65 |
| Potasse................... | 10.65 | 12.89 | 22.98 | 20.74 | 33.63 | 33.63 |
| Chaux.................... | 1.12 | 1.68 | 10.09 | 11.77 | 11.21 | 13.45 |
| Magnésie ................. | 3.92 | 4.48 | 3.36 | 2.80 | 7.28 | 7.28 |
| Silice.................... | 0.56 | 13.45 | 111.53 | 70.62 | 112.09 | 84.07 |

Il ressort de l'inspection de ce tableau que les éléments essentiels des deux récoltes sont, pour ainsi dire, en égale proportion. L'orge fixe au total un peu plus de chaux, mais beaucoup moins de silice que le blé ; quoique l'inverse ait lieu pour le grain. Or, le plus souvent, le grain seul est exporté; mais à Rothamsted, pour les besoins de l'expérience, le grain et la paille ont été également enlevés.

Le programme des questions à résoudre, dans la culture expérimentale de l'orge, est donc le même que pour le froment, à savoir : quelles sont les ressources fertilisantes du sol soumis à l'expérience? Quelles sont les conditions de durée de son pouvoir fertilisant ou productif? A quels éléments reconnaît-on les signes de l'épuisement? En quoi les résultats de Hoos field, par exemple, s'accordent-ils avec ceux observés dans d'autres localités, ou dans la pratique usuelle de la rotation?

La solution de ces questions a été présentée, comme pour le blé, d'après la classification suivante :

1. Quantité et qualité du rendement obtenu à l'aide des divers engrais, dans chacune des vingt années consécutives (1852 à 1871), avec les données climatériques de chaque année.

2. Rendement moyen annuel, résultant de la comparaison de chacun des fertilisants pendant les vingt années.

3. Détermination de la quantité d'ammoniaque, ou de son équivalent en azote, nécessaire pour obtenir un excédant d'un hectolitre de grain avec la paille correspondante.

4. Action du résidu des fumures azotées et minérales sur les récoltes ultérieures, au point de vue de l'épuisement du sol.

5. Comparaison des résultats enregistrés

à Hoos field avec ceux de Barn field après dix années consécutives de turneps, et avec ceux de Agdell field, dans un assolement quadriennal. Nous adoptons ce même ordre pour rendre compte des essais de Hoos field.

TABLEAU II. — *Hoos field. Expériences sur la culture de l'orge pendant 20 années consécutives* (1852 à 1871).

| NUMÉROS des PARCELLES | POIDS ET COMPOSITION DES ENGRAIS A L'HECTARE ET PAR AN. | PRODUIT A L'HECTARE. | | | | | |
| --- | --- | --- | --- | --- | --- | --- | --- |
| | | MOYENNE DE 20 ANNÉES (1852-1871). | | | 20° SAISON 1871. | | |
| | | Grain vanné. | | PAILLE totale. | Grain vanné. | | PAILLE totale. |
| | | Hectol. | Poids de l'hect. | | Hectol. | Poids de l'hect. | |
| | | Kilogr. | Kilogr. | | | Kilogr. | Kilogr. |
| 1 O... | Sans engrais | 17.96 | 64.85 | 1,475 | 15.04 | 68.60 | 1,389 |
| 2 O... | 439 k. superphosphate de chaux | 22.90 | 66.41 | 1,679 | 20.76 | 69.85 | 1,537 |
| 3 O... | 224 k. sulfate de potasse [1], 112 k. sulfate de soude [2], 112 k. sulfate magnésie | 20.21 | 66.10 | 1,537 | 17.73 | 69.07 | 1,411 |
| 4 O... | 224 k. sulfate potasse [1], 112 k. sulfate soude [2], 112 k. sulfate magnésie, 439 k. superphosphate | 24.70 | 66.55 | 1,804 | 22.45 | 69.38 | 1,757 |
| 1 A... | 224 k. sels ammoniacaux | 29.19 | 65.00 | 2,323 | 32.78 | 69.22 | 2,903 |
| 2 A... | 224 k. sels ammoniacaux, et 439 k. superphosphate. | 42.21 | 66.72 | 3,467 | 40.64 | 68 60 | 3,531 |
| 3 A... | 224 k. sels ammoniacaux, 224 k. sulfate potasse [1], 112 k. sulfate soude [2], 112 k. sulfate magnésie | 31.44 | 65.78 | 2,605 | 34.35 | 70.00 | 3,185 |
| 4 A... | 224 k. sels ammoniac., 224 k. sulf. potasse [1], 112 k. sulf. soude [2], 112 k. sulf. magnésie et 439 k. superphosphate | 41.54 | 67.35 | 3,578 | 41.77 | 70.47 | 4,080 |
| 3 { 1 AA.. | 308 k. nitrate soude. | 33.23 | 64.85 | 2,778 | 35.14 | 67.35 | 3,358 |
| 2 AA.. | 308 k. nitrate soude et 439 k. superphosphate. | 44.23 | 66.55 | 3,829 | 41.77 | 69.85 | 4,033 |
| 3 AA.. | 308 k. nitrate soude, 224 k. sulfate potasse, 112 k. sulfate soude [2] et 112 k. sulfate magnésie. | 33.57 | 65.16 | 3,060 | 32.55 | 67.80 | 3,185 |
| 4 AA.. | 308 k. nitrate soude, 224 k. sulf. potasse, 112 k. sulf. soude [2], 112 k. sulf. magn. et 439 k. superphosph.. | 44.68 | 66.55 | 4,065 | 41.32 | 70.00 | 4,095 |
| 4 { 1 AAS. | 308 k. nitrate soude et 448 k. silicate soude. | 33.23 | 67.66 | 2,744 | 43.22 | 68.10 | 3,735 |
| 2 AAS. | 308 k. nitrate soude, 439 k. superphosphate et 448 k. silicate soude | 42.43 | 69.54 | 3,640 | 44.46 | 69.22 | 4,535 |
| 3 AAS. | 308 k. nitrate soude, 224 k. sulf. potasse [1], 112 k. sulf. soude [2], 112 k. sulf. magn. et 448 k. silicate soude. | 39.18 | 68.60 | 3,247 | 43.45 | 67.03 | 3,908 |
| 4 AAS. | 308 k. nitrate soude, 224 k. sulf. potasse [1], 112 k. sulf. soude [2], 112 k. sulf. magn., 439 k. superphosphate et 448 k. silicate soude. | 44.91 | 69.69 | 3,955 | 44.01 | 69.07 | 4,770 |
| 5 { 1 C.... | 1,120 k. tourteau navette. | 40.64 | 67.03 | 3,373 | 39.52 | 70.31 | 3,452 |
| 2 C.... | 1,120 k. tourteau et 439 k. superphosphate. | 43.00 | 67.15 | 3,530 | 37.49 | 70.31 | 3,499 |
| 3 C.... | 1,120 k. tourteau, 224 k. sulf. potasse [1], 112 k. sulf. soude [2] et 112 sulf. magnésie. | 39.18 | 67.03 | 3,304 | 40.76 | 70.31 | 3,876 |
| 4 C.... | 1,120 k. tourteau, 224 sulf. potasse [1], 112 k. sulfate soude [2], 112 k. sulf. magn. et 439 k. superphosph. | 42.55 | 66.85 | 3,703 | 42.66 | 70.47 | 4,017 |
| 6 { 1 N.... | 308 k. nitrate soude. | [8] 33.57 | [8] 65.60 | [8] 2,870 | 38.73 | 67 97 | 3,672 |
| 2 N.... | 308 k. nitrate soude [7] | [8] 37.28 | [8] 65.60 | [8] 3,280 | 40 87 | 67.97 | 3,955 |
| 5 O... | 224 k. sulfate de potasse [1] et 439 k. superphosphate. | [8] 20.43 | [8] 66.72 | [8] 1,553 | 17.96 | 68.76 | 1,648 |
| 5 O... | 224 k. sulfate de potasse [1], 439 k. superph. et 224 k. sels ammoniacaux. | [8] 39.63 | [8] 66.93 | [8] 3,515 | 39.74 | 69.22 | 3,719 |
| M ... | 112 k. sulfate de soude, 112 k. sulfate magnésie et 439 k. superphosphate | [9] 19.31 | [9] 66.41 | [9] 1,553 | 19.87 | 68.60 | 1,851 |
| 6 { 1 ..... | Sans engrais. | 19.76 | 65.47 | 1,558 | 16.84 | 69.07 | 1,648 |
| 2 ..... | Cendres (terre brûlée, tourbe et herbes). | 19.76 | 65.60 | 1,522 | 21.78 | 68.40 | 1,710 |
| 7 { 1 ..... | Fumier de ferme (35,000 k.) pendant 20 années (1852-1871); sans engrais depuis | 43.33 | 67.80 | 3,546 | 48.72 | 70.47 | 4,661 |
| 2 ..... | Fumier de ferme (35,000 k.) chaque année. | | | | | | |

[1] Pendant les 6 premières années (1852-1857), le sulfate de potasse a été employé à la dose de 336 kilogr., au lieu de 224 kilogr. à l'hectare.

[2] Pendant les 6 premières années, le sulfate de soude a été employé à la dose de 224 kilogr.

[3] Dans les 6 premières années, le nitrate de soude fut remplacé par 448 kilogr. de sels ammoniacaux par an; dans les 10 années suivantes (1858-1867) par 224 kilogr. de sels ammoniacaux, et c'est seulement depuis 1868 que 308 kilogr. de nitrate correspondant pour l'azote à 224 kilogr. de sels ammoniac. ont été employés.

[4] L'application des silicates, à partir de 1854, a été d'abord de 224 kilogr. de soude et de 224 kilogr. de chaux; depuis 1868, il a été de 448 kilogr. de silicate de soude.

[5] Dans les 6 premières années, 2,240 kilogr. de tourteau; depuis 1858, 1,120 kilogr. seulement.

[6] Nitrate de soude depuis 1853 seulement, c'est-à-dire pendant 19 années consécutives.

[7] Dans les 5 premières années, 616 kil. nitrate de soude.

[8] Moyenne de 19 ans seulement.

[9] Moyenne de 14 ans seulement.

*Tableaux de culture.* — Sans entrer dans les détails climatériques propres à chacune des vingt années, nous donnons dans le tableau ci-contre (tableau II) les produits moyens à l'hectare (grain vanné et paille) pour la période (1852-1871), et pour l'année 1871 (1).

Ainsi, comme pour le blé, on a déterminé le volume du grain, le poids de l'hectolitre, le poids total de grain et de paille; mais on a, en outre, noté la proportion de grain pour 100 de produit total, et celle du grain vanné pour 100 de grain total.

Toutes ces données ont été présentées chaque année dans un tableau comprenant sept catégories correspondant à chaque série d'engrais essayés, à savoir :

1. *Sans engrais* (moyennes de la parcelle sans engrais et de celle fumée avec de l'argile calcinée et des cendres de mauvaises herbes) ;

2. *Fumier de fermes*; 35,000 kilogr. par hectare et par an ;

3. *Engrais minéraux seuls* (parcelle 4 O);

4. *Sels ammoniacaux seuls* (parcelle 1 A); mélange en parties égales de sulfate et de chlorhydrate d'ammoniaque, à raison de 224 kilogr. à l'hectare et par an;

5. Mélange d'engrais minéraux (n° 3 ci-dessus) et de sels amoniacaux (n° 4 ci-dessus); parcelle 4 A;

6. Mélange d'engrais minéraux (n° 3) et de sels ammoniacaux à raison de 448 kilogr. à l'hectare et par an : parcelle 4 AA;

7. Mélange d'engrais minéraux (n° 3) et de tourteau de navette, à raison de 2,240 kilogr. à l'hectare et par an : parcelle 4 C.

Nous résumons ces séries d'observations pour les vingt années, dans le tableau III suivant qui donne les rendements moyens comme quantité et qualité, par rapport aux 7 parcelles-types.

TABLEAU III. — *Hoos field. Expériences sur la culture de l'orge pendant vingt ans (1852-1871). Rendements moyens comme quantité et qualité.*

| NUMÉROS DES PARCELLES CHOISIES. | COMPOSITION DES ENGRAIS A L'HECTARE ET PAR AN. | PRODUIT MOYEN, ETC., A L'HECTARE ET PAR AN | | | | |
|---|---|---|---|---|---|---|
| | | GRAIN VANNÉ. | | Grain total. | Paille et balles. | Produit total. Grain et paille. | Grain à paille. |
| | | Hecto-litres. | Poids de l'hectolit. | | | | Pour 100. |
| | | | Kil. | Kil. | Kil. | Kil. | |
| 1 O | Sans engrais | 17.96 | 64.85 | 1,276 | 1,475 | 2,750 | 86.6 |
| 7 | Fumier de ferme (35,000 kilogr.) | 43.33 | 67.80 | 3,104 | 3,546 | 6,650 | 88.5 |
| 4 O | Engrais minéraux seuls | 24.70 | 66.55 | 1,739 | 1,804 | 3,544 | 96.4 |
| 1 A | 224 kilogr. sels ammoniacaux seuls | 29.19 | 65.00 | 2,066 | 2,323 | 4,389 | 89.2 |
| 4 A | Engrais minéraux et 224 kilogr. sels ammoniac. | 41.54 | 67.35 | 2,942 | 3,578 | 6,520 | 83.2 |
| 4 AA | Engrais minéraux et 448 kil. sels amm. 6 ans.. Id. 224 kil. sels amm. 10 ans. Id. 308 kil. nitrate de soude dans les dernières quatre années | 44.68 | 66.55 | 3,157 | 4,065 | 7,222 | 79.5 |
| 4 C | Engrais minéraux et 2,200 kil. tourteau, 6 ans.. Id. 1,120 kil. tourteau, 14 dernières années | 42.55 | 66.85 | 3,024 | 3,703 | 6,727 | 83.0 |

Ce tableau nous permet de noter en passant ce fait significatif, que, sur une période de vingt ans, les sels ammoniacaux employés seuls ont fourni en moyenne 4ʰ.49 de grain et 502 kilogr. de paille en plus, par hectare, que le mélange d'engrais minéraux. En outre, les sels ammoniacaux et minéraux en mélange, ont donné une moyenne annuelle de 17ʰ.06 de grain et de 1,757 kilogr. de paille en plus, que le mélange d'engrais minéraux employé seul; mais cet excédant, par rapport à la parcelle fumée avec les sels ammoniacaux seuls, n'a été que de 12ʰ.57 de grain et de 1,255 kilogr. de paille.

Il ne paraît donc pas douteux que, dans ce sol déjà épuisé, la quantité disponible d'azote se soit plus promptement épuisée que la quantité d'éléments minéraux, relativement à la culture particulière de l'orge. Ce résultat concorde avec celui déjà signalé pour le froment.

*Influence des saisons.* — Si l'on considère que les variations climatériques d'une même année sont infinies et affectent de bien des manières différentes, le développement de la plante, il est évident qu'une discussion très-serrée des faits statistiques de la météorologie, en présence des observations faites dans les champs

(1) *Memoranda of the field experiments at Rothamsted. May* 1872.

d'essai, peut seule révéler une relation quelconque entre les caractères des saisons et les rendements.

Une remarque générale fondée sur cet examen comparatif, c'est que la *quantité* du rendement paraît dépendre principalement de la quantité et de la distribution des pluies pendant la croissance de la plante, et que la *qualité* semble soumise à la progression de la température.

Quant aux engrais, ils influent sur la *quantité* par la proportion disponible, dans le sol, d'azote assimilable, et sur la *qualité* (c'est-à-dire la tendance à la maturité) par la quantité des matières minérales correspondant aux cendres contenues dans le sol.

Dans le cas spécial des vingt années de culture consécutive de l'orge, il y a des particularités à signaler. Ainsi, pour s'en tenir seulement aux résultats des parcelles fumées à l'aide du mélange d'engrais minéraux, on reconnaît qu'aucune année ne réalise toutes les conditions d'excellence, par rapport à la quantité et à la qualité du rendement. MM. Lawes et Gilbert ont établi ce fait (1) dans deux tableaux se référant à six années de culture (1852 à 1857), que nous groupons en un un seul (tableau IV).

TABLEAU IV. — *Hoos field. Culture expérimentale de l'orge. Classement des années 1852 à 1857.*

| CLASSEMENT DES ANNÉES par qualité et quantité de rendement. | N° 1. | Années. | N° 2. | Années. | N° 3. | Années. | N° 4. | Années. | N° 5. | Années. | N° 6. | Années. |
|---|---|---|---|---|---|---|---|---|---|---|---|---|
| Rapport du grain total pour 100 de produit total, 0/0 | 53.3 | 187 | 50.6 | 1855 | 49.1 | 1856 | 47.8 | 1854 | 46.8 | 1853 | 45.4 | 1852 |
| Rapport du grain vanné pour 100 de grain total.....0/0 | 97.6 | 1857 | 95.6 | 1854 | 95.4 | 1855 | 92.5 | 1852 | 92.1 | 1853 | 91.3 | 1856 |
| Poids de l'hectolitre d'orge vanné.........(kilogr.) | 67.35 | 1854 | 66.96 | 1857 | 66.23 | 1855 | 64.98 | 1853 | 63.92 | 1852 | 58.63 | 1856 |
| *Classement de chaque année pour la qualité....* | » | **1857** | » | **1854** | » | **1855** | » | **1853** | » | **1852** | » | **1856** |
| Grain total à l'hectare (kil.) | 2,661 | 1854 | 2,456 | 1857 | 2,317 | 1855 | 2,261 | 1853 | 2,039 | 1852 | 1,141 | 1856 |
| Paille totale à l'hectare (kil.) | 2,909 | 1854 | 2,572 | 1853 | 2,453 | 1852 | 2,259 | 1855 | 2,152 | 1857 | 1,184 | 1856 |
| Rendement total (grain et paille) à l'hectare...(kil.) | 5,570 | | 4,833 | 1853 | 4,608 | 1857 | 4,575 | 1855 | 4,492 | 1852 | 2,825 | 1856 |
| *Classement de chaque année pour la quantité....* | » | **1854** | » | **1857** | » | **1855** | » | **1853** | » | **1852** | » | **1856** |
| *Classement définitif par rapport à la qualité et à la quantité..........* | | **1854** | | **1857** | | **1855** | | **1853** | | **1852** | | **1856** |

Sur les autres parcelles, on constaterait, comme dans ce tableau, que si 1854 est l'année où le produit effectif en grain et en paille a été le plus fort, les années 1857 et 1855 offrent une proportion de grain pour 100 plus élevée que 1854. La plus mauvaise année des six, sous le rapport de la quantité et de la qualité de la récolte, 1856, tient pourtant le troisième rang quant à la proportion de grain pour 100, et cela, aussi bien sur les parcelles fumées avec des engrais azotés que sur celles fumées avec des engrais minéraux.

Si l'on considère la tendance au grain, comme étant la caractéristique des qualités d'une année, plutôt que la tendance au produit total le plus élevé, on devra constater que l'excellence dépend le plus souvent, pour la période finale de végétation, d'une température relativement élevée, d'une dose limitée et d'une bonne répartition de pluie, enfin d'une pression

(1) *Journ. Roy. agr. Soc. Engl.*, t. XVIII, 1857.

barométrique plutôt élevée. A cet égard, les deux années de fort rendement en grain, 1857 et 1855, ont été plus favorisées que l'année 1854 où le rendement total, grain et paille, a été plus considérable, en même temps que l'hectolitre de grain a pesé le plus.

Il est assez singulier que de ces six années, les deux extrêmes, 1854 et 1856, sont aussi les extrêmes dans la période des vingt années (1852 à 1871); elles méritent pour cela d'être comparées.

*Année 1854.* — L'hiver qui avait précédé l'ensemencement de l'orge, fut exceptionnellement rude. Mars et avril furent plus chauds qu'à l'ordinaire, mais les mois de mai, juin, juillet et août se maintinrent au-dessous de la température moyenne. Bien qu'en mars, avril, juin et juillet, le nombre de jours de pluie fût supérieur à la moyenne, la quantité d'eau pluviale fut très-sensiblement inférieure. En mai, la quantité d'eau pluviale fut double de la quantité moyenne et répartie sur un grand nombre de jours. En août, également, il plut beaucoup, mais par grosses averses, et ce mois fut très-favorable à la maturité du grain, comme à la moisson.

Ainsi, en 1854, température générale peu élevée; abondance de pluie pendant la croissance active, et avant la récolte; mais sécheresse relative et basse température dans l'intervalle, qui assurent le développement régulier de la plante.

*Année* 1856. — L'hiver précédent, rigoureux au début, s'est montré plutôt doux en 1856. Les mois de mars, avril et mai ont été plus froids qu'à l'ordinaire, tandis que juin, juillet et août ont été marqués par des températures extrêmes, les nuits de juin et juillet restant froides. L'eau pluviale tombée en janvier, février, mars, avril, mai, juin et juillet excéda de $0^m.12$ celle tombée pendant les mois correspondants en 1854; en mai, elle fut plus que double de la moyenne, et très-supérieure en août.

L'année 1856 se caractérise donc par un grand excès de pluie, avec de brusques variations de température pendant la croissance active, qui se sont opposées au développement progressif, et ont éprouvé la plante déjà affaiblie au moment de sa maturité.

Malgré le grand intérêt de cet examen, nous ne nous arrêterons pas aux différences climatériques présentées par les périodes décennales, entre elles, et relativement à la période totale de vingt années; et nous comparerons les résultats de chaque engrais, afin de déterminer les meilleures conditions de fumure; les éléments dont l'orge provoque l'épuisement le plus rapide; les caractères spéciaux des fumures appliquées à l'orge par rapport au blé.

*Résultats de vingt années.* — Pour rendre leurs observations aussi indépendantes que possible de l'influence des saisons, MM. Lawes et Gilbert ont relevé et confronté les chiffres moyens des parcelles formant les séries suivantes :

*a.* Parcelles sans engrais;

*b.* Parcelles avec fumier;

*c.* Parcelles avec mélange exclusif d'engrais minéraux;

*d.* Parcelles avec sels ammoniacaux ou nitrate de soude exclusivement (224 kilogr. de sels ammoniacaux ou 307 kilogr. de nitrate de soude) et (448 kilogr. de sels ammoniacaux ou 606 kilogr. de nitrate de soude);

*e.* Parcelles avec mélange d'engrais minéraux et de sels ammoniacaux ou de nitrate de soude, suivant les quantités indiquées en *d*;

*f.* Parcelles avec tourteau de navette, seul, ou en mélange, soit avec du superphosphate seul, soit avec des sels alcalins seuls, soit avec du superphosphate additionné de sels alcalins.

Nous choisirons comme exemple de cette étude, celle des parcelles de la série *e*, soumise au mélange de sels ammoniacaux, à raison de 224 kilogr. à l'hectare, avec les engrais minéraux. Le tableau V indique, en regard du rendement moyen de chaque période décennale et de la période totale, les différences de produit relativement aux parcelles sans engrais et avec engrais minéraux seuls.

On reconnaît d'après ce tableau que le rendement moyen des vingt années, s'élevant, pour le mélange de sels ammoniacaux avec le superphosphate, à $42^h.32$ de grain vanné et à 3,468 kilogr. de paille, n'atteint plus que $31^h.35$ de grain vanné et 2,605 kilogr. de paille, lorsque le mélange de la même quantité de sels ammoniacaux s'est fait avec des sulfates alcalins, au lieu de superphosphate. Lors même que les sulfates alcalins et le superphosphate sont additionnés de 224 kilogr., à l'hectare, de sels ammoniacaux, le produit en grain vanné est seulement de $41^h.66$ et celui de la paille atteint 3,578 kilogr. Il en résulterait que, sauf pour une augmentation de paille insignifiante, l'addition de sels alcalins au superphosphate est superflue.

Ce que le tableau précédent indique encore, c'est que l'augmentation de produit, par rapport aux parcelles sans engrais et aux parcelles avec engrais minéraux, est bien plus sensible dans la seconde période décennale que dans la première. Les parcelles, sans engrais et avec engrais minéraux, ont donné en effet un produit de plus en plus faible dans la deuxième période, tandis que l'accroissement dû aux sels ammoniacaux s'est maintenu dans l'ensemble des vingt années.

Les différences de rendement attribuables à l'emploi des sels ammoniacaux, varient notablement avec les éléments minéraux du mélange, et l'on constate ici, comme la pratique générale le confirme, que le superphosphate est un engrais des plus efficaces pour l'orge, pourvu qu'il y ait dans le sol assez d'azote assimilable. Son efficacité est d'autant plus grande qu'elle porte sur une céréale de printemps, exigeant, pendant une plus courte période de végétation, la disposition de matières assimilables en plus grande abondance afin de parfaire son plein développement.

TABLEAU V. — *Hoos field. Culture expérimentale de l'orge. Produit moyen comparé des parcelles avec sels ammoniacaux et sels minéraux.*

| PARCELLES CHOISIES | ENGRAIS A L'HECTARE ET PAR AN.<br>MÉLANGE de 224 kilogr. sels ammoniacaux avec les sels minéraux ci-dessous. | PRODUIT MOYEN ANNUEL, ETC. | | | | DIFFÉRENCES DE LA PÉRIODE TOTALE | |
|---|---|---|---|---|---|---|---|
| | | Premières dix années 1852-1861. | Secondes dix années 1862-1871. | Période totale vingt années 1852-1871. | Différence entre les deux périodes décennales. | sur parcelles sans engrais. | sur parcelles avec engrais minéraux correspondants. |
| | GRAIN VANNÉ A L'HECTARE ( HECTOLITRES ). | | | | pour 100 | | |
| 2 A | Superphosphate | 41.09 | 43.56 | 42.32 | 6.0 | 23.46 | 19.31 |
| 3 A | Mélange de sels alcalins | 31.44 | 31.55 | 31.55 | 0.4 | 12.68 | 11.34 |
| 4 A | Mélange de superphosp. et de sels alcalins | 41.54 | 41.77 | 41.66 | 0.5 | 22.79 | 16.95 |
| 5 A | Superphosphate et sulfate de potasse | 39.07 | 40.30 | 39.63 | 3.2 | 20.77 | 19.08 |
| | GRAIN TOTAL A L'HECTARE ( KILOGRAMMES ). | | | | | | |
| 2 A | Superphosphate | 2,872 | 3,096 | 2,984 | 7.8 | 1,652 | 1,371 |
| 3 A | Mélange de sels alcalins | 2,229 | 2,236 | 2,232 | 0.3 | 901 | 811 |
| 4 A | Mélange de superphosp. et de sels alcalins | 2,906 | 2,990 | 2,948 | 2.9 | 1,616 | 1,209 |
| 5 A | Superphosphate et sulfate de potasse | 2,719 | 2,896 | 2,808 | 6.5 | 1,476 | 1,358 |
| | PAILLE ET BALLES A L'HECTARE ( KILOGRAMMES ). | | | | | | |
| 2 A | Superphosphate | 3,499 | 3,452 | 3,468 | —1.5 | 1,946 | 1,789 |
| 3 A | Mélange de sels alcalins | 2,746 | 2,479 | 2,605 | —9.8 | 1,082 | 1,066 |
| 4 A | Mélange de superphosp. et de sels alcalins | 3,625 | 3,518 | 3,572 | —2.9 | 2,056 | 1,773 |
| 5 A | Superphosphate et sulfate de potasse | 3,499 | 3,546 | 3,515 | 1.5 | 1,993 | 1,961 |
| | RENDEMENT TOTAL (GRAIN, PAILLE ET BALLES) A L'HECTARE ( KILOGRAMMES ). | | | | | | |
| 2 A | Superphosphate | 6,371 | 6,548 | 6,452 | 2.7 | 3,598 | 3.160 |
| 3 A | Mélange de sels alcalins | 4,975 | 4,715 | 4,837 | —5.3 | 1,983 | 1,877 |
| 4 A | Mélange de superphosp. et de sels alcalins | 6,531 | 6,510 | 6,520 | —0.3 | 3,672 | 2,982 |
| 5 A | Superphosphate et sulfate de potasse | 6,218 | 6,442 | 6,323 | 3.7 | 3,469 | 3,319 |
| | POIDS DE L'HECTOLITRE DE GRAIN VANNÉ ( KILOGRAMMES ). | | | | | | |
| 2 A | Superphosphate | 64.59 | 68.73 | 66.70 | 6.4 | 1.37 | 0.37 |
| 3 A | Mélange de sels alcalins | 63.93 | 67.47 | 65.81 | 5.0 | 0.50 | —0.25 |
| 4 A | Mélange de superphosp. et de sels alcalins | 65.09 | 69.48 | 67.35 | 6.7 | 2.00 | 0.75 |
| 5 A | Superphosphate et sulfate de potasse | 64.71 | 69.48 | 67.06 | 7.3 | 1.75 | 0.37 |
| | RAPPORT POUR 100 DU GRAIN A LA PAILLE. | | | | | | |
| 2 A | Superphosphate | 81.9 | 91.8 | 86.8 | 12.1 | —1.3 | —10.3 |
| 3 A | Mélange de sels alcalins | 81.4 | 91.3 | 86.3 | 12.2 | —1.8 | — 6.1 |
| 4 A | Mélange de superphosp. et de sels alcalins | 79.9 | 86.4 | 83.2 | 8.1 | —4.9 | —13.2 |
| 5 A | Superphosphate et sulfate de potasse | 77.8 | 83.1 | 80.4 | 6:8 | —7.7 | —15.8 |

Les caractères spéciaux du sol de Hoos field, à cause de sa richesse en potasse, devaient laisser prévoir que le superphosphate aurait plus d'efficacité que les sels alcalins. Mais on ne pouvait guère s'attendre à constater que le mélange de sels ammoniacaux et de superphosphate, sans addition d'aucun alcali, fournirait une récolte en orge beaucoup supérieure à la moyenne obtenue dans le pays pendant vingt années consécutives.

*Comparaison avec le blé.* — Comme nous l'avons annoncé, MM. Lawes et Gilbert ont poursuivi leur étude comparative des divers engrais entre l'orge et le blé. Ainsi, pour ne parler que du mélange des sels ammoniacaux avec les sels minéraux, ils ont relevé les différences suivantes, entre les deux céréales, dans le tableau suivant n° VI, pour les périodes décennales et totale.

Bien que l'année 1852, qui commence la première période décennale (1852-1861) du blé dans la comparaison avec l'orge, corresponde à la huitième année d'expériences, et que la parcelle n° 6 eût reçu pendant huit ans déjà de fortes quantités d'engrais minéraux et ammoniacaux, le rendement en grain s'y st maintenu à peu près le même dans les deux priodes décennales. La paille, au contraire, et le produit total ont baissé dans la deuxième période. Quant à l'orge, le grain a augmenté légèrement ; la paille a baissé faiblement dans la seconde période, et le rendement total s'est maintenu à peu près égal dans les deux périodes.

Les mêmes observations se vérifieraient en examinant les excédants des deux céréales sur les mêmes parcelles, par rapport aux parcelles avec engrais minéraux seuls, au lieu de ne tenir compte, comme dans le tableau VI, que du produit moyen.

TABLEAU VI. — *Rendement comparé du blé et de l'orge par une fumure d'engrais minéraux et de sels ammoniacaux mélangés.*

| ENGRAIS A L'HECTARE ET PAR AN. | | PRODUIT MOYEN ANNUEL, ETC. | | | |
|---|---|---|---|---|---|
| Même engrais pour le blé et l'orge. | 489 k. superph. de chaux.<br>224 k. sulfate de potasse.<br>112 k. sulfate de soude.<br>112 k. sulfate de magnésie.<br>224 k. sels ammoniacaux. | 1re période décennale 1852-1861. | 2e période décennale 1862-1871. | Période totale 20 années 1852-1871. | Différence entre les périodes décennales. |
| | **GRAIN TOTAL A L'HECTARE.** | Kil. | Kil. | Kil. | Pour 100. |
| No 6 | Blé pendant vingt ans (1852-1871)............. | 1,901 | 1,837 | 1,870 | —3.4 |
| No 4 A | Orge pendant vingt ans (1852-1871)..... ...... | 2,906 | 2,990 | 2,948 | +2.9 |
| | Différence pour l'orge................+ | 1,004 | 1,153 | 1,078 | |
| | **PAILLE ET BALLES A L'HECTARE.** | | | | |
| No 6 | Blé pendant vingt ans (1852-1871)........... | 3,302 | 2,863 | 3,082 | —13.3 |
| No 4 A | Orge pendant vingt ans (1852-1871)........... | 3,625 | 3,518 | 3,572 | — 2.9 |
| | Différence pour l'orge................+ | 323 | 655 | 490 | |
| | **PRODUIT TOTAL (grain, paille et balles), A L'HECT.** | | | | |
| No 6 | Blé pendant vingt ans (1852-1871)............. | 5,204 | 4,700 | 4,952 | —9 7 |
| No 4 A | Orge pendant vingt ans (1852-1871)........... | 6,531 | 6,510 | 6,520 | —0.5 |
| | Différence pour l'orge................+ | 1,327 | 1,810 | 1,568 | |

La différence favorable à l'orge ne saurait s'expliquer que par la durée différente de végétation des deux céréales. Les sels ammoniacaux répandus à l'automne pour le blé, sont en partie entraînés par les eaux hivernales de drainage, et on les retrouve dans ces eaux à l'état de nitrates, comme l'ont prouvé les nombreuses analyses du docteur Vœlcker et du professeur Frankland sur les eaux recueillies dans les drains de Broadbalk field, comparées aux dosages d'azote du sol de la même pièce, prélevé à 0$^m$.22, à 0$^m$.45 et à 0$^m$.68 de profondeur (1).

*Conclusions sur les résultats de vingt années de culture d'orge et de blé.* — Les conséquences que MM. Lawes et Gilbert tirent des résultats obtenus avec les divers mélanges fertilisants essayés dans le même sol, pendant vingt années, sont les suivantes :

1. *Parcelles sans engrais.* — Le produit moyen annuel a été de 18$^h$.86 d'orge vannée et de 1,506 kilogr. de paille. La qualité indiquée par le poids de l'hectolitre a été meilleure dans la deuxième, que dans la première période décennale; mais le produit total, grain et paille, y a été de 23 à 24 pour 100 inférieur.

2. Comparée au blé, cultivé également sans engrais pendant vingt ans, l'orge a donné en moyenne plus de grain, moins de paille, et à peu près le même produit total; toutefois, dans les dernières années, le rendement en grain s'est plus abaissé pour l'orge que pour le blé.

3. *Fumier de ferme.* — Le fumier a donné un rendement moyen, pour l'orge, de plus de 43 hectolitres de grain et de 3,515 kilogr. de paille. Le poids de l'hectolitre, la quantité de grain et de paille, ont été plus élevés dans la deuxième période décennale. Le fumier apportant au sol trois à quatre fois plus d'azote qu'aucun des engrais commerciaux employés à Hoös field, et beaucoup plus de matières organiques carbonées, y laisse un résidu de substances très-lentement décomposables, au service des récoltes ultérieures. Cependant cette grande accumulation de matières organiques augmente la perméabilité du sol, sa faculté d'absorption de l'humidité, et fait que les récoltes souffrent moins de l'excès de pluie, comme de la sécheresse excessive.

4. Comparée au blé cultivé avec le fumier, l'orge fournit plus de grain, moins de paille, mais à peu près le même rendement total (grain et paille), bien qu'elle soit fumée et semée au printemps.

5. *Engrais minéraux seuls.* — Les engrais minéraux seuls fournissent des récoltes médiocres, qui ont notablement diminué dans les dernières années. Le superphosphate de chaux seul, assure une récolte supérieure à celle du mélange de

(1) *Brit. Assoc, Report.* Nottingham, 1866.

sulfates alcalins. La diminution de rendement sur les parcelles sans engrais et sur celles avec engrais minéraux seuls, semble indiquer l'épuisement graduel de l'azote accumulé dans le sol par la culture et la fumure des années qui ont précédé les expériences.

6. Le mélange de sels alcalins et de superphosphate, dans une même période de vingt années, a fourni pour l'orge, beaucoup plus de grain, un peu moins de paille, et un rendement total beaucoup plus considérable, que pour le blé. Il est probable que ce résultat est dû à la distribution différente des éléments des engrais appliqués à l'automne pour le blé, lesquels sont dissous par les pluies et réduits à l'état de combinaisons moins solubles dans le sol. L'orge épuise ainsi plus rapidement que le blé, l'azote accumulé dans les couches supérieures.

7. *Engrais azotés seuls.* — On obtient à l'aide des sels ammoniacaux seuls, ou du nitrate de soude seul, des récoltes d'orge beaucoup plus fortes qu'avec les engrais minéraux, et le rendement a beaucoup moins diminué dans les dernières années ; ce qui démontrerait la richesse du sol en matières minérales, par rapport à sa pauvreté en azote assimilable.

8. *Sels ammoniacaux et superphosphate.* — Ce mélange a fourni un rendement moyen de plus de 42 hectolitres d'orge vannée et de 3,550 kilogr. de paille, qui a augmenté dans les dernières années. L'addition à ce mélange de potasse, de soude et de magnésie n'a donné aucun accroissement de grain.

9. Par rapport au blé, traité par 224 kilogr. de sels ammoniacaux additionnés de superphosphate de chaux, l'orge a fourni plus de la moitié de grain en plus, un sixième de paille et un tiers du rendement total en plus. Le même résultat, à l'avantage de l'orge, s'est maintenu en doublant la proportion de sels ammoniacaux.

10. *Nitrate de soude.* — Une quantité déterminée d'azote à l'état de nitrate de soude, correspond à un rendement plus élevé que lorsqu'elle est à l'état de sels ammoniacaux, surtout pendant les années de sécheresse. Le nitrate de soude, étant plus soluble, agit probablement sur le sous-sol de manière à augmenter la surface susceptible d'absorber et de retenir l'humidité, au profit des racines, etc.

11. *Tourteau.* — L'emploi des tourteaux, avec ou sans addition d'engrais minéraux, a procuré une récolte d'orge plus élevée que la moyenne obtenue dans le pays, mais moindre, relativement à l'azote contenu, que celle fournie par les sels ammoniacaux ou le nitrate de soude.

12. Pendant vingt années consécutives, le mélange de sels ammoniacaux, ou de nitrate de soude, avec les composés minéraux sans silice, a fourni un rendement moyen plus élevé, pour l'orge et le blé, que le fumier ou le tourteau. Il s'ensuivrait que l'apport dans le sol, de matières organiques carbonées, n'est pas essentiel pour l'engrais appliqué aux deux céréales.

*Quantité d'ammoniaque correspondant à une augmentation déterminée de rendement* (1). — La comparaison des produits obtenus à l'aide des divers engrais, seuls ou mélangés, a démontré que la matière organique carbonée, si abondante dans le fumier et dans le tourteau, n'est pas essentielle comme engrais du blé ou de l'orge ; que les engrais azotés donnent un rendement beaucoup plus élevé que les engrais minéraux seuls, et que leur mélange assure de grosses récoltes pendant bien des années consécutives. En d'autres termes, les matières des engrais, susceptibles de décomposition en acide carbonique, ou en produits carbonés, dans le sol, ont peu ou point d'action ; les matières minérales seules ne permettent pas à la plante de prendre assez d'azote au sol ou à l'atmosphère ; en présence d'engrais azotés, les éléments minéraux du sol ne suffisent pas pour donner à l'azote toute son efficacité ; mais si aux engrais azotés on ajoute des engrais minéraux, l'efficacité de l'azote est considérablement accrue. Il s'ensuit qu'il y a tout intérêt à déterminer pratiquement quelle est la quantité moyenne d'ammoniaque, ou de son équivalent en azote à un autre état, nécessaire pour produire un excédant de rendement en grain, avec sa quantité proportionnelle de paille? De combien cette quantité variera-t-elle suivant la dose appliquée à l'hectare, suivant l'apport d'éléments minéraux et les circonstances climatériques?

En réponse à ces questions, MM. Lawes et Gilbert ont établi la quantité d'ammoniaque ou d'azote nécessaire pour obténir un excédant d'un hectolitre d'orge pesant 64ᵏ.85, avec son *quantum* de paille, suivant les nombreux modes de fumure adoptés dans leurs expériences, pendant

(2) Voir les expériences sur le blé, p. 34.

chacune des vingt années et pendant des périodes déterminées.

Sans reproduire ici le tableau dans lequel les résultats sont présentés eu égard aux six principales séries d'engrais, y compris le tourteau et le fumier de ferme, et sans entrer dans la discussion comparative de ces données, nous formulerons la conclusion pratique telle que MM. Lawes et Gilbert l'ont énoncée, à savoir :

Qu'un excédant d'un hectolitre de grain (64$^k$.85) avec son *quantum* de paille (70.$^k$6, par exemple), obtenu à l'aide d'engrais, tels que le sulfate d'ammoniaque, le nitrate de soude ou le guano du Pérou, correspond, pour la moyenne des années, à 2$^k$.25 et 2$^k$.50 d'ammoniaque, ou à son équivalent d'azote, fournis par l'engrais.

Il y a deux conditions pour que cette conséquence se vérifie : la première, que l'apport d'ammoniaque ne soit pas excessif; la seconde, que le sol ne manque pas d'éléments minéraux.

En pratique courante, on réalise toutes ces conditions lorsque l'orge, cultivée après des racines fumées et enlevées au sol, ou après une autre céréale, reçoit de 190 à 250 kilogr. de sulfate d'ammoniaque, ou 220 à 280 kilogr. de soude, avec 250 à 375 kilogr. de superphosphate à l'hectare; ou bien encore de 375 à 500 kilogr. à l'hectare, de guano du Pérou contenant 12 pour 100 d'ammoniaque, sans addition de superphosphate.

Avec le tourteau, il faudra augmenter la dose d'azote pour obtenir un excédant de produit déterminé, à cause de l'état où se trouve l'azote. Avec le fumier, ou après le pacage des moutons, la première récolte donnera un excédant beaucoup moindre, en proportion de l'azote contenu dans l'engrais.

Dans les expériences sur le blé, on a constaté que 5$^k$.6 d'ammoniaque sont nécessaires pour obtenir 68 kilogr. de grain et 117 kilogr. de paille, soit 185 kilogr. de produit total ; tandis que, pour l'orge, 2$^k$.25 à 2$^k$.50 d'ammoniaque donnent 58 kilogr. de grain et 70 kilogr. de paille, soit un produit total à l'hectare, de 128 kilogr.

Il semble naturel, en effet, qu'il y ait lieu d'employer plus d'azote dans l'engrais, pour obtenir un accroissement déterminé de produit, lorsqu'on l'applique au froment à l'automne, que lorsqu'on l'applique à l'orge ou à l'avoine au printemps. Que devient alors l'azote qui n'entre pas dans la composition de la récolte?

Reste-t-il entièrement, ou en partie, dans le sol? S'il y reste, quelle est son action sur les récoltes suivantes? S'il disparaît, comment disparaît-il?

MM. Lawes et Gilbert se sont trouvés ainsi conduits à compléter leur travail sur les céréales par l'étude de l'action des résidus fertilisants sur les récoltes ultérieures, et des causes de l'épuisement des sols. Nous réserverons cette étude pour un paragraphe spécial, et nous examinerons les rendements obtenus dans d'autres champs que celui de Hoos field.

**B. Autres essais que ceux de Hoos field.**

*Barn field*. — Nous référons au chapitre II pour la description de Barn field, où une surface de 3 hectares, partagée en nombreuses parcelles, fumées de diverses manières, avait été d'abord consacrée à la culture des turneps.

En faisant suivre dix années de culture de turneps (1843-1852) par trois années de culture d'orge, sans nouvel apport d'engrais, MM. Lawes et Gilbert se proposaient d'apprécier les conditions offertes aux céréales, au point de vue spécial des diverses parcelles; et de les égaliser, par rapport à l'azote, avant d'entreprendre une nouvelle série d'essais sur le turneps.

L'orge fut cultivée ainsi pendant les années consécutives 1853, 1854 et 1855, et les résultats ont été enregistrés pour les quatre séries de parcelles suivantes :

1. Parcelles ayant reçu exclusivement divers engrais minéraux pendant les huit dernières années de turneps.

2. Parcelles ayant reçu, outre les mêmes engrais minéraux que ci-dessus, pendant huit ans, des sels ammoniacaux (50 kilogr. environ d'azote à l'hectare et par an) de 1845 à 1850 inclusivement.

3. Parcelles ayant reçu, outre les mêmes engrais minéraux qu'en 1 et 2, pendant huit ans, une quantité de 2,100 kilogr. de tourteau (120 kilogr. d'azote) à l'hectare et par an, de 1845 à 1850 inclusivement;

4. Parcelles ayant reçu, outre les engrais minéraux, le mélange de sels ammoniacaux (en 2) et de tourteau (en 3) pendant les six années 1845 à 1850.

On trouvera dans le tableau n° VII; ces résultats, comparés à ceux obtenus, pendant les mêmes années, sur la parcelle sans engrais de Hoos field.

**Tableau VII.** — *Culture de l'orge à Barn field, après dix années consécutives de turneps.*

| NATURE DES ENGRAIS PRÉCÉDEMMENT APPLIQUÉS. | PRODUIT A L'HECTARE | | | |
|---|---|---|---|---|
| | 1853 | 1854 | 1855 | Moyenne des 3 années. |
| **GRAIN VANNÉ (HECTOLITRES).** | | | | |
| *Hoos field.* — Parcelles sans engrais après 3 années orge. | 23.85 | 31.55 | 30.55 | 28.50 |
| *Barn field.* — 1. Parcelles avec engrais minéraux pour turneps (8 ans) | 18.41 | 17.51 | 17.96 | 17.96 |
| 2. Engrais minéraux (8 ans), sels ammoniacaux (6 ans) | 20.77 | 19.08 | 19 53 | 19.76 |
| 3. Engrais minéraux (8 ans), tourteau (6 ans) | 25.82 | 22.12 | 20.77 | 23.12 |
| 4. Engrais minéraux (8 ans), sels ammoniacaux et tourteau (6 ans) | 26.16 | 21.33 | 21.33 | 23.01 |
| **PAILLE ET BALLES (KILOGRAMMES).** | | | | |
| *Hoos field.* — Parcelles sans engrais après 3 années orge | 2,166 | 2,778 | 2,244 | 2,417 |
| *Barn field.* — 1. Parcelles avec engrais minéraux pour turneps (8 ans) | 1,600 | 1,569 | 1,271 | 1,475 |
| 2. Engrais minéraux (8 ans), sels ammoniacaux (6 ans) | 1,726 | 1,710 | 1,318 | 1,586 |
| 3. Engrais minéraux (8 ans), tourteau (6 ans) | 2,134 | 1,993 | 1,585 | 1,899 |
| 4. Engrais minéraux (8 ans), sels ammoniacaux et tourteau (6 ans) | 2,102 | 2,008 | 1.428 | 1,852 |
| **PRODUIT TOTAL, GRAIN ET PAILLE (KILOGRAMMES).** | | | | |
| *Hoos field.* — Parcelles sans engrais après 3 années orge | 3,886 | 5,001 | 4,397 | 4,429 |
| *Barn field.* — 1. Parcelles avec engrais minéraux pour turneps (8 ans) | 2,934 | 2,773 | 2,473 | 2,726 |
| 2. Engrais minéraux (8 ans), sels ammoniacaux (6 ans) | 3,210 | 3,016 | 2,613 | 2,947 |
| 3. Engrais minéraux (8 ans), tourteau (6 ans) | 3,988 | 3,554 | 3,040 | 3,527 |
| 4. Engrais minéraux (8 ans), sels ammoniacaux et tourteau (6 ans) | 3,975 | 3,515 | 2,864 | 3,451 |

Il est facile de conclure, de l'inspection du tableau n° VII, que les engrais minéraux seuls, comme à Hoos field, ne suffisent, pour assurer une récolte, que s'il y a préalablement, dans le sol, une provision abondante d'azote assimilable. Ainsi, après les turneps fumés avec des engrais minéraux pendant huit années, on obtient seulement une moyenne de 18 hectolitres d'orge, et à peine 1,500 kilogr. de paille à l'hectare et par an, c'est-à-dire, moins des deux tiers de la récolte obtenue sans engrais à Hoos field, après orge, trèfle, blé, orge et orge successivement. D'autre part, on ne saurait douter que, dans les séries 2, 3 et 4, l'accroissement de produit ne soit attribuable à l'apport d'azote dans le sol, par les sels ammoniacaux, le tourteau et le mélange de ces deux engrais. Toutefois, dans aucun cas, le rendement n'égale celui obtenu sur la parcelle sans engrais de Hoos field, plus riche par le fait en azote assimilable que les parcelles de Barn field, épuisées par dix années de turneps.

*Agdell field.* — Ce champ, que nous avons décrit chapitre II, est consacré aux expériences sur la rotation quadriennale, turneps, orge, trèfle ou fèves, et blé. Il est, comme on sait, partagé en trois lots, dont un demeure sans engrais; l'autre est fumé avec du superphosphate tous les quatre ans, lorsque reprend la sole de turneps, et le troisième est fumé également, lors des turneps, avec un mélange d'en-grais minéraux. Sur la moitié de chacun de ces lots, la récolte totale de turneps (racines et feuilles) a toujours été enlevée, et, sur l'autre, elle a été consommée par les moutons. Le tableau VIII, qui suit, résume les données de l'orge cultivée, après turneps, sur les demi-lots où la récolte a été enlevée. Ces données se rapportent à six rotations, et les rendements en orge sont comparés à ceux des parcelles laissées sans engrais à Hoos field, pendant les années correspondantes.

On remarque dans ce tableau que l'orge cultivée en rotation après les turneps, donne un rendement beaucoup plus élevé sur le lot laissé sans engrais, que sur celui fumé avec du superphosphate pour turneps. Ce fait s'explique parce que la culture du turneps sur le lot sans engrais, équivaut pratiquement à une jachère; tandis que, sur le lot phosphaté, la forte récolte de turneps a notablement épuisé le sol. Le rendement plus élevé de l'orge sur le lot fumé avec le mélange d'engrais minéraux, indique que le turneps a laissé dans le sol un résidu d'engrais utilisé immédiatement par la céréale, et notamment un résidu d'azote assimilable.

On peut ainsi estimer que sur le lot phosphaté ayant donné le moindre rendement d'orge, les turneps, pour la moyenne des cinq rotations, enlèvent environ les 56 kilogr. d'azote fournis par les 224 kilogr. de sels ammoniacaux. Sur le lot sans engrais, les turneps n'enlèvent qu'un quart, ou, au plus, un tiers de cette quantité d'azote; ce qui laisse un excédant dû à la jachère, tout à fait disponible pour l'orge. Sur le lot ayant reçu le mélange complet d'engrais minéraux, le turneps, indépendamment de la première récolte, a enlevé moins d'azote que le sol n'en a reçu, surtout sous la forme de tourteau.

TABLEAU VIII. — *Culture de l'orge en rotation à Agdell field.*

| NATURE DES ENGRAIS. | PRODUIT A L'HECTARE | | | | | | |
|---|---|---|---|---|---|---|---|
| | 1849. | 1853. | 1857. | 1861. | 1865. | 1869. | Moyenne. |
| GRAIN VANNÉ ( HECTOLITRES ). | | | | | | | |
| *Hoos field.* — Parcelle sans engrais après trois années orge............ | » | 23.35 | 27.40 | 14.82 | 17.51 | 13.47 | 19.31 |
| *Agdell field.* — 1. Parcelle sans engrais | 40.31 | 30.88 | 43.56 | 34.70 | 35.03 | 22.12 | 34.48 |
| — 2. Parcelle superph. pour turneps | 26.84 | 25.71 | 25.60 | 27.50 | 29.86 | 25.82 | 26.84 |
| — 3. Parcelle engrais minér. id. | 25.94 | 34.35 | 43.11 | 54.45 | 42.66 | 38.51 | 39.86 |
| PAILLE ET BALLES ( KILOGRAMMES ). | | | | | | | |
| *Hoos field.* — Parcelle sans engrais après trois années orge............ | » | 2,165 | 1,820 | 1,302 | 1,051 | 1,302 | 1,522 |
| *Agdell field.* — 1. Parcelle sans engrais | 3,342 | 2,730 | 2,918 | 2,825 | 2,416 | 2,181 | 2,730 |
| — 2. Parcelle superph. pour turneps | 2,370 | 2,103 | 1,648 | 2,244 | 1,805 | 2,276 | 2,072 |
| — 3. Parcelle engrais minér. id. | 2.338 | 2,918 | 2,730 | 4,410 | 2,903 | 3,704 | 3,169 |
| PRODUIT TOTAL ( GRAIN ET PAILLE ) KILOGRAMMES. | | | | | | | |
| *Hoos field.* — 1. Parcelle sans engrais après trois années orge............ | » | 3,886 | 3,692 | 2,362 | 2,289 | 2,260 | 2,897 |
| *Agdell field.* — 1. Parcelle sans engrais | 6,340 | 5,005 | 5,982 | 5,288 | 4,688 | 3,704 | 5,177 |
| — 2. Parcelle superph. pour turneps | 4,305 | 3,990 | 3,448 | 4,231 | 3,804 | 4,131 | 3,985 |
| — 3. Parcelle engrais minér. id. | 4,252 | 5,463 | 5,792 | 8,284 | 5,770 | 6,501 | 6,012 |

En somme, de même que dans les autres essais, l'orge cultivée en rotation exige, comme condition essentielle de haut rendement, un apport d'azote assimilable dans le sol.

### C. Conclusions.

Pour ne pas répéter les conséquences scientifiques de chacune des séries d'observations que nous avons déjà présentées, nous indiquerons seulement, d'après MM. Lawes et Gilbert, les applications pratiques que suggère la culture expérimentale de l'orge.

Ainsi, pendant vingt années consécutives, on a obtenu sur la même terre, en dépensant 180 fr. à l'hectare pour engrais commerciaux, un produit moyen de 42 hectolitres d'orge vannée, de bonne qualité, et environ 3,700 kilogr. de paille. Tout cultivateur peut calculer quelle est la dépense additionnelle de la récolte, comme culture, récolte, transport, etc., et estimer le bénéfice considérable qui lui restera.

A Rothamsted, la terre est mieux appropriée à la culture du blé qu'à celle de l'orge après racines, telle qu'elle est pratiquée dans la localité; cependant on y a obtenu de grosses récoltes, de bonne qualité, dans des circonstances favorables. On peut, d'après cela, établir, en règle générale, que l'on aura de bonnes récoltes d'orge, faisant suite à une autre céréale aux conditions suivantes :

1° Que le sol soit en bonne condition d'ameublissement ; labouré en temps sec, aussitôt que possible après la précédente récolte ; et ensemencé après labour ou hersage, le plus tôt possible ; en mars, si le temps est assez sec ;

2° Que l'engrais renferme de l'azote à l'état d'ammoniaque, de nitrate ou de matière organique, et des phosphates.

Il convient d'appliquer à l'hectare, de 44 à 45 kilogr. d'ammoniaque (ou son équivalent d'azote à l'état de nitrate) ; c'est-à-dire de 190 à 250 kilogr. de sulfate d'ammoniaque, ou bien de 220 à 280 kilogr. de nitrate de soude, avec 250 à 375 kilogr. de superphosphate de chaux.

« La composition du guano du Pérou, depuis quelques années, a été si variable, si incertaine, qu'il est tout à fait impossible d'apprécier la quantité nécessaire pour obtenir avec le guano, de 45 à 55 kilogr. d'ammoniaque à l'hectare. Il est donc impossible, dans de telles circonstances, d'en recommander l'emploi.

« Si toutefois les agents du gouvernement péruvien convertissaient le guano en une substance homogène, et garantissaient de le livrer avec une composition fixe, il en serait tout autrement ; car, le guano contenant des phosphates, l'ammoniaque achetée dans le guano ne nécessiterait pas l'emploi additionnel de superphosphates. » (1).

Le tourteau de navette est également un bon engrais pour l'orge. Il convient d'en employer de 750 à 1,000 kilogr. à l'hectare ; mais une moindre proportion d'azote y est efficace, dans un temps déterminé, que dans le sulfate d'ammoniaque, le nitrate ou le guano. Dans les expériences de Rothamsted, 1,130 kilogr. de tourteau par hectare ont fourni un produit moyen annuel, pendant quatorze ans de suite, de 39ʰ.52 de grain, pesant 68ᵏ.60.

Avec le tourteau, comme avec le guano, il est inutile d'ajouter des superphosphates.

Quel que soit l'engrais, il doit être pulvérisé, tamisé, distribué à la volée, et hersé avec la semence.

Le choix de l'engrais doit être dicté par le prix de l'azote qu'il renferme. D'après les essais de Rothamsted, il semble que, à prix égal, l'azote du nitrate de soude soit plus efficace à la longue, qu'une égale quantité à l'état d'ammoniaque. Contrairement à l'opinion généralement admise, le plein effet du nitrate n'a été obtenu qu'après une application continuée pendant plusieurs années.

La déperdition de l'azote des engrais par les eaux de drainage, bien que considérable, varie suivant le sol, le sous-sol et les saisons ; mais, comme elle est beaucoup plus forte dans les mois de la fin de l'automne et d'hiver, le sulfate d'ammoniaque, le nitrate et le guano devront être toujours distribués au printemps.

En augmentant la dose, à l'hectare, des engrais destinés aux cultures sarclées, on pourrait réduire les surfaces qui leur sont généralement consacrées, sans diminuer notablement la récolte sur l'ensemble de la ferme. On arriverait par là à cultiver l'orge plus fréquemment, avec profit pour l'exploitation, et sans abaisser la valeur locative.

### IX. CULTURE PRATIQUE DE L'ORGE.

La culture de l'orge intéresse vive-

(1) *Journ. Roy. Agr. Soc. Eng.* Report of experiments on the growth of barley. — 1873, p. 177.

ment l'Angleterre, en vue de la fabrication et de la consommation de la bière, qui prennent chaque année un plus grand développement.

Récemment, M. G. Richardson appelait d'une manière spéciale l'atttention de la Société des agriculteurs de France (1) sur cette culture, en annonçant que les meilleures terres à orge, à sous-sol calcaire, sont très-limitées en Angleterre, et que le rendement y est déjà si élevé qu'on ne saurait l'accroître, sans craindre de voir diminuer la qualité de l'orge. Plus tôt on sème cette céréale, d'après M. Richardson, et plus on est certain de la qualité. En France, on pourrait semer de meilleure heure qu'en Angleterre, en février, par exemple, et l'on aurait le bénéfice d'arriver les premiers sur le marché.

Les prix de vente de l'orge anglaise augmentent progressivement, et son rendement, qui est de 57 hectolitres à l'hectare dans les bonnes années, descend rarement, dans les années ordinaires, au-dessous de 44 hectolitres ; le poids variant de 66 à 68 kilogr. à l'hectolitre.

En stimulant les cultivateurs français à produire de l'orge chevalier, au point de vue de la fabrication des bières anglaises, à l'aide de graines de semence, faciles à se procurer dans le commerce, M. Richardson semblait croire que la culture de cette céréale eut atteint son maximum de l'autre côté de la Manche (2).

D'autre part, la Société des sciences, agriculture et arts de la basse Alsace, sur l'initiative de M. Gruber (3), a organisé, pour la culture de l'orge de brasserie, des concours, avec prix d'honneur et primes applicables à tout lot d'orge chevalier de 300 kilogr. minimum, remplissant des conditions déterminées, à savoir :

« Grain uniforme, charnu, corsé, à cassure farineuse et non vitreuse ; pas allongé, d'une couleur et d'une odeur fraîches et saines ; absence de pointes noires ou rouges ; satisfaisant à l'épreuve du tamis ; ne donnant que 1 à 2 pour 100 au plus de déchet ; poids minimum de l'hectolitre ras : 64 kilogr. »

La Société mettait, d'ailleurs, à la disposition des concurrents, de la semence an-

(1) *Comptes rendus des travaux. Annuaire* 1874, t. IV, p. 398.
(2) *On the Growth of Barley in France*, 1874.
(3) *Journal d'Agriculture pratique*, nº 9, 4 mars 1875, p. 303.

glaise d'orge chevalier au prix de 30 fr. les 100 kilogr., et faisait les recommandations nécessaires pour l'ensemencement et la culture, c'est-à-dire :

« Terre bien rompue, désagrégée, nettoyée, bonne pour la germination et le développement de la jeune pousse ;

« Semis précoces, favorables à une bonne grenaison ; semis clairs, de 25 litres par are, au semoir, accompagnés de deux bons coups de rouleau pour assurer le tallage et prévenir la verse.

« L'orge, enfin, succéderait très-bien aux récoltes sarclées, betteraves, pommes de terre, etc., qui laissent un terrain meuble, bien nettoyé, *sans excès de principes azotés.* »

L'initiative de M. Richardson, secondée par les agronomes et industriels de l'Alsace, qui est toujours ouverte aux idées de progrès, donne un intérêt d'actualité à la communication que M. Lawes a faite, peu de temps après, au *Farmer's club* de Londres (1). Et, pour cela, nous interromperons notre exposé des essais de Rothamsted, afin de rendre compte, dans ce chapitre, des conditions d'extension de la culture de l'orge en Grande-Bretagne. Ce sera, du reste, la meilleure consécration des expériences de MM. Lawes et Gilbert, aux yeux de ceux qui mettraient encore en doute leur portée pratique.

Si M. Lawes est disposé à admettre avec M. Richardson que les efforts pour accroître, en Angleterre, le rendement de l'orge sur les meilleures terres pourraient amener un abaissement de qualité, il tient à examiner avant tout si la production ne peut pas être accrue, soit en cultivant l'orge plus fréquemment dans les sols appropriés, soit en développant sa culture sur des sols regardés jusqu'alors comme peu convenables.

C'est un fait avéré que, poids pour poids, l'orge est plus chère que le blé, et que le climat des Iles-Britanniques n'est pas aussi favorable au froment que celui de beaucoup d'autres contrées qui les approvisionnent de blés dont la mercuriale est plus élevée que celle des marchés anglais.

Au contraire, l'orge anglaise est d'une qualité bien supérieure à celle du continent, sans doute, en raison des avantages du climat ; car le capital pour la culture du blé est plus élevé, et l'habileté pour les deux céréales est la même.

Il y aurait donc un intérêt manifeste à cultiver l'orge d'une manière beaucoup plus fréquente, en recourant aux engrais artificiels et en modifiant les assolements. En effet, grâce aux engrais commerciaux, sur une terre telle que celle de Rothamsted, l'orge pourrait suivre une autre céréale dans la rotation, au lieu de succéder à une racine consommée sur place.

Les expériences de vingt-trois années attestent quelles belles récoltes d'orge on obtient sur des terres fortes, à sous-sol argileux, en employant un mélange fertilisant de superphosphate de chaux et d'azote, à l'état de nitrate de soude, de sels ammoniacaux ou de guano. Ces récoltes ne sont pas seulement remarquables par la quantité, mais encore par la qualité, comme l'atteste le poids de l'hectolitre du grain.

Ainsi, sur la parcelle fumée avec un mélange de superphosphate et de sels ammoniacaux, ou de nitrate de soude, on a constaté que, pendant vingt-trois années successives, le poids moyen de l'hectolitre a été plus élevé dans les sept dernières années (1868-1874) que pendant les huit précédentes (1860-1867), et celui-ci était déjà plus élevé que le poids moyen des huit années antérieures (1852-1859). Que ce résultat (voir le tableau I) soit attribuable à des circonstances climatériques plus favorables, ou à toutes autres causes, il est bien démontré que l'orge ne perd pas en qualité si on le cultive à l'aide de fertilisants choisis, pendant bien des années consécutives.

(1) *On the more frequent growth of Barley on heavy land,* 1er février 1875.

Tableau I. — *Culture expérimentale de l'orge à Rothamsted, pendant vingt-trois années (1852-1874).*

| ENGRAIS A L'HECTARE ET PAR AN. | POIDS DE L'HECTOLITRE D'ORGE VANNÉE | | | |
|---|---|---|---|---|
| | 1re période 8 années (1852-1859). | 2e période 8 années (1860-1867), | 3e période 7 années (1868-1874). | Période totale 23 années (1852-1874). |
| N° 3. Superphosphate de chaux et 224 kilogr. sels ammoniacaux ou 308 kilogr, nitrate de soude............... | Kilogr. 63.63 | Kilogr. 67.66 | Kilogr. 69.22 | Kilogr. 66.72 |

Non-seulement l'orge ne perd pas en qualité, mais MM. Bass, les grands brasseurs de Burton, consultés par M. Lawes sur les échantillons d'orge venue pour la vingt-troisième année (1874) avec les mélanges fertilisants à base de superphosphate, et sur les grains obtenus sans fumure après orge et après trèfle, ont déclaré que tous ces produits étaient, sans exception, bons pour le maltage.

Le tableau II ci-après reproduit les rendements obtenus par hectare, et les poids à l'hectolitre de ces orges (grain vanné).

TABLEAU II. — *Hoos field : Culture expérimentale de l'orge en 1874. Vingt-troisième année.*

| Numéros d'ordre. | ENGRAIS A L'HECTARE ET PAR AN. | GRAIN VANNÉ. | |
|---|---|---|---|
| | | Produit à l'hectare. | Poids de l'hectolitre. |
| | CULTURE DE HOOS FIELD. | Hectol. | Kilogr. |
| 1 | Superphosphate seul........................................................ | 19.20 | 68.60 |
| 2 | Id.      et 224 kilogr. sels ammoniacaux.......................... | 38.06 | 68.28 |
| 3 | Id.      et 308 kilogr. de soude....................................... | 48.38 | 67.85 |
| 4 | Id.      et 1,120 kilogr. tourteau de navette..................... | 43.45 | 71.72 |
| 5 | Id.      et 224 kilogr. sels ammoniacaux, avec sulfates de potasse, de soude et de magnésie........................ | 41.09 | 71.72 |
| 6 | Id.      et 308 kilogr. nitrate de soude, avec sulfates de potasse, de soude et de magnésie........................ | 42.77 | 71.10 |
| 7 | Id.      et 1,120 kilogr. de tourteau, avec sulfates de potasse, de soude et de magnésie........................ | 44.35 | 71.10 |
| | ORGES SANS FUMURE APRÈS ORGE ET APRÈS TRÈFLE. | | |
| 8 | Orge après orge........................................................... | 29.41 | 71.72 |
| 7 | Orge après trèfle.......................................................... | 52.20 | 70.78 |

MM. Bass ont reconnu, en outre, que l'orge la plus mûre et la plus satisfaisante au point de vue de la brasserie, avait été fournie par le n° 1, provenant du superphosphate seul, et qu'au deuxième rang venait le n° 4, provenant du mélange de superphosphate avec le tourteau. « L'orge anglaise, ont-ils ajouté, a des avantages si marqués sur celle des autres pays, qu'il y a lieu de s'étonner que l'on ne s'occupe pas davantage de cette céréale. Le moment n'est pas éloigné où les cultivateurs anglais trouveront leur profit à emblaver de plus grandes surfaces en orge pour la brasserie. »

Pour établir le bénéfice, M. Lawes s'est enquis, auprès des fermiers connus des diverses parties de l'Angleterre, du prix de revient de la culture, pour un rendement à l'hectare de 43 hectolitres d'orge faisant suite à une autre céréale. Ce prix qui comprend la façon du sol, indépendamment de celle à la houe, et du prix du loyer, des impôts, de la semence et de l'engrais, a varié entre 140 et 200 fr. En prenant le prix maximum, M. Lawes établit la dépense à l'hectare et la recette, de la manière suivante :

*Dépenses à l'hectare.*

Loyer et impôts. ...................... 98f 85
224l.5 graine de semence, à 17 fr. 19 l'hect. 38 60

*A reporter...* 137 45

*Report....* 137 45
282k.5 nitrate de soude, à 39 fr. 38 les 100 k. 111 25
439k.4 superphosphate, à 15 fr. les 100 kil.. 65 90
Double façon à la houe.................. 21 60
Labour, hersage, ensemencement, récolte, battage et transport au marché.. ...... 200 80

Total des dépenses ... 537 00

*Recettes à l'hectare.*

43h.11 orge à 18 fr. 92.......... 815f 75
269l.5 résidus et balles, à 13 fr. 75    37 05
3766 kil. paille à 24 fr. 60 les 1,000 kilogr................. 92 64    945 40

Différence en bénéfice........... 408f 40

On peut faire varier ce compte comme on voudra, en chargeant les dépenses, ou en diminuant les recettes. Ainsi la paille est évaluée à 24 fr. 60 les 1,000 kilogr.; ce qui n'est pas exagéré si l'on vend sa paille; mais si on la fait entrer dans l'exploitation, elle ne peut plus être comptée que comme valeur d'engrais. Quoi qu'il en soit, la marge de bénéfice est notable.

Si maintenant on relève quelques-uns des résultats obtenus ailleurs qu'à Hoos field ; par exemple, ceux d'une pièce (Little hoos) ayant porté en 1864, du trèfle rouge ; en 1865, du blé avec engrais commerciaux ; en 1866, des mangolds, avec fumier et engrais; en 1867, du blé sans engrais ; en 1868, de l'avoine avec engrais commerciaux ; et de 1869 à 1872, de l'orge avec engrais commerciaux ; on constate que cette pièce, après six récoltes successives de céréales, dont les cinq dernières avec engrais commerciaux, lorsqu'elle a été partagée en 1873, en deux parcelles, dont une cultivée en orge sans fumure, et l'autre cultivée en trèfle, également sans fumure, a fourni les rendements ci-après, en 1873 et en 1874 :

*Little Hoos field.*

|  |  | Produit à l'hectare. |
|---|---|---|
|  |  | Hectol. |
| 1re parcelle. 1873. Orge sans fumure... | | 27.84 |
| — 1874. Orge après orge, sans fumure........... | | 29.41 |
|  |  | Kilogr. |
| 2e parcelle. 1873. Trèfle sans fumure.. | | 6,554 |
|  |  | Hectol. |
| — 1874. Orge après trèfle, sans fumure........... | | 52.09 |

Ainsi l'orge venue sans engrais après trèfle, a produit 22ʰ.68 de plus que l'orge venue également sans engrais, après orge. La question de l'épuisement du sol par la culture consécutive des céréales, dans les terres fortes, et des indemnités dues pour engrais au fermier sortant, mérite par conséquent une discussion plus approfondie que celle dont on a été jusqu'ici saisi.

S'il est inadmissible que l'on consacre la surface totale d'une grande exploitation à la culture de l'orge, même en recourant au labourage à vapeur, il peut convenir de l'étendre, et, pour cela, M. Lawes conseille la rotation suivante :

| Mangolds...... | 1 | douzième. |
|---|---|---|
| Fèves ......... | 1 | — |
| Trèfle rouge.... | 1 | — |
| Blé........... | 2 | — |
| Orge.......... | 7 | — |

qui exigerait une propreté peu commune de la terre, mais offrirait des avantages décidés sur l'assolement usité.

On a cherché plus d'une fois à déterminer la durée d'une culture de céréales, suivie et profitable, et on l'a fait dépendre autant des labours profonds, que des engrais commerciaux. Or les expériences de Rothamsted, sur le blé et l'orge, sont là pour démontrer qu'avec une culture superficielle, la même qui était pratiquée il y a quarante ans dans la localité, les rendements de la culture continue des céréales se sont maintenus. Le labour profond augmente notablement la production dans certains cas, et diminue dans d'autres cas la quantité d'engrais nécessaire. Mais on ne saurait perdre de vue pour cela, les résultats acquis à Rothamsted sans labour profond, avec des engrais se succé-

dant chaque année sans modifications, depuis trente-six ans pour le froment, et depuis vingt-cinq ans pour l'orge.

Il est positif que si quelque élément eût fait défaut, le rendement eût baissé. Ainsi l'orge fumée avec du superphosphate seul, a baissé sensiblement dans la seconde période, par rapport à la première ; mais là où des mélanges convenables ont été appliqués, le rendement moyen n'a pas varié dans les deux périodes. Un abaissement ne saurait donc se produire que graduellement et très à la longue. Au bout de vingt années, la parcelle qui avait reçu annuellement 35,000 kilogr. de fumier a été partagée en deux parties, et l'on n'a plus mis du fumier que sur une des parties. Or, sur la moitié restée sans fumier, le rendement, tout considérable qu'il soit, a été notablement moins élevé que sur l'autre ; mais il est à supposer qu'il se passera vingt ou trente années encore avant que le résidu des fumures antérieures y soit complétement épuisé.

Quoi qu'il en soit, M. Lawes, en vue de l'extension à donner à la culture de l'orge, a énuméré les conditions pratiques, qu'il sera bon de comparer avec celles recommandées pour les concours de la Basse Alsace.

*Culture du sol.* — Le labour devra être donné aussitôt que possible, et le sol ne devra plus être remué jusqu'à ce qu'il soit assez sec, au printemps.

*Semaille.* — Il faut semer fin février, ou le plus tôt possible en mars. Une bonne division du sol est essentielle ; autrement, on ne doit pas compter sur une bonne récolte. La quantité de graine de semence variera entre 225 et 270 kilogr. à l'hectare, suivant l'époque.

*Engrais.* — L'azote étant indispensable dans l'engrais, il pourra être fourni par le nitrate de soude, le sulfate d'ammoniaque ou le guano du Pérou. Dans l'impossibilité de recommander le guano, à moins d'obtenir une garantie de teneur en azote, M. Lawes s'est adressé aux concessionnaires du gouvernement péruvien et a reçu d'eux la déclaration suivante :

- « Les importations de guano des îles Guanape et Macabi, depuis que l'agence est entre nos mains, ont donné une teneur moyenne, plus rapprochée de 13 que de 12 pour 100 d'ammoniaque. En outre, la qualité du guano des deux îles a été si égale, si uniforme, que les chargements titrant au-dessous de 12 pour 100 d'am-

moniaque ont été tout à fait exceptionnels. »

S'il en est ainsi, pourquoi les concessionnaires n'accueillent-ils pas la suggestion de M. Lawes, « de déclarer dans
leurs annonces, qu'ils ne livrent pas de
guano brut renfermant moins de 12 pour
100 d'ammoniaque »? Rien ne serait plus
satisfaisant.

En consultant les expériences de Rothamsted, il faut, pour obtenir 43 hectolitres d'orge à l'hectare, employer en
moyenne l'azote équivalant à 56 kilogr.
d'ammoniaque ; ce qui donne les quantités suivantes d'engrais à distribuer, seuls,
ou en mélange :

| | ENGRAIS A EMPLOYER PAR HECTARE | | |
| --- | --- | --- | --- |
| | seuls. | en mélange. | |
| | kil. | kil. | kil. |
| Nitrate de soude............ | 282.5 | 220 | 188.5 |
| Sulfate d'ammoniaque........ | 220 | » | » |
| Guano du Pérou............. | 439.5 | 125.5 | 188.5 |

Quand on utilise le nitrate, ou le sulfate,
sans guano, on devra les additionner de
375 kilogr. de superphosphate à l'hectare.
Quand on emploie du guano, le superphosphate est inutile. Avec 220 kilogr. de
nitrate et 125 kilogr. de guano ; ou bien
avec 188ᵏ.5 de chacun, il convient de mélanger 125 kilogr. de superphosphate.

Dans la pratique courante, la paille re-
tournant régulièrement au sol, il est probable que des quantités d'engrais moindres permettront d'obtenir le même rendement qu'à Hoos field.

Sur une exploitation de 288 hectares, par
exemple, soumise à la rotation proposée
par M. Lawes, comprenant 7 douzièmes en
orge, on obtiendrait annuellement 2,400
tonnes de fumier qui permettraient de fumer les 24 hectares en mangolds, à raison
de 1,200 tonnes à l'hectare ; les 24 hectares de fèves à raison de 600 tonnes ; et
les 24 hectares de trèfle à raison de 600
tonnes. Le blé faisant suite aux fèves ou
au trèfle n'exigerait aucuns engrais commerciaux. La céréale suivant les mangolds
pourrait exiger au printemps une fumure
de 125 kilogr. de nitrate de soude à l'hectare. Pour l'orge venant après cette céréale, ou pour le blé après trèfle ou fèves,
il suffirait d'employer 188 kilogr. de nitrate de soude avec 250 kilogr. de superphosphate, ou bien encore 282 kilogr. de
guano sans superphosphate.

C'est de la connaissance du sol, du climat et de l'action des engrais que dé-
pendront les quantités de fertilisants dans
chaque cas particulier. Le cultivateur ne
devra point oublier, toutefois, que le rendement le plus souvent baissera, plutôt par
défaut d'azote, que par manque de tout
autre élément.

*Distribution des engrais.* — A Hoos
field, les engrais sont distribués à la volée,
et enfouis ou hersés avant que la graine
ne soit semée. Pour assurer une distribution plus régulière, le volume d'engrais
est réparti en deux ou trois fois. Sur la
ferme, les engrais mélangés au volume
convenable, sont distribués derrière le semoir, et semence et engrais sont recouverts ensemble à la herse.

*Nettoiement du sol.* — Pour cultiver d'une
manière suivie les céréales, l'agriculteur
aura dû commencer par nettoyer parfaitement sa terre. La terre étant propre, il
ne sera ni difficile, ni coûteux de la maintenir à cet état. Chaque localité a ses
mauvaises herbes dominantes ; à Rothamsted, c'est le jaunet qui abonde, et l'on en a
aisément raison. La folle avoine, ou avè-
neron, est l'herbe la plus redoutable ; on
ne saurait trop la combattre, car elle vient
à graine avant l'orge, et si on lui laisse
prendre le dessus, il faudra cesser de cultiver les céréales, afin de l'extirper.

Un autre moyen d'étendre la culture de
l'orge en Angleterre consisterait à modifier l'assolement des terres fortes, en ajournant la sole des turneps jusqu'à ce qu'il
soit nécessaire de nettoyer la terre ; et
même alors, une jachère d'été remplirait le
même office. M. Lawes conseille ainsi de
cultiver l'orge en recourant directement
aux engrais, plutôt que de fumer indirec-
tement, en la faisant précéder par des racines.

Les expériences de Barn field (p. 51) démontrent, en effet, que trois récoltes d'orge,
suivant dix récoltes de turneps, fumées
pendant huit ans, ont offert avec les engrais minéraux, un rendement moyen de
17ʰ.96 seulement, et avec un mélange
d'engrais minéraux et ammoniacaux, de
19ʰ.76. Or, pendant ces trois mêmes années, la parcelle sans engrais de la pièce
Hoos field, où l'orge n'avait pas cessé
d'être cultivée, avait donné une moyenne
de 28ʰ.29. Quant à la parcelle avec superphosphate de chaux seul, le rendement

avait été de 36h.37. Il est donc certain que, malgré la fumure, le turneps ne laisse aucuns résidus fertilisants utilisables pour l'orge; au contraire, il semble enlever au sol plus d'éléments nécessaires à l'orge, que l'orge elle-même. Il en est tout autrement de l'orge faisant suite au trèfle (voir tableau II).

L'importance des récoltes sarclées dans les terres légères (comme sur les terres fortes, lorsque le climat est relativement humide), eu égard au bétail et à l'économie générale de la ferme, a fait qu'on les a substituées aux céréales, sur des terrains et dans des conditions climatériques mieux appropriés à celles-ci. Toutefois les essais de Rothamsted enseignent péremptoirement que l'on peut, dans des circonstances considérées jusqu'ici comme peu favorables, recourir aux engrais commerciaux pour obtenir des récoltes plus fréquentes d'orge de belle qualité. Si l'on veut tirer parti de cet enseignement, on n'aura pas à partager de longtemps les craintes de M. Richardson sur l'insuffisance des orges de brasserie en Angleterre.

## X. — EXPÉRIENCES SUR L'AVOINE.

### Essais de Geescroft field.

Nous avons indiqué au chapitre II (champs d'expériences) que les essais de culture de l'avoine, dans le champ de Geescroft (30 ares environ), dataient seulement de 1869. Les résultats de cette culture faisant suite à une année de blé sans engrais (1865), une année de fèves sans engrais (1866) et deux années de blé sans engrais (1867 et 1868), n'ont pas encore été l'objet d'aucun mémoire descriptif. Nous devons, par conséquent, nous contenter de rapporter dans le tableau A ci-contre, les rendements obtenus pendant les cinq premières années et le rendement moyen (1).

On reconnaît, d'après ce tableau, que, comme pour les deux autres céréales, les engrais azotés donnent une augmentation beaucoup plus notable que les engrais minéraux seuls, et que le mélange des deux assure un rendement beaucoup plus élevé que chacun pris isolément. Il est évident que les engrais miné-

(1) *Memoranda of the field experiments at Rothamsted*, May 1874, p. 5.

TABLEAU A. — *Geescroft field. Expériences sur la culture de l'avoine pendant cinq années consécutives (1869 à 1873).*

| NUMÉROS DES PARCELLES. | ENGRAIS A L'HECTARE ET PAR AN. | PRODUIT A L'HECTARE | | | | | | | | | | | | | | | | |
| --- | --- | --- | --- | --- | --- | --- | --- | --- | --- | --- | --- | --- | --- | --- | --- | --- | --- |
| | | 1re ANNÉE, 1869 | | | 2e ANNÉE, 1870 | | | 3e ANNÉE, 1871 | | | 4e ANNÉE, 1872 | | | 5e ANNÉE, 1873 | | | MOYENNE DE 5 ANS |
| | | Grain vanné | | Paille | Grain vanné | | Paille | Grain vanné | | Paille | Grain vanné | | Paille | Grain vanné | | Paille | Grain vanné | | Paille |
| | | Hect. | Poids de l'hect. | totale. | Hect. | Poids de l'hect. | totale. | Hect. | Poids de l'hect. | totale. | Hect. | Poids de l'hect. | totale. | Hect. | Poids de l'hect. | totale. | Hect. | Poids de l'hect. | totale. |
| | | Kil. | Kil. | Kil. | Kil. | Kil. | Kil. | Kil. | Kil. | Kil. | Kil. | Kil. | Kil. | Kil. | Kil. | Kil. | Kil. | Kil. | Kil. |
| 1. | Sans engrais | 32.89 | 45.83 | 2,416 | 14.71 | 43.64 | 1,145 | 18.41 | 41.77 | 1,412 | 13.47 | 45.20 | 896 | 9.65 | 33.82 | 675 | 17.84 | 42.06 | 1,302 |
| 2. | 224 kilogr. sulfate potasse, 112 kilogr. sulfate soude, 112 kilogr. sulfate magnésie et 440 kilogr. superphosphate chaux | 40.42 | 48.00 | 3,076 | 17.17 | 43.79 | 1,207 | 19.76 | 43.94 | 1,695 | 17.51 | 47.07 | 1,302 | 15.27 | 35.67 | 1,082 | 22.00 | 43.64 | 1,679 |
| 3. | 448 kilogr. sels ammoniacaux | 51.00 | 46.76 | 4,629 | 26.95 | 43.48 | 2,165 | 51.31 | 45.35 | 5,090 | 50.07 | 46.76 | 3,844 | 32.78 | 40.67 | 2.103 | 42.21 | 44,69 | 3,578 |
| 4. | 448 kilogr. sels ammoniacaux, 224 kilogr. sulfate potasse, 112 kilogr. sulfate soude, 112 kilogr. sulfate magnésie et 440 kilogr. superphosphate | 67.58 | 45.95 | 6,779 | 45.57 | 44.89 | 3,593 | 52.65 | 44.07 | 6,277 | 56.03 | 49.26 | 5,665 | 43.33 | 43.31 | 3,467 | 52.99 | 46.14 | 5,163 |
| 5. | 616 kilogr. nitrate de soude | 55.90 | 48.00 | 5,367 | 32.78 | 43.94 | 2,887 | 49.40 | 45.64 | 4,362 | 37.83 | 45.64 | 2,589 | 35.70 | 37.73 | 2,071 | 42.32 | 44.26 | 3,452 |
| 6. | 616 kilogr. nitrate, 224 kilogr. sulfate potasse, 112 kilogr. sulfate soude, 112 kilogr. sulfate magnésie et 440 kilogr. superphosphate | 62.31 | 48.00 | 6,261 | 44.91 | 44.57 | 3,609 | 54.11 | 42.06 | 6,073 | 40.08 | 46.45 | 3,013 | 57.15 | 41.92 | 3,013 | 51.65 | 44.57 | 4,394 |

raux, dans le sol de Rothamsted, et de Geescroft field en particulier, constituaient un stock disponible plus grand que celui de l'azote assimilable; mais qu'en apportant ce dernier dans la fumure, la seule provision d'éléments minéraux du sol eût été insuffisante pour la mise à profit de l'azote.

### XI. — EXPÉRIENCES DIVERSES SUR LES CÉRÉALES.

Pour terminer ce qui a rapport aux céréales, dont les expériences ont été résumées dans les chapitres précédents, il nous reste à examiner la question de l'utilisation de l'azote des engrais; les rendements des diverses variétés de froment cultivées à Rothamsted, et les résultats de l'application économique des engrais azotés aux récoltes de blé et d'orge.

1. *Azote recouvré dans les récoltes de céréales.* — Grâce aux expériences sur l'avoine, quelque peu prolongées qu'elles aient été, MM. Lawes et Gilbert ont pu reprendre l'examen de la question si souvent posée : quelle est la proportion d'azote de l'engrais, recouvrée par l'aug-

mentation de rendement, d'après les résultats de l'analyse directe du produit?

Déjà, dans un mémoire sur *le rendement annuel en azote des différentes récoltes* à l'hectare (1), ils avaient constaté qu'avec le blé et l'orge indifféremment, on recouvre un peu plus des deux cinquièmes de l'azote de l'engrais dans l'excédant de produit. Le même résultat à peu près, a été vérifié pour l'herbe des prairies (2).

Au sujet des expériences de vingt années sur le blé et l'orge (1852-1871), MM. Lawes et Gilbert ont dosé l'azote de toutes les récoltes successives, obtenues sur six parcelles de blé, cinq parcelles d'orge et trois parcelles d'avoine. Pour l'avoine, l'azote a été déterminé séparément dans le grain et dans la paille de chaque année; pour le blé et l'orge respectivement, on a fait un mélange du produit de chaque parcelle (grain et paille séparément). Ce mélange a été constitué proportionnellement au rendement à l'hectare de chaque année, et moulu, de façon à former l'échantillon moyen (grain et paille) de chaque parcelle pendant vingt années.

Les chiffres de ces dosages d'azote sont reproduits dans le tableau suivant (3), où l'on a établi le montant pour 100 d'azote recouvré dans la récolte et non recouvré.

TABLEAU I. — *Azote recouvré et non recouvré dans l'accroissement de produit des céréales pour* 100 *d'azote contenu dans l'engrais.*

| Nos des parcelles. | ENGRAIS A L'HECTARE ET PAR AN. | Pour 100 d'azote de l'engrais. | |
|---|---|---|---|
| | | recouvré. | non recouvré. |
| | *Blé.* — Culture de 20 années ( 1852-1871 ). | | |
| 6 | Mélange d'engrais minéraux avec 224 k. sels ammoniac. (= 45$^k$.96 azote)................... | 32.4 | 67.6 |
| 7 | —                          avec 448 k.        —       (= 91$^k$.91 azote)................... | 32.9 | 67.1 |
| 8 | —                          avec 672 k.        —       (=137$^k$.87 azote)................... | 31.5 | 68.5 |
| 16 | —                         avec 897 k.        —       (=183$^k$.82 azote), 13 ans; 1-52-1864 | 28.5 | 71.5 |
| 9 A | —                        avec 616 k. nitr. de soude (= 91$^k$.91 azote)................... | 45.3 | 54.7 |
| 2 | Fumier de ferme (35,000 kil.)................... | 14.6 | 85.4 |
| | *Orge.* — Culture de 20 années ( 1852-1871 ). | | |
| 4 A | Mélange d'engrais minéraux avec 224 k. sels ammoniac. (= 45$^k$.96 azote)................... | 48.1 | 51.9 |
| 4 AA | —            —          avec { 448 k.    —  (= 91$^k$.71 azote),  6 ans, 1852-1857 } { 224 k.    —  (= 45$^k$.96 azote), 10 ans, 1858-1867 } { 308 k. nitr. de soude (= 45$^k$.96 azote),  4 ans, 1868-1871 } | 49.8 | 50.2 |
| 4 C | —            —          avec { 2,242 k. tourt. navette (=106$^k$.48 azote),  6 ans, 1852-1857 } { 1,121 k.    —  (= 53$^k$.24 azote), 14 ans, 1858-1871 } | 36.3 | 63.7 |
| 7 | Fumier de ferme (35,000 kil.)................... | 10.7 | 89.3 |
| | *Avoine.* — Culture de 3 années ( 1869-1871 ). | | |
| 4 | Mélange d'engrais minéraux avec 448 kil. sels ammoniacaux (= 91$^k$.91 azote).......... | 51.9 | 48.1 |
| 6 | —            —          avec 616 kil. sels nitr. de soude (= 91$^k$.91 azote).......... | 50.4 | 49.6 |

L'augmentation d'azote du produit, quand on a employé de l'azote dans l'engrais, est calculée par rapport à celle fournie par les engrais minéraux correspondants, sans ammoniaque. L'aug-

mentation d'azote du produit obtenu avec

(1) *British association for the advancement of science.* Leeds, 1858.

(2) *Journ. chemic. soc.* Nouvelle série, t. I, 1863.

(3) *Journ. Roy. Agric. Soc. Engl.*, vol. IX, part. II, 1873.

le fumier est calculée par rapport à à celle due au mélange pur d'engrais minéraux.

On constate, d'après cela, par le tableau I, que le même mélange d'engrais minéraux avec 224 kilogr. de sels ammoniacaux à l'hectare, pendant vingt ans, a permis de recouvrer dans l'accroissement du blé à peine *un tiers* de l'azote apporté par l'engrais ; et à peu près *la moitié*, dans l'accroissement de l'orge.

Le mélange d'engrais minéraux appliqué au blé, avec 448 kilogr. de sels ammoniacaux à l'hectare, pendant vingt ans, ou appliqué à l'orge, avec 448 kilogr. pendant six ans, et avec 224 kilogr. des mêmes sels pendant les dix années suivantes, ou avec 308 kilogr. de nitrate de soude à l'hectare, pendant les quatre dernières années, soit ensemble pendant vingt années, n'a laissé recouvrer qu'*un tiers* à peine de l'azote dans l'excédant de récolte du blé, et *la moitié* dans celui de la récolte d'orge.

Le mélange d'engrais minéraux avec 448 kilogr. de sels ammoniacaux, appliqué pendant trois ans à l'avoine, n'abandonne dans l'excédant de récolte que la moitié de l'azote fourni.

Avec le tourteau appliqué à l'orge, on a retrouvé une proportion d'azote beaucoup moindre dans la récolte, qu'avec les sels ammoniacaux.

Enfin, pour le fumier de ferme, on a recouvré également beaucoup moins d'azote que pour aucun des engrais artificiels. Ainsi, en admettant un apport par le fumier, de 224 kilogr. d'azote à l'hectare, le blé n'a recouvré qu'un septième d'azote, et l'orge, à peine un neuvième.

Il est donc permis d'inférer de cette recherche spéciale, que, pour aucune céréale on ne retrouve, dans l'augmentation de produit, la totalité de l'azote apporté par l'engrais ;

Que pour une quantité déterminée de sels ammoniacaux, on obtient une proportion beaucoup plus faible d'azote dans la récolte de blé, que dans celle d'orge et d'avoine ;

Que, même pour le blé, on recouvre dans l'augmentation de récolte, lorsque l'on emploie du nitrate de soude, plus d'azote que lorsque l'on applique des sels ammoniacaux.

Nous verrons plus tard comment la déperdition d'azote, différente pour les trois céréales et déjà signalée, peut être expliquée.

TABLEAU II. — *Expériences de culture de 26 variétés de froment : 1868 à 1874.*

| 1874.<br>Upper Harpenden field.<br>250 kilogrammes nitrate de soude après mangolds, avec fumier, en 1873. | 1868.<br>Sawpit field.<br>125 kilogr. guano, 125 kilogr. engrais à blé après trèfle.<br>Grain vanné. | Poids de l'hect. | 1869.<br>Thirty acres field.<br>250 k. guano après trèfle.<br>Grain vanné. | Poids de l'hect. | 1870.<br>Sawyer field.<br>500 k. guano après jachère.<br>Grain vanné. | Poids de l'hect. | 1871.<br>Sawpit field.<br>375 k. guano après mangolds.<br>Grain vanné. | Poids de l'hect. | 1872.<br>Foster field.<br>250 k. superphosphate, 250 k. nitrate après racines.<br>Grain vanné. | Poids de l'hect. | 1873.<br>Long Hoos field.<br>187 k. nitrate après mangolds (fumés) et enlevés.<br>Grain vanné. | Poids de l'hect. | MOYENNES.<br>Grain vanné. | Poids de l'hect. |
|---|---|---|---|---|---|---|---|---|---|---|---|---|---|---|
| 1. White chaff. (rouge) | » | » | » | » | » | » | » | » | » | » | 36.48 | 72.98 | 36.48 | 72.98 |
| 2. Rivett (rouge) | » | » | » | » | » | » | » | » | » | » | 43.22 | 71.25 | 43.22 | 71.25 |
| 3. Chubb (rouge) | » | » | » | » | » | » | 25.49 | 75.10 | 35.92 | 77.14 | 32.11 | 73.76 | 41.21 | 75.47 |
| 4. Red chaff (blanc) | » | » | » | » | » | » | 29.41 | 76.84 | 33.23 | 77.65 | 31.66 | 75.78 | 31.44 | 76.71 |
| 5. Browick (rouge) | » | » | » | » | 45.13 | 80.00 | 31.66 | 74.85 | 36.37 | 76.54 | 34.58 | 74.23 | 36.94 | 76.40 |
| 6. Rouge wonder | 45.54 | 78.59 | 49.17 | 75.47 | 45.20 | 80.77 | 28.06 | 73.60 | 39.29 | 75.90 | 33.34 | 74.85 | 40.42 | 76.54 |
| 7. Burwell (vieux rouge Lamma) | 37.61 | 79.84 | 43.22 | 78.59 | 43.45 | 82.00 | 27.55 | 77.34 | 37.04 | 78.59 | 31.55 | 76.71 | 36.83 | 78.90 |
| 8. Bristol rouge | » | » | 49.17 | 76.09 | 44.91 | 81.39 | 26.39 | 75.90 | 39.86 | 76.71 | 35.48 | 75.47 | 39.07 | 77.02 |
| 9. Nursery rouge | 37.61 | 82.33 | 44.23 | 81.08 | 40.42 | 83.38 | 30.65 | 78.59 | 40.64 | 81.08 | 27.36 | 77.34 | 36.38 | 80.59 |
| 10. Langham rouge | » | » | 47.60 | 76.09 | 44.23 | 81.39 | 27.62 | 75.30 | 39.29 | 76.40 | 30.65 | 75.47 | 37.88 | 76.84 |
| 11. Woolly Ear (blanc) | 39.74 | 79.84 | 47.04 | 76.71 | 42.77 | 80.89 | 28.06 | 76.24 | 38.39 | 77.49 | 33.23 | 76.24 | 38.17 | 77.96 |
| 12. Hardcastle (blanc) | » | » | » | » | » | » | » | » | 41.77 | 77.14 | 37.72 | 74.54 | 39.74 | 75.78 |
| 13. Golden drop (Hallett) rouge | » | » | » | » | » | » | 35.48 | 76.54 | 44.68 | 78.59 | 39.74 | 74.54 | 39.97 | 77.02 |
| 14. Victoria (Hallett) blanc | » | » | » | » | » | » | 30.31 | 76.09 | 40.64 | 78.09 | 34.85 | 74.54 | 35.14 | 76.24 |
| 15. Hunter (Hallett) blanc | » | » | » | » | » | » | 24.13 | 73.92 | 35.70 | 77.02 | 34.69 | 71.41 | 31.55 | 74.23 |
| 16. Original (Hallett) rouge | » | » | » | » | » | » | 26.44 | 73.14 | 31.66 | 74.85 | 32.67 | 70.00 | 30.42 | 72.66 |
| 17. Chiddam blanc | 44.01 | 80.40 | 44.57 | 75.47 | 40.98 | 82.78 | 24.13 | 77.65 | 34.80 | 78.59 | 28.51 | 73.92 | 36.15 | 78.09 |
| 18. Rostock rouge | 41.88 | 79.21 | 45.42 | 76.40 | » | » | 43.23 | 75.00 | » | » | 41.54 | 70.78 | 40.64 | 75.30 |
| 19. Casey blanc | » | » | » | » | 45.36 | 80.77 | 26.83 | 75.30 | 37.83 | 76.71 | 33.68 | 78.29 | 35.93 | 76.54 |
| 20. Golden Rough chaff. (rouge) | » | » | » | » | » | » | 29.64 | 76.84 | 35.25 | 77.96 | 34.58 | 74.54 | 33.12 | 76.40 |
| 21. Bole Prolific (rouge) | » | » | » | » | 47.82 | 81.23 | 30.20 | 76.71 | 38.39 | 77.79 | 40.64 | 71.72 | 39.30 | 76.84 |
| 22. Club (rouge) | » | » | » | » | » | » | 32.33 | 75.30 | 41.09 | 77.14 | 42.66 | 72.66 | 38.74 | 75.00 |
| 23. Niagara (rouge) | » | » | 38.73 | 75.47 | 43.56 | 81.08 | » | » | » | » | » | » | 41.21 | 78.27 |
| 24. Clover Suffolk (rouge) | 37.05 | 79.84 | » | » | » | » | » | » | » | » | » | » | 37.05 | 79.84 |
| 25. Golden drop (rouge) | » | » | 45.36 | 77.96 | 45.36 | 82.33 | 32.11 | 76.40 | » | » | » | » | 40.98 | 78.90 |
| 26. Maynard (rouge) | » | » | » | » | » | » | 28.18 | 76.24 | » | » | » | » | 28.18 | 76.24 |
| MOYENNES | 40.53 | 80.00 | 45.47 | 76.84 | 44.12 | 81.53 | 28.96 | 75.78 | 37.94 | 77.49 | 34.92 | 73.92 | 36.83 | 76.40 |

2. *Rendements comparatifs de vingt-six variétés de froment.* — Nous avons dit, à propos des champs d'expériences, que MM. Lawes et Gilbert avaient, depuis 1868, cultivé sur diverses pièces, un grand nombre de variétés de froment, afin de comparer leur rendement à l'hectare, et le poids de l'hectolitre du grain sous l'influence des divers mélanges fertilisants adoptés dans la pratique agricole courante. Le tableau II qui reproduit les résultats se passe de commentaire. Nous y avons conservé les noms anglais des variétés, comprenant les blés blancs tendres et les blés rouges les plus usités (1).

En comparant les moyennes calculées dans la dernière colonne de ce tableau, on peut établir, sans attendre les déductions de MM. Lawes et Gilbert, le classement des dix premières variétés de froment au point de vue du rendement en grain vanné, comme il suit :

| | Années d'expérience. | Grain vanné. Hectol. | Poids de l'hectol. Kil. |
|---|---|---|---|
| 1 Rivelt rouge | 1 | 43.22 | 71.25 |
| 2 Niagara rouge | 2 | 41.21 | 78.27 |
| 3 Golden drop rouge. | 3 | 40.98 | 78.90 |
| 4 Rostock rouge | 4 | 40.64 | 75.80 |
| 5 Wonder rouge | 6 | 40.42 | 76.54 |
| 6 Golden drop (Hallet) rouge | 3 | 39.97 | 77.02 |
| 7 Hardcastle blanc | 2 | 39.74 | 75.78 |
| 8 Bole prolific rouge. | 4 | 39.30 | 76.84 |
| 9 Bristol rouge | 5 | 39.07 | 77.02 |
| 10 Club rouge | 3 | 38.74 | 75.00 |

(1) *Memoranda of the field experiments at Rothamsted*, May 1874, page 10.

Relativement au poids de l'hectolitre, le classement s'établit de la manière suivante :

| | Années d'expérience. | Poids de l'hectol. Kil. | Grain vanné. Hectol. |
|---|---|---|---|
| 1 Nursery rouge | 6 | 80.59 | 36.39 |
| 2 Suffolk rouge | 1 | 79.84 | 37.05 |
| 3 Golden drop rouge. | 3 | 78.90 | 40.98 |
| 4 Burwel (vieux Lamma rouge) | 6 | 78.90 | 36.83 |
| 5 Niagara rouge. | 2 | 78.27 | 41.25 |
| 6 Chiddam blanc. | 6 | 78.09 | 36.15 |
| 7 Woolly ear blanc. | 6 | 77.96 | 38.17 |
| 8 Goldendrop (Hallet) rouge | 3 | 77.02 | 39.97 |
| 9 Bristol rouge | 5 | 77.02 | 39.07 |
| 10 Bole prolific rouge. | 4 | 76.84 | 39.30 |

Les variétés de blé rouge ont ainsi l'avantage sous le rapport du rendement et du poids de l'hectolitre. Comme rendement, le Hardcastle blanc est le seul qui se classe au 7e rang ; comme poids à l'hectolitre de grain, les seules variétés de Chiddam et Woolly Ear blancs occupent le 6e et le 7e rang. Cinq variétés de blé rouge Niagara, Golden drop, Golden drop hallet, Bole prolific et Bristol, se retrouvent au contraire dans les dix premiers rangs des deux séries.

Une dernière remarque à l'occasion du tableau II ; les vingt-six variétés de blé rouge et blanc, cultivées pendant six ans (1868 à 1874) ont donné un rendement moyen général de 36h.83 ; l'hectolitre pesant en moyenne 76k.40.

Tableau III. — *Essais d'application économique des engrais pour le blé et l'orge :* 1re *année* 1871.

| NUMÉROS DES PARCELLES. | ENGRAIS ET SEMENCE A L'HECTARE. | PRODUIT A L'HECTARE. | | |
|---|---|---|---|---|
| | | GRAIN VANNÉ. | | Paille totale. |
| | | Hectolitre. | Poids de l'hectol. | |
| | BLÉ (THIRTY ACRES FIELD) : PARCELLES DE 10 ARES. | | kil. | kil. |
| 1 | *Sans engrais.* Semence (90 litres) à 0m.15 d'intervalle entre les lignes.. | 21.33 | 73.98 | 3,076 |
| 2 | 164 *kilogr. sulfate ammoniaque* (dont l'azote = 545 litres grain avec paille). Semence à 0m.15 d'intervalle dans les lignes. Engrais mélangé avec cendres, recouvert dans chaque trou par semence............ | 28.20 | 73.73 | 4,550 |
| 3 | 327 *kilogr. sulfate ammoniaque.* Semence (90 litres) à 0m.15 d'intervalle dans les lignes, après distribution de l'engrais à la volée............ | 25.82 | 72.73 | 4,472 |
| | ORGE (THIRTY ACRES FIELD) : PARCELLES DE 10 ARES. | | | |
| 1 | *Sans engrais.* Semence (125 litres), semée au *drill*.................... | 36.38 | 67.22 | 4,346 |
| 2 | *Superphosphate* 125 kilogr. et *nitrate de soude* 125 kilogr. Semence 269 litr. Engrais avec cendres distribué à la volée; graine semée au *drill* | 44.70 | 66.47 | 3,820 |
| 3 | *Superphosphate* 125 kilogr. et *nitrate de soude* 125 kilogr. Semence 269 litr. Engrais avec cendres distribué au *drill* et graine par dessus.. | 44.46 | 66.60 | 3,578 |
| 4 | *Superphosphate* 125 kilogr. et *nitrate de soude* 125 kilogr. Semence 269 litr. Engrais, cendres et graine distribués au *drill*............... | 45.80 | 66.10 | 3,813 |
| 5 | *Superphosphate* 125 kilogr. et *nitrate de soude* 125 kilogr. Semence (134 litr.) à 0m.15 d'intervalle dans les lignes. Engrais mélangé avec graine par dessus ................... | 46.03 | 66.47 | 3,546 |
| 6 | *Superphosphate* 250 kilogr. et *nitrate de soude* 250 kilogr. Semence (269 litr.) Engrais avec cendres distribué à la volée, et graine au *drill* | 51.12 | 64.38 | 4,126 |

TABLEAU IV. — *Essais d'application économique des essais pour l'orge : 2ᵉ année 1872.*

| NUMÉROS DES PARCELLES. | ENGRAIS ET SEMENCE A L'HECTARE. | PRODUIT A L'HECTARE. | | |
| --- | --- | --- | --- | --- |
| | | GRAIN VANNÉ. | | Paille totale. |
| | | Hectol. | Poids de l'hectolitre | |
| | ORGE (THIRTY ACRES FIELD) : PARCELLES DE 10 ARES. | | kil. | kil. |
| 1 | *Sans engrais.* Semence (225 kilogr.), semée au *drill*............... | 29.75 | 67.85 | 2,448 |
| 2 | *Superphosphate* 376 kilogr. et *nitrate de soude* 250 kilogr. Semence 225 kilogr. Engrais amené avec cendres au volume de 13 hectol, distribué à la volée ; graine semée au *drill*................... | 41.77 | 67.47 | 3,782 |
| 3 | *Superphosphate* 376 kilogr. et *nitrate de soude* 250 kilogr. Semence 225 kilogr. Le superphosphate mélangé avec 45 kilogr. chaux éteinte pour neutraliser l'acide, additionné du nitrate, porté avec cendres à 13 hectol.; distribué à la volée. Graine semée au *drill*.............. | 42.99 | 66.85 | 3,908 |
| 4 | *Superphosphate* 125 kilogr. et *nitrate de soude* 125 kilogr. Semence 225 kilogr. Engrais et graine portés avec cendres à 13 hectol., et semés ensemble au *drill*................... | 38.28 | 67.47 | 3,327 |
| 5 | *Superphosphate* 125 kilogr. et *nitrate de soude* 125 kilogr. Semence 225 kilogr. Engrais, avec moitié chaux et moitié cendres, porté à 13 hectol. y compris la graine, le tout semé au *drill*............. | 39.07 | 66.22 | 3,369 |

3. *Application économique des engrais azotés.* — Les essais d'application des engrais coûteux, tels que sels ammoniacaux et nitrate de soude, ont commencé en 1871.

Pour le blé, ils ont consisté à distribuer la semence, à raison de 90 litres à l'hectare, sur une parcelle sans engrais, sur une parcelle fumée avec 164 kilogr. de sulfate d'ammoniaque, et sur une parcelle fumée avec 327 kilogr. de sulfate d'ammoniaque à l'hectare.

La semence dans les trois parcelles a été déposée avec un écartement de 0ᵐ.15 dans les lignes. Dans la deuxième parcelle, l'engrais, mélangé avec des cendres, a été déposé dans chaque trou et la graine pardessus. Dans la troisième, l'engrais, mélangé avec des cendres, a été répandu à la volée.

Avec l'orge, on a fait varier la quantité de semence à l'hectare, les engrais et leur mode d'application. Les tableaux précédents III et IV reproduisent les résultats, en regard des indications spéciales de chaque parcelle, pour les deux premières années 1871 et 1872.

Dans la troisième année, 1873, on a essayé l'effet du nitrate de soude (à raison de 125 kilogr. à l'hectare) rendu adhérent à la semence, à l'aide d'un enduit de plâtre et d'autres substances. La graine d'orge ainsi enduite, cultivée en pots, bien arrosée et maintenue dans une serre, a fourni des plantes fortes et saines ; mais dans les champs, par suite de l'ensemencement tardif et de la sécheresse faisant suite à une grande humidité, la graine est mal venue, et a donné une récolte si irré-gulière qu'on ne l'a pas gardée. Indépendamment des conditions climatériques défavorables, il y a de telles difficultés à traiter la graine comme on se l'était proposé, que l'on ne saurait recommander cette méthode dans la pratique ordinaire,

En 1874, les essais se sont poursuivis avec l'orge sur quatre parcelles de Barn field, mais dans les mêmes conditions que pour les deux années 1871 et 1872. MM. Lawes et Gilbert n'ont encore publié aucunes conclusions.

## XII. EXPÉRIENCES SUR LE TURNEPS.

Si le lecteur veut bien se reporter au chapitre II, que nous consacrions à la description des champs d'expériences de Rothamsted (1), il trouvera que la culture expérimentale des turneps fut inaugurée en 1843, sur la pièce de Barn-Field, où 3.24 hectares ont été cultivés en *Norfolks blancs*, de 1843 à 1848, et en *Swedes*, de 1849 à 1852. Après ces dix années consécutives, on cultiva de l'orge pendant trois années; nous avons indiqué les résultats de cette culture (2). En 1856 seulement, les essais, avec les navets de Suède, furent repris et poursuivis pendant quinze ans, c'est-à-dire jusqu'en 1870 inclusivement.

La première série de ces essais a été seule l'objet de communications étendues en 1847, et en 1851, dans deux mémoires de chimie agricole (3), et, en 1855, dans

(1) Page 6.
(2) Page 51.
(3) *Journ. roy. agric. Soc. engl.*, t. VIII, part. II, 1847, et t. XII, part. II, 1871.

un travail en réponse à la théorie minérale de Liebig (1).

### A. Essais de culture à Barn field.

Le sol de la pièce de Barn-Field, argileux, assez tenace, n'est pas des mieux appropriés à la culture du turneps ; mais comme cette racine, venant en rotation courante, y avait été jusqu'alors cultivée avec avantage, on le choisit de préférence pour des essais pratiques. Avant d'y semer le turneps, on avait, depuis la précédente fumure, récolté successivement dans ce même champ, du blé, du trèfle et du blé. On pouvait donc admettre que la terre était pratiquement épuisée et présentait, par cela même, des conditions favorables à l'essai des matières fertilisantes.

En 1843, on sema des graines de Norfolk blanc, en même temps que divers engrais. Les lignes étaient espacées de $0^m.65$. Chaque parcelle de $0^h.135$ contenait environ six lignes de plants.

La récolte fut évaluée en pesant les produits obtenus sur des surfaces parcellaires de 5 ares, choisies, pour la série des parcelles, dans trois directions différentes.

Chacune des parcelles, sauf celle n° 2, laissée sans engrais, reçut un engrais différent, et, pour chacune, on a relevé les données suivantes :

1° Poids moyen des racines ; 2° nombre de plants à l'hectare ; 3° rapport des racines à l'hectare, en prenant pour unité égale à 1,000, la parcelle n° 2 restée sans engrais ; 4° poids effectif des racines récoltés par hectare ; 5° poids des racines, calculé à raison de cinq plants par mètre carré.

*Première année.* — Le tableau I reproduit les résultats ainsi classés, de la première année de culture.

TABLEAU I. — *Barn-Field. Expériences sur la culture du turneps.* — $1^{re}$ *année*, 1843.

| Nᵒˢ des parcelles. | POIDS ET COMPOSITION DES ENGRAIS PAR HECTARE ET PAR AN. | Poids moyen des racines. | Nombre de plants à l'hectare. | Rapport des racines à l'hectare le nᵒ 2 = 1000. | Poids effectif par hectare. | Poids calculé à raison de 5 plants par mètre carré (2). |
|---|---|---|---|---|---|---|
| | | Kilogr. | | | Kilogr. | Kilogr. |
| 1 | 30,000 kilogr. fumier de ferme | 0.616 | 38,542 | 2,262 | 23,800 | 29,512 |
| 2 | Sans engrais | 0.236 | 44,406 | 1,000 | 10,516 | 11,242 |
| 3 | 816 k. tourteau de navette | 0.489 | 42,185 | 1,967 | 20,696 | 23,437 |
| 4 | 690 k. tourteau et 179 k. levure | 0.525 | 38,284 | 1,926 | 20,255 | 25.172 |
| 5 | 718 k. levure | 0.548 | 50,100 | 2,622 | 27,577 | 26,257 |
| 6 | 314 k. superphosphate de chaux, $13^k.4$ sulfate d'ammon. et 359 k. levure | 0.602 | 48,448 | 2,796 | 29,400 | 28,862 |
| 7 | 63 k. sulfate d'ammoniaque | 4.406 | 37,117 | 1,653 | 17,584 | 22,352 |
| 8 | 314 k. superphosphate et 471 k. tourteau | 0.706 | 39,841 | 2,894 | 30,435 | 36,673 |
| 9 | 157 k. superphosphate et 690 k. tourteau | 0.689 | 37,859 | 2,490 | 26,180 | 32,973 |
| 10 | 471 k. superphosphate et $125^k.5$ tourteau | 0.716 | 44,600 | 3,042 | 31,988 | 34,287 |
| 11 | Résidus renfermant beaucoup de phosphate chaux précipité, tourteau, etc. | 0.644 | 44,376 | 2,734 | 28,754 | 30,814 |
| 12 | 314 k. superphosphate, 251 k. tourteau, $22^k.4$ sulfate d'ammoniaque | 0.671 | 42,356 | 2,720 | 28,599 | 32,117 |
| 13 | 157 k. superphosphate, $125^k.5$ tourteau, $44^k.8$ sulfate d'ammoniaque | 0.644 | 41,131 | 2,531 | 26,620 | 30,814 |
| 14 | 157 k. superphosphate, 471 k. tourteau, $11^k.2$ sulfate d'ammoniaque | 0.558 | 44,034 | 2,340 | 24,602 | 26,691 |
| 15 | 471 k. superphosphate, $345^k.2$ tourteau, $22^k.4$ sulfate d'ammoniaque | 0.703 | 37,346 | 2,841 | 29,867 | 37,975 |
| 16 | 471 k. superphosphate, 188 k. engrais phosphaté-magnésien | 0.630 | 49,443 | 2,974 | 31,276 | 30,163 |
| 17 | 408 k. superphosphate, 168 k. engrais phosphaté-potassique | 0.617 | 47,594 | 2,804 | 29,492 | 29,512 |
| 18 | 408 k. superphosphate, 94 k. phosph. magnésien, 94 k. phosph. potassique | 0.612 | 48,618 | 2,835 | 29,816 | 29,296 |
| 19 | Même mélange que n° 18, plus 34 k. sulfate d'ammoniaque | 0.676 | 47,309 | 3,045 | 30,772 | 32,333 |
| 20 | 408 k. superphosphate, 188 k. tourteau, 18 k. sulfate d'ammoniaque | 0.714 | 41,871 | 2,860 | 30,061 | 34,287 |
| 21 | Os non calcinés décomposés par l'acide sulfurique, 629 k. | 0.671 | 43,750 | 2,804 | 29,492 | 32,117 |
| 22 | 565 k. superphosphate de chaux | 0.666 | 45,658 | 2,908 | 30,578 | 31,898 |
| 23 | Argile et cendres de mauvaises herbes, 1,347 litres | 0.598 | 46,400 | 2,650 | 27,862 | 28,645 |

(1) Les engrais ont été mélangés avec de l'argile et des cendres pour former un volume total de 1,260 litres environ à l'hectare.
(2) 50,000 pieds à l'hectare.

Au point de vue agricole, la colonne indiquant le poids effectif de racines récoltées à l'hectare, eût suffi pour décider de l'efficacité des engrais mis en parallèle ; mais les recherches avaient pour objet surtout de déterminer les exigences spéciales du turneps cultivé. Elles ne devaient donc pas se borner à une constatation des chiffres de rendement effectif. Les engrais, en effet, ne sont pas seulement à envisager sous le rapport des éléments assimilables, mais encore comme des agents favorables ou défavorables à la croissance des plantes, suivant les mélanges ou les combinaisons sous lesquels ils leur sont fournis, et aussi, suivant le climat, suivant le sol, etc.

(1) *Journal roy. agric. Soc. engl.*, t. XVI, p. 2, 1855.

Il est avéré, par exemple, que, dans une culture intensive, le sol étant abondamment pourvu de substances minérales et végétales, le jeune plant de turneps est plus sujet à la maladie, ou à l'attaque des insectes, que dans un sol pauvre. Le nombre de plants à l'hectare offre donc une indication utile. Le poids moyen des bulbes n'est pas moins intéressant à connaître, puisqu'il dénote les résultats comparatifs de l'action des divers fertilisants sur la végétation. Il résulte donc de ces données que, si le poids moyen des racines est élevé, le nombre de plants étant également élevé, une action doublement efficace a été exercée par l'engrais sur la plante. Bien que les deux résultantes de cette action dépendent l'une de l'autre, il y a lieu de remarquer qu'un nombre considérable de plants à l'hectare correspond à un état de développement favorable, et qu'un poids moyen considérable des racines correspond à une bonne alimentation. C'est pourquoi la colonne qui indique le poids de la récolte, calculé à raison de cinq plants par mètre carré, donne une idée plus exacte de l'efficacité des engrais, indépendamment des circonstances qui ont présidé à leur mode d'emploi.

Le tableau I nous apprend que si les différences constatées dans le poids moyen des racines sont minimes, elles s'appliquent à des poids totaux de près de deux mille racines par parcelle ; on peut donc sans crainte formuler quelques conclusions.

Ainsi le poids moyen des bulbes, indiquant leur degré de développement, a été, en 1843, de $0^k.666$ avec l'engrais purement minéral ; de $0^k.466$ avec le sulfate d'ammoniaque ; de $0^k.489$ avec le tourteau de navette. D'autre part, les engrais minéraux ont donné plus de 48,000 plants à l'hectare.

Dans le mélange des engrais organiques et inorganiques, il est facile de discerner les conditions de réussite ou d'insuccès de telle ou telle catégorie d'éléments, par rapport à ces mêmes éléments employés seuls. En effet, dans les parcelles n°° 8, 9 et 10, pour lesquelles le superphosphate de chaux a été mélangé avec le tourteau, on constate que le plus grand nombre de plants à l'hectare correspond à la prédominance du phosphate sur le tourteau. De même, le moindre poids moyen des racines correspond à la moindre proportion de matières minérales.

L'analyse du tableau I permet, en outre, de se rendre compte, dès une première année de culture, des conditions essentielles au développement rapide et vigoureux du turneps.

Que l'on compare le nombre de plants à l'hectare sur les parcelles n°° 2, 3, 7, 16, 17, 18 et 22, par exemple, on remarquera que l'application directe des sels ammoniacaux détruit bon nombre de plants, et que l'application du tourteau amène également une réduction dans leur nombre. Or on sait par la pratique que quelque utiles que soient les sels ammoniacaux, le tourteau et le guano pour la culture des racines, il n'y a aucun fond à faire sur leur mélange avec la graine pour l'ensemencement. L'action nuisible des engrais organiques enfouis avec la graine est démontrée dans bien d'autres cas que celui du turneps, et l'on peut affirmer, en règle générale, que, pour toutes les cultures de printemps, les produits sont bien plus certains quand on répand ces fertilisants à la volée et qu'on les incorpore intimement avec le sol. Les résultats discordants, fournis pour les céréales de printemps et pour les racines, par l'application du guano, des sels ammoniacaux et des tourteaux, sont dus le plus souvent à des différences dans le mode de distribution. Quoique, dans une saison très-humide, ces engrais distribués au semoir ne nuisent pas, et même profitent aux récoltes, il est beaucoup plus sûr de les distribuer à la volée.

Le poids moyen des racines sur les mêmes parcelles n°s 2, 3, 7, 16, 17, 18, et 22 indique qu'en 1843, le développement et le nombre de plants ont beaucoup augmenté sous l'influence des engrais purement minéraux. Comparées à la parcelle sans engrais, les parcelles fumées avec des engrais minéraux offrent une croissance presque triple dans le même temps, et un rendement effectif à l'hectare presque aussi fort que dans la parcelle la plus productive. Sous les mêmes influences climatériques, les engrais minéraux seuls ont triplé le produit de la parcelle restée sans engrais. Notons toutefois que l'action des matières minérales s'exerce tant qu'il y a suffisance de matières azotées dans le sol, car si nous nous reportons aux parcelles n°s 8, 9, 10, 12 13, 14, 15, 19 et 20, nous constatons l'effet combiné des matières organiques et inorganiques.

Ainsi , dans les parcelles n°s 12, 13,

14 et 15, fumées avec un mélange de superphosphate, de sulfate d'ammoniaque et de tourteau, le poids moyen des racines le plus fort correspond à la parcelle n° 15, où le phosphate domine par rapport aux deux autres matières azotées.

En ne tenant compte que des éléments *actuellement assimilables* par la plante, le fumier de ferme devrait fournir, à tous égards, la meilleure récolte de toute la série. Ce n'est pas le cas ; et l'on est porté à en inférer qu'il y a, pour chaque engrais, une *action* spéciale, indépendante de l'alimentation pure et simple, qui affecte les conditions artificielles du développement de la plante. Le fumier, renfermant, sans contredit, la plus grande proportion de matières azotées et surtout carbonées, devrait apporter au sol une provision de matières minérales, excédant de beaucoup celle absorbée par la récolte. Or le nombre de plants de la parcelle cultivée avec fumier est parmi les plus faibles, et bien au-dessous de celui obtenu à l'aide de matières purement minérales, ou bien, d'un mélange de matières organiques et minérales. D'autre part, le poids des racines y est égal au poids le plus faible des parcelles à engrais minéral. Il y a donc, pour la meilleure végétation des turneps, comme pour la meilleure assimilation des aliments fournis par le sol, d'autres circonstances à faire naître que celle de la *quantité* de nourriture.

Dans les parcelles n°ˢ 8 et 15, la quantité de matières organiques et d'engrais minéraux étant bien inférieure à celle de la parcelle n° 1 (fumier de ferme), le poids moyen des racines a été notablement plus élevé. Dans la parcelle n° 22 (superphosphate seul), où l'absence de matière organique dans l'engrais n'a pas permis aux principes minéraux d'agir, le poids moyen des racines a été, au contraire, moins élevé que sur les parcelles n°ˢ 8 et 15.

Un simple mélange d'argile et de cendres (parcelle n° 23) a plus que doublé le rendement obtenu sur la parcelle sans engrais, tout en fournissant un nombre insuffisant de plants à l'hectare et un poids moyen de racines égal aux trois quarts du poids moyen le plus fort de toute la série. Il en résulterait qu'il y a en jeu, dans le rayon immédiat du jeune plant, des actions physiques, aussi bien que des actions chimiques du sol.

MM. Lawes et Gilbert font finalement observer que, malgré la forte proportion de potasse requise par le turneps, l'apport direct de cet alcali au sol, n'a pas donné un rendement supérieur à celui du superphosphate de chaux ; ce qui confirmerait le fait que, dans le sol de Barn-Field, épuisé par la culture des céréales, il restait des sels alcalins en abondance.

En résumé, les essais de la première année donnent lieu aux conclusions suivantes :

1. Dans un sol amené à un tel degré d'épuisement qu'il eût été nécessaire, pour lui rendre sa fertilité, de le fumer, afin d'y cultiver des racines ou d'autres récoltes en vert, et sous les influences d'une même saison, la culture des turneps sans engrais est d'un effet nul.

2. Pour le choix des engrais, il y a lieu de considérer comme un élément essentiel leur *action* physique, autant que leur *composition* chimique. En effet, si l'action physique n'est pas favorable, la provision la plus abondante de principes assimilables peut être inefficace. Les engrais les plus utiles à la rapide assimilation du turneps sont les engrais minéraux. Si, dans le sol particulier de Rothamsted, l'apport direct de la potasse est sans effet, celui de l'acide phosphorique, par ses réactions, ou par son action spéciale, ou par les deux causes à la fois, active la faculté d'assimilation du turneps, bien au delà de ce que comporte un *simple* élément nutritif.

3. Parmi les matières nutritives, le turneps profite, surtout au point de vue de la production des racines, des substances organiques carbonées ; mais il importe qu'elles ne soient pas concentrées autour du jeune plant ; elles devront être tenues à sa portée, de telle sorte que lorsque, sous l'action des engrais minéraux, le plant aura atteint la vigueur nécessaire, il se développe rapidement, en puisant plus loin dans le sol, des provisions de carbone et d'azote plus abondantes que celles dérivant naturellement du sol et de l'atmosphère.

Ces conclusions ont été vérifiées par les essais des années suivantes.

*Deuxième année.* — Pour la même division du champ d'expériences et le même nombre de parcelles, on modifia, en 1844, la composition des engrais, en vue des exigences du sol à la suite d'une première récolte. Les engrais furent distribués de même qu'en 1843 ; les façons de culture et les modes de récolte sont restés les mêmes.

TABLEAU II. — *Barn Field. Expériences sur la culture du turneps.* — 2e année, 1844.

| Nos des parcelles. | POIDS ET COMPOSITION DES ENGRAIS PAR HECTARE ET PAR AN. | Poids moyen des racines. | Nombre de plants à l'hectare. | Rapport des racines à l'hectare le no 2 = 1000. | Poids effectif par hectare. | Poids calculé à raison de 5 plants par mètre carré. |
|---|---|---|---|---|---|---|
| | | Kilogr. | | | Kilogr. | K |
| 1 | 30,000 kilogr. fumier de ferme | 0,539 | 49,742 | 4,875 | 27,022 | 27,078 |
| 2 | Sans engais | 0,163 | 34,000 | 1,000 | 5,555 | 7,811 |
| 3 | 879 k. tourteau de navette | 0,122 | 13,584 | 294 | 1,622 | 5,848 |
| 4 | 502 k. superphosphate de chaux, 63 k. phosphate d'ammoniaque | 0,417 | 41,504 | 3,138 | 16,132 | 19,964 |
| 5 | 502 k. superphosphate, 63 k. sulfate d'ammoniaque | 0,394 | 35,287 | 2,498 | 13,841 | 18,879 |
| 6 | 377 k. superphosphate, 16$^k$.8 phosphate d'ammoniaque | 0,295 | 53,544 | 2,867 | 15,881 | 14,105 |
| 7 | 377 k. apatite pulvérisée | 0,172 | 44,218 | 1,382 | 7,658 | 8,245 |
| 8 | 377 k. apatite pulvérisée décomposée par l'acide sulfurique (224 k. apatite) | 0,322 | 52,554 | 3,076 | 17,042 | 15,407 |
| 9 | Même composition que le no 8, plus 63 k. d'acide chlorhydrique (pes. spéc. 1,125) | 0,363 | 50,475 | 3,320 | 18,392 | 17,360 |
| 10 | 502 k. superphosphate, 502 k. tourteau | 0,535 | 32,812 | 3,173 | 17,575 | 25,606 |
| 11 | 502 k. superphosphate, 502 k. tourteau, 16$^k$.8 phosphate d'ammoniaque | 0,585 | 25,544 | 2,697 | 14,939 | 27,993 |
| 12 | 628 k. superphosphate, après labour à 0$^m$.15 | 0,439 | 49,881 | 3,968 | 22,000 | 21,049 |
| 13 | 502 k, superphosphate, 502 k. tourteau, 251 k. sel marin | 0,136 | 19,683 | 482 | 2,668 | 6,510 |
| 14 | 628 k. superphosphate, après labour à la bêche à 0$^m$.46 | 0,449 | 33,070 | 2,683 | 14,845 | 21,483 |
| 15 | 125$^k$.5 superphosphate, 502 k. phosphate de soude | 0,344 | 48,277 | 3,013 | 16,697 | 16,492 |
| 16 | 125$^k$.5 superphosphate, 502 k. phosphate de magnésie | 0,317 | 52,811 | 3,024 | 16,759 | 15,190 |
| 17 | 125$^k$.5 superphosphate. 502 k. phosphate de potasse | 0,299 | 50,871 | 2,775 | 15,378 | 14,322 |
| 18 | 251 k. superphosphate et 125$^k$.5 de chacun des phosphates de potasse, de soude et de magnésie | 0,308 | 46,100 | 2,572 | 14,249 | 14,755 |
| 19 | Même composition que le no 18, plus 16$^k$.8 phosphate d'ammoniaque | 0,331 | 50,376 | 3,107 | 16,728 | 15,840 |
| 20 | 251 k. superphosphate, 502 k. tourteau, 62$^k$.7 sulfate d'ammoniaque | 0,353 | 16,910 | 1,084 | 5,994 | 16,925 |
| 21 | 419 k. apatite décomposée par l'acide sulfurique, renfermant 116$^k$.6 d'acide et 302$^k$.4 apatite | 0,385 | 46,356 | 3,247 | 17,983 | 18,445 |
| 22 | 628 k. superphosphate de chaux | 0,367 | 52,487 | 3,503 | 19,427 | 17,577 |
| 23 | 251 k. superphosphate, 62$^k$.7 sulfate d'ammoniaque, 188 k. nitrate de soude | 0,376 | 24,930 | 1,700 | 9,415 | 17,786 |

Le tableau II reproduit les résultats de ces essais et donne lieu à quelques observations spéciales.

Bien qu'en 1844, la saison, à l'exception des premières semaines, eût été plus favorable qu'en 1843, on est frappé du développement très-inférieur de toutes les parcelles et de la diminution du nombre des plants, sauf sur les parcelles où les engrais minéraux seuls ont été appliqués. Les fertilisants organiques ont exercé une influence destructive, surtout à cause de l'absence des pluies pendant la première période de végétation, tandis que les engrais minéraux, dans les mêmes circonstances climatériques, ont eu une action salutaire. Tandis que le nombre des plants et le poids moyen des racines est moindre sur la parcelle n° 3 (avec tourteau seul) que sur la parcelle n° 2 (sans engrais), le mélange des engrais minéraux et organiques a donné les meilleurs résultats; c'est ce qui ressort de l'examen comparatif des chiffres consignés dans le tableau III, ci-après.

TABLEAU III. — *Barn Field. Culture du turneps. Comparaison des années* 1843 *et* 1844.

| PARCELLES | NATURE D'ENGRAIS. | POIDS MOYEN des bulbes | | NOMBRE DE PLANTS par hectare | |
|---|---|---|---|---|---|
| | | 1843 | 1844 | 1843 | 1844 |
| N° 2 | Sans engrais | 0$^k$236 | 0$^k$163 | 44,406 | 34,000 |
| — | Moyenne des engrais minéraux | 0,630 | 0,331 | 47,830 | 54,381 |
| N° 3 | Tourteau seul | 0.489 | 0.122 | 42,185 | 13,584 |
| — | Moy. des mélanges d'engrais minéraux et organiques | 0,680 | 0,440 | 42,648 | 36,569 |

La cause de la diminution du poids des racines en 1844 est attribuable au défaut de matières organiques. En effet, on remarque dans le tableau II que la parcelle n° 22 (superphosphate seul) fournit, comme en 1843, un rendement moyen plus élevé en poids que celui des parcelles fumées additionnellement avec les alcalis. La substitution : 1° de 63 kilogr. de sulfate d'ammoniaque à 125 kilogr. de superphosphate (parcelle n° 5) augmente le poids moyen de 0$^k$.367 à 0$^k$.394; 2° de 502 kilogr. de tourteau (parcelle n° 10) l'augmente de 0$^k$.367 à à 0$^k$.535; 3° de 502 kilogr. de tourteau, plus 16ᵏ.8 de phosphate d'ammoniaque ( parcelle n° 11 ) le porte de 0ᵏ.367 à 0ᵏ.585, chiffre le plus élevé de l'année, supérieur encore à celui que donne le fumier.

Ainsi le fumier, qui fournit un nombre de plants à l'hectare plus fort que celui de la parcelle où l'on a distribué le mélange de superphosphate, de tourteau et de sulfate d'ammoniaque (parcelle n° 11) donne en revanche un poids moyen de racines inférieur à celui de cette même parcelle. Or, pour le nombre de plants, il importe de faire remarquer que le fumier a été enfoui, tandis que le mélange fertilisant a été distribué au semoir avec la graine. L'absence de pluies pendant la première période de la végétation a pu retarder le développement dans un cas, mais l'a détruit dans l'autre.

La parcelle n° 3 (tourteau seul) offre un autre exemple du dommage causé par la distribution des engrais organiques dans le voisinage immédiat de la graine ou du jeune plant, et de l'inefficacité d'éléments purement nutritifs, si la plante n'est pas en mesure de les mettre à profit.

Comme en 1843, les sels ammoniacaux, sur les parcelles nᵒˢ 4, 5, 6, 11 et 20, exercent une action qui dépend de leur état de combinaison avec d'autres matières. Si, dans la parcelle n° 6, où les proportions de superphosphate, et surtout d'ammoniaque, ont été diminuées par rapport aux mélanges des parcelles nᵒˢ 4 et 5, le poids moyen des racines est moins considérable, le nombre de plants s'est, lui, accru notablement.

Par la comparaison des parcelles nᵒˢ 6 et 11, où les sels ammoniacaux sont dans la même proportion, on observe qu'une augmentation de 125 kilogr. de superphosphate, avec addition de 502 kilogr. de tourteau (parcelle n° 11), a causé une réduction dans le nombre de plants, mais élevé le poids moyen des racines ; d'où il résulte qu'il y aurait avantage à apporter des matières organiques au sol, quand elles ne détruisent pas les plants, les autres conditions devenant propices.

Dans la parcelle n° 20, comparée à celle n° 11, la dose du tourteau étant la même, celle du supersphophate a été réduite de moitié, et, par ce motif, le nombre des plants et le poids moyen des racines ont diminué très-notablement.

Les conclusions des essais de la deuxième année ne confirment donc pas seulement celles de la première, mais elles révèlent d'autres points intéressants qu'une troisième année d'expériences a permis de contrôler.

L'infériorité du rendement de 1844, par rapport à 1843, bien que les circonstances climatériques aient été des plus favorables, n'est pas due à la saison, mais à l'épuisement réel du sol en matières organiques.

*Troisième année.* — Pour remédier à cet épuisement, on a modifié, en 1845, la division du champ d'expériences. Le nombre de vingt-quatre parcelles étant maintenu, on a divisé la pièce longitudinalement, en quatre bandes, dont trois de 66 mètres de largeur, pour recevoir respectivement du tourteau, du sulfate d'ammoniaque et le mélange de ces deux engrais. Sur la quatrième bande de 100 mètres de largeur, on n'ajouta rien. Les engrais azotés et carbonés furent distribués à la volée sur les trois premières bandes, avant le labour, et, par conséquent, furent enfouis avant de semer. L'ensemencement ayant été pratiqué sur les quatre bandes, on appliqua à la parcelle n° 1, du fumier de ferme ; on laissa la parcelle n° 2 sans engrais additionnel, de façon que, sur la partie correspondant à la quatrième bande, le sol restât absolument sans engrais comme dans les années précédentes ; puis, à chacune des vingt-deux autres parcelles, on appliqua les engrais énumérés dans les tableaux IV et V. En opérant de cette façon, avec vingt-quatre parcelles, on obtint, à la fin de 1845, quatre-vingt-seize produits différents, correspondant à quatre séries, variant entre elles d'après l'addition préalable au sol, des matières organiques qui lui faisaient défaut.

Ce plan fut désormais suivi sans modifications.

En 1843, pas plus qu'en 1844, le produit des feuilles à l'hectare n'avait été enregistré ; en 1845, le poids des feuilles fut relevé. Outre que la saison et l'engrais exercent sur le développement de la feuille une action indépendante de celle due aux propriétés physiques du sol, il a paru utile de déterminer la valeur alimentaire de la feuille, suivant son degré de maturité, en même temps que les ressources probables, en cas d'une croissance prolongée. Une seule remarque avait frappé dans les deux années précédentes, c'est que, par suite de la présence d'une plus grande masse de matières organiques dans le sol, de la diminution des pluies, et d'une plus haute température, le poids des feuilles et leur rapport avec les racines, avaient été plus élevés en 1843 qu'en 1844.

Les tableaux IV et V, qui résument les produits de l'année 1845, renferment quatre colonnes ou séries, à savoir :

I. Correspondant à la bande traitée par les engrais, distribués uniquement au semoir ;

II. Correspondant à la bande traitée préalablement par 1,255 kilogr. de tourteau à l'hectare;

III. Correspondant à la bande traitée préalablement par 377 kilogr. de sulfate d'ammoniaque à l'hectare;

IV. Correspondant à la bande traitée avant ce labour, par un mélange de 1,255 kilogr. de tourteau et de 377 kilogr. de sulfate d'ammoniaque à l'hectare.

Pour établir les chiffres des deux dernières colonnes, il a été fait deux récoltes et deux pesées. La première récolte a été opérée en décembre; les feuilles sur les parcelles traitées par l'engrais minéral commençaient à se faner et à perdre leur couleur; tandis que les autres montraient encore une certaine vitalité. La seconde eut lieu trois semaines plus tard, dans les premiers jours de janvier.

En somme, le tableau IV réunit les chiffres des produits comparables à ceux des années antérieures; tandis que le tableau V contient les données nouvelles, spéciales à 1845, mais qui ont été enregistrées depuis cette année pendant toute la durée de la culture expérimentale du turneps.

Comme *ordre de maturité*, l'examen des deux tableaux IV et V indique en 1845 le classement suivant :

1. Parcelles avec engrais minéraux seuls ;

2. Parcelles avec addition de tourteau ;

3. Parcelles avec addition de sels ammoniacaux ;

4. Parcelles avec addition de mélanges de tourteau, de sels ammoniacaux et d'engrais minéraux.

Comme *rendement*, les résultats se résument comme il suit :

| Parcelles. | Poids des racines à l'hectare. | Poids moyen des racines. | Nombre de plants à l'hectare. |
|---|---|---|---|
| N° 2. Sans engrais.... | 1,722 k. | 0$^k$.050 | 32.910 k. |
| Moyenne des parcelles fumées avec engrais minéraux seuls..... | 31,200 | 0$^k$.525 | 59,125 |
| N° 1. Fumier de ferme | 42,784 | 0$^k$.730 | 58.740 |

Ces résultats démontrent la nécessité absolue d'un apport d'engrais dans le sol, indépendamment des conditions à remplir pour assurer le développement de la plante, et des circonstances climatériques telles que celles de l'année 1845.

L'avantage reste au fumier, comme en 1844, relativement au rendement *moyen* des parcelles fumées avec des engrais minéraux seuls, même sous le rapport d'une maturité plus rapide.

Quant aux engrais minéraux, on remarque que la poudre d'os, non décomposée, est moins efficace que lorsqu'elle a été traitée par les acides chlorhydrique ou sulfurique. En outre, l'acide chlorhydrique, de même que les sels ammoniacaux, tend à développer la feuille du turneps, tandis que l'acide sulfurique pousse au développement de la racine. Le superphosphate, pour sa part, agit avec d'autant plus d'efficacité que le sol est plus profondément labouré (0$^m$.65).

On peut dire que de cette observation, vérifiée par de longues années de pratique, sur tous les points de l'Angleterre et de l'Écosse, est née la principale application du superphosphate minéral, dont M. Lawes ne tarda pas à saisir toute l'importance, en installant lui-même la fabrication de cet engrais sur la plus grande échelle. On sait toute l'importance de la culture du turneps de l'autre côté de la Manche; outre que le climat la favorise spécialement, le superphosphate, dans une terre bien préparée, est devenue une condition essentielle de la réussite du turneps, puisque non-seulement il augmente le volume et améliore la qualité de la racine, mais encore il avance l'époque de sa maturité.

Quant aux alcalis, bien que mis à toutes doses dans un sol pratiquement épuisé en potasse, en soude et en magnésie, ils donnent des produits inférieurs à ceux dus au superphosphate employé exclusivement. Ceci confirme MM. Lawes et Gilbert dans l'opinion que la fumure directe par les alcalis est rarement nécessaire; et si on les applique, faut-il les choisir en combinaison avec les acides, les distribuer à la volée, ou bien, les mélanger intimement avec le sol. Au contraire, les phosphates devront être semés avec la graine.

Parmi les engrais organiques à répandre également à la volée, ou à incorporer au sol, l'efficacité de ceux riches en matières carbonées qui poussent au dévelop-

TABLEAU IV. — *Barn Field. Expériences sur la culture du turneps. Année 1845. Produit en racines, poids moyen des racines et nombre de plants à l'hectare.*

| Numéros des parcelles. | POIDS ET COMPOSITION DES ENGRAIS par hectare et par an. | PRODUIT EN RACINES A L'HECTARE. | | | | | | POIDS MOYEN DES RACINES. | | | | | | NOMBRE DE PLANTS A L'HECTARE. | | | | | |
|---|---|---|---|---|---|---|---|---|---|---|---|---|---|---|---|---|---|---|---|
| | | I. Engrais au semoir seulement. | II. Engrais au semoir après 1255 kil. de tourteau. | III. Engrais au semoir après 377 kil. de sulfate d'ammoniaque par hectare. 1re récolte. | III. 2e récolte (1). | IV. Engrais au semoir après 1255 kil. de tourteau et 877 kil. sulfate d'ammoniaque par hectare. 1re récolte. | IV. 2e récolte (1). | I. Engrais au semoir seulement. | II. Engrais au semoir après 1255 kil. de tourteau. | III. Engrais au semoir après 377 kil. de sulfate d'ammoniaque par hectare. 1re récolte. | III. 2e récolte (1). | IV. Engrais au semoir après 1255 kil. de tourteau et 877 kil. de sulfate par hectare. 1re récolte. | IV. 2e récolte (1). | I. Engrais au semoir seulement. | II. Engrais au semoir après 1255 kil. de tourteau. | III. Engrais au semoir après 377 kil. d'ammoniaque par hectare. 1re récolte. | III. 2e récolte (1). | IV. Engrais au semoir après 1255 kil. de tourteau et 377 kil. de sulfate par hectare. 1re récolte. | IV. 2e récolte (1). |
| | | Kilogr. | Kilogr. | Kilogr. | Kilogr. | Kilogr. | Kilogr. | Kilogr. | Kilogr. | Kilogr. | Kilogr. | Kilogr. | Kilogr. | | | | | | |
| 1 | 30,000 kil. fumier de ferme enfoui | 42,784 | » | 37,518 | » | » | » | 0.730 | » | 0.657 | » | » | » | 58,740 | » | 57,188 | » | » | » |
| 2 | Sans engrais | 1.722 | 18,849 | 1,157 | 4,143 | 14,347 | 12,644 | 0.050 | 0.304 | 0.003 | 0.099 | 0.226 | 0.222 | 32,910 | 61,742 | 38,133 | 41,703 | 59,802 | 57,449 |
| 3 | 1,000 kil. tourteau de colza | 12,070 | 23,691 | 10,976 | 13,630 | 17,970 | 20,158 | 0.222 | 0.394 | 0.213 | 0.249 | 0.253 | 0.363 | 54,336 | 60,000 | 51,723 | 44,494 | 50,851 | 57,684 |
| 4 | 146 kil. poudre d'os calcinés; 146 kil. sulfate d'ammoniaque; 146 kil. acide chlorhydrique | 22,274 | 30,452 | 19,082 | 23,494 | 18,078 | 24,677 | 0.417 | 0.517 | 0.349 | 0.403 | 0.367 | 0.444 | 59,405 | 58,693 | 55,365 | 58,139 | 49,505 | 55,683 |
| 5 | 180 kil. superphosphate de chaux et 146 kil. sulfate d'ammon. | 14,614 | 23,810 | 15,991 | 21,019 | 17,683 | 20,947 | 0.408 | 0.455 | 0.349 | 0.430 | 0.326 | 0.394 | 36,000 | 50,614 | 47,762 | 48.926 | 54,0.0 | 53,148 |
| 6 | 180 kil. superphosphate, 628 kil. huile | 16,338 | 23,637 | 15,531 | 17,167 | 16.786 | 22,561 | 0.267 | 0.408 | 0.249 | 0.281 | 0.290 | 0.390 | 60,712 | 58,496 | 61,861 | 60,832 | 58,765 | 57,981 |
| 7 | 1,500 kil. sulfate de chaux (provenant de la fabrication de l'acide tartrique) | 14,276 | 25,233 | 11,980 | 11,079 | 18,006 | 21,413 | 0.267 | 0.426 | 0.245 | 0.208 | 0.308 | 0.403 | 52,990 | 59,287 | 48,476 | 52,911 | 58,139 | 58,456 |
| 8 | 450 kil. d'os calcinés | 25,628 | 29,358 | 24,104 | 25,610 | 25,861 | 26,686 | 0.417 | 0.499 | 0.426 | 0 430 | 0.440 | 0.453 | 54,198 | 58,812 | 56,702 | 59,733 | 58,931 | 59,089 |
| 9 | 450 kil. poudre d'os calcinés et acide chlorhydrique (équivalant à 300 kil. acide sulfurique | 23,781 | 21,754 | 21,521 | 21,655 | 17,719 | 20,050 | 0.454 | 0.526 | 0.449 | 0.449 | 0.394 | 0.435 | 51,446 | 41.267 | 47.921 | 48,475 | 50,178 | 51,050 |
| 10 | 540 kil. poudre d'os calcinés et 150 acide sulfurique | 32,459 | 34,936 | 31,349 | 31,950 | 30,380 | 29,807 | 0.535 | 0.603 | 0.567 | 0.544 | 0.499 | 0.517 | 61,148 | 58,059 | 55,365 | 58,930 | 60,832 | 57,822 |
| 11 | 450 kil. poudre d'os calcinés et 300 kil. acide sulfurique | 34,021 | 35,187 | 31,277 | 32,461 | 29,627 | 32,353 | 0.557 | 0.626 | 0.539 | 0.553 | 0.458 | 0.553 | 60,950 | 56,435 | 57,822 | 58,693 | 59,089 | 58,773 |
| 12 | 1,380 kil. superphosphate de chaux (sol labouré en 1844 à 0m.23 de profondeur) | 33,716 | 35,815 | 31,528 | 31,887 | 28,157 | 33,824 | 0.544 | 0.471 | 0.539 | 0.558 | 0 456 | 0.567 | 62,178 | 57,109 | 58,431 | 57,268 | 58,218 | 59,802 |
| 13 | 450 kil. poudre d'os calcinés, 300 kil. acide sulfurique et 150 kil. sel marin | 36,411 | 32,838 | 31,313 | 30,882 | 24,355 | 29,161 | 0.625 | 0.576 | 0.530 | 0.544 | 0 455 | 0.512 | 58,465 | 57,189 | 59,723 | 57,029 | 52,356 | 56,950 |
| 14 | 1,300 kil. superphosphate de chaux (sol bêché en 1844 à 0m.46 de profondeur) | 35,653 | 36,281 | 34,936 | 36,406 | 31,165 | 34,183 | 0.589 | 0.603 | 0.589 | 0.621 | 0.539 | 0.571 | 60,554 | 60,317 | 59,248 | 59,089 | 57,743 | 59,961 |
| 15 | 450 kil. poudre d'os calcinés, 470 kil. acide sulfurique et 353 kil. soude brute | 29,609 | 31,241 | 31,206 | 32,640 | 28,049 | 29,340 | 0.503 | 0.621 | 0.517 | 0.530 | 0.499 | 0.526 | 58,891 | 50,456 | 60,278 | 61,782 | 56,237 | 55,920 |
| 16 | 450 kil. poudre d'os calcinés, 470 kil. acide sulfurique et 246 kil. carbonate de magnésie | 30,255 | 35,617 | 31,995 | 32,533 | 29,843 | 33,214 | 6.503 | 0.612 | 0.548 | 0.566 | 0.517 | 0.558 | 60,237 | 58,093 | 58,377 | 57,426 | 58,060 | 59,486 |
| 17 | 450 kil. poudre d'os calcinés, 470 kil. acide sulfurique et 526 kil. perlasse | 27,511 | 32,515 | 30,679 | 30,129 | 29,269 | 29,843 | 0.454 | 0.576 | 0.526 | 0.457 | 0.512 | 0.457 | 59,802 | 56,435 | 58,535 | 60,911 | 57,426 | 60,753 |
| 18 | 450 kil. poudre d'os calcinés, 470 kil. acide sulfuriq., 118 kil. soude brute, 83 kil. carbonate magnés. et 176 kil. perlasse | 31,707 | 34,990 | 32,257 | 34,147 | 32,867 | 34,577 | 0.525 | 0.603 | 0.535 | 0.562 | 0.567 | 0.585 | 60,580 | 57,930 | 60,500 | 60,594 | 57,901 | 59,406 |
| 19 | Même composition que n° 18, plus 125 kil. sulfate d'ammoniaque | 31,008 | 28,318 | 25,215 | 27,133 | 24,606 | 28,695 | 0.525 | 0.562 | 0.454 | 0.457 | 0.457 | 0.521 | 59,128 | 50,614 | 54,732 | 55,208 | 50,055 | 55,208 |
| 20 | Même composition que n° 18, plus 376 kil. tourteau | 36,102 | 35,904 | 31,208 | 33,645 | 31,349 | 32,389 | 0.580 | 0.635 | 0.535 | 0.585 | 0.535 | 0.557 | 62,178 | 56,673 | 58,614 | 57,426 | 58,614 | 58,298 |
| 21 | 450 kil. poudre d'os calcinés et 450 kil. acide sulfurique | 32,981 | 36,209 | 29,305 | 30,883 | 30,632 | 33,214 | 0.553 | 0.639 | 0.499 | 0.521 | 0.535 | 0.544 | 59,802 | 56,712 | 58,693 | 59,169 | 57,347 | 59,911 |
| 22 | 1,380 kil. superphosphate de chaux | 31,869 | 35,214 | 27,726 | 28,838 | 31,464 | 33,287 | 0.530 | 0.603 | 0.456 | 0.562 | 0.530 | 0.562 | 60,277 | 58,728 | 57,981 | 51,485 | 59,248 | 59,089 |
| 23 | 376 kil. sulfate d'ammoniaque | » | » | 8,070 | » | » | » | » | » | 0.168 | » | » | » | » | » | 47,842 | » | » | » |
| 24 | Mélange de tous les engrais, sauf des n°s 1 et 23 | 34,774 | » | » | » | » | » | 0.576 | » | » | » | » | » | 60,277 | » | » | » | » | » |
| | (2) Moyennes | 27,459 | 30,564 | 24,605 | 26,254 | 25,154 | 27,762 | 0.453 | 0.544 | 0.435 | 0.457 | 0.437 | 0.456 | 56,836 | 56,343 | 55,544 | 56,200 | 57,000 | 57,506 |

(1) Seconde récolte faite trois semaines après la première. — (2) Les moyennes ont été traduites directement des moyennes exprimées en mesures anglaises.

TABLEAU V. — *Barn Field. Expériences sur la culture du turneps. Année 1845. Poids des feuilles à l'hectare et rapport pour 1000 des feuilles aux racines.*

| Numéros des parcelles. | POIDS ET COMPOSITION DES ENGRAIS PAR HECTARE ET PAR AN. | POIDS DE FEUILLES A L'HECTARE. I. Engrais au semoir seulement. | II. Engrais au semoir après 1,255 kil. de tourteau. | III. Engrais au semoir après 377 kil. de sulfate d'ammoniaque par hectare. 1re récolte. | III. 2e récolte. | IV. Engrais au semoir après 1,255 kil. de tourteau et 377 kil. de sulfate d'ammoniaque par hectare. 1re récolte. | IV. 2e récolte. | RAPPORT DES FEUILLES AUX RACINES. RACINES = 1,000. I. Engrais au semoir seulement. | II. Engrais au semoir après 1,255 kil. de tourteau. | III. Engrais au semoir après 377 kil. de sulfate d'ammoniaque par hectare. 1re récolte. | III. 2e récolte. | IV. Engrais au semoir après 1,255 kil. de tourteau et 377 kil. de sulfate d'ammoniaque par hectare. 1re récolte. | IV. 2e récolte. |
|---|---|---|---|---|---|---|---|---|---|---|---|---|---|
| | | Kilogr. | Kilogr. | Kilogr. | Kilogr. | Kilogr. | Kilogr. | | | | | | |
| 1 | 30,000 k. fumier de ferme enfoui | 18,551 | » | 26,220 | » | » | » | 433 | » | 698 | » | » | » |
| 2 | Sans engrais | 1,793 | 12,141 | 834 | 2,260 | 12,052 | 11,298 | 1.041 | 644 | 720 | 545 | 840 | 892 |
| 3 | 1,000 k. tourteau de colza | 10,671 | 21,252 | 11,837 | 10,868 | 21,129 | 19,943 | 884 | 896 | 1,078 | 797 | 1,176 | 909 |
| 4 | 146 k. poudre d'os calcinés, 146 k. sulfate d'ammoniaque, 146 k. acide chlorhydrique | 11,209 | 15,836 | 15,962 | 14,060 | 26.337 | 16.894 | 452 | 520 | 837 | 592 | 1,126 | 704 |
| 5 | 180 k. superphosphate de chaux et 146 k. sulfate d'ammoniaque | 11,083 | 15,154 | 15,927 | 15,100 | 20,588 | 19,477 | 758 | 636 | 943 | 718 | 1,164 | 930 |
| 6 | 180 k. superphosphate, 628 k. huile | 7,640 | 11,227 | 13,057 | 12,002 | 18,221 | 11,933 | 467 | 475 | 840 | 693 | 1,085 | 664 |
| 7 | 1,500 k. sulfate de chaux résultant de la fabrication de l'acide tartrique | 7,514 | 12,177 | 8,214 | 6,098 | 13,199 | 11,119 | 526 | 482 | 700 | 550 | 737 | 519 |
| 8 | 450 k. poudre d'os calcinés | 9,146 | 13,612 | 16,608 | 12,913 | 19,441 | 14,778 | 356 | 463 | 686 | 504 | 741 | 553 |
| 9 | 450 k. poudre d'os calcinés et acide chlorhydrique (équivalant à 300 k. acide sulfurique) | 10,904 | 13,325 | 17,433 | 13,128 | 19,441 | 13,414 | 458 | 612 | 809 | 606 | 1,009 | 669 |
| 10 | 450 k. poudre d'os calcinés et 150 k. acide sulfurique | 9,687 | 14,361 | 13,236 | 12,984 | 18,293 | 17,972 | 296 | 410 | 422 | 445 | 602 | 602 |
| 11 | 450 k. poudre d'os calcinés et 300 k. acide sulfurique | 11,836 | 14,527 | 15,568 | 12,984 | 17,719 | 16,750 | 348 | 412 | 492 | 438 | 580 | 512 |
| 12 | 1,380 k. superphosphate de chaux (sol labouré en 1844 à 0m.23 de profondeur) | 11,173 | 14,634 | 17,361 | 13,800 | 21,162 | 17,935 | 331 | 408 | 550 | 467 | 751 | 530 |
| 13 | 450 k. poudre d'os calcinés, 300 k. acide sulfurique et 150 k. sel marin | 16,457 | 15,441 | 20,699 | 19,333 | 22,525 | 21,235 | 451 | 470 | 666 | 626 | 925 | 727 |
| 14 | 1,380 k. superphosphate de chaux (sol bêché en 1844 à 0m.46 de profondeur | 10,563 | 16,410 | 18,653 | 16,033 | 22,203 | 19,370 | 296 | 452 | 533 | 440 | 712 | 560 |
| 15 | 450 k. poudre d'os calcinés, 470 acide sulfurique et 353 k. soude brute | 8,866 | 12,823 | 20,123 | 14,168 | 21,162 | 16,644 | 299 | 410 | 644 | 434 | 754 | 561 |
| 16 | 450 k. poudre d'os calcinés, 470 k. acide sulfurique et 246 k. carbonate de magnésie | 9,702 | 11,946 | 15,892 | 13,666 | 18,042 | 16,070 | 320 | 335 | 496 | 420 | 604 | 483 |
| 17 | 450 k. poudre d'os calcinés, 470 k. acide sulfurique et 526 k. perlasse | 8,788 | 11,406 | 15,173 | 13,020 | 17,898 | 15,890 | 319 | 350 | 494 | 432 | 611 | 532 |
| 18 | 450 k. poudre d'os calcinés, 470 k. acide sulfurique, 118 k. soude brute, 83 k. carbonate magnésien et 176 k. perlasse | 8,483 | 14,096 | 15,245 | 11,406 | ·17,145 | 14,634 | 267 | 402 | 472 | 334 | 521 | 423 |
| 19 | Même composition que n° 18, plus 125 k. de sulfate d'ammoniaque | 11,137 | 15,621 | 17,970 | 14,884 | 21,556 | 16,823 | 264 | 551 | 712 | 549 | 876 | 586 |
| 20 | Même composition que n° 18, plus 376 k. tourteau | 12,697 | 15,782 | 18,329 | 14,705 | 23,314 | 16,535 | 351 | 439 | 587 | 437 | 743 | 510 |
| 21 | 450 k. poudre d'os calcinés et 450 k. acide sulfurique | 10,688 | 15,441 | 17,003 | 12,661 | 17,324 | 19,938 | 324 | 426 | 580 | 375 | .509 | 600 |
| 25 | 1,380 k. superphosphate de chaux | 11,047 | 15,065 | 17,648 | 12,661 | 16,160 | 16,750 | 345 | 427 | 636 | 456 | 512 | 505 |
| 23 | 376 k. sulfate d'ammoniaque | » | » | 4,277 | » | » | » | » | » | « | » | » | » |
| 24 | Mélange de tous les engrais, sauf des numéros 1 et 23 | 7,943 | » | » | » | » | » | » | » | » | » | » | » |
| | Moyennes | 10,050 | 14,393 | 15,378 | 12,793 | 18,994 | 16,617 | 416 | 486 | 634 | 521 | 789 | 617 |

pement des racines, est plus grande que celle des engrais azotés. Les sels ammoniacaux particulièrement, augmentent le rendement des feuilles, sans restaurer la fertilité du sol.

Nous ne pousserons pas plus loin l'examen des données expérimentales de Barn-Field pendant les années ultérieures; et nous nous bornerons à faire remarquer que, dès 1845, les conclusions relatives à la culture des turneps pouvaient déjà se formuler de la manière suivante :

Le turneps exige pour une bonne culture :

*a*. Un sol dans un état physique tel, qu'il soit perméable à l'atmosphère et pénétrable aux racines chevelues;

*b*. Une fumure minérale dans laquelle il n'y ait pas d'alcalis proprement dits, mais un excès de phosphates solubles, destinés au développement de l'appareil nourricier dans le sol;

*c*. Un apport abondant, après la première période de croissance, de matières organiques, principalement carbonées, qui activent la végétation; l'azote devant être rarement pourvu par des engrais spéciaux, mais le plus souvent par la culture;

*d*. Une saison offrant une température assez continue, et un degré suffisant d'humidité, afin que les éléments du sol se dissolvent et que les gaz atmosphériques soient également à l'état de dissolution.

Ces conditions, faisons le remarquer tout de suite, sont à peu près inverses de celles qu'exige la culture du froment.

B. Effet des saisons et des fumures sur le turneps.

En trois années (1843-1845), le produit de la parcelle sans engrais fut réduit de 10,500 kilogr. à 1,720 kilogr. En 1846, la dimension des racines ayant atteint celle des radis ordinaires, la récolte ne fut pas même pesée.

Loin d'emprunter à l'atmosphère les éléments organiques auxquels on attribuait le retour de la fertilité du sol, de même qu'une action favorable sur le blé suivant, le turneps se développe donc dans des conditions de culture absolument artificielles.

Que l'on mette les produits des parcelles fumées; l'une, avec du fumier de ferme; l'autre, avec du superphosphate de chaux; la troisième, avec un mélange de sels alcalins, de phosphates et de sulfates, en regard de la température moyenne, du nombre de jours de pluie et de la quantité de pluie tombée pendant les trois années consécutives (1843-1845), on constatera l'effet du climat sur le développement du turneps cultivé. Le rapport quantitatif n'est peut-être pas aussi tranché que pour le blé ; mais les conditions climatériques sont inverses pour chacune de ces cultures. Il découle, en effet, de la comparaison que le turneps exige pour son meilleur développement : une température basse, un grand nombre de jours de pluie, et une quantité considérable de pluie, de juillet à fin octobre.

Le rendement du turneps dépend encore, en très-grande mesure, du caractère de chaque saison, quelque abondante que soit la provision d'engrais dans le sol ; et réciproquement, on remarquera que, sans une abondante fumure, la meilleure saison ne suffit pas pour assurer un rendement satisfaisant.

*Composition du turneps.* — Comme pour le blé et l'orge, MM. Lawes et Gilbert ont entrepris sur le turneps une série d'analyses pour doser la matière sèche, les principes minéraux dans les cendres des racines et des feuilles, l'azote de la matière sèche, et déterminer par là les éléments nécessaires à la croissance de la plante, la valeur alimentaire du produit, et l'économie des procédés qui donnent des différences dans la composition.

Les méthodes analytiques employées pour le turneps ont été décrites avec autant de soin que pour le blé, et l'on peut accorder une égale confiance aux résultats d'analyses aussi nettes, et aussi minutieusement suivies. Chacun des résultats s'applique à un échantillon moyen de 3 à 4 kilogr., prélevé sur dix à vingt plantes de grosseur moyenne, choisies dans chaque parcelle, lavées, réduites en cossettes. Le sol, la saison, la variété de turneps, l'époque d'ensemencement et de récolte étant les mêmes, la fumure avait seule varié.

De ces nombreuses analyses, il ne nous est possible d'indiquer que les données les plus saillantes, à l'appui des conclusions déjà formulées, lorsque nous avons interprété les résultats des champs d'expériences.

Ainsi la plus forte quantité de matière sèche dans les racines correspond au plus haut degré de maturité de la plante et, par conséquent, au minimum d'engrais organiques, où au maximum d'engrais minéraux. Comme le degré de maturité est affecté par les engrais, et que le maximum de matière sèche dénote un état très-avancé de maturité, attribuable souvent à un épuisement des matières propres au développement de la plante, il pourrait finalement correspondre à la condition de fumure la plus défavorable. La quantité de matière sèche pour cent ne saurait donc servir exclusivement à déterminer quel est le meilleur engrais.

Pour la matière sèche des feuilles, qui est plus que double de celle des racines, la quantité maximum pour cent est fournie par les turneps fumés avec des engrais minéraux. Le tourteau et les sels ammoniacaux qui développent l'action vasculaire donnent dans les plantes les plus vigoureuses une quantité moindre de matière sèche des feuilles.

Les dosages d'azote de la matière sèche des racines démontrent que la proportion d'azote pour cent peut être presque doublée par les engrais azotés. Avec le fumier, la matière sèche des feuilles tient deux fois autant d'azote pour cent que celle des racines. Toutefois, sur la parcelle sans engrais, la matière sèche des feuilles et des racines est bien plus riche encore en azote. Voici les chiffres :

|  | Azote pour 100 | |
| --- | --- | --- |
|  | Racines. | Feuilles. |
| Parcelle n° 2, sans engrais.......... | 3.31 | 4.22 |
| Parcelle n° 1, avec fumier de ferme | 1.56 | 3.24 |
| Parcelle n° 3, avec tourteau....... | 2.23 | » |
| Parcelle n° 22, avec superphosphate de chaux................... | 1.58 | » |

Dans la racine et dans la feuille du turneps venu sans engrais et inutile au point de vue agricole, on constate ainsi une plus grande quantité d'azote que dans la plante cultivée. Il faut donc admettre que si le turneps non cultivé a trouvé des ressources en azote bien supérieures à celles des autres éléments nécessaires à l'alimentation, on est fondé à apporter par l'engrais ces autres aliments et à négliger l'azote.

Le dosage des cendres de la matière sèche conduit aux mêmes résultats. Là où l'on constate le moins de matière sèche, on trouve le plus de cendres et le plus d'azote, et réciproquement. L'influence des matières carbonées et azotées sur le développement de la circulation vasculaire de la plante est confirmée.

La composition des cendres du turneps, feuilles et racines, donne lieu à des remarques non moins importantes.

La proportion d'alcalis y étant de quatre à cinq fois plus forte que celle de l'acide phosphorique, on serait amené à conclure que les alcalis sont beaucoup plus appropriés à la culture du turneps que les phosphates. La pratique a pourtant résolu la question dans un sens diamétralement opposé.

*Rôle de l'acide phosphorique.* — Nous avons fait ressortir dans les parcelles de Barn Field, l'effet remarquable de l'acide phosphorique sur la croissance du turneps pendant les trois premières années. Liebig a voulu soutenir, contrairement aux faits mis en lumière par les expérimentateurs de Rothamsted, que la culture du turneps, qui contient le moins de phosphates, en exigeait le moins pour le développement de la plante. « Il est certain, disait-il, que l'enlèvement incessant des phosphates doit tendre à épuiser le sol et à diminuer sa capacité de production en grain. Les terres de la Grande-Bretagne sont dans un état d'épuisement progressif à cause de cela, comme le prouve l'extension rapide de la culture du turneps et du mangold-wurzel, c'est-à-dire des plantes qui renferment le moins de phosphates et, par conséquent, en exigent le moins pour leur développement (1). »

Or voici les résultats comparés (tableau VI) de huit années consécutives de culture, se rapportant à la quantité de racines récoltées sur la parcelle sans engrais, sur la parcelle avec superphosphate seul, et sur la parcelle avec mélange de superphosphate, de potasse, de soude et de magnésie. Le turneps cultivé de 1843 à 1848 appartenait à la variété *Norfolk*, et de 1849 à 1851, à la variété *Swede*.

TABLEAU VI.

| Années. | Parcelle sans engrais. N° 2. | Parcelle avec superphosphate seul. N° 22. | Parcelle avec mélange de superphosphate et d'alcalis. N° 18. |
| --- | --- | --- | --- |
|  | kilogr. | kilogr. | kilogr. |
| 1843 | 10,516 | 30,578 | 29,816 |
| 1844 | 5,555 | 19,427 | 14,249 |
| 1845 | 1,722 | 31,869 | 31,707 |
| 1846 | » | 4,764 | 8,830 |
| 1847 | » | 13,919 | 14,545 |
| 1848 | » | 26,466 | 24,388 |
| 1849 | » | 9,404 | 9,225 |
| 1850 | » | 28,714 | 23,493 |
| Totaux.. | » | 165,141 | 156,253 |
| Moyennes à l'hectare en nombres ronds. | | 20,650 | 19,540 |

(1) *Letters on chemistry*, 3e édit., p. 522.

Ainsi, tandis qu'à partir de la troisième année, la parcelle sans engrais n'a plus fourni de récolte, la parcelle avec superphosphate seul a donné, pendant huit années, une récolte moyenne de 20,650 kilogr. Les variations ont été grandes, puisqu'elles ont oscillé entre 4,764 kilogr. et 31,869 kilogr., suivant les saisons.

Au contraire, si l'on ajoute au superphosphate un mélange d'alcalis en proportion beaucoup plus forte que ne peut enlever la récolte, le rendement moyen, pendant les huit années consécutives, se maintient à une tonne environ, au-dessous de celui obtenu avec le superphosphate seul.

D'où il suit que le superphosphate, quand il est neutralisé par les alcalis de l'engrais, perd de son efficacité, et, de plus, que l'action de l'acide phosphorique ne saurait être attribuée à la mise en liberté des alcalis du sol, car le superphosphate seul enlève plus d'alcalis au sol par les cendres du turneps, qu'il n'en eût été consommé en un siècle de rotation ordinaire, avec les engrais de ferme.

Les alcalis n'ont produit leur effet dans la culture du turneps, à Rothamsted, que lorsqu'aux engrais minéraux l'on a ajouté, en abondance, les éléments de formation organique.

L'extension de la culture des racines en Grande-Bretagne n'est donc pas due, comme le prétendait Liebig, à un défaut de phosphates dans le sol, pour la culture du blé, ni à l'inefficacité relative de l'acide phosphorique.

Liebig ne s'est pas tenu satisfait pour cela, et, contre cette exception à la théorie minérale, il reprit l'examen des résultats qui lui étaient opposés par ses adversaires (1).

Il objecte donc que l'acide phosphorique seul, ajouté la septième année, ait produit les résultats obtenus à Barn Field. Si, après avoir fumé pendant les deux premières années avec du superphosphate de chaux, M. Lawes s'était borné à ajouter 450 kilogr. d'acide sulfurique à l'hectare, en omettant les 450 kilogr. d'os calcinés, il aurait obtenu les mêmes résultats qu'avec ses 3,600 kilogr. d'os calcinés ajoutés pendant huit ans. L'acide sulfurique, selon Liebig, aurait pu produire ce résultat tout aussi bien que l'acide phosphorique.

Heureusement, M. Lawes avait à oppo-

(1) *Principles of agric. chemistry*, 1855.

ser les résultats des parcelles sur lesquelles, après avoir fumé avec du superphosphate, pendant trois années consécutives, on avait cessé de mettre aucun engrais pendant les sept années suivantes. Or voici le poids moyen de racines récoltées de 1843 à 1853 sur une de ces parcelles n° 21, par rapport à celui des n°ˢ 7 et 22.

*Parcelle n° 7.*

Poids moyen de turneps. kilogr.

| | |
|---|---|
| En 1843 : 63 kilogr. sulfate d'ammoniaque<br>1844 : 376 kilogr. apatite moulue......<br>1855 : 1500 kilogr. plâtre.............<br>De 1846 à 1854 : sans engrais........... | 7,900 |

*Parcelle n° 21.*

| | |
|---|---|
| De 1843 à 1846 : 895 kilogr. phosphate d'os dissous dans acide sulfurique..........<br>De 1846 à 1854 : sans engrais........... | 15,500 |

*Parcelle n° 22.*

| | |
|---|---|
| En 1843 : 630 kil. superphosphate seul....<br>1844 : 630 kil. superphosphate seul....<br>1845 : 1,400 kil. superphosphate seul ..<br>De 1846 à 1854 : 180 kil. os calcinés dissous par 135 kilogr, acide sulfurique à 1°.70, chaque année.................... | 21,400 |

Il est certain que, sur la parcelle n° 7, l'on avait mis beaucoup plus de phosphate à l'état d'apatite qu'il n'en eût fallu pour une récolte abondante, si l'opinion de Liebig avait été exacte. La parcelle n° 21 n'avait donné un rendement plus fort, que par suite de l'addition renouvelée de phosphates pendant les trois premières années, et non pas à cause de l'acide sulfurique libre. Enfin l'augmentation de rendement de la parcelle n° 22 était bien due à l'action combinée des phosphates et de l'acide sulfurique, d'autant plus que ce dernier, employé seul, ou mis en liberté, eût été immédiatement neutralisé dans le sol.

Nous omettrons le reste de cette polémique pour arriver à la partie intéressante des recherches de MM. Lawes et Gilbert, dans laquelle ils ont précisé les différences essentielles entre le turneps et les céréales, au point de vue de la culture, du développement de la plante et des applications de chacune.

### C. Culture économique comparée du turneps et des céréales.

On a vu que, pour le blé, l'excédant de rendement obtenu pendant un grand nombre d'années consécutives, dépend de l'azote fourni par l'engrais au sol. Ainsi 100 kilogr. de tourteau renfermant 5 kilogr. d'azote et de 80 à 90 kilogr. de matières carbonées n'augmentent pas plus le rendement en grain qu'un sel ammoniacal renfermant également 5 kilogr. d'azote, mais pas de matières carbonées. De même, le résultat d'une fumure de 35,000 tonnes de fumier enfoui chaque année dans la même terre, a été invariablement inférieur à celui obtenu par 250 kilogr. de sels ammoniacaux. Le tourteau et le fumier accroissent le rendement en grain par l'azote qu'ils renferment ; or le premier n'en contient que 5 pour 100 environ, et le second souvent moins d'un demi ? De quelle utilité est donc cette masse de matières carbonées ?

Pour le turneps, au contraire, le rendement dépend de la matière carbonée fournie au sol, et le vrai rôle du turneps est de convertir le déchet inutile des céréales, la paille, etc., en une nourriture succulente pour les animaux. C'est le fumier qui est la source la plus économique de matières carbonées, mais le fumier fait défaut ; ou bien il est rare. Par quoi le remplacer ?

On peut évaluer la composition d'une récolte de turneps à l'hectare, de la manière suivante :

| | |
|---|---|
| Matière organique sèche... | 3,500 kilogr. |
| Potasse................... | 140 — |
| Phosphate de chaux ...... | 54 — |
| Sulfate de chaux.......... | 44 — |

Les autres éléments minéraux sont négligeables. Or, dans la matière organique, la moitié du carbone et un quart au plus de l'azote sont perdus pour la ferme, par la respiration et le développement des animaux : cette perte est remplacée par l'importation d'aliments commerciaux. L'enlèvement du phosphate de chaux varie suivant l'âge des animaux ; mais les alcalis retournent presque intégralement au sol, surtout si l'on a recours aux aliments préparés du commerce. Il ne s'agit donc que de restituer de la matière organique, de l'acide phosphorique, de l'acide sulfurique et de la chaux.

Le tourteau convient admirablement au turneps, en remplacement du fumier, et on le distribue à la volée. Le superphosphate apporte l'acide phosphorique et l'acide sulfurique, avec la chaux : on le sème avec la graine.

En Écosse, où il pleut davantage qu'en Angleterre, le guano du Pérou a une action plus certaine ; mais le superphosphate est plus efficace pour le développement du jeune plant et des radicelles chevelües.

Il n'y a pas lieu, en tout cas, en vue du turneps, de fournir de l'azote en excès au sol par des engrais spéciaux. Un excès donnerait une trop forte proportion de feuilles et une réduction dans le poids des racines. Il est vrai qu'un excès de feuilles répond à un excès de production d'engrais ; mais le rendement alimentaire serait moindre. Comme d'ailleurs il résulte de l'expérience que plus on fournit de l'azote au sol en abondance, moins il en est pris à l'atmosphère, une partie des bénéfices de la récolte serait sacrifiée en pure perte.

Tous les échantillons de turneps, riches en azote, par suite d'un défaut de carbone, correspondent à un grand développement de feuilles et à une diminution des bulbes. De telle façon que, si une forte proportion pour 100 d'azote révèle une abondance de cet élément dans le sol, on constate que la plante pèche sous d'autres rapports, et surtout sous celui de la dimension de la racine. Le seul avantage que présente une abondance d'azote dans le sol cultivé en turneps, lorsqu'on veut nourrir les animaux de racines assez avant dans l'hiver, c'est que, si le turneps est moins développé, il résiste mieux aux premières intempéries. Dans ce but, le tourteau, comme engrais azoté, répond très-bien aux exigences de la culture.

Enfin les conditions d'un sol léger et perméable que réclame le turneps, indiquent suffisamment que les façons à la houe à cheval et à bras ne doivent pas être négligées pour faciliter l'accès de l'air.

### D. Conclusions.

Les conclusions qu'il était permis à MM. Lawes et Gilbert de formuler, après ces longues expériences sur la culture du turneps, en regard de celles sur les céréales, ont trait à la culture proprement dite et à son économie dans l'exploitation générale. Nous les résumons ici, bien que la pratique suivie de l'Angleterre les ait consacrées aujourd'hui à l'état d'axiomes de culture.

*Saison.* — Le turneps demande une température relativement peu élevée, une saison pluvieuse et, par conséquent, une certaine hauteur d'eau de pluie sur le sol.

*Fumure.* — Tandis que le rendement du blé venu sur une terre sans engrais, à Rothamsted, n'a pas sensiblement varié d'année en année, après trente-deux années consécutives, le rendement du turneps, dans les mêmes conditions, est tombé, après quelques années, à zéro.

Les engrais minéraux seuls, appliqués au blé, n'ont donné pratiquement aucune augmentation de rendement, tandis que, pour le turneps, ils l'ont accru très-notablement ; surtout les engrais phosphatés.

Les engrais azotés seuls, appliqués au blé pendant nombre d'années consécutives, ont poussé le rendement jusqu'à sa limite extrême. Pour les turnerps, ils ont donné des résultats bien moins significatifs, quoique le turneps profite de l'azote du sol.

Le turneps est très-riche en potasse, mais les engrais potassiques ont peu ou point d'action sur son développement. Au contraire, l'acide phosphorique est des plus efficaces ; ce que l'on doit attribuer à la constitution même du végétal, au mode de pénétration des racines, aussi bien qu'aux exigences spéciales de son développement sur un espace limité et dans une période déterminée.

Un excès d'azote dans le sol correspond à un excès de feuilles. Or la formation de la racine exige une production considérable de fibre chevelue aux environs immédiats de la surface. Mais, si le turneps est cultivé en vue de la graine ou de l'huile, les conditions du sol, de fumure et de saison se rapprochent beaucoup de celles du blé, et le développement de la plante se modifie en conséquence.

En résumé, on n'a de grosses récoltes de turneps qu'en apportant au sol des matières carbonées et azotées, avec des éléments minéraux en abondance. Si le sol renferme déjà ce mélange d'éléments, la rapidité de la croissance et le rendement sont favorisés à un haut degré par l'emploi du superphosphate de chaux enfoui avec la graine.

*Économie.* — Sous le rapport économique, les essais de Rothamsted démontrent que, dans la rotation des turneps avec les céréales, les animaux de la ferme qui consomment les turneps restituent, non-seulement la presque totalité des éléments minéraux, mais encore une très-forte proportion de l'azote sous la forme d'engrais que réclament, d'une manière caractéristique, les récoltes de céréales. On réalise ainsi une économie agricole par une pratique bien différente de celle qui aurait paru nécessaire, si l'on eût démontré qu'il était inutile d'accumuler dans le sol les éléments empruntés à l'atmosphère.

## XIII. — EXPÉRIENCES SUR LES BETTERAVES.

### A. Essais de Barn Field.

Les essais de culture du turneps à Barn Field ont duré, comme il a été indiqué, jusqu'en 1870. C'est à partir de cette année que MM. Lawes et Gilbert substituèrent la betterave aux navets, et les expériences sur cette racine ont déjà cinq années de date.

Les parcelles de Barn Field restant identiques, les engrais employés furent les mêmes à la première campagne de betteraves que pendant les dix dernières années (1860-1870) de navets de Suède, sauf que les alcalis, omis pour les turneps, furent rétablis. Dans la seconde année de betteraves et dans les années suivantes, il y eut quelques modifications pour les engrais minéraux seulement.

A la quatrième campagne (1874), la pluie ayant fait défaut quelque temps après les semailles, beaucoup de plants ne levèrent pas. On en repiqua quelques-uns sur les parcelles n° 1, et aucuns sur les autres. En somme, la végétation première offrit peu de régularité ; mais les betteraves qui survécureut furent plus fortes qu'à l'ordinaire. Pour cette campagne, comme pour la suivante, on n'employa ni fumier, ni azotate de soude, ni sels ammoniacaux, ni tourteau de navette. Aussi avons-nous présenté dans un tableau à part les résultats de 1874 et 1875, que M. Gilbert nous a communiqués.

Le tableau I indique le rendement en racines et en feuilles des trois années 1871 à 1873, suivant cinq séries de huit parcelles chacune (1). Les parcelles ayant reçu les engrais désignés au tableau, qui forment la première série, ont été fumées additionnellement en couverture ; dans la deuxième série, avec 616 kilogr. de nitrate de soude ; dans la troisième série, avec 448 kilogr. de sels ammoniacaux ; dans la quatrième série, avec 2,242 kilogr. de tourteau, plus 448 kilogr. de sels ammoniacaux ; et dans la cinquième série, avec 2,242 kilogr. à l'hectare de tourteau seulement.

Dans chacun des tableaux I et II, le rendement en racines s'applique aux betteraves à l'état où elles sont arrachées pour la nourriture du bétail, c'est-à-dire sans les décolleter.

(1) *Memoranda of the field experiments*, etc. Mai 1875.

La variété de betterave essayée à Barn Field est la blanche Silésie, à collet vert, de Vilmorin.

Chaque année, les feuilles ont été laissées sur leurs parcelles respectives.

*Résultats de culture.* — Bien que MM. Lawes et Gilbert n'aient pas encore analysé les résultats consignés dans leurs tableaux, nous croyons pouvoir en retirer quelques données utiles pour montrer l'influence des divers engrais sur le développement des betteraves.

TABLEAU I. — *Barn Field. Expériences sur la culture de la betterave pendant trois années consécutives 1871 à 1874.*

| N⁰ˢ des parcelles. | SÉRIE I. POIDS ET COMPOSITION DES ENGRAIS A L'HECTARE. | SÉRIE II chaque parcelle comme dans série I. — Fumure en couverture de 616 kil. nitrate de soude à l'hectare. | | SÉRIE III chaque parcelle comme dans série I. — Fumure en couverture de 448 kil. sels ammoniacaux à l'hectare. | | SÉRIE IV chaque parcelle comme dans série I. — Fumure en couverture 2,242 k. tourteau et 448 kil. sels ammoniacaux à l'hectare. | | SÉRIE V chaque parcelle comme dans série I. — Fumure en couverture 2,242 kil. tourteau à l'hectare. | |
|---|---|---|---|---|---|---|---|---|---|
| | | Racines kil. | Feuilles kil. | Racines kil. | Feuilles kil. | Racines kil. | Feuilles kil. | Racines kil. | Feuilles kil. |
| | | | | | 1871 (*première année*). | | | | |
| 1 | Fumier de ferme (35,000 k.)............. 45,570 / 8,159 | 69,423 | 17,450 | 55,362 | 13,306 | 65,783 | 16,822 | 72,561 | 14,310 |
| 2 | Fumier (35,000 k.) et 8,787 k. superphos. 36,783 / 6,778 | 64,777 | 14,436 | 54,609 | 10,796 | 63,020 | 15,943 | 63,271 | 13,180 |
| 3 | Sans engrais depuis 1846............. 18,955 / 5,021 | 55,613 | 14,059 | 38,414 | 12,051 | 49,964 | 17,575 | 52,223 | 11,549 |
| 4 | 8,787 k. superphosphate, 336 k. sulfate potasse, 224 k. chlorure sodium et 224 k. sulfate magnésie............ 18,955 / 3,138 | 57,020 | 11,047 | 43,938 | 8,159 | 57,120 | 15,440 | 53,604 | 9,915 |
| 5 | 8,787 k. superphosphate............ 14,059 / 3,515 | 52,601 | 9,289 | 38,163 | 9,917 | 49,964 | 19,081 | 47,570 | 10,670 |
| 6 | 8,787 k. superph. et 336 k. sulf. potasse 12,678 / 3,013 | 53,353 | 9,164 | 43,185 | 8,034 | 59,128 | 16,444 | 52,726 | 8,912 |
| 7 | 8,787 k. superph., 336 k. sulf. potasse et 40k.9 sels ammoniacaux......... 14,812 / 3,138 | 52,600 | 9,790 | 46,198 | 10,419 | 52,726 | 12,553 | 53,604 | 9,666 |
| 8 | Sans engrais depuis 1853............. 18,830 / 4,268 | 54,358 | 9,540 | 40,423 | 11,926 | 45,068 | 18,955 | 51,093 | 11,172 |
| | | | | | 1872 (*deuxième année*). | | | | |
| 1 | Fumier de ferme (35,000 k.)............. 39,293 / 10,294 | 58,877 | 19,960 | 56,994 | 22,597 | 66,285 | 13,978 | 55,864 | 15,189 |
| 2 | Fumier (35,000 k.) et 8,787 k. superph.. 40,172 / 9,792 | 53,479 | 22,094 | 55,237 | 19,583 | 63,900 | 24,354 | 52,098 | 13,934 |
| 3 | Sans engrais depuis 1846............. 19,709 / 4,192 | 53,604 | 15,817 | 38,037 | 11,675 | 51,219 | 25,232 | 40,548 | 8,912 |
| 4 | 8,787 k. superph., 560 k. sulf. potasse, 224 k. chlorure sodium et 224 k. sulfate magnésie.................. 16,821 / 3,765 | 50,466 | 14,938 | 38,916 | 8,410 | 58,752 | 19,207 | 44,942 | 9,415 |
| 5 | 8,787 k. superphosphate.... ......... 17,198 / 3,513 | 48,458 | 15,566 | 35,778 | 11,675 | 46,575 | 25,609 | 39,921 | 9,540 |
| 6 | 8,787 k. superph. et 560 k. sulf. potasse 15,817 / 3,137 | 42,180 | 14,310 | 36,029 | 9,917 | 57,245 | 23,726 | 39,796 | 9,280 |
| 7 | 8,787 k. superph., 560 k. sulf. potasse et 40k.9 sels ammoniacaux.......... 16,947 / 3,514 | 42,683 | 15,189 | 38,790 | 9,917 | 58,877 | 23,852 | 38,917 | 9,415 |
| 8 | Sans engrais depuis 1853.. .......... 13,055 / 3,137 | 38,414 | 14,944 | 33,895 | 10,168 | 49,211 | 24,731 | 37,661 | 10,796 |
| | | | | | 1873 (*troisième année*). | | | | |
| 1 | Fumier de ferme (35,000 k.)............. 37,912 / 14,059 | 50,842 | 26,236 | 55,485 | 24,850 | 57,120 | 31,384 | 59,003 | 18,579 |
| 2 | Fumier (35,000 k.) et 8,787 k. superph.. 35,904 / 12,804 | 53,981 | 27,618 | 48,207 | 21,215 | 58,626 | 33,393 | 54,985 | 17,523 |
| 3 | Sans engrais depuis 1846.. ......... 12,678 / 3,890 | 35,778 | 16,444 | 22,973 | 9,540 | 39,167 | 23,977 | 36,783 | 10,168 |
| 4 | 8,787 k. superphosphate, 560 k. sulfate potasse, 224 k. chlorure sodium et 224 k. sulfate magnésie........... 12,804 / 2,761 | 41,301 | 16,444 | 31,384 | 8,787 | 50,591 | 20,086 | 40,297 | 8,536 |
| 5 | 8,787 k. superphosphate.... ......... 13,180 / 3,891 | 46,198 | 14,185 | 27,492 | 12,553 | 37,034 | 23,601 | 35,025 | 11,172 |
| 6 | 8,787 k. superph. et 560 k. sulf. potasse 11,549 / 3,138 | 39,795 | 10,545 | 32,388 | 9,038 | 50,466 | 23,224 | 36,908 | 8,912 |
| 7 | 8,787 k. superph., 560 k. sulf. potasse et 40k.9 sels ammoniacaux......... 14,938 / 4,017 | 41,929 | 12,929 | 32,640 | 11,926 | 49,713 | 22,597 | 39,795 | 10,545 |
| 8 | Sans engrais depuis 1853............. 11,423 / 3,389 | 31,258 | 14,812 | 21,090 | 7,407 | 37,913 | 23,601 | 30,380 | 9,540 |

Ainsi, dans les trois premières années, les engrais purement minéraux (parcelles n⁰ˢ 4, 5 et 6), qui fournissent un produit moyen, dans la série I, de 14,775 kilogr. de racines à l'hectare; s'ils sont additionnés de nitrate de soude, portent le rendement moyen à 47,930 kilogr.; s'ils sont additionnés de sels ammoniacaux, à 36,365 kilogr.; de tourteau, à 43,425 kilogr.; de tourteau et de sels ammoniacaux, à 51,875 kilogr. Le fumier de ferme, avec addition d'engrais azotés, permet d'atteindre le produit moyen le plus élevé, variant de 55,600 à 65,780 kilogr. de racines.

MM. Lawes et Gilbert font observer que, notamment sur les parcelles où les engrais commerciaux azotés avaient été employés concurremment avec les engrais minéraux, ou avec le fumier, les racines devinrent si fortes et si grossières, et les feuilles prirent un tel développement, qu'ils se décidèrent, après la troisième campagne, à ne plus ajouter des engrais azotés, ni du fumier. Les résultats des années 1874 et 1875 (tableau II) témoignent du résidu considérable d'azote encore disponible dans le sol. C'est grâce à cet excédant que le rendement demeure plus élevé sur les parcelles des séries traitées antérieurement par les engrais azotés et le fumier.

TABLEAU II. — *Barn Field. Expériences sur la culture de la betterave : quatrième et cinquième années : 1874 et 1875.*

| Numéros des parcelles | SÉRIE I. POIDS ET COMPOSITION DES ENGRAIS A L'HECTARE. | | | SÉRIE II chaque parcelle comme dans série I. Sans fumure en couverture. | | SÉRIE III chaque parcelle comme dans série I. Sans fumure en couverture. | | SÉRIE IV chaque parcelle comme dans série I. Sans fumure en couverture. | | SÉRIE V chaque parcelle comme dans série I. Sans fumure en couverture. | |
|---|---|---|---|---|---|---|---|---|---|---|---|
| | | Racines kil. | Feuilles kil. | Racines kil. | Feuilles kil. | Racines kil. | Feuilles kil. | Racines kil. | Feuilles kil. | Racines kil. | Feuilles kil. |
| | **1874 (*quatrième année*).** | | | | | | | | | | |
| 1 | Sans engrais | 27,115 | 13,306 | 29,375 | 21,215 | 28,496 | 20,462 | 33,519 | 24,731 | 36,406 | 18,579 |
| 2 | 8,787 k. superph. (sans fumier) | 33,016 | 13,682 | 18,704 | 12,051 | 23,224 | 14,687 | 30,756 | 18,453 | 32,765 | 15,566 |
| 2 | Sans engrais depuis 1846 | 12,804 | 3,137 | 7,783 | 5,774 | 8,410 | 5,272 | 6,401 | 6,276 | 9,917 | 6,150 |
| 4 | 8,787 k. superph., 560 k. sulf. potasse, 224 k. chlorure sodium et 224 k. sulfate magnésie | 16,319 | 3,515 | 22,094 | 8,285 | 18,830 | 5,021 | 26,614 | 12,051 | 20,337 | 8,913 |
| 5 | 8,787 k. superphosphate | 14,938 | 3,389 | 18,830 | 8,285 | 18,328 | 6,025 | 19,458 | 13,055 | 14,687 | 8,285 |
| 6 | 8,787 k. superph. et 560 k. sulf. potasse | 13,933 | 3,137 | 20,211 | 6,778 | 20,211 | 4,769 | 23,852 | 11,675 | 19,207 | 7,783 |
| 7 | 8,787 k. superph. et 560 k. sulf. potasse sans addition de sels ammoniacaux | 16,821 | 2,886 | 23,224 | 6,401 | 21,969 | 4,267 | 29,375 | 11,423 | 20,588 | 8,661 |
| 8 | Sans engrais depuis 1853 | 12,553 | 2,761 | 19,207 | 7,029 | 16,319 | 5,021 | 18,328 | 10,921 | 9,038 | 5,146 |
| | **1875 (*cinquième année*).** | | | | | | | | | | |
| 1 | Sans engrais | 43,310 | 6,402 | 49,964 | 6,778 | 52,726 | 8,285 | 56,115 | 9,038 | 49,337 | 6,402 |
| 2 | 8,787 k. superphosphate (sans fumier) | 39,043 | 5,272 | 49,964 | 7,281 | 47,328 | 7,281 | 51,345 | 8,160 | 46,449 | 5,146 |
| 3 | Sans engrais depuis 1846 | 13,682 | 2,636 | 23,224 | 4,017 | 20,086 | 2,887 | 35,276 | 6,654 | 29,753 | 3,766 |
| 4 | 8,787 k. superph., 560 k. sulf. potasse 224 k. chlorure de sodium et 224 k. sulfate magnésie | 13,682 | 2,511 | 23,601 | 3,390 | 19,583 | 2,636 | 31,836 | 4,267 | 25,484 | 3,389 |
| 5 | 8,787 k. superphosphate | 13,934 | 2,762 | 24,982 | 3,766 | 19,583 | 3,013 | 34,774 | 6,026 | 27,870 | 4,268 |
| 6 | 8,787 k. superph. et 560 k. sulf. potasse | 13,055 | 2,511 | 20,588 | 3,013 | 17,700 | 2,762 | 31,133 | 5,398 | 25,359 | 3,641 |
| 7 | 8,787 k. superph. et 560 k. sulf. potasse sans addition de sels ammoniacaux | 13,934 | 2,636 | 20,337 | 3,264 | 28,328 | 2,636 | 29,752 | 4,645 | 25,861 | 3,802 |
| 8 | Sans engrais depuis 1853 | 11,926 | 2,511 | 18,077 | 2,762 | 15,189 | 3,013 | 30,380 | 6,402 | 29,124 | 6,653 |

On remarquera que le mélange du superphosphate avec le fumier cause la réduction du rendement en racines et en feuilles, et que le rendement minimum est obtenu sur la parcelle n° 6, fumée avec un mélange de superphosphate de chaux et de sulfate de potasse, autant pour les racines que pour les feuilles.

Le produit moyen de la parcelle n° 6, dans la série I, étant de 13,506 kil. de racines et de 2,987 kilogr. de feuilles, pour les cinq années d'essais, celui de la parcelle n° 8, *sans engrais depuis* 1853, est de 13,557 kilogr. de racines, et de 3,213 kilogr. de feuilles; celui de la parcelle n° 3, *sans engrais depuis* 1846, est de 15,565 kilogr. de racines, et de 3,775 kilogr. de feuilles.

*Influence des engrais sur le développement et la composition de la betterave.* — C'est surtout par rapport à la qualité de la betterave et à la richesse saccharine, que les expériences de Barn Field nous ont semblé devoir offrir un véritable intérêt. Aussi avons-nous demandé à MM. Lawes et Gilbert, à l'occasion de ce travail, et se sont-ils empressés de nous envoyer, leurs observations sommaires à l'appui du tableau III que l'on trouvera plus loin, où sont indiquées les données principales de la composition des betteraves expérimentées, en regard de leur produit.

Avant d'examiner le tableau III en détail, qu'il nous soit permis, comme digression, de rappeler succinctement l'état actuel de nos connaissances sur l'action des engrais appliqués à la betterave, d'après les nombreux travaux et expériences qui viennent d'être publiés, et de faire ressortir les rôles multiples des principaux éléments fertilisants sur la composition de la racine, tels qu'on les a compris jusqu'ici.

Sur le rôle de l'acide phosphorique, nous avons, d'une part, l'opinion de M. Georges Ville (1) que le phosphate de chaux étant une dominante des plantes à sucre, « il augmente simplement la ré-

(1) *Les Engrais chimiques*, t. II, 3ᵉ entretien, p. 89.

colte, exemple le navet; d'autres fois, comme pour la betterave, il élève la richesse saccharine, *sans affecter* la récolte ». Cette opinion est corroborée par celle de M. Joulie (1), que l'acide phosphorique augmente dans les betteraves quand il augmente dans les engrais, et qu'il exerce une heureuse influence sur la richesse saccharine de la betterave. D'autre part, M. Péligot conclut de ses expériences (2) que le phosphate de chaux fait prendre à la plante le développement le plus considérable et diminue la proportion des sels calcaires, en ayant pour résultat définitif *l'abondance* de la récolte. MM. Woussen et Corenwinder (3) établissent aussi que l'emploi du superphosphate est toujours très-avantageux pour le rendement, et surtout pour la qualité des betteraves; tandis que M. Pagnoul, qui reconnaît dans l'acide phosphorique un aliment nécessaire à la plante, signale le fait que cet acide ne paraît pas avoir d'action sur les terres du Pas-de-Calais, et que, *dans tous les cas*, il faut le joindre au nitrate de soude (4).

Pour les sels, les avis ne sont pas moins discordants. Ainsi, d'après les analyses de M. Peligot, les chlorures nuisent peu au développement de la betterave et, contrairement à l'opinion admise, ils ne s'opposent pas notablement à la production du sucre. Les chlorures et les sulfates se concentrent à la partie supérieure, et les autres sels solubles, dans la partie inférieure de la racine. Or, sur le premier point, M. Georges Ville constate que les sels de potasse et de soude nuisent à la cristallisation du sucre, mais il faut bien indiquer que les plus préjudiciables d'entre ces sels sont précisément les chlorures et les sulfates (5). Sur le second point, M. Pagnoul fait observer que les chlorures se retrouvent dans la racine en quantité d'autant plus grande que le sol et les engrais en contiennent davantage (6); mais ils ne paraissent remplir aucun rôle dans la vie végétale. Pourtant le chlorure de sodium doit toujours être évité, et il ne faut guère dépasser 200 kilogr. à l'hectare pour le chlorure de potassium.

Pour certains expérimentateurs, les bet-teraves tiennent d'autant moins de sels que leur richesse en sucre est plus grande, et elles renferment moins de cendres, lorsqu'elles sont venues avec l'engrais chimique seul. Il s'ensuivrait que la betterave riche en sucre épuiserait moins le sol, parce que, son rendement étant plus faible, elle prélève sur le sol moins de matières salines que la betterave pauvre. Pour le Dr Petermann, il résulte, au contraire, de ses expériences répétées en Autriche et à Gembloux (Belgique), que le taux des cendres ne descend nullement avec l'augmentation du sucre (1).

Quant aux alcalis, les uns condamnent la potasse comme rendant les betteraves plus salines et, par conséquent, de moins bonne qualité (Corenwinder, Dehérain); les autres préfèrent à la potasse, la soude fournie à l'état de nitrate, comme plus favorable au rendement en poids, sans nuire à la qualité, et comme amenant une réduction notable de la somme des alcalis dans la betterave (2); d'autres enfin préconisent le nitrate de potasse comme ayant une supériorité marquée sur le nitrate de soude (G. Ville) (3).

Relativement à l'azote, on n'est guère plus d'accord que sur les phosphates ou sur les alcalis. Ainsi MM. Fremy et Dehérain (4) admettent qu'en ne considérant que le développement de la betterave, la forme sous laquelle l'azote est employé paraît presque indifférente. M. G. Ville prétend, de son côté, que s'il faut à la betterave une forte dose de matière azotée, c'est à l'état de nitrates, doués d'une grande solubilité, dont l'absorption a lieu pendant la première période de la vie de la plante. Quant au fumier et à l'engrais flamand, l'azote y étant à l'état de matière animale, offre une condition défavorable à la qualité (5). M. Joulie affirme que l'azote nitrique est préférable à l'azote ammoniacal, qui l'emporte de beaucoup sur l'azote organique; tandis que MM. Woussen et Corenwinder et M. Lagrange (6) infèrent de leurs essais que le sulfate d'ammoniaque, c'est-à-dire l'azote ammoniacal, est à préférer au nitrate de soude, comme plus favorable à la production du sucre.

(1) *Comptes rendus de l'Académie des sciences.* Janv. 1876.
(2) *Id.* 18 janv. 1875.
(3) *Id.* Mars 1875.
(4) *Journ. d'Agric, prat.*, t. I, 1875, p. 660.
(5) *Engrais chimiques*, t. II, p. 28.
(6) *Comptes rendus.* Avril 1875.

(1) *OEst. organ für Zucker-rüben industrie*, 1872.
(2) Joulie, *Comptes rendus.* 1876.
(3) *Engrais chimiques*, t. II, p. 13.
(4) *Comptes rendus.* Mars 1875.
(5) *Engrais chimiques*, t. II, p. 27.
(6) *Comptes rendus.* 15 Mars 1875.

Suivant quelques-uns, le nitrate de soude, employé seul, agit comme substance épuisante ; suivant d'autres, son usage immodéré constitue un véritable danger. Aussi M. Pagnoul constate-t-il que, si l'azote de l'engrais chimique agit surtout au commencement de la végétation, tandis que l'azote du fumier, plus lentement assimilable, continue à agir en septembre et en octobre, surtout sous l'influence des pluies, il importe essentiellement de distinguer l'emploi salutaire du nitrate de soude, introduit à dose convenable dans l'engrais, et celui toujours funeste du nitrate comme complément à une terre déjà saturée de fumier (1).

Pour la dose d'azote à mettre dans l'engrais à betterave, M. Georges Ville indique qu'il ne faut pas dépasser 150 kilogr. à l'hectare. M. Pagnoul ramène cette dose, quel que soit l'engrais, à 80 ou 90 kilogr. d'azote assimilable ; ou mieux à 80 kilogr. d'azote organique et à 40 kilogr. d'azote nitrique ou ammoniacal. M. Joulie, bien qu'affirmant l'action très-favorable de l'azote assimilable sur le rendement en poids, sans qu'il nuise à la qualité de la betterave, se range à des doses modérées de 60 à 70 kilogr.: au-delà de ces doses, il peut nuire.

Enfin, en ce qui a trait à l'action des matières azotées sur le sucre, on constate avec ceux-ci (MM. Fremy et Dehérain) que les betteraves qui contiennent une forte proportion de substance azotée renferment peu de sucre, et avec ceux-là (MM. Champion et Pellet) (2), que la proportion de l'azote contenu dans les betteraves augmente avec la teneur en sucre ; ou bien encore, en recourant aux expériences de M. Joulie, que les betteraves, à richesse égale de sucre, renferment d'autant plus d'azote qu'elles ont été cultivées sur des terrains ayant reçu une plus grande quantité d'engrais azotés. M. Pagnoul croit savoir que l'azote en excès modifie la constitution de la plante en diminuant la proportion du sucre, et M. Lagrange déduit de ses propres essais que les betteraves étant d'autant plus riches en sucre que la proportion d'azote augmente, l'azote paraît favoriser la sécrétion du sucre dans les betteraves.

Nous ne pousserons pas plus loin le rapprochement de ces déductions disparates, qui démontrerait une fois de plus

(1) *Soc. agric. Arras.* Oct. 1875.
(2) *Comptes rendus.* Oct. 1875.

combien les expériences en agriculture sont délicates ; combien il est nécessaire de les répéter, ou de les suivre avec persévérance, avant de formuler des conclusions ; et comment il se fait que la science n'a pas encore dit son dernier mot sur une question d'une aussi haute importance économique. Notre digression n'aura eu d'autre but que de placer sous leur véritable jour les éléments d'appréciation recueillis à Rothamsted pendant cinq années, et sur lesquels les savants expérimentateurs ne se prononcent pas encore.

Ces éléments, pour les seules parcelles à fumier et à engrais minéraux et alcalins, sont résumés dans le tableau III, où le rendement moyen à l'hectare, en racines et en feuilles, ainsi que la quantité de sucre pour 100 s'appliquent à la période quinquennale ; tandis que les chiffres moyens de la matière sèche dans les betteraves et de sels dans la matière sèche ont été calculés sur les trois premières années.

Dans ce même tableau, les dosages d'azote qui figurent, ont été effectués à la première année, mais ils ont été vérifiés les années suivantes sur les jus de betteraves provenant de parcelles choisies. Enfin les tantièmes relatifs aux feuilles résultent des deux premières années d'expérimentation.

Nous rappellerons que les parcelles comparées : n° 1 avec fumier de ferme, et n°° 4, 5 et 6 avec superphosphate, seul ou additionné d'autres engrais alcalins, se rapportent aux séries indiquées déjà dans les tableaux I et II. La parcelle n° 1 n'a pas été fumée en couverture, et les parcelles n°° 4, 5 et 6 n'ont été fumées en couverture que pendant les trois premières années (1871-1873).

Les premières conséquences à tirer du tableau III sont les suivantes : plus le rendement en racines est abondant, moins la matière sèche pour cent est élevée ; plus la teneur pour cent en sucre est faible, et plus la proportion pour cent de matières salines et azotées est forte dans la matière sèche. Ces conséquences apparaissent surtout en rapprochant les résultats des parcelles avec engrais minéraux de ceux obtenus lorsqu'on a ajouté des engrais azotés en couverture. Les engrais minéraux seuls (série 1) ont fourni, en effet, un très-faible rendement ; mais aussi les proportions de matière sèche et de sucre dans le jus y sont les plus élevées, en même temps que les éléments salins et azotés dans la matière sèche y sont moins considérables. Ces mêmes engrais minéraux, additionnés de tourteau et de sels ammoniacaux (série 4), ont assuré, au contraire, le rendement le plus considérable, un rendement triple en betteraves; mais, en même temps, la proportion la plus faible de matière sèche et de sucre, et la quantité la plus élevée de sels et de composés azotés dans la matière sèche.

TABLEAU III. *Barn Field. Expériences sur la culture de la betterave (1871-1875).*
*Résultats moyens des cinq années : rendement et composition.*

| | SÉRIE I. (Voir pour composition des engrais tabl. 1). — Sans fumure en couverture. | SÉRIE II. chaque parcelle comme dans série I. — Fumure en couverture de 616 kil. nitrate de soude à l'hectare pendant trois années 1871. 1872 et 1873. | SÉRIE III. chaque parcelle comme dans série I. — Fumure en couverture de 448 kil. sels ammoniacaux à l'hectare pendant trois années 1871. 1872 et 1873. | SÉRIE IV. chaque parcelle comme dans série I. — Fumure en couverture 2,242 kil. tourteau et 448 kil. sels ammoniacaux pendant trois années 1871, 1872 et 1873. | SÉRIE V. chaque parcelle comme dans série I. — Fumure en couverture 2.242 kil. tourteau à l'hectare pendant trois années 1871, 1872 et 1873. |
|---|---|---|---|---|---|
| *Parcelle n° 1. — Fumier de ferme (35.000 kil.) pendant trois ans 1871-1873, et point de fumier après.* | | | | | |
| | kilogr. | kilogr. | kilogr. | kilogr. | kilogr. |
| *Rendement moyen à l'hectare :* racines..... | 38,656 | 51,722 | 49,839 | 55,739 | 54,610 |
| (cinq années)  feuilles..... | 10,420 | 18,328 | 17,952 | 21,216 | 14,688 |
| Total .... | 49,086 | 70,050 | 67,791 | 76,955 | 69,298 |
| *Composition moyenne des racines.* | Pour 100. | Pour 100. | Pour 100. | Pour 100. | Pour 100. |
| Matière sèche.................... | 17.49 | 16.11 | 16 56 | 16.23 | 16.66 |
| Matières minérales (cendres) dans la mat. sèche | 5.00 | 6.11 | 5.83 | 6.55 | 5.61 |
| Azote dans la matière sèche.................. | 0.83 | 1.24 | 1.53 | 1.52 | 1.24 |
| Sucre dans le jus (cinq années).............. | 12.70 | 11.58 | 11.71 | 11.35 | 11.93 |
| Sucre calculé dans les racines à 95 p. 100 de jus | 12.07 | 11.00 | 11.12 | 10.78 | 11.33 |
| *Composition moyenne des feuilles.* | | | | | |
| Matière sèche.................... | 10.56 | 10.58 | 9.04 | 8.47 | 9.43 |
| Mat. minérales (cendres) dans la mat. sèche. | 23.25 | 23.96 | 24.81 | 25.39 | 24.99 |
| *Parcelles n°s 4, 5 et 6. — Superphosphate avec ou sans autres engrais minéraux, chaque année pendant cinq ans (1871-1875).* | | | | | |
| | kilogr. | kilogr. | kilogr. | kilogr. | kilogr. |
| *Rendement moyen à l'hectare :* racines..... | 14,562 | 37,536 | 29,376 | 42,807 | 84,900 |
| (cinq années).  feuilles ..... | 3,264 | 9,917 | 7,406 | 15,943 | 8,160 |
| Total ..... | 17,826 | 47,453 | 36,782 | 58,250 | 43,060 |
| *Composition moyenne des racines.* | Pour 100. | Pour 100. | Pour 100. | Pour 100. | Pour 100. |
| Matière sèche ................... | 18.53 | 15.93 | 17.45 | 15.93 | 17.66 |
| Mat. minérales (cendres) dans la mat. sèche.. | 4.30 | 5.73 | 4.81 | 5.98 | 4.50 |
| Azote dans la matière sèche................ | 0.54 | 1.20 | 0.87 | 1.52 | 0.83 |
| Sucre dans le jus (cinq années)............. | 14.06 | 11.95 | 13.28 | 11.84 | 12.98 |
| Sucre calculé dans les racines à 95 p. 100 de jus.. | 13.36 | 11.35 | 12.62 | 11.25 | 12.33 |
| *Composition moyenne des feuilles.* | | | | | |
| Matière sèche ................... | 14.51 | 10.16 | 10.98 | 9.84 | 10.70 |
| Mat. minérales (cendres) dans la mat. sèche. | 23.57 | 22.34 | 23.30 | 21.51 | 22.41 |

Avec l'addition du nitrate de soude, les engrais minéraux correspondent à un rendement très-abondant, mais aussi à une réduction notable de la teneur pour cent en matière sèche et en sucre, ainsi qu'à une augmentation importante de composés salins et azotés dans la matière sèche.

Pour une même quantité d'azote du nitrate de soude, employée à l'état de sels ammoniacaux (série 3), le rendement est moins considérable; mais la qualité est en tous points meilleure, car la proportion pour cent de matière sèche et de sucre est plus forte, tandis que celle des matières salines et azotées est plus faible.

Les résultats obtenus avec le tourteau (série 5), au point de vue de la composition de la betterave, se rapprochent beaucoup plus de ceux fournis par les sels ammoniacaux, que de ceux dus au nitrate de soude.

Ainsi l'influence des engrais azotés est

aussi tranchée sur la composition de la betterave que sur son développement. A l'occasion des turneps, on avait déjà vu dans le chapitre précédent l'effet d'un excès d'engrais azotés sur l'augmentation de l'azote des racines. Pour les betteraves, cet effet est encore plus remarquable.

Relativement aux proportions pour cent d'azote, relevées sur l'année 1871, on notera spécialement que la gradation entre la série type n° 1 et celle avec le fumier de ferme n'est pas la même qu'entre la série type et celle avec engrais minéraux. Une différence analogue se manifeste pour l'azote du jus dans les autres années, entre les séries à fumier et à engrais minéral. Ceci peut s'expliquer par le fait de l'excès d'engrais et de l'exubérance de développement sur les parcelles qui ont reçu du fumier additionné d'engrais azotés commerciaux. Les racines, en effet, n'y avaient pas atteint le même degré uniforme de maturité que sur les parcelles à engrais minéraux. C'est donc par rapport à la série avec engrais minéraux que la gradation est la plus normale, et le classement, quant au pour cent d'azote, y est le même, que l'on considère la moyenne dans le jus pendant cinq années, ou le quantum d'azote dans les racines en 1871.

On remarque encore que si la composition des racines a varié, comme de raison, d'une année à l'autre, suivant les années, elle a conservé de série à série son caractère différentiel tranché. Il n'y a aucun signe de diminution dans la richesse saccharine, que l'on puisse attribuer au fait de la culture continue de la betterave, bien qu'on doive rappeler qu'à défaut de fumures azotées pendant les deux dernières années, le développement des récoltes a diminué; et cette circonstance tend à augmenter la proportion de sucre pour cent.

Bien que la terre de Barn Field ne puisse être regardée comme le type d'une terre favorable à la culture de la betterave, les résultats obtenus démontrent qu'elle est susceptible de donner des récoltes en forte quantité et d'excellente qualité; et qu'après cinq années de culture consécutive, il n'y a aucune détérioration sensible, comme quantité ni comme qualité, dans le produit de cette terre.

### B. Régimes de culture de la betterave.

Si, d'après tout ce qui a été dit précédemment, nous abordons l'examen des régimes économiques de la betterave sucrière, tels qu'ils se sont établis en Allemagne et en France, nous observons qu'en Allemagne, l'impôt étant payé sur base du poids de racines soumises au traitement, on a cherché à obtenir des betteraves à haut titrage en sucre, et à bas titrage en matières salines et azotées, afin d'augmenter la quantité de sucre cristallisable. Or des betteraves remplissant ces conditions ne peuvent être obtenues qu'en restreignant la fumure, ou, en d'autres termes, en empêchant le développement, afin de favoriser la maturité parfaite de la racine. Ainsi, en Allemagne, les fabricants recherchent par-dessus tout des petites betteraves et un faible rendement à l'hectare. Comme, d'autre part, les cultivateurs ne trouveraient pas leur intérêt à avoir de faibles récoltes à l'hectare, pour que les fabricants ne les leur payent que sur le poids, et comme il ne manque pas de terres propres à cette culture, il s'ensuit que, par suite du mode de perception de l'impôt et des restrictions auxquelles il conduit forcément, les sucriers se sont rendus propriétaires de vastes terrains sur lesquels ils adoptent l'assolement le mieux approprié aux betteraves de leur choix. Les engrais azotés sont surtout appliqués aux autres cultures de l'assolement préféré, et l'on n'arrive ainsi à récolter en moyenne que 27,000 à 28.000 kilogr. de betteraves à l'hectare.

En France, où le sucre est la base de l'impôt; où les terres ne peuvent être facilement acquises sur d'aussi vastes étendues qu'en Allemagne; où, par conséquent, le fabricant dépend en grande mesure des cultivateurs voisins pour s'alimenter en betteraves, un régime inverse de celui adopté en Allemagne s'est institué, d'après lequel le rendement moyen à l'hectare est au moins double de celui obtenu de l'autre côté du Rhin. La plus forte partie de l'engrais disponible est appliquée à la betterave, et les autres récoltes de l'assolement sont obtenues à peu près sans fumure. Aussi les betteraves en France sont-elles plus fortes, plus grossières, d'une richesse saccharine moins grande et d'une teneur plus élevée en matières salines et azotées qu'en Allemagne. Il en résulte qu'une moindre proportion de sucre à l'état cristallisable y est obtenue, et qu'il faut traiter une bien plus grande masse de racines pour fabriquer une quantité déterminée de sucre; ce qui n'empêche pas que, dans le système suivi en France, on extraie beaucoup plus de sucre sur une surface donnée, et qu'au point de vue économique, on ne réalise des avantages considérables par rapport au système allemand.

Malgré cela, la situation des cultivateurs de certains arrondissements du nord de la France, vis-à-vis des fabricants, est devenue des plus critiques. Les fabricants, devant se préoccuper avant tout du rendement en sucre, insistent avec raison pour payer les betteraves pauvres moins cher que les betteraves riches ; et les cultivateurs, de leur côté, afin de retirer le plus haut prix de leur récolte, devront désormais s'attacher à produire des racines aussi riches que possible, soit en choisissant la graine et les engrais, soit en resserrant les plants.

Les nombreux expérimentateurs d'engrais pour betteraves n'ayant pas encore tranché la question, comme nous l'avons vu ; pour que le régime français maintienne ses avantages sur le régime allemand, il devient indispensable qu'un accord intervienne entre les parties, sur des conditions équitables de vente et de livraison. Il ne saurait y avoir plus longtemps divergence entre le producteur et l'industriel, dont les intérêts sont absolument solidaires.

En Angleterre, sur des terres moyennes et sous l'influence du climat, on peut très-bien obtenir de grosses récoltes de betteraves, et à l'aide de fumures convenables, on peut faire revenir, plus fréquemment qu'on ne le faisait, leur culture dans le même sol, et surtout plus souvent qu'on ne le fait en Allemagne : c'est ce que démontrent les essais de Barn Field. MM. Lawes et Gilbert ne veulent pas dire pour cela qu'il y aurait bénéfice à cultiver la betterave en Angleterre ; la question de bénéfice étant tout autre. En effet, si des sucriers anglais devaient relever, pour l'approvisionnement de leurs usines, des fermiers cultivant la betterave par les assolements en usage, ceux-ci rechercheraient de plus gros rendements à l'hectare, avec une proportion moindre de sucre ; et, dans ces conditions, ils n'obtiendraient pas un prix suffisamment rémunérateur pour leurs récoltes. Aussi faudrait-il que les fabricants entreprissent eux-mêmes la culture en la spécialisant, sur leurs terres propres, et adjoignissent à leur exploitation des étables assez vastes pour la consommation de la pulpe, etc.

D'ailleurs, comme la quantité d'azote pour cent s'accroît proportionnellement à l'abondance du produit, si le fermier anglais cultivait et vendait de grosses récoltes à l'hectare, l'épuisement de ses terres en azote deviendrait d'autant plus considérable, qu'il ne recevrait pas en retour le plein de pulpes pour la nourriture du bétail. C'est pourquoi, bien qu'il retirerait plus d'argent de l'hectare de betteraves à grosses récoltes, il épuiserait d'autant plus d'azote, par tonne de produit, qu'il obtiendrait un plus grand nombre de tonnes.

MM. Lawes et Gilbert citent comme démonstration pratique, à l'appui des résultats qu'ils ont constatés, le fait d'un agriculteur de l'Allemagne du Nord(1), qui, frappé des conditions actuelles de la culture de la betterave dans sa région et du succès des récoltes renouvelées consécutivement, à Rothamsted, sur la même terre, à l'aide d'engrais composés, s'est décidé, il y a quelques années, à cultiver plus souvent la betterave dans le même sol, en forçant la fumure azotée, pour obtenir de plus grosses récoltes et plus de sucre à l'hectare. Cet agriculteur a reconnu que, même avec le nitrate de soude, qui augmente beaucoup le rendement, mais passe pour donner de très-mauvais jus, il avait obtenu non-seulement de plus hauts rendements, mais encore un jus comparable à celui fourni par les procédés ordinaires de la région, en semant plus dru et en empêchant ainsi l'exubérance du développement, ce qui favorise la maturité. Par ce mode d'opérer, il avait réalisé un rendement de sucre, pour 100 de racines, légèrement accru chaque année pendant trois saisons consécutives. En fumant la même terre avec des engrais commerciaux seuls, il avait retiré à la troisième année une récolte triple en poids, à l'hectare, de celle constatée la première année.

M. le docteur Petermann, dans les expériences qu'il poursuit depuis 1873 à la station agricole de Gembloux (2), est arrivé à des conclusions du plus haut intérêt, à savoir : que, toutes conditions égales d'ailleurs, le rapprochement des plants jusqu'à la limite de $0^m.40$ et $0^m.25$, a déterminé une augmentation du produit en racines, variant de 7 à 28 pour 100 pour les diverses variétés ; que le rapprochement entraîne, en outre, une diminution de la proportion d'eau, et une aug-

(1) M. L. Weinrich, de Prenzlau (Prusse).
(2) *Recherches sur la culture de la betterave*, Bruxelles, 1876.

mentation de la densité spécifique, comme du titre saccharin du jus.

Nous rappellerons, du reste, qu'à la suite des essais faits en 1874 par le comité central des fabricants de sucre en France, sur les ensemencements drus, on a constaté qu'invariablement les poids à l'hectare furent sensiblement supérieurs à la moyenne générale, en même temps que la qualité accusait une amélioration très-sensible. Dans sa dernière circulaire, le même comité déclare que les cultivateurs ont bénéfice à moins espacer leurs betteraves, et, comme les betteraves ainsi cultivées sont plus riches en sucre et plus pauvres en sels que les autres, elles épuisent moins le sol ; de telle sorte que la réussite du blé après betterave devient plus certaine.

### XIV. ACTION DES RACINES SUR L'AZOTE DU SOL.

On a vu qu'un excès d'azote disponible dans le sol, donne trop de développement à la feuille des turneps et des betteraves et, par conséquent, en certaine mesure, un produit non rémunérateur. De même, un excès d'azote pour le sol correspond à une proportion d'azote pour cent plus élevée que dans les racines venues à maturité normale. En outre, les turneps qui renferment une proportion anormale d'azote pour cent offrent généralement des conditions de qualité inférieure pour l'alimentation.

Telles sont les conséquences déduites de leurs premiers essais de culture par MM. Lawes et Gilbert. Toutefois la suite des expériences a démontré, que le turneps dépendait très-notablement de *l'azote contenu dans le sol*, et que les racines en général ont le pouvoir d'épuiser l'azote disponible dans les couches superficielles, autant, et peut-être plus qu'aucune autre récolte.

La culture des *swedes*, au lieu des *norfolks blancs*, a indiqué que le rendement des *swedes* à l'hectare était beaucoup plus élevé que celui des mangolds wurzel, et que ce dernier était encore plus considérable que celui des *swedes*. Or, comme ces racines tirent leur azote presque exclusivement du sol, il est évident que les *swedes* exigeront plus d'engrais azotés que les *norfolks*, et les mangolds, plus que les *swedes*.

Dans la pratique anglaise ordinaire, le fumier de ferme est le plus généralement employé pour les racines et fournit au sol une proportion notable d'azote ; mais plus la récolte devra être forte, plus il conviendra d'ajouter au fumier des engrais azotés commerciaux. C'est pourquoi, en Écosse, où l'on obtient de plus grosses récoltes de navets qu'en Angleterre, on a recours à l'addition du guano et d'autres engrais azotés. En Angleterre, où l'on obtient de fortes récoltes de mangolds, on a reconnu la nécessité de compléter le fumier par des engrais azotés.

Il n'en est pas moins vrai, comme nous l'avons dit en concluant le précédent chapitre sur les turneps, que plus la consommation d'aliments commerciaux par le bétail de la ferme est abondante, et plus copieux et riche est l'approvisionnement d'engrais de la ferme, et, par conséquent, moins il importe de recourir aux engrais azotés du commerce.

La faculté que possèdent les racines d'épuiser l'azote du sol n'est pas aussi facile à constater dans la pratique, parce que le produit est le plus souvent consommé sur place, et que les quatre cinquièmes de l'azote des racines, et même davantage, sans compter celui des feuilles, restent sur la ferme. Dans certaines localités, notamment là où l'on exploite des terres légères, on a coutume d'appliquer le fumier au blé, et de faire suivre par les racines. Or cette pratique repose sans aucun doute sur la faculté dont jouit la sole de racines, de *nettoyer* la terre de son azote disponible et, par là, de mettre à profit le résidu qu'abandonne le blé après s'être servi de la partie la plus assimilable.

On peut se demander : Comment le fermier sait-il qu'il y a un excès d'azote utilisable pour les racines, dans sa terre ? Cela dépendra beaucoup assurément de quelles racines il voudra cultiver, de la nature du sol et des conditions climatériques. Mais un cultivateur expérimenté saura parfaitement s'il a une proportion excessive de feuilles, qui correspond à une surabondance d'azote disponible dans le sol, par rapport aux autres éléments, et qui indique généralement une trop forte proportion pour cent d'azote, dans les racines ; c'est-à-dire un défaut d'assimilation du carbone, etc. ; ou enfin un développement réduit et une maturité insuffisante.

Nous avons déjà mentionné (chapitre VIII), au sujet des expériences sur l'orge cultivée à Barn Field pendant trois années consécutives, après dix années de turneps, que le rendement moyen en grain n'avait été que de 17.96 hectolitres, et en paille, de 1,506 kilogr., c'est-à-dire bien inférieur à celui de l'orge venue après trois années consécutives de céréales, ou à celui de l'orge sans engrais, venue après orge, trèfle, blé, orge et orge (1). Les résultats de Barn Field montrent ainsi à l'évidence combien le turneps dépend, pour son développement, de la quantité d'azote assimilable renfermé dans le sol, et quelle action relativement puissante il exerce pour l'épuiser.

Dans une autre série d'expériences sur la valeur nutritive pour les moutons, des turneps venus avec différents engrais, M. Lawes (2) a prouvé que bien que la quantité pour cent de matières azotées dans les turneps (racines) soit notablement accrue par l'emploi d'engrais azotés, lorsqu'il y a excès de ces engrais, la production des feuilles devient exubérante, et la racine, tout en étant plus riche en azote, peut ne pas être utilement développée au point de vue alimentaire.

Ainsi, avec des turneps (Norfolk white) venus à l'aide d'engrais minéraux, additionnés de tourteau et de sels ammoniacaux (par conséquent les plus riches en azote, puisqu'ils tenaient 0.252 d'azote pour cent dans le bulbe frais, ou 3.20 dans le bulbe sec) que six moutons ont consommés pendant 68 jours, il y a eu perte en poids de 9 kilogr. sur les 6 animaux. Au contraire, avec les turneps les moins azotés (tenant pour cent 0.146 d'azote dans le bulbe frais, et 1.56 dans le bulbe sec), le gain en poids des 6 moutons qui les ont mangés de même pendant 68 jours, a été de 12 k. 70.

Dans le premier cas, il avait été consommé au total 3,014 kilogr. de turneps frais, représentant 216 kilogr. de matière organique sèche, 21 kilogr. de matières minérales et 7 kilogr. 57 d'azote; dans le second, il avait été consommé 3,323 kilogr. de turneps frais, correspondant à 290 kilogr. de matière organique sèche, 21 kilogr. de matières minérales, et 4 kilogr. 80 d'azote.

Le produit très-diminué des céréales venues après une succession de récoltes de turneps fumés avec des engrais minéraux et non azotés, n'est pas seul

à démontrer l'épuisement de l'azote du sol. En effet, d'après l'analyse des terres de Rothamsted, on a reconnu que l'épuisement de l'azote par les racines avait été supérieur à celui causé par les céréales elles-mêmes. Ainsi, tel sol, dans une condition déterminée, par rapport à l'azote disponible, fournirait beaucoup plus d'azote à l'hectare dans une récolte de turneps fumés avec des engrais minéraux, que dans une récolte de céréales fumées de même. Ceci revient à dire qu'une récolte de racines peut soustraire au sol, à son profit, une dose d'azote qu'une récolte de céréales ne soustrairait pas; elle l'épuise davantage, bien qu'elle paraisse dépendre davantage de l'atmosphère. Dans les deux cas, le superphosphate de chaux favorise l'extraction de l'azote du sol par le développement des racines fibreuses. Si, dans une bonne année, on obtient une forte récolte de racines à l'aide de peu d'engrais azotés, on a la preuve que le sol était très-riche en azote, ou bien qu'il a été très-épuisé en azote disponible. Il n'y a pas de moyen plus sûr d'appauvrir le sol pour les céréales.

Aussi la conclusion pour la culture des racines doit-elle être légèrement modifiée, par rapport à celle que nous donnions pour les turneps page 220; et nous devons dire : « On n'a de fortes récoltes de racines que lorsque le sol fournit en abondance des matières azotées (et carbonées?) en même temps que des matières minérales. Quand ces matières sont déjà disponibles dans le sol, ou lui sont fournies à l'état de fumier, de tourteau, de guano du Pérou, de sels ammoniacaux, etc., la précocité du développement et le rendement sont notablement accrus par l'emploi du superphosphate de chaux appliqué avec la graine (1). »

## XV. EXPÉRIENCES SUR LES LÉGUMINEUSES.

### A. Hoos Field. Essais de culture du trèfle.

Nous avons très-brièvement indiqué (§ II) les résultats des essais de culture du trèfle sur une partie du champ de Hoos Field; nous entrerons maintenant dans les détails.

---

(1) Experiments on the growth of barley. *Journ. roy. agric. Soc. Engl.*, t. IX, 1873.
(2) Sheep-feeding and manure. *Journ. roy. agric. Soc. Engl.*, t. X, 1849.

(1) *Memoranda of the field experiments.* etc., mai 1875.

On a voulu expliquer de maintes manières l'insuccès de la culture de cette légumineuse, lorsqu'on cherche à la continuer pendant une série d'années sur la même terre. Ainsi on l'a attribué à l'épuisement du sol, à certaines plantes parasites épuisant les racines du trèfle, à la destruction par certains insectes, à l'action funeste d'excrétions provenant des racines actuelles ou de la précédente récolte, enfin à la croissance même de la plante abritée par les céréales.

Il se peut qu'une récolte de trèfle manque pour une ou plusieurs des causes énumérées; mais l'explication n'est pas satisfaisante. Ce que nous savons pertinemment, c'est que, en pratique, pour assurer une bonne récolte de trèfle, il faut laisser s'écouler quelques années avant de la reprendre sur la même terre.

Quoi qu'il en soit, des expériences ont été suivies avec la plus grande persévérance, depuis 1849 jusqu'à cette année, sur la pièce de Hoos Field, dans le but d'étudier l'influence des engrais, du sol et des saisons, et de déterminer les causes spéciales de l'insuccès de la culture continue du trèfle (*Trifolium pratense*) dans la même terre arable (1). Nous rappellerons que, sur une partie de cette même pièce de Hoos Field, l'orge fut cultivée pendant vingt-cinq années consécutives, et que, non loin d'elle, à Broadbalk Field, on a obtenu trente-deux récoltes successives de blé, sans que rien semble indiquer que l'on ne puisse pas y cultiver les céréales pendant un siècle, avec une égale réussite.

La pièce de Hoos Field avait porté, en 1847, une grosse récolte de navets de Suède, fumés avec du fumier de ferme et du superphosphate de chaux. En 1848, on y sema de l'orge et du trèfle rouge, et, au printemps de 1849, on consacra plus d'un hectare et demi (1h.6) aux essais de trèfle. Cette surface fut divisée en six parcelles correspondant à trois bandes, qui reçurent les engrais énumérés dans le tableau n° I. On trouvera également dans ce tableau le produit à l'hectare des trois coupes récoltées les 26 juin, 6 août et 19 octobre 1849, sur chacune des parcelles, et le même produit ramené à l'état de foin.

TABLEAU I. — *Hoos Field. Expériences sur la culture du trèfle. Première année* : 1849.

| Numéros des parcelles. | POIDS ET COMPOSITION DES ENGRAIS A L'HECTARE ET PAR AN. | Produit à l'hectare : trois coupes. | |
|---|---|---|---|
| | | Poids à l'état vert. | Poids à l'état de foin (1). |
| | *1<sup>re</sup> série : sans engrais ou avec engrais minéraux seuls.* | | |
| 1 | Sans engrais................ | 35,377 | 9,431 |
| 2 | Superphosphate de chaux (168 k. cendres d'os et 126 k. acide sulfurique à 1°.7).. | 38,371 | 9,956 |
| 3 | 336 k. sulfate de potasse................ | 45,151 | 12,249 |
| 4 | 336 k. sulfate de potasse et superphosphate de chaux................ | 42,658 | 11,258 |
| 5 | Mélange d'alcalis (336 k. sulfate de potasse, 112 k. sulfate de soude et 112 k. sulfate de magnésie................ | 45,319 | 11,447 |
| 6 | Même mélange d'alcalis avec superphosphate de chaux................ | 41,043 | 11,641 |
| | *2<sup>e</sup> série : avec sels ammoniacaux seuls ou en mélange avec engrais minéraux.* | | |
| 1 | 112 k. sulfate et 112 k. chlorhydrate d'ammoniaque................ | 37,305 | 9,852 |
| 2 | 112 k. sulfate, 112 k. chlorhydrate d'ammoniaque et superphosphate de chaux.. | 36,173 | 9,793 |
| 3 | 112 k. sulfate, 112 k. chlorhydrate d'ammoniaque et 336 k. sulfate de potasse.... | 33,945 | 8,925 |
| 4 | 112 k. sulfate, 112 k. chlorhydrate d'ammoniaque, 336 k. sulf. potasse et superph. | 44,276 | 11,284 |
| 5 | 112 k. sulfate et 112 k. chlorhydrate d'ammoniaque avec mélange d'alcalis........ | 48,062 | 11,885 |
| 6 | 112 k. sulfate et 112 k. chlorh. d'amm. avec mélange d'alcalis et superph. de chaux | 43,940 | 11,551 |
| | *3<sup>e</sup> série : avec tourteau de navette.* | | |
| 1 à 6 | 1,120 k. tourteau de navette................ | 32,320 | 8,502 |

(1) Le foin est supposé contenir 5 parties de matière sèche et 1 partie d'eau.

Il serait inutile de signaler, d'après ce seul tableau, l'action des divers fertilisants sur le rendement en trèfle qu'affectent les conditions de saison, de fumure, et la composition chimique de la plante. D'ailleurs ces observations spéciales ne pourraient être que mal vérifiées par les essais qui ont échoué plus ou moins complétement dans les années suivantes. Nous nous bornerons donc aux résultats généraux donnés par la récolte de 1849, très-forte, du reste, dans chacune

(1) *Report on the growth of red clover*, etc. Journ. Roy. Agric. Soc. Engl., t. XXI, p. 178, 1860. — *Notes on clover sickness*, Journ. Roy. Hort. Soc., t. III, 1871.

des séries; à savoir : que, sans addition d'aucun engrais, on y a obtenu en trois coupes 35,000 kilogr. environ de trèfle vert, correspondant à 9,400 kilogr. de foin; qu'avec l'addition de sulfates alcalins ou d'un mélange de ces sulfates avec le superphosphate de chaux, le produit de la première série a atteint de 42,000 à 45,000 kilogr. en vert; que, dans la deuxième série, l'addition aux engrais minéraux des sels ammoniacaux, si favorables à l'augmentation de produit des céréales, a plutôt diminué le rendement du trèfle; enfin que, dans la troisième série, l'emploi du tourteau a donné une moindre récolte que celle de la parcelle sans engrais et que celle des parcelles avec engrais minéraux, seuls ou additionnés de sels ammoniacaux.

Après la troisième coupe (1849), on donna un labour pour semer du blé, vers le milieu de novembre, sans aucun engrais. On jugera de cette récolte de blé par ce fait que la parcelle sans engrais après trèfle donna 26ʰ.48 de grain, c'est-à-dire 12 hectolitres et demi de plus que la parcelle sans engrais de la pièce voisine, où l'on cultivait blé après blé. Le poids de l'hectolitre atteignit à peine 72 kilogr. sur toutes les parcelles, et le rapport du grain à la paille fut peu élevé. Ces résultats s'accordent du reste avec ceux de la pratique usuelle. Ainsi, quoique la récolte de trèfle eût enlevé au sol des proportions d'éléments minéraux et azotés beaucoup plus fortes que la récolte de blé, le sol cultivé en trèfle est resté dans un état de fertilité telle, qu'il a pu donner à la récolte suivante, un excédant de 26 hectol. relativement au produit d'une terre voisine portant du blé après du blé.

On remarquera encore que, sur les parcelles de la série 2, où l'on avait eu recours à des sels ammoniacaux pour le trèfle, le rendement en grain a excédé de 1ʰ.5 environ celui obtenu sur les parcelles des autres séries.

En somme, la récolte du blé venu après trèfle, sans engrais, fut absolument égale à celle des pièces où l'on avait employé des quantités importantes d'engrais, et la saison eût-elle été plus favorable, le rendement eût été supérieur.

Après la moisson, en 1850, on déchauma pour fumer et ressemer du trèfle.

Les mêmes engrais minéraux qu'en 1849 furent distribués sur les mêmes parcelles, sans engrais ammoniacaux. Toutefois, pour obtenir une plus grande variété de fertilisants, on fuma additionnellement un nombre égal de parcelles qui avaient reçu, en 1849, des engrais minéraux seuls (série I), et de parcelles ayant reçu un mélange d'engrais minéraux et de sels ammoniacaux (série 2), avec un compost de fumier et de chaux, à raison de 37,000 kilogr. de fumier et 5 hectol. de chaux à l'hectare. Le but de cet essai spécial était d'amener une décomposition plus prompte du fumier, afin de favoriser la formation de certains composés organiques, de la nature de l'humus et de ses dérivés. Pour ce même motif, la troisième série, au lieu de tourteau, reçut de la suie seule, de la suie mélangée avec de la chaux, ou avec des alcalis et du superphosphate.

De la sorte, le champ d'expériences se trouva partagé en quatre séries :

*Série* 1.— Engrais minéraux seuls, sauf sur la parcelle 1, restée sans engrais.

*Série* 2.— Engrais minéraux avec mélange de fumier consommé et de chaux ; la moitié de chaque parcelle ayant reçu en 1849 des engrais minéraux seuls, et l'autre moitié, un mélange d'engrais minéraux et de sels ammoniacaux.

*Série* 3.— Engrais minéraux seuls, sauf sur la parcelle 1 ; les sels ammoniacaux ayant été appliqués en 1849.

*Série* 4. — Suie ; suie avec chaux ; suie avec chaux et mélangée d'engrais minéraux, sur l'ensemble des parcelles ayant reçu du tourteau en 1869.

Les résultats des essais ainsi institués peuvent se résumer sans tableau. Du trèfle semé le 8 mai 1850 ne pouvait guère donner une récolte aussi abondante, en 1851, que s'il eût été semé au printemps. Aussi le produit maximum obtenu sur la parcelle de la série nº 2 qui avait reçu, outre le fumier et la chaux, un mélange de tous les engrais minéraux, n'atteignit que 13,744 kilogr. en trèfle vert, équivalant à 3,265 kilogr. de foin à l'hectare.

L'addition du fumier et de la chaux, ou l'emploi unique de la suie avec la chaux eurent très-peu d'effet. L'augmentation de produit semblait due surtout aux engrais alcalins mélangés avec le superphosphate de chaux.

Au printemps suivant (1852), le trèfle, resté sur pied depuis la coupe d'automne, donna des signes manifestes de dépérissement; bientôt il disparut complétement par places, sur les parcelles de chacune des séries. Au mois d'avril 1852, il ne restait plus que des touffes de trèfle, par ci, par là, dont un dessin spécial reproduisit le contour sur l'ensemble de la pièce en expérimentation (1).

Les coupes du 24 juin et du 9 août, après nouvelle fumure, furent insignifiantes. Cependant l'avantage était resté aux parcelles ayant reçu seulement des engrais minéraux, soit comme mélange de sulfate de potasse et de superphosphate, soit comme mélange d'alcalis et de superphosphate.

Au printemps 1853, le trèfle, après avoir assez bien résisté pendant l'hiver, dépérit; on dut défoncer et semer de nouveau.

Depuis cette année, toutes les tentatives pour cultiver le trèfle d'une manière continue sur le sol de Hoos Field ont échoué, en partie, ou complétement; c'est-à-dire qu'on n'y obtint plus une seule pleine récolte, ou même une récolte qui restât en terre le temps voulu. Il est vrai qu'en 1855 et en 1859, on fit quelques faibles coupes provenant de semailles du printemps de ces mêmes années; et qu'au mois de juin et d'août 1865, on eut des coupes un peu plus fortes provenant du trèfle également semé au printemps de cette année; mais aucun enseignement n'est résulté de ce regain accidentel de fertilité.

En somme, pour interpréter les expériences de Hoos Field, on peut les classer suivant trois séries.

1re *série*. — Absence de matière carbonée et faible quantité d'engrais azotés, mais abondance d'engrais minéraux. Quelques-unes des parcelles de cette série ont reçu beaucoup plus de potasse et d'acide phosphorique, mais beaucoup moins de chaux et de magnésie que les récoltes n'en ont enlevé au sol.

2e *série*. — Abondance d'engrais carbonés et azotés. La quantité d'azote et de carbone fournie par l'engrais, ayant été de moitié environ, et quelquefois plus de moitié de celle enlevée par les récoltes sur les parcelles de cette série, la proportion de potasse et d'acide sulfurique a été beaucoup plus forte, celle d'acide phosphorique un peu plus forte, et celle de chaux bien plus importante que les quantités susceptibles d'être enlevées au sol. La proportion de magnésie seulement y était moindre.

3e *série*. — Abondance de carbone et



d'azote, mais moindre que pour la 2e série. Les proportions de potasse, de magnésie et d'acide phosphorique y ont été égales ou plus fortes; mais celles d'acide sulfurique et de chaux, beaucoup plus fortes, que sur les parcelles de la série précédente.

Par rapport à ces séries, les résultats obtenus se présentent comme il suit :

Dans les parcelles de la série 1, les semailles ont été répétées dix fois dans le cours de vingt-trois années, c'est-à-dire en 1848, 1850, 1853, 1854, 1855, 1859, 1864, 1868, 1869 et 1870. Sur sept de ces essais, la plante périt pendant l'hiver ou au printemps qui suivit l'ensemencement; trois années de suite, elle périt au printemps.

Bien que les parcelles des séries 2 et 3 aient été ensemencées aussi souvent au début que celles de la série 1, elles ne le furent ni en 1868, ni en 1869; on les laissa en jachère après le labour, pour les ensemencer en 1870. Nous examinerons plus loin ce qu'elles ont produit depuis 1870.

Expliquons d'abord, avec MM. Lawes et Gilbert, la différence des résultats des diverses séries entre elles, en faisant observer que sur les parcelles de réussite partielle, on n'avait pas semé de trèfle de 1864 à 1870, tandis que sur les parcelles à résultat négatif l'on avait semé et obtenu du trèfle pendant trois années consécutives 1868, 1869 et 1870.

D'une manière générale, en ce qui concerne les engrais, on constate que là où le carbone et l'azote ont fait défaut, la récolte a manqué complétement. Au contraire, là où la récolte a partiellement réussi, ces deux éléments ont été apportés par l'engrais, mais en quantité moindre que celle nécessitée par les récoltes. Quant aux matières minérales, les conditions d'insuccès des parcelles de la 1re série se résument dans l'excès notable de potasse et d'acide sulfurique; l'acide phosphorique n'a donné lieu à aucunes différences essentielles; la magnésie a été en proportion bien moindre que sur les parcelles des 2e et 3e séries; enfin la chaux y a été apportée en quantité beaucoup moindre, alors qu'elle était abondamment pourvue sur les autres séries.

Si donc l'insuccès de la série 1 était causé par un plus grand épuisement de certains éléments, ce serait au carbone, à l'azote, à la magnésie ou à la chaux qu'il faudrait l'attribuer. Or pour le carbone, l'excédant enlevé par les récoltes n'a atteint dans aucun cas la proportion qu'eussent enlevée des récoltes de blé ou d'orge. Pour l'azote, au contraire, l'enlèvement moyen annuel sur la 1re série, quoique plus considérable que sur les deux autres séries, a été moindre que pour du blé ou de l'orge venus sans engrais azotés. Considérant la période entière des essais, l'épuisement de la magnésie, et surtout de la chaux, a été beaucoup plus important que dans les essais de culture continue du blé ou de l'orge. Ainsi, sous le rapport des éléments constitutifs, le manque du trèfle pourrait s'expliquer définitivement par le défaut d'azote, de magnésie, de chaux ou de ces éléments réunis.

Reste la question de la distribution des engrais dans le sol. En 1864, on défonça une partie de Hoos Field à 0m.60 de profondeur. Un tiers de l'engrais fut mélangé dans la couche, à la profondeur de 0m.60 à 0m.40 ; le deuxième tiers, dans la couche de 0m.40 à 0m.20, et le dernier, dans les 20 centimètres de la surface. On eut recours à un mélange de superphosphate de chaux et de sels alcalins, avec du nitrate de soude qui représente l'azote à un état plus favorable pour les légumineuses que les sels ammoniacaux, et se distribue plus rapidement dans le sol. Toutefois, à cause de la saison, les conditions physiques du sol ainsi préparé furent très-défavorables ; et malgré le temps écoulé depuis, malgré l'abondance d'éléments reconnus fertilisants, le trèfle n'y est pas plus venu que sur le sol fumé après labour ordinaire (1).

Nous avons dit qu'en avril 1870, toutes les séries en expérimentation furent ensemencées en trèfle, mais cette fois avec de l'orge ; et que, sur les parcelles semées en 1868 et en 1869, le trèfle mourut à l'hiver, ou au printemps suivant. Comme l'année 1870 avait été exceptionnellement sèche, et que le sol n'était peut-être pas revenu à un état physique favorable, on ne pouvait rien encore déduire d'absolu de cet échec, d'autant plus que les parcelles ensemencées en 1868 et 1869 donnèrent deux coupes en 1871.

Au printemps de 1872, le trèfle périt partout ; on défonça toute la pièce, et l'on laboura successivement en juillet 1872 et en mars 1873, pour laisser en jachère jusqu'au 4 mai 1874, époque à laquelle on sema du trèfle rouge, sans engrais. La plante, bien venue en septembre, s'éclair-

(1) *Memoranda of field experiments;* mai 1875,

cit à l'hiver ; au printemps, elle disparut sur les parcelles où l'on avait fait deux coupes en 1871, et résista ailleurs.

*Culture dans la terre de jardin.* — En présence de ces tentatives sans résultat, un fait singulier était constaté à quelques centaines de mètres du champ de Hoos Field, sur une plate-bande cultivée en jardin pendant plus d'un siècle. Cette plate-bande, ensemencée quatre fois en trèfle depuis 1854, c'est-à-dire en 1860, 1865, 1868 et 1870, n'a pas cessé de fournir sans engrais, des coupes abondantes, tellement abondantes que, si l'on devait rapporter à l'hectare le produit retiré en dix-sept années, on trouverait qu'il a été enlevé au sol plus de 2,636 kilogr. de chaux, environ 1,255 kilogr. de magnésie, plus de 2,510 kilogr. de potasse, environ 1,255 kilogr. d'acide phosphorique, et 2,636 kilogr. d'azote pendant cette période, sans qu'aucun apport de ces éléments ait eu lieu, et sans que l'abondance des récoltes ait diminué.

Sur cette plate-bande, où l'on obtint, de fin mars 1854 à fin 1859, jusqu'à quatorze coupes sans ressemer, on préleva une parcelle en 1856, que l'on partagea en trois parties égales : sur la première, on ne mit aucun engrais ; sur la seconde, on mit du plâtre, et sur la troisième, un mélange de sulfates alcalins et de superphosphate de chaux. Les résultats sont consignés dans le tableau II. Quoiqu'on ne doive les considérer que comme des approximations, vu le peu d'étendue des parcelles, on distingue nettement dans ce tableau l'effet des divers engrais sur ce sol exceptionnel.

Ainsi, pendant six années consécutives, sans nouvel engrais, on avait récolté à l'hectare plus de 316 tonnes de trèfle vert, équivalant à 66 tonnes de foin ; soit une moyenne de 11,000 kilogr. de foin à l'hectare et par an. Mais ce produit déjà considérable a été augmenté par le plâtre et, plus encore, par le mélange de sulfates alcalins et de superphosphate. En effet, en quatre années, l'accroissement dû au plâtre a été de 38t.7 de trèfle vert, soit de 8t.67 de foin, ou de plus de 2 tonnes de foin par an. Dans la même période, le mélange de sulfates et de superphosphate a accru le rendement de 72 tonnes de trèfle vert, correspondant à 16t.6 de foin, soit environ de 4 tonnes de foin par an. Or, pendant les années où l'on obtenait de si grosses récoltes avec du trèfle datant de quelques campagnes, les récoltes manquaient absolument sur le champ de Hoos Field ; ce qui pouvait donner lieu à penser que l'échec était attribuable plutôt au sol qu'au climat.

TABLEAU II. *Expériences sur la culture du trèfle pendant six années consécutives (1854-1860) sur une terre de jardin.*

| ANNÉES | NOMBRE de coupes provenant d'une seule semaille. | PRODUIT ÉVALUÉ A L'HECTARE | | | | | |
| --- | --- | --- | --- | --- | --- | --- | --- |
| | | PESÉ A L'ÉTAT VERT | | | CALCULÉ COMME FOIN | | |
| | | sans engrais. | avec plâtre le 22 mai 1856. | avec mélange de sulfates alcalins le 22 mai 1856 | sans engrais. | avec plâtre le 22 mai 1856. | avec mélange de sulfates alcalins le 22 mai 1856 |
| | | 1. | 2. | 3. | 1. | 2. | 3. |
| 1854 | 2 coupes............ | 27,462 | » | » | 5,990 | » | » |
| 1855 | 3 — ............ | 99,198 | » | » | 20,300 | » | » |
| 1856 | 2 — ............ | 58,425 | 63,890 | 73,557 | 10,870 | 12,487 | 14,098 |
| 1857 | 3 — ............ | 69,143 | 77,446 | 83.120 | 15,330 | 16,863 | 18,356 |
| 1858 | 2 — ............ | 35,307 | 50,018 | 60,947 | 7,709 | 10,780 | 13,220 |
| 1859 | 2 — ............ | 27,322 | 37,699 | 44,975 | 5,964 | 8,412 | 10,804 |
| Produit total pour les six années. | | 316,860 | » | » | 66,163 | » | » |
| Produit moy. annuel des six ann. | | 52.810 | » | » | 11,027 | » | » |
| Produit total des quatre dernières années (1856-1859............ | | 190,200 | 228,977 | 262,603 | 39,876 | 48,550 | 56,480 |
| Produit moyen annuel, id....... | | 47,550 | 57,243 | 65,650 | 9,968 | 12,136 | 14,118 |
| Excédant du prod. dû aux engrais | | » | 38,776 | 72,402 | » | 8,670 | 16,605 |

Pour être fixé sur ce point, MM. Lawes et Gilbert, dans l'hiver 1867-1868, firent défoncer des petits carrés dans la série 1 de Hoos Field, aux profondeurs de 0ᵐ.22 ; 0ᵐ.45 ; 0ᵐ.68 et 0ᵐ.90 ; et l'on enfouit à ces profondeurs respectives les divers mélanges fertilisants comprenant de fortes quantités d'alcalis, de chaux, d'acide phosphorique, etc. (1).

Sur d'autres carrés de mêmes dimensions, le sol ayant été enlevé aux profondeurs de 0ᵐ.22, 0ᵐ.45 et 0ᵐ.68, on le remplaça par de la terre de jardin provenant de la plate-bande en trèfle.

Au mois d'avril 1868, les deux séries de carrés furent ensemencées en trèfle, de même que les parcelles de la série 1 ; mais la plante y périt, comme sur le reste, à l'hiver suivant. On ressema en avril 1869 ; on obtint quelque peu de trèfle en septembre, et à l'hiver le trèfle disparut.

Ensemencées encore au printemps de 1871, encloses et protégées par des treillis à mailles fines, les deux séries de carrés levèrent bien.

Sur les carrés fumés, on obtint quelques faibles coupes en juillet 1872, et de plus fortes en juillet 1873. Là où la potasse et le nitrate de soude avaient été employés à plus forte dose et à une plus grande profondeur, la récolte fut plus abondante.

(1) *Memoranda of field experiments ;* mai 1875.

Toutefois, au mois d'avril 1874, la végétation fut trouvée trop irrégulière pour que l'on pût conserver le trèfle ; on défonça en enfouissant, et l'on fuma de nouveau, mais en enterrant les mélanges d'engrais à 0ᵐ.22 seulement de profondeur. On sema les 4 mai, 6 juillet et 22 octobre, et chaque fois la plante leva, mais périt. Au mois de mai 1875, les carrés durent être défoncés et ensemencés.

Quant aux lots ayant reçu de la terre de jardin, le trèfle semé le 4 mai 1874 résista. Quelques éclaircies furent comblées le 6 juillet suivant, et l'on obtint une faible coupe en septembre. Dans le cours de l'année 1875, la végétation s'est continuée seulement par places.

*Interprétation des résultats des expériences.* — De tous ces essais, il résulte clairement que si, dans une terre arable ordinaire, il est impossible de maintenir le trèfle pendant plusieurs années, malgré l'apport de matières riches en carbone, de sels ammoniacaux, d'engrais minéraux, etc., distribués à la surface ou à différentes profondeurs sous le sol ; il est possible de le faire persister pendant vingt années de suite, en le ressemant quelquefois et sans que la fertilité diminue, dans une terre de jardin.

Cette terre de jardin, riche en débris organiques, en humus, à la suite des fumures abondantes accumulées depuis tant d'années, réunirait ainsi les conditions nécessaires à la végétation continue du trèfle. La maladie du trèfle ne saurait donc être attribuée à l'influence nuisible sur la récolte suivante, de matières excrétées, spéciales, ni à l'action de plantes parasites ou d'insectes, qui sont plutôt la conséquence et l'aggravation d'un état maladif que la cause déterminante de la maladie. Reste l'état d'épuisement du sol; mais alors bien des inconnues sont à déterminer pour décider si l'épuisement s'applique aux matières organiques carbonées, azotées, ou minérales; ou bien s'il est dû à un état défavorable de combinaison de ces éléments; sinon, à un défaut d'assimilation du sol, ou encore à une répartition imparfaite des éléments, au point de vue de la végétation rayonnante du trèfle.

Quoique, dans toute la période des essais de Hoos Field, les récoltes aient soustrait au sol plus de carbone qu'il n'en a été apporté par la fumure, on ne saurait affirmer que le trèfle a manqué faute de carbone, à moins d'admettre que les légumineuses absorbent exclusivement le carbone à l'état d'acide carbonique fourni par l'atmosphère, ou par la matière organique décomposée dans le sol. Si pourtant certaines plantes, telles que le trèfle, exigaient pour leur développement, à certains moments de leur croissance, qu'une partie du carbone fût sous forme d'autres composés, d'acides organiques, par exemple, plus complexes que l'acide carbonique, combinés avec l'ammoniaque ou avec des bases fixes, on concevrait alors qu'un certain temps fut nécessaire pour que ces composés s'accumulassent dans le sol. Alors on pourrait s'expliquer également l'efficacité de la terre de jardin.

D'autre part, les cendres des légumineuses renferment une forte proportion de carbonates, ce qui indique que les bases fixes ont pu être combinées à un acide organique combustible. Il y a lieu encore d'observer que si une récolte de légumineuses assimile deux et trois fois plus d'azote sur une surface donnée qu'une récolte de graminées, l'emploi direct de sels ammoniacaux, si efficace pour cette dernière, est le plus souvent nuisible à la première; ce qui résulte du fait que des sels organiques acides d'ammoniaque ont été formés. Quant au nitrate de soude, plus favorable aux légumineuses que les sels ammoniacaux, il se peut que son efficacité commence seulement après la trans-

formation de l'ammoniaque en acide nitrique et après la dispersion des nitrates dans le sol et le sous-sol. La plante est dans ce cas assez développée et assez en possession du sol pour résister aux parasites, ou aux conditions climatériques qui les font naître.

Supposons que l'azote agit favorablement sur le trèfle, à l'état d'ammoniaque combinée avec un acide organique; il est certain que pour les graminées, cet état, s'il est favorable, n'est pas essentiel; ou que la distribution de ces composés azotés dans le sol est telle qu'ils sont moins accessibles aux graminées qu'aux légumineuses.

Supposons, au contraire, que l'azote, pour agir favorablement, doive se transformer en ammoniaque oxydée et se distribuer sous forme de nitrates sur un périmètre plus étendu que s'il était resté à l'état d'ammoniaque. Alors, l'excédant d'azote fourni par l'engrais, et que les graminées n'auront pas utilisé, subira la transformation en nitrates, s'étendra dans le sol, et la récolte de légumineuses venant après celle des graminées, ira le chercher au loin pour le ramener à l'état assimilable vers la surface et le tenir à la disposition de la récolte qui suivra.

Cette dernière hypothèse ferait comprendre pourquoi les légumineuses qui, parmi les plantes de grande culture, fouillent le plus profondément le sol, sont des plantes améliorantes, puisque, succédant à une graminée, elles empêchent la déperdition de l'acide nitrique par le drainage et laissent le sol superficiel dans un état excellent pour la céréale suivante. L'exemple que nous avons déjà cité à *Little Hoos field*, chap. IX (1), démontre que l'orge venue sans engrais après trèfle, a produit $22^h.68$ de plus que l'orge venue également sans engrais, mais après orge.

Enfin il est plus que probable que l'acide nitrique est combiné avec la chaux qui domine dans les cendres de légumineuses, comme avec la potasse; ce qui explique la présence d'une aussi forte proportion de bases non combinées à un acide fixe, dans les cendres du trèfle. Il serait inutile alors de recourir à l'hypothèse que ces bases ont été toutes formées dans le sol à l'état de sels organiques acides.

Quoi qu'il en soit de ces suppositions, il est manifeste que le temps nécessaire à la formation et à la distribution des sels aci-

_______________
(1) Voir p. 57.

des, ou des nitrates, dans le sol, ne peut que favoriser l'assimilation des éléments minéraux essentiels.

Sauf pour l'azote, les champs d'expériences ont reçu plus d'engrais qu'une forte récolte de trèfle n'eût pu en soustraire au sol; et, pour l'azote même, l'épuisement n'a pas été aussi important sur aucune parcelle que dans les essais dont nous rendrons compte, sur les herbes des prairies renfermant des légumineuses. Les parcelles où le trèfle a partiellement réussi ont reçu des engrais carbonés et azotés et de la chaux en grand excès. Dans celles où la végétation a été la plus énergique, l'abondance d'engrais minéraux, de potasse, par exemple, a été constatée.

Sans conclure théoriquement, ce que d'autres expérimentateurs ont cru pouvoir faire d'après des essais de laboratoire, MM. Lawes et Gilbert ont formulé de la manière suivante leurs déductions pratiques (1).

« Lorsqu'une terre arable ne refuse pas le trèfle, la récolte est susceptible d'augmentation par des fumures en couverture, à l'aide d'engrais renfermant de la potasse et du superphosphate de chaux; mais le prix élevé des sels de potasse et l'incertitude sur l'efficacité de l'engrais appliqué au trèfle, font qu'on doive mettre en doute l'économie de la fumure.

« Lorsqu'une terre arable refuse le trèfle, aucuns engrais naturels ou composés ne peuvent y assurer une récolte.

« Dans l'état actuel de nos connaissances, le seul moyen d'obtenir une bonne récolte de trèfle consiste à laisser s'écouler quelques années avant de le remettre sur le même sol. »

### B. — Geescroft Field. — Essais de culture des fèves.

Nous ne reviendrons pas sur ce qui a déjà été dit des expériences de culture des fèves sur une surface de 3ʰ.65 dans le champ de Geescroft (2), commencées en 1847 et continuées jusqu'à présent sans autre interruption qu'une année de jachère suivie d'une année de blé pour nettoyer le sol.

Pendant l'hiver et le commencement du printemps de 1871-1872, la terre fut si hu-

mide qu'elle ne put pas être préparée en temps utile pour les semailles, et qu'elle fut laissée en jachère. A la fin de mai 1872, on la défonça à la profondeur de 2 mètres environ, et on laboura encore en juillet. L'hiver et le printemps 1872-1873 furent trop humides pour que les semailles se fissent; on se borna, en conséquence, à labourer fin mars, à laisser en jachère et à labourer de nouveau en juillet et en octobre 1873. C'est seulement le 2 février 1874 qu'on sema les fèves, mais sans engrais. En 1875, à cause de l'humidité, les semailles, avec le même mélange d'engrais que de 1864 à 1870, ne purent avoir lieu qu'en avril.

Ces expériences qui n'ont fait l'objet d'aucun mémoire spécial ont démontré d'une manière générale que les engrais minéraux, et plus particulièrement la potasse et l'acide phosphorique, accrurent considérablement la récolte pendant les premières années. Les sels ammoniacaux, qui exercent une action si manifeste sur les graminées, ont produit peu d'effet sur les fèves, bien que celles-ci renfermassent deux, trois ou quatre fois plus d'azote que les graminées venues dans les mêmes conditions. Le nitrate de soude, toutefois, a donné des résultats exceptionnels. On a reconnu enfin que les légumineuses revenant souvent sur le même sol étaient exposées à manquer complétement ou partiellement, sans qu'aucun engrais pût combattre ni prévenir la maladie.

Aux essais sur les pois, que l'on dut abandonner à cause de la difficulté d'extirper les mauvaises herbes, on fit succéder ceux sur les fèves alternant avec le blé, en leur donnant les mêmes engrais. Cette culture alterne, qui a duré seize ans, a fourni ce résultat remarquable que huit récoltes de blé venu après les fèves, ont présenté un poids de grain à peu près égal à celui de seize récoltes de blé venues sans interruption sur un autre champ sans engrais, et égal à celui de huit récoltes de blé venues sur un troisième champ, où elles alternaient avec une jachère nue. Ainsi, pendant seize années, la même terre, outre huit récoltes de fèves, renfermant une quantité très-notable d'azote, avait fourni huit récoltes de blé suffisantes, à la condition qu'elles alternassent. Les fèves, au lieu d'épuiser le sol, le laissaient chaque fois dans un état particulièrement favorable à la graminée suivante.

(1) *Notes on clover sickness*, 1871.
(2) Voir § II, les champs d'expériences ; p. 7.

**C. — Effet comparé des fumures sur les légumineuses et épuisement de l'azote.**

Bien que le résultat final des expériences de culture continue des légumineuses n'ait pas répondu à l'attente que fit naître la première période, il y a lieu d'envisager, avec MM. Lawes et Gilbert, l'action caractéristique des divers engrais par rapport au sol sans fumure, et aux autres récoltes, telles que les céréales et les racines (1).

*Augmentation des produits par les fumures.* — Le tableau n° III reproduit les moyennes de l'augmentation de produit dû aux engrais-types employés à Rothamsted, isolément ou en mélange, pour les légumineuses, les racines et les céréales.

Dans le cas du trèfle, l'augmentation moyenne à l'hectare s'applique aux années 1849, 1851 et 1852, avec une récolte intercalaire de blé : aussi reconnaît-on que le rendement des deux dernières années fut maigre et irrégulier eu égard à celui tout à fait exceptionnel de 1849. Dans le but de rendre la comparaison utile avec les fèves, on a ajouté au poids de de trèfle sec, un sixième du poids correspondant à l'eau.

Pour les céréales, comme pour les fèves, les chiffres du tableau représentent l'accroissement du grain et de la paille; pour le turneps, on a compris les feuilles et les racines pesées à l'état vert.

TABLEAU III. *Comparaison de l'augmentation, à l'hectare, du produit des diverses récôltes par les engrais types.*

| ENGRAIS TYPES EMPLOYÉS SEULS OU EN MÉLANGE. | CÉRÉALES | | RACINES | LÉGUMINEUSES | |
|---|---|---|---|---|---|
| | Blé. | Orge. | Turneps. | Fèves. | Trèfle. |
| | Kilogr. | Kilogr. | Kilogr. | Kilogr. | Kilogr. |
| 1. Potasse | » | » | » | 1,051.4 | 1,139.9 |
| 2. Potasse, soude et magnésie | 302.6 | nulle. | » | 944.9 | 1,368.6 |
| 3. Superphosphate de chaux | 504.4 | 271.2 | 19,332 | nulle. | 126.6 |
| 4. Superphosphate et potasse | 108.7 | » | 13,558 | 566.0 | 1,771.0 |
| 5. Nitrate de soude | 2,613.9 | 2,096,0 | » | » | » |
| 6. Sels ammoniacaux | 1,921.2 | 2,597.1 | 815 | 16.8 | nulle. |
| 7. Sels ammoniacaux et superphosphate de chaux | 2,814.5 | 3,169.8 | 22,063 | 196.1 | nulle. |
| 8. Sels ammoniacaux, potasse et superphosphate | 3,313.3 | » | 25,637 | 952.7 | 1,217.3 |
| 9. Sels ammoniacaux, potasse, soude, magnésie et superphosphate | 3,401.9 | 3,535.3 | 26,708 | 1,532.2 | 1,036.8 |

Sous le rapport des engrais, la potasse, la soude et la magnésie ont été généralement employées à l'état de sulfates; le superphosphate de chaux a été fabriqué à l'aide de cendres d'os, mélangées d'eau et décomposées par trois quarts en poids d'acide sulfurique, pesant 1.7; le nitrate de soude provenait du commerce, et les sels ammoniacaux, d'un mélange à parties égales de sulfate et de chlorhydrate.

Les chiffres d'accroissement de produit, dans chaque cas, ont été calculés en déduisant du rendement total de chaque parcelle, ou de l'ensemble des parcelles identiques, celui de la parcelle laissée sans engrais pendant la même année, et en faisant la moyenne des différences pour un certain nombre d'années.

Ainsi, d'après le tableau III, avec la potasse seule, les deux légumineuses reçoivent un accroissement moyen considérable, quoique dans chaque année, examinée à part, cet accroissement ait été plus sensible que ne l'indique la moyenne.

Un mélange de potasse, de soude et de magnésie donne lieu également à une forte augmentation.

Le superphosphate de chaux accroît peu le rendement moyen du trèfle et réduit celui des fèves.

Un mélange de superphosphate et de potasse agit sensiblement sur les fèves, bien qu'à un degré moindre que la potasse seule, et très-sensiblement sur le trèfle.

Les sels ammoniacaux, d'un effet si énergique sur les céréales, relativement peu azotées, exercent une action insignifiante sur les légumineuses très-riches en azote, puisqu'ils n'augmentent le produit moyen des fèves que de 17 kilogr. environ à l'hectare, et diminuent celui du trèfle.

Un mélange de superphosphate et de sels ammoniacaux n'a aucun effet utile sur les légumineuses; mais si on l'additionne de potasse, le résultat est remarquable.

Enfin un mélange de sels ammoniacaux avec une fumure minérale comprenant du

(1) *On some points connected with agricultural chemistry.* Journ. Roy. Agr. Soc. Engl., t. XVI, p. II, 1855.

superphosphate et des alcalis, ne donne pas d'augmentation plus grande que si l'engrais minéral, et surtout alcalin, est employé seul.

*Teneur en azote des légumineuses et autres récoltes.* — Avant de conclure, en se basant sur les données du tableau III, il convient d'examiner la quantité d'azote que les légumineuses fixent à l'hectare, relativement aux autres récoltes (1).

Ainsi comparées aux céréales, aux herbes des prairies et aux racines, les légumineuses, sur un sol que l'on peut considérer comme épuisé dans la pratique agricole, lui enlèvent beaucoup plus d'azote. Ce fait ressort du tableau IV ci-après, qui donne le rendement moyen en azote des diverses récoltes pendant une série d'années consécutives. Ces récoltes ont été obtenues sur les parcelles sans engrais, ou à l'aide d'engrais minéraux, mais sans le concours d'aucun engrais azoté.

TABLEAU IV. *Rendement moyen des diverses récoltes en azote, à l'hectare et par an.*

| RÉCOLTES. | PÉRIODES des essais. | NOMBRE d'années d'essai. | AZOTE à l'hectare par an. | OBSERVATIONS. |
|---|---|---|---|---|
| | | | Kil. | |
| Blé.................... | 1844-1859 | 16 | 27.32 | Sans engrais. |
| Orge.................... | 1852-1859 | 8 | 27.65 | Id. |
| Prairies.................... | 1856-1862 | 7 | 44.44 | Id. |
| Turneps.................... | 1845-1852 | 8 | 47.02 | Avec engrais minéral. |
| Fèves.................... | 1847-1858 | 12 | 53,50 | Sans engrais. |

Le rendement en azote des récoltes de fèves a beaucoup diminué, pour atteindre la moyenne qui figure au tableau IV. Il avait été dans les six premières années de 78 kilogr., et dans les six dernières de 29 kilogr. seulement. Pour les turneps, il en a été de même; tandis que pour les céréales et les herbes de prairie la décroissance a été très-faible.

Notons toutefois que les engrais minéraux augmentent sensiblement le rendement en azote des racines et des légumineuses.

Pour fixer les idées sur la différence de rendement en azote des graminées et des légumineuses, MM. Lawes et Gilbert ont reproduit les résultats comparés suivants :

TABLEAU V. *Rendement en azote du trèfle et du blé* (1849-1853).

| ANNÉES. | RÉCOLTES. | AZOTE à l'hectare. |
|---|---|---|
| | | Kil. |
| Première année 1849..... | Trèfle..... | 231,80 |
| Deuxième année 1850.... | Blé........ | 50.66 |
| Troisième année 1851... | Trèfle..... | 32.88 |
| Quatrième année 1852..... | Trèfle..... | 125.43 |
| Moyenne de trois années de trèfle... | | 130.02 |

On remarquera qu'après avoir obtenu 231ᵏ.80 d'azote à l'hectare par la première récolte de trèfle, le blé suivant a donné une récolte double de celle obtenue cette même année (1850) sur une parcelle sans engrais, cultivée depuis longtemps en blé,

et la même récolte que celle obtenue sur les parcelles où l'on avait, dans la même période, appliqué annuellement du fumier de ferme. Cependant tous les essais, pour répéter le trèfle depuis 1852, sur cette même terre, ont échoué, quel que fût le mélange d'engrais.

La recherche du rendement en azote des légumineuses a été poussée plus loin encore, par la comparaison des fèves avec 1° le blé cultivé d'une manière continue; 2° le blé alternant avec des fèves, et 3° le blé alternant avec une jachère nue. Le tableau VI présente les éléments de cette comparaison pour dix années.

Ainsi, sur une surface déterminée, on a retiré en dix années à peu près la même quantité d'azote du sol, qu'il ait été cultivé dix années de suite en blé, ou cinq années en blé alternant avec une jachère nue, ou encore cinq années en blé alternant avec des fèves. En d'autres termes, la récolte de blé reçoit le même accroissement en azote, qu'elle suive une récolte de fèves qui enlève au sol une forte proportion d'azote, ou qu'elle suive une jachère nue conservant et augmentant les ressources du sol en azote et en matières minérales. Enfin l'addition d'engrais azotés produirait le même effet à peu près pour l'augmentation de la récolte de blé.

Dans le chapitre XI, nous avons déjà entretenu le lecteur des expériences faites pour constater l'azote recouvré et non recouvré dans les récoltes de céréales (1).

(1) *On the sources of the nitrogen of vegetation.* Journ. chem. soc., t. XVI, p. 4, 1863.

(1) Voir p. 60.

TABLEAU VI. *Rendement en azote des fèves et du blé* (1850-1860).

| PÉRIODE DE DIX ANNÉES D'EXPÉRIENCES (1850-1860). | | | AZOTE A L'HECTARE | |
|---|---|---|---|---|
| RÉCOLTE. | NOMBRE DE RÉCOLTES. | FUMURE. | TOTAL. | moyenne annuelle. |
| | | | Kil. | Kil. |
| Fèves....... | Dix récoltes successives.... .................... | Sans engrais. ........ | 388.84 | 38.89 |
| | | Avec engrais minéral.. | 572.33 | 57.23 |
| Blé. ......... | Dix récoltes successives..................... | Sans engrais ......... | 262.29 | 26.23 |
| | Cinq récoltes successives alternant avec jachère...... | | 245.81 | 24.58 |
| Blé. ........ | Cinq récoltes alternant avec fèves................... | Sans engrais......... | 253.09 | 25.31 |
| Fèves. ..... | Cinq récoltes alternant avec blé................. | | 274.06 | 27.41 |
| Blé....... | Cinq récoltes alternant avec fèves.:............... | Avec engrais minéral.. | 232.02 | 23.20 |
| Fèves....... | Cinq récoltes alternant avec blé................. | | 254.66 | 25.47 |

Nous verrons plus tard que les résultats singuliers du tableau VI concordent absolument avec ceux de la pratique ordinaire, observés dans l'assolement de Bechelbronn par M. Boussingault, et dans celui de la ferme de Rothamsted. Pour le moment, nous nous bornerons à faire ressortir que si les céréales cultivées chaque année consécutivement sur la même terre, sans engrais, enlèvent environ 27 kilogr. d'azote à l'hectare et par an, les légumineuses en enlèvent beaucoup plus. Toutefois la récolte de céréales double sa proportion d'azote lorsqu'elle suit une légumineuse ou une jachère. Enfin une série de récoltes, dans un assolement régulier, fixe plus d'azote que le même nombre des récoltes successives de céréales venues sans engrais.

*Conclusions.* — Il nous reste maintenant à conclure pour les légumineuses, comparées aux autres récoltes expérimentales. Le tableau III, rapproché des tableaux donnés dans les chapitres précédents, facilite les déductions.

En effet, pour les légumineuses, malgré les récoltes manquées, l'augmentation du rendement moyen par les engrais minéraux correspond à environ 900 kilogr. à l'hectare, tandis que pour les céréales, dans les mêmes conditions, elle ne correspond qu'à 225 kilogr. environ.

En revanche, les engrais azotés seuls, qui donnent un accroissement de produit moyen de 2,000 à 2,200 kilogr. à l'hectare pour les céréales, n'en donnent aucun pour les légumineuses.

Quant aux engrais carbonés qui ont tant d'action sur les racines, ils sont plus efficaces sur les légumineuses que sur les céréales, qui paraissent le moins en profiter.

Si l'on veut caractériser l'élément dominant de l'augmentation du produit moyen, dans chaque culture, on désignera donc : *les engrais azotés* pour les céréales; *les phosphates* pour les turneps; *la potasse* pour les légumineuses.

## XVI. — EXPÉRIENCES SUR LES PRAIRIES PERMANENTES.

L'étendue des terres cultivées en prairies, l'importance de leur récolte pour l'alimentation des animaux, et de leurs relations avec les autres cultures dans l'exploitation agricole, devaient particulièrement fixer l'attention des savants de Rothamsted. Déjà des travaux d'un très-grand intérêt avaient été publiés, en Angleterre, sur le mode de distribution, sur l'application et l'utilité des plantes principales qui composent la récolte hétérogène des prés. Le professeur Way avait notamment examiné la composition de plusieurs plantes fourragères, cultivées dans les meilleures conditions et récoltées vers la même période de leur végétation (1).

MM. Lawes et Gilbert se sont proposé un but différent, en voulant déterminer l'action des divers engrais sur les herbages permanents. Ils ne se sont pas bornés pour cela à rechercher le meilleur mode à suivre afin d'augmenter leur production, mais bien les effets de la culture sur la nature et la quantité des récoltes, qui comprennent un grand nombre de genres et d'espèces appartenant à la famille des *graminées*, en même temps que des plantes appartenant à d'autres familles, entre lesquelles les plus importantes sont les *légumineuses*. Or les graminées et les légumineuses, quand on les cultive séparément dans la rotation ordinaire, offrent, on l'a vu, des différences caractéristiques, quant à l'action des engrais. De plus, les graminées, telles que le blé, l'orge, l'avoine,

(1) *Journ. Roy. agr. Soc. Engl.*, t. XII et t. XIV.

ont des rapports d'affinité avec les graminées des prairies; de même que les légumineuses, telles que les fèves, pois, trèfle, luzerne, etc., de la culture ordinaire, sont en relations intimes avec les trèfles, la gesse et les autres plantes des pâturages. Il est vrai que, pour la croissance et le traitement cultural, elles diffèrent beaucoup; que les plantes de grande culture sont surtout annuelles, lorsque les autres sont perennes; aussi ces dernières exigent-elles des conditions de fumure tout autres.

Quoi qu'il en soit, il y a un intérêt manifeste à comparer l'influence des engrais sur les plantes fourragères mixtes, pour confirmer, s'il y a lieu, les faits déjà observés au sujet des plantes-types cultivées isolément.

Les recherches sur les prairies, conçues d'après ce programme, et suivies depuis 1856 jusqu'à ce jour, sans interruption, constituent l'ensemble le plus complet peut-être parmi ceux que nous avons déjà analysés. On en trouve le détail dans une série de mémoires, dont les deux plus importants remontent à 1858-59 et à 1863 (1),

(1) *Report of experiments on permanent meadow land.* Journ. Roy. agr. Soc. Engl., t. XIX et XX (1858-1859). — *Further Report of experiments on permanent meadow land.* Id., t. XXIV, 1863.

et nous devrons leur consacrer un résumé plus circonstancié.

### A. The Park. Essais de culture.

La pièce de terre choisie pour les essais de culture de prairie est connue à Rothamsted sous le nom de *the Park*. D'une contenance de deux hectares et demi environ, elle était en pré depuis plusieurs siècles. On n'y avait semé aucune graine nouvelle depuis quarante ans, et l'on n'avait aucun souvenir que le gazon y eût été ressemé depuis l'origine. Avant 1851, on la fumait occasionnellement à l'aide de fumier, de boues, etc., et parfois d'engrais commerciaux. On en retirait annuellement une première coupe de 3,000 à 5,000 kilogr. à l'hectare, et le regain était pâturé par des moutons. Aux printemps de 1851 et de 1852, après avoir séparé un hectare et demi de la pièce, on y fit consommer des turneps par les moutons, à raison de 25,000 kilogr. environ à l'hectare. Ce fut le seul engrais que la prairie *the Park* reçut jusqu'en 1856.

Le sol est argileux, assez compacte, reposant sur un sous-sol argileux, rouge, et sur la craie; le terrain est naturellement drainé, parfaitement nivelé et offre partout l'aspect d'un bon herbage.

TABLEAU I. — *The Park. Expériences sur la culture des prairies. Résultats de 7 années (1856-1862).*

| Numéros des parcelles. | ENGRAIS A L'HECTARE ET PAR AN. | PRODUIT MOYEN EN FOIN à l'hectare et par an. | | | AUGMENTATION moyenne de produit annuel par l'engrais | |
|---|---|---|---|---|---|---|
| | | de 3 années (1856-58) | de 4 années (1859-62) | de 7 années (1856-62) | 4 années (1859-62) | 7 années (1856-62) |
| | *1re série. — Sans engrais minéral direct.* | Kilogr. | Kilogr. | Kilogr. | Kilogr. | Kilogr. |
| 1 | Sans engrais | 2,930.0 | 3,137.3 | 3,048.9 | » | » |
| 2 | — (duplicata) | 3,102.5 | 3,415.4 | 3,280.8 | » | » |
| | Moyenne des parcelles sans engrais | 3,016.2 | 3,276.3 | 3,164.9 | » | » |
| 3 | 2,242 k. sciure de bois | 2,577.0 | » | » | » | » |
| 4 | 224 k. sulfate et 224 k. chlorhydrate d'ammoniaque | 4,402.8 | 3,992.5 | 4,168.6 | 716.2 | 1,003.7 |
| 5 | 224 k. sulfate, 224 k. chlorhydr. d'ammon. et 2,242 k. sciure de bois | 4,409.6 | 4,216.8 | 4,303.2 | 940.5 | 1,138.3 |
| 6 | 308 k. nitrate de soude | » | 4,504.8 | 4,264.9 | 1,228.5 | 1,100.0 |
| 7 | 616 k. nitrate de soude | » | 4,781.7 | 4,624.7 | 1,505.4 | 1,459.8 |
| | *2e série. — Avec engrais minéral direct.* | | | | | |
| 3 (a) | Superphosphate de chaux | » | 3,546.5 | » | 270.2 | » |
| 3 (b) | Superph. de chaux, 224 k. sulfate et 224 k. chlorhydr. ammoniaque | » | 5,466.6 | » | 2,190.3 | » |
| 8 | Engrais minéral mixte | 4,176.4 | 4,555.3 | 4,392.8 | 1,279.0 | 1,227.9 |
| 9 | Engrais minéral mixte, 2,242 k. sciure de bois | 4,513.8 | 4,651.7 | 4,592.3 | 1,375.4 | 1,427.4 |
| 10 | Engr. minéral mixte, 224 k. sulfate et 224 k. chlorhyd. ammoniaque | 7,456.2 | 6,876.7 | 7,125.4 | 3,600.4 | 3,960.5 |
| 11 | Engrais minéral mixte, 224 k. sulfate, 224 k. chlorhydrate d'ammoniaque et 2,242 k. sciure | 7,356.3 | 6,677.2 | 6,967.5 | 3,400.9 | 3,802.6 |
| 12 | Engrais minéral mixte, 224 k. sulfate, 224 k. chlorhydrate d'ammoniaque et 2,242 k. paille de b é hachée | 6,805.0 | 7,112.0 | 6,903.6 | 3,835.7 | 3,738.7 |
| 13 (a) | Engrais minéral mixte, 448 k. sulfate et 448 k. chlorhydr. ammon. | 8,001.9 | 7,485.4 | 7,707.2 | 4,209.1 | 4,542.3 |
| 13 (b) | Engrais minéral mixte (comprenant 224 k. silicate soude et 224 k. silicate de chaux) : 448 k. sulfate et 448 k. chlorhydr. ammoniaque | » | » | » | » | » |
| 14 | Engrais minéral mixte et 308 k. nitrate de soude | » | 5,733.4 | 5,536.0 | 2,457.1 | 2,371.1 |
| 15 | Engrais minéral mixte et 616 k. nitrate de soude | » | 6,520.1 | 6,482.1 | 3,243.8 | 3,317.2 |
| | *3e série. — Avec fumier de ferme.* | | | | | |
| 17 | 35,000 k. fumier de ferme | 5,051.8 | 5,577.6 | 5,352.3 | 2,076.0 | 2,187.4 |
| 18 | 35,000 k. fumier, 112 k. sulfate et 112 k. chlorhydr. ammoniaque | 6,104.3 | 6,146.9 | 6,128.9 | 2,852.6 | 2,964.0 |

Au commencement de 1856, on lotit 9 parcelles de 20 ares chacune, pour y mettre des engrais, 2 parcelles de 10 ares, qu'on laissa sans engrais, et 2 parcelles de 10 ares également, que l'on engraissa avec du fumier. En 1858, on ajouta 4 autres parcelles, de 7 ares chacune, pour l'essai des fumures au nitrate de soude.

Le tableau I indique la composition des engrais; nous nous contenterons, pour leur énumération complète, d'ajouter que les sels ammoniacaux employés ont toujours compris parties égales de sulfate et de chlorhydrate d'ammoniaque, et que l'engrais minéral mixte correspondait au mélange suivant de sels du commerce, à l'hectare :

| | |
|---|---|
| 90 kilogr. cendres d'os.............. | } superphos- |
| 68 — acide sulfurique pesant 1.7 | } phate. |
| 136 — sulfate de potasse. | |
| 90 — sulfate de soude. | |
| 45 — sulfate de magnésie. | |

Les engrais commerciaux mélangés avec de la terre calcinée étaient distribués à la volée, du 15 février au 8 avril, suivant la saison; le fumier et la sciure de bois, à laquelle on attribuait d'abord une action marquée, à cause des silicates et de son dégagement d'acide carbonique pour désagréger les éléments minéraux du sol, étaient répandus en novembre ou en décembre.

Le premier foin fauché, on pesait séparément le produit de chaque parcelle, au moment de mettre en meule. Le regain était consommé, sur chaque parcelle, par un nombre de moutons proportionnel à la récolte, les moutons n'ayant aucune autre nourriture pendant le parcage.

*Première série.* — En parcourant les chiffres consignés dans le tableau I, qui a été établi pour une période de sept années, on trouve que la moyenne du produit annuel en foin sur les parcelles *sans engrais*, a été de 3,165 kilogr., tandis que, pour les quatre dernières années, le produit est de 3,276 kilogr., ce qui indique qu'il ne s'était fait encore sentir aucune diminution dans la production.

Il en est de même des parcelles où l'on a employé des engrais commerciaux, bien qu'aucun ne fournit la totalité des éléments organiques ou inorganiques soustraits par la récolte. Toutefois, dans la plupart des cas, comme on le verra plus tard, la nature des plantes s'est modifiée ou détériorée, et la composition chimique du foin s'est changée par rapport au stock disponible de certains éléments dans le sol.

Les sels ammoniacaux employés seuls (n° 4) donnent en sept ans un accroissement moyen de 1,004 kilogr., et dans les quatre dernières années, de 716 kilogr. seulement. Avec addition de sciure de bois (n° 5), ils offrent un accroissement de 1,138 kilogr. en sept ans, et de 940 kilogr. dans les quatre dernières années. Il en résulte que l'emploi continu des sels ammoniacaux, sans engrais minéral, amène un épuisement notable du sol en éléments minéraux.

Le nitrate de soude (n°s 6 et 7), bien qu'essayé deux années plus tard, a fourni dans la période quinquennale une augmentation de produit annuel; il correspond, pour une quantité d'azote donnée, à un rendement plus élevé que les sels ammoniacaux. D'ailleurs, la nature des plantes dominantes dans chaque cas est très-différente; ce que l'on doit attribuer à la faculté d'absorption ou de rétention du sol, plus développée pour l'ammoniaque que pour l'acide nitrique.

*Deuxième série.* — Le superphosphate employé seul (n° 3 a), essayé pendant les quatre dernières années, accuse une augmentation moyenne annuelle de 270 kilogr. de foin. Le rendement varie d'année en année, à peu près comme sur la parcelle sans engrais.

Mélangé avec des sels ammoniacaux, le superphosphate (n° 3 b) élève le rendement moyen en quatre ans, de 3,546 kilogr. à 5,466 kilogr. par an. Additionné de sels alcalins (n° 8), il le porte pour sept années de 3,546 à 4,555 kilogr.; mais l'augmentation est due presque exclusivement aux légumineuses : trèfle, gesse et lotier. Complété par la sciure de bois (n° 9), l'engrais minéral augmente à peine le rendement.

En 1862, on omit le sel de potasse dans le mélange minéral, pour forcer la dose du sel de soude, et la conséquence fut de réduire les légumineuses, sans diminuer le produit moyen.

L'engrais minéral mixte, additionné de sels ammoniacaux (n° 10), donne lieu à une réduction dans le rendement annuel. En effet, dans les quatre dernières années, l'augmentation par rapport à la parcelle sans engrais n'est que de 3,600 kilogr., au lieu de 3,960 kilogr. pour la période septennale. Si le foin venu avec l'engrais minéral seul, renferme environ un quart du poids total de légumineuses, celui fourni par le même engrais additionné de sels ammoniacaux n'en contient plus que des traces et consiste presque exclusivement en graminées ou plantes accessoires qui réclament beaucoup de silice pour leur développement. Il s'ensuit que, l'engrais ne contenant pas de silice, l'épuisement dû à la forte augmentation de récolte a été en croissant.

Sur les parcelles nᵒˢ 10 et 11, le mélange des sels minéraux et ammoniacaux a eu pour effet de fournir consécutivement, pendant la période septennale, un produit moyen annuel de 7,046 kilogr. et un accroissement moyen de 3,880 kilogr. environ. Par l'addition de paille de blé hachée (nᵒ 12), le rendement moyen s'accroît à peine.

Dans la parcelle nᵒ 13, divisée en deux lots *a* et *b*, on fit varier comme mélange avec l'engrais minéral, une grosse fumure de sels ammoniacaux, 996 kilogr. à l'hectare dans les 1ʳᵉ, 2ᵉ, 3ᵉ et 7ᵉ années d'expériences, et de 448 kilogr. dans les autres années. Le résultat de cette énorme fumure, pour la période septennale, a été d'assurer un produit moyen de 7,500 kilogr. par an, qui a légèrement diminué dans les quatre dernières années. Les légumineuses ont disparu.

A partir de 1862, sur le lot *b*, on ajouta 224 kilogr. de silicate de soude et 224 kilogr. de silicate de chaux. L'augmentation fut à peine sensible la première année; mais en 1863, elle atteignit 750 kilogr.

Les parcelles nᵒˢ 14 et 15, où le nitrate de soude a été employé comme complément de l'engrais minéral mixte depuis 1858, donnent un rendement moindre qu'avec le même engrais additionné de sels ammoniacaux, et la nature du foin y est très-différente.

*Troisième série.* — La fumure de 35,000 kilogr. de fumier à l'hectare, renfermant évidemment plus d'éléments minéraux et beaucoup plus d'azote que la récolte ne l'exige, et une forte quantité de matières organiques donnant naissance à de l'acide carbonique et à certains autres produits, fournit, dans les quatre dernières années, un produit moyen qui surpasse bien peu celui de la période septennale. Dans la parcelle nᵒ 17, le fumier additionné de sels ammoniacaux donne une augmentation de 776 kilogr. seulement, par rapport

à la parcelle nᵒ 16 avec fumier seul, et un rendement moyen très-inférieur à celui obtenu à l'aide des engrais du commerce. La nature de l'herbe reste d'ailleurs beaucoup plus complexe et indique une meilleure qualité que pour le foin cultivé avec les engrais commerciaux.

On comprendra qu'il nous soit difficile de suivre les expériences ultérieures avec le même détail; aussi nous suffira-t-il de présenter dans le tableau II les résultats des six dernières années (1869-1874), et les moyennes annuelles des dix-huit années d'essais (1856-1874), classés d'après les numéros des parcelles actuellement en culture au Park.

Nos observations sur ce tableau seront brèves. C'est surtout en 1870, année de sécheresse inusitée pour l'Angleterre, qu'apparaissent les variations de rendement les plus considérables, aussi bien sur les parcelles sans engrais que sur celles n'ayant reçu que des sels ammoniacaux. Ainsi la parcelle nᵒ 5, malgré 448 kilogr. de sels ammoniacaux, donne encore moins que la parcelle nᵒ 3 sans aucun engrais. Pour les nitrates, la sécheresse n'est pas aussi funeste, et la raison en est sans doute dans la pénétration des nitrates, à travers le sol arable, jusqu'aux couches plus profondes et plus humides.

L'action des divers engrais est d'ailleurs confirmée par rapport à celle des sept premières années. La parcelle 11, nᵒ 2, se place au premier rang; elle a reçu les mêmes engrais exactement que le nᵒ 1 de la même parcelle, sauf à partir de 1862, où l'on y a ajouté 448 kilogr. de silicate de soude.

Les parcelles nᵒˢ 13 et 14 avec les engrais minéraux complexes viennent ensuite, sans qu'un excès de matière carbonée, sous forme de paille hachée, ait une influence sensible sur le résultat.

Si l'on abaisse la proportion de ces engrais complexes, comme dans les parcelles nᵒˢ 8 et 16, on remarque un abaissement de produit. La parcelle nᵒ 8, par exemple, pour une même dose d'engrais azoté, reçoit moins de sels alcalins; son rendement est inférieur. La parcelle nᵒ 16 reçoit 308 kilogr. de nitrate de soude en moins, par année, que la parcelle nᵒ 14; aussi la diminution du fourrage y est-elle de 1,600 kilogr.

L'influence des sels alcalins est surtout appréciable dans la comparaison des parcelles nᵒˢ 9 et 4.

Enfin, pour les parcelles à engrais simple, employé isolément, tels que sels ammoniacaux, nitrate ou phosphate, la récolte baisse, tout en demeurant au-dessus de celle de la parcelle sans engrais.

TABLEAU II. — *The Park. Expériences sur la culture des prairies. Résultats des six dernières années (1869-1874), et moyennes annuelles de 18 années (1856-1873).*

| Nᵒˢ des parcelles | ENGRAIS A L'HECTARE ET PAR AN. | PRODUIT PAR HECTARE PESÉ A L'ÉTAT DE FOIN. | | | | | | |
|---|---|---|---|---|---|---|---|---|
| | | 14ᵉ année. 1869. | 15ᵉ année. 1870. | 16ᵉ année. 1871. | 17ᵉ année. 1872. | 18ᵉ année. 1873. | 19ᵉ année. 1874. | Moyenne annuelle de 18 années. (1856-73). |
| | | Kilog. | Kilog. | Kilog. | Kilog. | Kilog. | Kilog. | Kilog. |
| 1 | 1856-1853, huit ans, 35,000 k. fumier et 224 k. sels ammoniac. Produit moyen, 6,214 k. Depuis 1863, 224 k. sels ammon. seulement. Produit moyen, 10 ans, 5,131 k. | 7.658 | 2,040 | 5,492 | 3,954 | 3,735 | 2,950 | 5,618 |
| 2 | 1856-1863, huit ans, 35,000 k. fumier. Produit moyen, 5,382 k. Depuis 1863, aucun engrais. Produit moyen, 10 ans, 4,410 k. | 6,936 | 1,742 | 4,253 | 3,170 | 2,369 | 2,040 | 4,849 |
| 3 | Sans engrais. | 4,143 | 722 | 3,186 | 1,836 | 1,538 | 1,585 | 2,746 |
| 4 {1 | 439 k. superphosphate de chaux. | 5,053 | 910 | 3,123 | 1,977 | 1,695 | 1,648 | 2,919 |
| {2 | 439 k. superph. de chaux, et 448 k. sels ammoniacaux. | 5,712 | 1,035 | 4,802 | 3,578 | 3,2 4 | 2,40 | 4,409 |
| 5 | 448 k. sels ammoniacaux. | 4,472 | 690 | 3,719 | 2,825 | 2,118 | 847 | 3,452 |
| 6 | 1856-1858, treize ans, 448 k. sels ammoniacaux. Produit moyen, 3,954 k. Depuis 1869, 336 k. sulfate potasse, 112 k. sulfate soude, 112 k. sulfate magnésie, 439 k. superphosphate. Produit moyen, 5 ans, 4,049 k. | 7,093 | 2,040 | 4,708 | 3,170 | 3,264 | 2,699 | 3,907 |
| 7 | 336 k. sulfate potasse, 112 k. sulfate soude, 112 k. sulf. magnésie, et 439 k. superphosphate. | 6,857 | 2,197 | 4,943 | 4,739 | 4,062 | 3,452 | 4,457 |
| 8 | 1856-1861, six ans, 336 k. sulf. potasse, 224 sulf. soude, 112 k. sulf. magnésie, et 439 k. superphosph. Produit moyen, 4,519 k. Depuis 1861, 280 k. sulfate soude, 112 k. sulfate magnésie, et 450 k. superph. Produit moyen, 12 ans, 3,578 k. | 5,822 | 1,600 | 3,766 | 2,872 | 2,307 | 2,166 | 3,892 |
| 9 | 336 k. sulf. potasse, 112 k. sulf. soude, 112 k. sulfate magnésie, 439 k. superph., et 448 k. sels ammon. | 8,630 | 3,735 | 7,375 | 6,340 | 5,492 | 3,687 | 6,544 |
| 10 | 1856-1861, six ans, 336 k. sulf. potasse, 224 k. sulfate soude, 112 k. sulf. magnésie, 439 k. superphosphate, et 448 k. sels ammoniac. Produit moyen, 6,767 k. Depuis 1861, 280 k. sulf. soude, 112 k. sulfate magnésie, 43 k. superphosph., et 448 sels ammon. Produit moyen, 12 ans, 5,492 k. | 7,187 | 2,608 | 5,838 | 4,849 | 4,143 | 2,887 | 5,979 |
| 11 {1 | 336 k. sulf. potasse, 112 k. sulf soude, 112 k. sulf. magnésie, 439 k. superph, 896 k. sels ammoniacaux. | 9,447 | 5,820 | 7,109 | 7,987 | 5,869 | 2,950 | 7,564 |
| {2 | 336 k. sulf. potasse, 112 k. sulf. soude, 112 k. sulf. magnésie, 439 k. superph., 896 k. sels ammoniacaux, et 448 k. silicate soude. | 9,855 | 6,214 | 8,254 | 8,019 | 7,093 | 4,999 | 8,191 |
| 12 | Sans engrais. | 4,865 | 1,412 | 3,311 | 2,5 6 | 2,024 | 1,836 | 3,076 |
| 13 | 336 k. sulf. potasse, 112 k. sulf. soude, 112 k. sulf. magnésie, 439 k. superph., 448 k. sels ammoniacaux, et 2,242 k. paille de blé hachée. | 9,745 | 6,026 | 7,909 | 7,862 | 7,156 | 5,858 | 7,234 |
| 14 | 616 k. nitrate soude, 336 k. sulfate potasse, 112 sulfate soude, 112 sulf. magnés., et 439 k. superphosph. | 9,557 | 7,062 | 7,768 | 6,967 | 6,497 | 6,151 | 7,203 |
| 15 | 616 k. nitrate soude. | 6,585 | 1,936 | 4,849 | 4,096 | 4,237 | 3,280 | 4,566 |
| 16 | 308 k. nitrate soude, 336 sulf. potasse, 112 sulf. soude, 112 sulf. magnésie, et 439 k. superphosphate. | 9,321 | 4,158 | 7,156 | 5,0 1 | 5,225 | 3,688 | 5,979 |
| 17 | 308 k. nitrate soude. | 6,873 | 2,417 | 4,833 | 3,719 | 3,578 | 3,856 | 4,362 |
| 18 | Mélange renfermant la quantité de potasse, de soude, de chaux, de magnésie, d'acide phosphor., de silice, contenue dans une tonne de foin. | 6,983 | 1,816 | 4,755 | 4,190 | 3,280 | 3,823 | 4,143 |
| 19 | 308 k. nitrate soude, 325 k. sulfate potasse, et 439 k. superphosphate (commencé en 1872). | » | » | » | 5,021 | 4,819 | 4,300 | 4,943 |
| 20 | 366 k. nitrate potasse, et 439 k. superphosphate (commencé en 1872). | » | » | » | 4,833 | 4,519 | 3,672 | 4,675 |

*Regain.* — D'après ce que l'on sait de la proportion d'azote et de matières minérales que renferme la nourriture des animaux, et qu'ils emmagasinent ou exhalent, on peut affirmer que le sol d'une prairie perd peu de ses substances fertilisantes par une seconde coupe d'herbe, si on la fait consommer sur place par les moutons. En prenant une série d'années, le produit annuel fourni par la première coupe d'une prairie représente assez exactement la moyenne des résultats que tel engrais peut produire sur une parcelle donnée, dans le but de comparer l'action des engrais entre eux.

MM. Lawes et Gilbert n'en ont pas

moins évalué l'importance du regain pendant la durée de leurs expériences ; et ils l'ont fait notamment connaître durant les trois années (1856-1858), les quatre années suivantes (1859-1862) et l'ensemble de ces sept années. Des moutons parqués ont consommé le regain chaque année, en une ou deux fois ; leur nombre dépendait de la quantité d'herbe de chaque parcelle. On notait le temps employé à la consommation, et l'on calculait approximativement le poids de fourrage consommé, sur base de 7ᵏ.250 par tête et par semaine.

De la série d'évaluations publiées, il ressort que le regain fut plus considérable dans les années 1860 et 1862, pendant lesquelles on fit deux parcages ; et le moins considérable, en 1859. Au total, l'importance du regain paraît être beaucoup plus influencée par la saison que par l'abondance relative de la première coupe. Au contraire, les variations annuelles de rendement de la première coupe, pour une même parcelle, sont très-faibles, quoique le caractère de chaque récolte subisse les effets des variations climatériques. On verra en effet que, pour un même rendement, le fourrage varie beaucoup par rapport à la prédominance de certaines plantes, à la tendance au ligneux ou à la feuille, à la maturité ou à la non-maturité de l'herbe.

Sur les parcelles sans engrais, le regain fut évalué : en 1859, à moins de 1,000 kilogr. ; en 1860, à 2,385 kilogr. ; en 1861, à 1,757 kilogr. ; et en 1862, à 1,946 kilogr, Sur les parcelles avec fumier, le rendement du regain fut à peine de 1,255 kilogr. en 1859 ; de plus de 2,700 kilogr. en 1860 ; de 2,008 kilogr. en 1861 ; et supérieur à 2,635 kilogr. en 1862. Enfin, sur les parcelles avec engrais minéral mixte et sels ammoniacaux, le regain a varié de 1,380 à 1,883 kilogr. en 1859 ; de 2,636 à 2,762 kilogr. en 1860 ; de 2,008 à 2,260 kil. en 1861 ; et de 2,134 à 3,000 kil. en 1862.

Si l'on compare les rendements extrêmes, on constate qu'en 1859 ils ont été compris entre 1,000 kilogr. pour les parcelles sans engrais, et 1,850 kilogr. pour les parcelles avec la fumure la plus intensive. En 1860, ils ont oscillé de 2,385 kilogr. à 2,762 kilogr. ; en 1861, de 1,726 à plus de 2,260 kilogr. ; et en 1862, de 1,946 à environ 3,075 kilogr.

Le regain dépend donc de la saison et de l'engrais, et quand ces deux conditions sont favorables, il équivaut comme rendement à plus de 2,000 kilogr. à l'hectare. La moyenne de sept années indique 1,569 kilogr. de fourrage à l'hectare et par an, sur les parcelles sans engrais, et de 2,448 kilogr. sur les parcelles où la fumure la plus intensive a été appliquée.

B. The Park. Détermination des éléments de la récolte.

Il y a un intérêt spécial à déterminer les éléments qu'une récolte de fourrage enlève au sol, car, le plus souvent, le mode de restitution de ces éléments, pour les terres en prairie, est encore moins satisfaisant que pour les terres arables.

Le tableau III présente les quantités moyennes en poids, de matière sèche, de matières minérales et d'azote, enlevées au sol du Park, par hectare et par an, pendant la période septennale de 1856 à 1862. MM. Lawes et Gilbert, du reste, ont déterminé ces quantités, pour les deux périodes de trois et de quatre ans, comme pour l'ensemble.

*Matière sèche.* — Pendant sept années consécutives, il a été enlevé annuellement aux parcelles sans engrais du Park 2,643 kilogr. de matière sèche à l'hectare, renfermant 188 kilogr. de matières minérales et 45 kilogr. d'azote. Quoique, dans les trois premières années, la quantité de matière sèche ait été moins forte, la moyenne s'accorde (bien qu'elle l'excède) avec celle prélevée par les récoltes de blé ou d'orge sur les parcelles sans engrais. Les poids d'éléments minéraux et d'azote sont toutefois moitié plus considérables pour l'herbe que pour les céréales, sur les parcelles non fumées.

Si l'on évalue à 1,000 ou 1,100 kilogr. par hectare, la quantité de carbone que tient l'herbe obtenue sans engrais, on constate que, par l'emploi des sels ammoniacaux seuls, du nitrate de soude seul, ou des engrais minéraux seuls, cette teneur augmente jusqu'à près de 1,400 kilogr., et, lorsqu'on additionne de sels ammoniacaux l'engrais minéral, à 2,250 kilogr., l'apport de sciure de bois ou de paille, correspondant à 780 kilogr. environ de carbone, n'augmente pas notablement le produit. Avec le fumier, qui renferme deux fois autant de carbone que la récolte, celle-ci ne tient pas les trois quarts du carbone que présente le mélange de sels ammoniacaux et minéraux. On peut donc conclure que, si les engrais carbonés fournissent du carbone à la récolte des prairies, l'apport du carbone n'a pas d'objet, lorsque les éléments minéraux et azotés sont fournis abondamment au sol.

Les trois premières années ont offert des différences très-tranchantes sous le rapport climatérique ; mais le rendement brut pour les mêmes parcelles a peu varié. La différence n'apparaît que dans les quantités de matière sèche ou de carbone assimilé, qui sont moins fortes dans l'année la plus fraîche et la plus humide (1856), tandis que la matière minérale et l'azote de la matière sèche sont en proportion plus élevée.

TABLEAU III. — *The Park. Éléments fixés par la récolte ; augmentation et recouvrement de l'azote suivant les divers engrais essayés pendant la période septennale (1856-1862).*

| Numéros des parcelles. | ENGRAIS A L'HECTARE ET PAR AN. | Produit moyen annuel à l'hectare pour sept années (1856-1862). | | | AZOTE | | |
|---|---|---|---|---|---|---|---|
| | | Matière sèche totale. | Matière minérale totale. | Azote. | Augment. à l'hectare par rapport aux parcelles sans engrais (1856-1862). | recouvré par l'augmentation (1856-1862). pour 100 des engrais | non recouvré par l'augmentation (1856-1862). |
| | *Première série. — Sans engrais minéral direct.* | Kilogr. | Kilogr. | Kilogr. | Kilogr. | P. 100. | P. 100. |
| 1 | Sans engrais. | 2558.3 | 183.15 | 42.14 | » | » | » |
| 2 | Sans engrais (duplicata). | 2728.5 | 192.23 | 47.29 | » | » | » |
| 3 | Moyenne des parcelles sans engrais. | 2643.4 | 187.70 | 44.72 | » | » | » |
| 3 | 2,242 k. sciure de bois. | » | » | » | » | » | » |
| 4 | 224 k. sulfate et 224 k. chlorhydrate d'ammoniaque. | 3453.4 | 220.22 | 69.83 | 25 11 | 27.4 | 72.6 |
| 5 | 224 k. sulfate ; 224 k. chlorhyd. amm. et 2,242 k. sciure de bo's | 3569.4 | 232.81 | 68.26 | 23.65 | 24.4 | 75.6 |
| 6 | 308 k. nitrate de soude. | 3508.3 | 262.84 | 61.49 | 17.37 | 37.7 | 62.3 |
| 7 | 616 k. nitrate de soude. | 3800.3 | 272.37 | 72.19 | 27.46 | 29.9 | 70.1 |
| | | | | | Moy. | 29.8 | 70.1 |
| | *Deuxième série. — Avec engrais minéral direct.* | | | | | | |
| 3 (a) | Superphosphate de chaux. | » | » | » | » | » | » |
| 3 (b) | Superph. chaux; 224 k. sulfate et 224 k. chlorhyd. ammoniaque | » | » | » | » | » | » |
| 8 | Engrais minéral mixte. | 3432.2 | 292.55 | 63.66 | » | » | » |
| 9 | Engrais minéral mixte (1) et 2,242 k. sciure de bois. | 3822.8 | 308.46 | 67.70 | » | » | » |
| 10 | Engrais minéral mixte ; 224 k. sulfate et 224 k. chlorhy. amm. | 5856.3 | 453.18 | 87.32 | 42.70 | 46.5 | 53.5 |
| 11 | Engrais minéral mixte (1); 224 k. sulfate; 224 k. chlorhydrate ammoniaque et 2,242 k. sciure. | 5725.2 | 461.80 | 81.71 | 37.10 | 38.2 | 61.8 |
| 12 | Engrais minéral mixte; 224 k. sulfate ; 224 k. chlorhydrate d'ammoniaque et 2,242 k. paille de blé. | 5711.5 | 453.62 | 88.66 | 43.93 | 41.4 | 58.6 |
| 13 (a) | Engrais min. mixte ; 448 k. sulfate et 448 k. chlory. amm. (2) | 6263.8 | 488.25 | 110.18 | 65.46 | 46.5 | 53.5 |
| 13 (b) | Engrais minéral mixte (comprenant 224 k. silicate de soude et 224 silicate de chaux); 448 k. sulfate et 448 k. chlor. amm. | » | » | » | » | » | » |
| 14 | Engrais minéral mixte et 308 k. nitrate de soude (3). | 4571.6 | 369.10 | 73.18 | 28.47 | 61.9 | 37.6 |
| 15 | Engrais minéral mixte et 616 k. nitrate de soude (3). | 5378.0 | 408.34 | 77.90 | 33.17 | 36.1 | 65.4 |
| | | | | | Moy. | 45.1 | 54.9 |
| | *Troisième série. — Avec fumier de ferme.* | | | | | | |
| 16 | 35,000 k. fumier de ferme. | 4453.2 | 368.43 | 65.57 | » | » | » |
| 17 | 35,000 k. fumier de ferme; 112 k. sulfate et 112 k. chlorhyd. amm. | 5078.7 | 417.69 | 75.57 | 10.09 | 21 .9 | 78.1 |

(1) Sans sulfate de potasse, mais avec augmentation de sulfate de soude en 1862. — (2) La parcelle 13 (a) n'a reçu que 224 k. de chaque sel en 1859, 1860 et 1861. — (3) Les résultats sont la moyenne de cinq années seulement.

*Matières minérales.* — Le poids des matières minérales prélevées annuellement à l'hectare, sur le sol sans engrais, étant d'environ 188 kilogr. dans la matière sèche du foin, atteint 229 kilogr. par l'emploi exclusif des sels ammoniacaux et 267 kilogr. par l'emploi exclusif du nitrate de soude. Les engrais azotés ont ainsi épuisé davantage le sol.

A l'aide de l'engrais minéral seul, les éléments minéraux de la matière sèche du foin représentent 292k.5 ; mais l'apport par l'engrais, sauf en ce qui concerne la silice, a été plus considérable que le prélèvement, et il en résulte une accumulation du stock minéral par rapport au sol sans engrais.

En additionnant l'engrais minéral de sels ammoniacaux, la matière sèche du foin récolté tient 462 kilogr. d'éléments minéraux pour une dose de 448 kilogr. à l'hectare de sels ammoniacaux, et 488 kilogr. pour une dose de 896 kilogr. Quoique, dans ce cas, la récolte consiste surtout en graminées, et que l'épuisement du sol en silice assimilable soit beaucoup plus important, le mélange de l'engrais minéral et des sels ammoniacaux restitue beaucoup plus de substances minérales qu'il n'en a été enlevé. Avec le nitrate de soude, le prélèvement est moindre.

Le fumier de ferme, qui apporte au sol plus de matières minérales que n'en soustrait la récolte, ne laisse dans la matière sèche du foin que 368 kilogr., et, lorsqu'il est additionné de sels ammoniacaux, 417 kilogr., c'est-à-dire, moins que le mélange des mêmes sels avec l'engrais minéral.

Il est donc avéré qu'en recourant uniquement aux engrais commerciaux, azotés et phosphatés, tels que le guano du Pérou et les superphosphates enrichis par les nitrates ou les sels ammoniacaux, l'épuisement du sol en potasse et en silice est très-important. C'est ce que prouvent également les analyses des cendres du foin obtenu à l'aide des divers fertilisants essayés au Park. Aussi, en pratique, convient-il, pour maintenir à une prairie les caractères de son herbage et son rendement, de lui restituer les éléments minéraux par l'engrais, et, comme on doit avoir égard à la silice et à la potasse, convient-il de recourir occasionnellement au fumier.

*Azote.* — Sur les parcelles sans engrais, la quantité moyenne annuelle à l'hectare, de l'azote fixé par la récolte, est d'environ 45 kilogr., c'est-à-dire une fois et demie plus forte que celle du blé ou de l'orge venus également sans fumure. Les engrais minéraux n'augmentent cette quantité que de moitié environ, et cela, à cause de la plus grande proportion de légumineuses. Les sels ammoniacaux et le nitrate de soude, employés seuls, forcent la quantité d'azote enlevée au sol, bien que le foin consiste surtout en graminées. Enfin le mélange d'engrais minéraux et de sels azotés porte la quantité d'azote de la matière sèche de 73 à 110 kilogr., c'est-à-dire au-delà de ce que tient le foin venu avec fumier seul ou additionné de sels ammoniacaux.

Nous n'irons pas plus loin dans l'examen de l'augmentation effective de l'azote fixé par la récolte. Nous l'avons présentée également dans le tableau III, pour les diverses parcelles des trois séries, pendant sept années, en regard de la proportion pour cent retrouvée par l'augmentation, et de celle laissée dans le sol.

Il résulte de cette partie du tableau III que, lorsque les engrais azotés (sels ammoniacaux ou nitrates) sont employés seuls, il est recouvré 29.8 pour 100 de l'azote dans la récolte; et lorsque ces mêmes engrais complètent l'engrais. minéral, il en est récupéré 45.1 pour 100. Le fumier complété par des sels ammoniacaux fait recouvrer moins d'azote dans la récolte qu'aucun des autres fertilisants essayés. D'autre part, du nitrate de soude renfermant la même dose d'azote que les sels ammoniacaux, complémentaires du fumier, s'il est ajouté à l'engrais minéral mixte, fixe trois fois plus d'azote dans la récolte qu'il n'en a apporté au sol.

Nous ferons observer que la totalité de l'azote du regain n'étant pas restituée par le parcage des moutons, les chiffres dans le tableau III devraient être un peu plus élevés; mais la correction de ce chef serait insignifiante pour l'objet recherché.

Dans les expériences sur le blé, on a vu que 43 pour 100 de l'azote de l'engrais a été recouvré dans l'augmentation de la récolte de grain, et sur l'orge, 42.5 pour 100. Dans des conditions identiques, la moyenne de l'azote recouvré par la récolte des prairies serait de 45.1 pour 100; et si l'on tient compte de la légère augmentation due au regain, on reconnaît que les herbes fourragères récupèrent, dans l'année de la fumure, un peu plus de l'azote fourni par l'engrais, que le blé ou l'orge.

### C. Essais de culture à Chiswick.

Les résultats obtenus sur la prairie du Park, tels qu'ils viennent d'être exposés, ont été vérifiés dans une série d'expériences entreprises pour compte de la Société royale d'horticulture d'Angleterre, à Chiswick. Le comité de cette société se décidait, en 1869, à expérimenter divers mélanges d'engrais sur certaines plantes particulières des prés, cultivées isolément dans des caisses d'une surface de 37 centimètres carrés. Ces caisses reçurent de la terre arable ordinaire et furent enfouies dans le sol, à ras de la surface. On désigna douze espèces de plantes pour les essais; six graminées : le dactyle pelotonné, la flouve odorante, l'ivraie vivace, le paturin des prés, le paturin commun, et le brôme doux; trois légumineuses : le trèfle rouge, le trèfle blanc rampant et le lotier; trois autres plantes accessoires : le plantain lancéolé, l'achillée mille-feuilles et le cumin. Chaque espèce fut semée le 1er avril 1869 dans six caisses où le sol du n° 1 ne reçut pas d'engrais ; le sol du n° 2 reçut l'engrais minéral composé, comme au Park ; celui du n° 3, les sels ammoniacaux seuls ; celui du n° 4, le nitrate de soude seul ; celui du n° 5, un mélange d'engrais minéral et de sels ammoniacaux ; et le n° 6, un mélange d'engrais minéral et de nitrate de soude.

M. le docteur Masters, du comité d'horticulture, fut chargé de toutes les observations météorologiques, de celles sur la germination, sur la croissance des plantes jusqu'à la première coupe effectuée de mai à juillet, et jusqu'à la deuxième coupe en octobre, et de l'examen des racines enlevées en avril de l'année suivante. M. le docteur Gilbert, qui avait préparé les mélanges d'engrais, eut pour mission de déterminer les poids de fourrage obtenu, de matière sèche totale et de matière minérale provenant de l'incinération.

Les détails de ces expériences très-minutieuses ont été consignés dans un important mémoire (1). Bien que les conséquences d'une première année de culture expérimentale n'aient pas été très-probantes, on a constaté, sous le rapport du rendement, qu'avec les divers fertilisants employés, aucune des six graminées n'avait produit une récolte équivalant à 12,000 kilogr. de foin à l'hectare. Bien que l'ivraie vivace eût presque atteint ce rendement, les autres n'ont pas atteint moitié, ni même le quart. Parmi les légumineuses, le trèfle est resté au-dessous de cette limite, mais le lotier l'a dépassée avec six engrais différents. Quant au paturin, le rendement a presque toujours excédé celui des autres plantes, et il a représenté parfois jusqu'à 20,000 et 22,000 kilogr. à l'hectare, de fourrage sec.

Relativement aux éléments puisés dans le sol, on a calculé que les graminées, sur la terre sans engrais, avaient prélevé un septième d'acide phosphorique et d'un quart à un tiers de potasse, par rapport au plus fort prélèvement dû aux engrais minéraux. Les trèfles avaient fixé beaucoup plus d'acide phosphorique et à peu près autant de potasse que les graminées. Pour le lotier, l'achillée et le plantain, l'assimilation de ces éléments avait été plus considérable encore.

Sous l'action des engrais azotés, sans addition d'engrais minéral, les quantités d'acide phosphorique et de potasse empruntées au sol furent beaucoup plus importantes pour toutes les autres cases, que pour celles sans engrais.

Quant à l'azote, l'épuisement du sol non fumé a été beaucoup plus prononcé que celui du sol pourvu de fertilisants, par les trèfles, le lotier, et surtout par le plantain et l'achillée.

Les expériences instructives de Chiswick ont dû se continuer depuis 1870, d'autant plus que dans cette première année, la terre arable avait été choisie trop riche, que la graine y avait été semée trop dru, et que la végétation y avait été trop touffue.

### D. Détermination des espèces végétales sous l'influence des engrais.

La détermination de la flore qu'ont développée les divers engrais dans la prairie du Park n'est pas la partie la moins intéressante du travail de longue haleine que MM. Lawes et Gilbert ont entrepris sur les plantes fourragères. On ne saurait la passer sous silence et omettre ainsi l'occasion de signaler la parfaite exactitude avec laquelle les recherches botaniques ont confirmé les résultats des champs d'expériences et du laboratoire.

Nous rappellerons, d'une manière générale, que l'herbe venue sans engrais ou à l'aide d'engrais simples, offrait, au Park, la flore la plus complexe, renfermant le plus grand nombre d'espèces variées, parmi lesquelles les dominantes appartenaient aux graminées. De même, règle générale, quelle qu'ait été la composition de l'engrais, une forte augmentation de la récolte répondait à une composition plus simple de la prairie, à une prédominance d'espèces proprement fourragères et aussi à une abondance d'espèces individuelles. Mais, suivant la nature de l'engrais, les effets ont été très-différents.

C'est ainsi que les engrais minéraux employés seuls (c'est-à-dire les engrais alcalins mélangés avec le superphosphate de chaux), augmentant peu la récolte, diminuent la proportion des graminées et d'autres espèces accessoires ou nuisibles, mais accroissent celle des légumineuses, en même temps qu'ils activent la maturité

<hr>

(1) *Report of experiments made at Chiswick.* Proceed. of the Roy. Hort. Soc. London, 1870.

aux dépens de la végétation des feuilles.

Les sels ammoniacaux, employés seuls, fournissent un meilleur rendement à l'hectare, une plus forte proportion de graminées ; ils activent le développement des feuilles, mais réduisent la proportion des espèces légumineuses et étrangères.

Le mélange de l'engrais minéral et des sels ammoniacaux, qui donne le rendement le plus élevé, favorise les graminées à l'exclusion du trèfle, des autres légumineuses et d'un certain nombre d'espèces accessoires, avec quelques exceptions singulières. La masse de la récolte comprend un petit nombre de plantes, surtout de graminées.

Le fumier seul développe aussi les graminées, en réduisant les légumineuses et certaines espèces étrangères ou nuisibles.

Il y a donc un sérieux intérêt à s'éclairer sur le rôle des engrais pour la conservation des prairies, au point de vue des espèces végétales, de leur croissance et de leur rendement.

En 1858, après trois années de culture expérimentale, MM. Lawes et Gilbert ont fait leur premier classement botanique. Ce travail long et pénible fut repris en 1862 (1), à la septième année, et recommencé depuis cette date tous les cinq ans ;

(1) *The effect of different manures on the mixed herbage of grass land.* Journ. Roy. agr. soc. Engl., t. XXIV, 1863.

ce qui n'empêche pas que, chaque année, on ne sépare les plantes récoltées sur chacune des vingt parcelles, suivant trois groupes : graminées (espèces déterminées et indéterminées), légumineuses et plantes mixtes.

Grâce à la méthode adoptée par M. Sutherland, botaniste de Kew, désigné par l'éminent docteur Hooker, l'analyse botanique de la prairie du Park s'est poursuivie avec le plus grand soin jusqu'à présent.

Pour obtenir un échantillon véritable du fourrage de chaque parcelle, on y poste huit ou dix faucheurs, et, après chaque trait de faux, on prélève une poignée d'herbe, jusqu'à ce que la parcelle soit entièrement fauchée. La masse obtenue ainsi, étant beaucoup plus considérable que de besoin, est répandue sur une toile, mélangée de manière à faire tomber le moins possible de graines, et fournit 5 kilogr. environ, que l'on pèse avant toute modification et que l'on met sécher.

Le triage des espèces étant opéré, il reste une masse indéterminée, dont on retire les tiges et les feuilles sur un crible, puis les fleurs et les graines sur un second crible, et ainsi de suite, jusqu'à laisser seulement 10 pour 100 de la masse sans classification. Ce travail, en 1862, occupa, outre le botaniste et son adjoint, de trois à six aides pendant six mois.

TABLEAU IV. — *The Park. Classement botanique des récoltes comparées en 1858 et 1862.*

| DIVISIONS BOTANIQUES des récoltes (1858 et 1862). | FOIN RECOLTÉ SUR DES PARCELLES DÉSIGNÉES. | | | | | | | |
| --- | --- | --- | --- | --- | --- | --- | --- | --- |
| | Sans engrais. Parcelles 1 et 2. | ENGRAIS COMMERCIAUX. | | | | FUMIER DE FERME | | Moyenne des parcelles. |
| | | Sels ammoniacaux seuls. Parcelle 4. | Engrais minéral mixte. Parcelle 8. | Engrais minéral et sels ammoniacaux. Parcelle 10. | Engrais minéral et double de sels ammoniacaux. Parcelle 13. | seul. Parcelle 16. | Avec sels ammoniacaux. Parcelle 17. | |
| **1858** | | | | | | | | |
| Graminées : tiges avec fleurs et graines | 50.25 | 35.91 | 42.18 | 72.66 | 65.08 | 69.76 | 64.62 | 57.21 |
| Graminées : feuilles | 25.85 | 53.20 | 29 64 | 24.72 | 32.27 | 17.91 | 15.05 | 28.38 |
| Légumineuses | 5.12 | 2.20 | 22.89 | » | » | 3.70 | 1.78 | 5.10 |
| Herbes accessoires (principalement nuisibles) | 15.73 | 6.14 | 1.71 | 1 85 | 1.67 | 7.05 | 16.43 | 7.23 |
| Graines diverses éparses et indéterm. | 3.05 | 2.55 | 3.58 | 0.77 | 0.98 | 1.58 | 2.12 | 2.08 |
| | 100.00 | 100.00 | 100.00 | 100.00 | 100.00 | 100.00 | 100.00 | 100.00 |
| **1862.** | | | | | | | | |
| Graminées déterminées | 58.47 | 78.68 | 56.47 | 77.57 | 80.91 | 60.33 | 73.48 | » |
| Graminées indéterminées (tiges et feuilles) | 9.52 | 5.07 | 5.83 | 6.31 | 5.69 | 7.88 | 5.82 | » |
| Fleurs et graines éparses (principalement de graminées) | 6.10 | 4.59 | 4.10 | 5.78 | 3.81 | 10.86 | 10.28 | » |
| Légumineuses | 6.89 | 0.15 | 24 09 | 0.12 | » | 1.72 | 0.21 | » |
| Herbes accessoires et nuisibles | 19.02 | 11.51 | 9.51 | 10.22 | 9.59 | 19.21 | 10.21 | » |
| | 100.00 | 100.00 | 100.00 | 100 00 | 100.00 | 100.00 | 100 00 | |
| Nombre total d'espèces par parcelle | 40 | 33 | 40 | 28 | 24 | 27 | 28 | |

Ajoutons que, pour aider l'analyse, on note sur chaque parcelle, pendant le mois qui précède la coupe, la dominance et la nature du développement des principales espèces, la condition de plus ou moins grande maturité de chaque récolte, et, après la coupe, on enregistre l'état du regain.

L'étude botanique de la prairie du Park a été faite de la sorte à trois points de vue distincts :

*a,* Description générale, proportion pour cent et nombre des diverses espèces végétales.

*b,* Description et proportion pour cent des espèces dominantes.

*c,* Tendance au développement des feuilles ou des tiges, et classement suivant la maturité.

Le tableau IV présente la composition pour cent des récoltes de 1858 et de 1862 comparées, suivant les trois grandes divisions : graminées, légumineuses, plantes accessoires ; le tableau V, la description des espèces avec leurs noms botaniques et français, la proportion pour cent dans la récolte totale, et le nombre de ces espèces, pour sept parcelles-types où les engrais employés correspondent à ceux énumérés dans le tableau I.

A la simple inspection de ces tableaux, il est aisé de voir combien les engrais ont modifié la flore, puisque certaines parcelles renferment quarante espèces végétales, tandis que d'autres en contiennent moins de vingt-cinq, et que toutes, avant leur mise en expérience, offraient un herbage uniforme.

Les conclusions à tirer de ces tableaux sont les suivantes :

1° Les caractères des deux séries d'expériences (1858 et 1862) sont identiques relativement à la répartition des graminées, des légumineuses et des autres espèces, à la précocité plus ou moins grande et à la tendance au développement des feuilles ou des tiges. La seule différence qui s'accuse nettement a trait à la prédominance, dans les parcelles spéciales, de certaines espèces, par exemple, du dactyle, des fétuques, des avoines, des pâturins et du vulpin des prés.

2° L'herbe venue *sans engrais* renferme 74 de graminées, 7 de légumineuses et 19 pour 100 d'autres espèces. Elle montre une grande variété d'espèces, mais peu d'espèces individuelles. Les fétuques et les avoines prédominent. La récolte est homogène, mais courte, peu fournie en tiges, verte et tardive pour l'époque du fauchage.

3° L'*engrais minéral mixte* n'augmente pas sensiblement le nombre des graminées, diminue leur rendement et celui des espèces accessoires ; mais il accroît le produit total à l'hectare et la proportion des espèces légumineuses. Aucune graminée ne prédomine. La tendance au développement de la tige et de la graine, ainsi que la précocité, sont beaucoup plus marquées que sur les parcelles sans engrais.

4° Les *sels ammoniacaux* seuls forcent la proportion et le nombre des graminées, à l'exclusion presque complète des légumineuses et au détriment des autres plantes dont quelques-unes cependant, le rumex, le cumin, l'achillée reçoivent un développement luxuriant. Les graminées conservent entre elles les mêmes rapports que dans les parcelles sans engrais, sauf que la fétuque dure et l'agrostis dominent. Les feuilles de pied se développent et la maturité est retardée.

5° Le *nitrate de soude* seul exerce la même action que les sels ammoniacaux, mais il favorise le vulpin des prés. L'herbe est plus pourvue en feuilles qu'en chaume ; elle est d'un vert très-foncé et peu mûre. Les légumineuses y sont peut-être un peu plus abondantes, et certaines espèces nuisibles, le plantain, la centaurée, l'achillée, la renoncule et le pissenlit, sont luxuriantes.

6° La fumure avec les *engrais minéraux additionnés d'engrais azotés* (sels ammoniacaux ou nitrate) assure le plus fort rendement, de même que la plus forte proportion de graminées pour un nombre restreint d'espèces. Les légumineuses et les autres plantes ont pour ainsi dire disparu. La récolte est luxuriante, riche en tiges et en feuilles, plus proche de la maturité qu'avec les engrais azotés seuls. Les plantes dominantes sont les plus volumineuses ; en première ligne, le dactyle pelotonné et le paturin commun ; en seconde ligne, les avoines, l'agrostis, l'ivraie et la houque laineuse. Parmi les graminées proscrites, il faut citer les fétuques, le fromental, le vulpin et le brôme.

7° Le *fumier* développe activement quelques plantes nuisibles, l'oseille, la renoncule, le cumin, etc., et sacrifie les légumineuses. Il favorise le paturin et le brôme au détriment des fétuques, des avoines,

TABLEAU V. — *The Park. Description botanique et proportion pour 100 des espèces d'herbes récoltées en 1862 ( 7° année ).*

| Numéros d'ordre. | NOMS BOTANIQUES. | NOMS FRANÇAIS. | Sans engrais. Parcelle 1. | ENGRAIS DIVERS. Sels ammon. seuls. Parcelle 4. | Engrais minéral mixte. Parcelle 8. | Engrais minéral et sels ammoniacaux. Parcelle 10. | Engrais minéral et doub. de sels ammon. Parcelle 13a. | FUMIER DE FERME. seul. Parcelle 16. | avec sels ammoniacaux. Parcelle 17. |
|---|---|---|---|---|---|---|---|---|---|
| | **GRAMINÉES.** | | | | | | | | |
| 1 | Festuca duriuscula | Fétuque dure | 18.04 | 21.42 | 12.00 | 2.98 | 0.79 | 0.22 | 0.19 |
| 2 | — pratensis | — des prés | 0.86 | 1.84 | 0.79 | 1.35 | 2.91 | 0.06 | 0.05 |
| 3 | Avena pubescens | Avoine pubescente, | 8.91 | 7.84 | 10.47 | 9 35 | 1.58 | 3.11 | 0.66 |
| 4 | — flavescens | — jaunâtre | 2.08 | 0 66 | 6.20 | 8 75 | 4.97 | 4.19 | 3.15 |
| 5 | Agrostis vulgaris | Agrostis commun | 8.62 | 21.29 | 2.76 | 11.55 | 9.15 | 1.3< | 0.78 |
| 6 | Lolium perenne | Ivraie vivace | 8.70 | 3.30 | 3.03 | 11.89 | 8.60 | 2.59 | 2.73 |
| 7 | Holcus lanatus | Houque laineuse | 4.97 | 9.68 | 4.86 | 11.06 | 8.8? | 2.17 | 6 01 |
| 8 | Dactylis glomerata | Dactyle pelotonné | 1.76 | 2.27 | 2.79 | 5.04 | 23.58 | 4.85 | 16.89 |
| 9 | Poa trivialis | Paturin commun | 1.50 | 1.61 | 5.77 | 12.00 | 15.47 | 27.43 | 29.34 |
| 10 | — pratensis | — des prés | 0.03 | 0.08 | 0.90 | 0.72 | 1 08 | » | 0.18 |
| 11 | Arrhenatherum avenaceum | Avoine élevée; fromental | 0.08 | 5 77 | 5 26 | 0.14 | 0.85 | 2.73 | 0.66 |
| 12 | Anthoxanthum odoratum | Flouve odorante, | 3.29 | 2.41 | 0.80 | 0.49 | 0.10 | 0.19 | 0.06 |
| 13 | Alopecurus pratensis | Vulpin des prés | 3.67 | 0.22 | 0 04 | 0.04 | 2.07 | 1.77 | 0.15 |
| 14 | Briza media | Brize commune | 1.08 | 0.01 | 0.03 | » | 0.01 | » | » |
| 15 | Cynosurus cristatus | Cretelle hérissée | 0.15 | » | 0.13 | » | » | » | 0.02 |
| 16 | Bromus mollis | Brôme doux | 0.08 | 0.15 | 0.63 | 2.21 | 0.93 | 9.64 | 12.53 |
| 17 | Phleum pratense | Fléole des prés | » | » | 0.01 | » | » | » | 0.08 |
| 18 | Aira cœspitosa | Canche gazonnante | » | 0.13 | » | » | » | » | » |
| | Total pour 100 des espèces déterminées | | 58.82 | 78.68 | 56.47 | 77.57 | 80.91 | 60.33 | 73.48 |
| | Nombre d'espèces déterminés | | 16 | 16 | 17 | 14 | 15 | 13 | 16 |
| | **LÉGUMINEUSES.** | | | | | | | | |
| 1 | Trifolium pratense | Trèfle rouge des prés | {4.73 | 0.07 | 7.51 | » | » | {0.82 | 0.05 |
| 2 | — repens | — blanc rampant | | » | 2.08 | 0.01 | » | | 0.04 |
| 3 | Lathyrus pratensis | Gesse des prés | 1.19 | 0.01 | 13.24 | 0 11 | » | 0.90 | 0.14 |
| 4 | Lotus corniculatus | Lotier corniculé | 1.69 | 0.07 | 1.26 | » | » | » | 0.01 |
| | Total pour 100 des espèces déterminées | | 7.61 | 0.15 | 24.09 | 0.12 | 0.00 | 1.72 | 0.21 |
| | Nombre d'espèces déterminés | | 4 | 3 | 4 | 2 | 0 | 3 | 4 |
| | **HERBES ACCESSOIRES.** | | | | | | | | |
| 1 | *Plantaginées.* Plantago lanceolata | Plantain lancéolé | 6.87 | 0.09 | 0.23 | 0.03 | » | 1.70 | 0.34 |
| 2 | *Composées.* Achillæa millefolium | Achillée millefeuille | 1.45 | 1.33 | 1.69 | 1.96 | 1.53 | 2.34 | 1.39 |
| 3 | Centaurea nigra | Centaurée noire | 0.10 | » | 0.04 | 0.01 | 0.07 | » | » |
| 4 | Leontodon hispidus | Léontodon hispide | » | 0.01 | 0.03 | » | » | » | » |
| 5 | Tragopogon pratense | Salsifis des prés | » | » | » | » | » | » | » |
| 6 | Taraxacum densleonis | Pissenlit commun | 0.06 | » | 0.18 | 0.82 | 0.15 | 0.01 | 0.04 |
| 7 | Carduus arvensis | Chardon des champs | » | » | 0.11 | » | » | » | » |
| 8 | Hypochœris radiata | Hypochéris rayonnant | 0.11 | » | » | » | » | » | » |
| 9 | Hieracium pilosella | Épervière piloselle | » | 0.02 | 0.02 | » | » | » | » |
| 10 | Bellis perennis | Paquerette commune | 0.01 | » | » | » | » | » | » |
| 11 | *Ombellifères.* Carum carui | Cumin des prés | 0.94 | 0.86 | 1.79 | 2.34 | 1.35 | 1.94 | 1.22 |
| 12 | Pimpinella saxifraga | Boucage saxifrage | 1.37 | 0.10 | 0.54 | 0.01 | 0.06 | 0.34 | 0.07 |
| 13 | Heracleum spondylium | Berce commune | 0.01 | » | » | » | » | » | » |
| 14 | *Renonculacées.* Ranunculus acris | Renoncule âcre | | | | | | | |
| 15 | Ranunculus bulbosus | — bulbeuse | 3.61 | 0.25 | 1.11 | 0.06 | 0.02 | 2.34 | 1.39 |
| 16 | *Polygonées.* Rumex acetosa | Rumex oseille | 1.19 | 7.88 | 1.86 | 4.93 | 6.40 | 10.33 | 5.76 |
| 17 | *Joncées.* Luzula campestris | Luzule champêtre | 1.54 | 0.75 | 1.19 | 0.01 | » | 0.01 | » |
| 18 | *Scrofulariées.* Veronica chamædrus | Véronique petit chêne | 0.42 | 0.01 | 0.41 | 0.02 | » | 0.18 | » |
| 19 | *Caryophyllées.* Cerastium vulgatum | Ceraiste commun | 0.40 | 0.01 | 0.03 | » | » | » | » |
| 20 | Stellaria graminea | Stellaire graminée | 0.01 | 0.19 | » | » | » | 0.02 | » |
| 21 | *Dipsacées.* Scabiosa arvensis | Scabieuse des champs | 0.01 | 0.01 | 0.04 | » | » | » | » |
| 22 | *Mousses.* Hypnum squarrosum | Hypnum | 0.04 | » | 0.01 | » | » | » | » |
| 23 | *Primulacées.* Primula veris | Primevère officinale | 0.01 | » | » | » | » | » | » |
| 24 | *Rosacées.* Sanguisorba officinalis | Sanguisorbe pimprenelle | 0.01 | » | » | » | » | » | » |
| 25 | Potentilla reptans | Potentille rampante | » | » | 0.22 | 0.03 | » | » | » |
| 26 | Geum urbanum | Benoîte officinale | 0.01 | » | » | » | » | » | » |
| 27 | Spiræa ulmaria | Spirée ulmaire | » | » | » | » | » | » | » |
| 28 | *Rubiacées.* Galium verum | Caille-lait jaune | » | » | » | » | » | » | » |
| 29 | *Fougères.* Ophioglossum vulgatum | Ophioglosse vulgaire | 0.01 | » | 0.01 | » | 0.01 | » | » |
| 30 | *Labiées.* Ajuga reptans | Bugle rampante | 0.01 | » | » | » | » | » | » |
| | Total pour 100 des espèces déterminées | | 18.19 | 11.51 | 9.51 | 10.22 | 9.59 | 19.21 | 10.21 |
| | Nombre d'espèces déterminés | | 23 | 14 | 19 | 12 | 9 | 11 | 8 |

de l'agrostis, de l'ivraie et du fromental. La récolte volumineuse a une composition simple; très-fournie de feuilles et de tiges, elle laisse à désirer comme finesse et comme homogénéité.

8° Les engrais azotés, seuls ou en mélange, quoique l'on tienne compte de l'action moins marquée du nitrate, excluent les légumineuses; tandis que l'engrais minéral contenant de la potasse et de l'acide phosphorique favorise beaucoup les plantes de cette famille.

9° Quels que soient les engrais employés, le nombre des espèces végétales est réduit, et le développement des plantes nuisibles, sauf quelques exceptions avec les engrais azotés et le fumier, est empêché.

Le tableau VI donne le nombre d'espèces et leur proportion centésimale, d'après le classement botanique opéré en 1872, sur les trois parcelles-types : sans engrais, avec engrais minéral, et avec engrais additionné de la plus forte dose de sels ammoniacaux. Les conclusions s'y vérifient nettement; et, d'ailleurs, n'a-t-on pas déjà fait ressortir l'action très-tranchée des engrais minéraux et azotés sur les graminées et sur les légumineuses de la grande culture? N'avons-nous pas reconnu qu'une récolte de fèves ou de trèfle qui rend, sur une surface donnée, trois, quatre et cinq fois plus d'azote qu'une récolte de blé, d'orge ou d'avoine, ne profite aucunement, les conditions du sol étant identiques, de l'apport direct d'engrais azotés? Pourtant les légumineuses assimilent une forte proportion d'azote dans des circonstances où les graminées languissent, et laissent le sol en meilleur état pour les graminées à suivre.

TABLEAU VI. — *The Park. Classement botanique en 1872.*

| DÉSIGNATION DES PARCELLES (Tableau n° II). | NOMBRE D'ESPÈCES. | | | | PROPORTION POUR CENT DES ESPÈCES. | | |
|---|---|---|---|---|---|---|---|
| | Graminées | Légumineuses. | Plantes mixtes. | Total. | Graminées | Légumineuses. | Plantes mixtes. |
| Nos 3 et 12. Sans engrais....... | 17 | 4 | 27 | 48 | 62 | 8 | 30 |
| N° 7. Engrais minéral seul.... | 17 | 4 | 21 | 42 | 55 | 26 | 19 |
| N° 11. Engrais minéral et 896 k. sels ammoniacaux........... | 13 | 1 | 7 | 21 | 92.50 | 0.01 | 7.49 |

*Cercles magiques.* — Au sujet de l'origine de l'azote des légumineuses appartenant aux prairies ou à la grande culture, MM. Lawes et Gilbert ont essayé de déterminer les conditions de provenance et de développement de ces cercles à gazon pelé, qui abondent surtout dans les pâturages pauvres ou mal fumés, et que l'on considérait jadis, sans doute pour cela, comme étant de mauvais augure (1). Les champignons qui donnent naissance aux cercles magiques des prés dosent, dans leur matière sèche, de un tiers à un quart de matière azotée. En outre, leur matière sèche renferme de 8 à 10 pour 100 d'éléments minéraux sur lesquels il y a 80 pour 100 de potasse. Les champignons, d'après les analyses connues, se rangeraient donc parmi les végétaux les plus riches en azote et en potasse, et pourtant ils croissent et se propagent en cercles magiques dans les parcelles du Park les plus pauvres en azote et en potasse.

C'est ainsi que sur la parcelle sans engrais (n° 3, tabl. II) on distingua, en novembre 1874, six espèces de champignons, désignés par le révérend M. Berkeley sous les noms de *Boletus erythropus, Hygrophorus pratensis; Boletus coccineus; Boletus virgineus; Agaricus geotrupus,* et *Agaricus æruginosus.*

Sur la parcelle avec superphosphate de chaux seul (n° 4, 1, tabl. II), on reconnut deux espèces : l'*Hygrophorus coccineus* et le *Clavaria vermicularis;* sur la parcelle (n° 8, tabl. II), avec engrais minéral, mais sans potasse depuis quatorze années, deux espèces : l'*Hygrophorus virgineus* et l'*Agaricus nudus;* enfin, sur la parcelle avec nitrate de soude seul (n° 17, tabl. II), des touffes d'*Hygrophorus virgineus* et d'*Agaricus furfuraceus,* comme aussi sur la parcelle n° 16 où le nitrate de soude complète les engrais alcalins.

Les cercles magiques apparurent presque exclusivement dans les parcelles n° 4, 1, et n° 8, où les champignons se montraient encore par centaines de touffes compactes en mai 1875. Ailleurs l'on n'observe que des sujets isolés ou groupés, au

(1) *Notes on the occurrence of fairy-rings.* Linnéan Soc. Journ., t. XV, p. 1875.

tour desquels, comme autour des cercles, l'herbe est très-épaisse et luxuriante, avec dominance du pâturin et de la houque. Les cercles s'y forment et disparaissent; mais pour grandir et persister, comme dans les parcelles 4 et 8, il semble que le sol doive contenir une insuffisance d'azote et de potasse afin d'assurer le plein développement des graminées et des légumineuses. Il reste à savoir si certaines conditions de fumure sont plus spécialement favorables à la croissance des champignons, ou bien si les herbes fourragères, se développant plus difficilement avec certaines fumures, sont plus sujettes à se laisser détruire par des végétaux d'un ordre inférieur; ou enfin si ces végétaux jouissent d'une faculté particulière d'assimiler l'azote atmosphérique ou disponible du sol, dans des circonstances à déterminer.

Or, partout où les cercles grandissent, le sol à la périphérie extérieure montre, sur quelques centimètres d'épaisseur, une énorme formation de mycelium qui se convertit plus tard en champignons. Aucun mycelium n'apparaît à l'intérieur des cercles.

Un bouquet de champignons s'étant développé par une cause accidentelle quelconque, les herbes environnantes s'étiolent, meurent et laissent un engrais minéral très-azoté pour celles qui avoisinent : de là une touffe d'herbe verte, luxuriante, de quelques centimètres plus haute que celle qui l'entoure. Lorsque cette touffe a été coupée ou mangée, le sol devient plus épuisé qu'auparavant, et la végétation en dedans des cercles est toujours moins active qu'au dehors. Le sol superficiel, dans les cercles, contient en effet moins d'azote, et d'autre part, si la gesse et le trèfle rouge y sont réduits faute de potasse, le lotier et le trèfle blanc, qui dépendent moins de cet alcali, y reprennent vigoureusement.

Quoi qu'il en soit, le sol où les champignons se sont développés n'est plus apte, après qu'ils ont péri, à redonner des champignons: c'est pourquoi le cercle s'agrandit toujours par la périphérie lorsque les conditions de sol et de fumure sont propices.

Si les champignons tirent de sources étrangères au sol leur première alimentation, il est certain qu'une fois formés, ils doivent dépendre d'apports favorables à la végétation des plantes avoisi-

nantes, puisqu'elles cessent de vivre jusqu'à ce que les champignons les leur aient restitués, et alors elles redeviennent florissantes. Le mycelium se développerait ainsi sous le rapport de l'azote, non pas aux dépens de celui du sol même, mais bien des matières azotées des racines d'autres végétaux à croissance ralentie, qu'ils épuisent.


### E. Composition élémentaire du foin.

Après avoir déterminé l'action des engrais sur le rendement de la prairie du Park, et sur l'abondance relative des diverses espèces végétales qui la constituent, MM. Lawes et Gilbert ont étudié les modifications que les engrais et les saisons apportent à la composition élémentaire du fourrage récolté. Pour cela, ils ont dosé les proportions pour cent de matière sèche totale, de matières minérales et d'azote dans le foin de chaque parcelle; les proportions pour cent de matière grasse et de matière fibreuse dans le produit des parcelles désignées en 1858 pour l'analyse botanique; l'analyse des cendres de cinq sur sept des produits de ces parcelles, et l'analyse du mélange des cendres obtenues chaque année.

Ces recherches chimiques, aussi délicates que précieuses pour la science agronomique, ne sauraient donner lieu de notre part qu'à des observations générales.

Il résulte de la comparaison, au point de vue chimique, du foin d'une année avec le foin d'une autre année, qu'une forte proportion de matière sèche pour cent est de nature à indiquer la sécheresse pendant le fauchage et la mise en meules, ou bien un degré élevé de maturité. En comparant de même le foin de deux parcelles différemment amendées par l'engrais, mais récolté dans les mêmes conditions et à la même époque, une forte proportion de matière sèche indique surtout un haut degré de maturité et un développement du chaume plutôt que de feuilles.

Un chiffre élevé pour cent de matières minérales dans la matière sèche du foin, correspond au développement des feuilles et à un état de maturité peu avancée. Si le fourrage est frais, ce chiffre dépend plus ou moins de l'abondance d'éléments minéraux disponibles dans le sol. Aussi importe-t-il de consulter, en regard l'un de l'autre, le dosage des matières minérales dans la matière sèche du foin et dans le fourrage à l'état frais.

La teneur en azote de la substance sèche du foin donne lieu à plusieurs interprétations. Si la fumure s'est opérée dans les mêmes circonstances, une forte proportion d'azote, en comparant une année à l'autre, indique une abondance de feuilles et une végétation luxuriante plutôt qu'un état satisfaisant de maturité. Si la fumure est différente, la comparaison des chiffres d'azote pour cent dans les diverses parcelles dépendra de la prédominance des légumineuses ou des graminées, de l'abondance des feuilles ou du chaume et de l'état de maturité. En général, les légumineuses et quelques autres plantes des prairies sont beaucoup plus azotées que les graminées, pour un même état de maturité. La matière des feuilles est plus azotée que celle des tiges. La plante luxuriante et verte renferme plus d'azote que celle arrivée à pleine maturité. Toutes ces circonstances, qui sont influencées par la nature de l'engrais, font évidemment varier l'interprétation.

TABLEAU VII. — *The Park. Composition chimique du foin récolté pendant la période septennale (1856-1862).*

| Numéros des parcelles. | ENGRAIS A L'HECTARE ET PAR AN. | MATIÈRE SÈCHE du foin. (moyennes de 7 années) (1856-62) | MATIÈRES MINÉRALES | | AZOTE | |
|---|---|---|---|---|---|---|
| | | | dans le foin frais. (moyennes de 7 années) (1856-62) | dans la matière sèche du foin. (moyennes de 7 années) (1856-62) | dans le foin frais. (moyennes de 7 années) 1856-1862 | dans la matière sèche du foin. (moyennes de 7 années) (1856-62) |
| | 1re série. — *Sans engrais minéral direct.* | | | | | |
| 1 | Sans engrais | 84.0 | 6.01 | 7.16 | 1.39 | 1.65 |
| 2 | Id. (duplicata) | 83.5 | 5 90 | 7.08 | 1.44 | 1.72 |
| | Moyenne des parcelles sans engrais | 83.8 | 5.96 | 7.12 | 1.41 | 1.69 |
| 4 | 224 k. sulfate et 224 k. chlorhydrate d'ammoniaque | 82.9 | 5.49 | 6.64 | 1.68 | 2.03 |
| 5 | 224 k. sulfate, 224 k. chlorhydrate d'ammoniaque et 2,242 k. sciure de bois | 83.0 | 5.40 | 6.51 | 1.60 | 1.92 |
| 6 | 308 k. nitrate de soude (1) | 82.5 | 6.12 | 7.44 | 1.47 | 1.78 |
| 7 | 616 k, nitrate de soude (1) | 82.5 | 5.88 | 7.17 | 1.57 | 1.91 |
| | Moyenne des parcelles de la 1re série | 81.9 | 5.77 | 6.98 | 1.55 | 1.87 |
| | 2e série. — *Avec engrais minéral direct.* | | | | | |
| 3 a | Superphosphate de chaux | » | » | » | » | » |
| 3 b | Superphosphate de chaux, 224 k. sulfate et 224 k. chlorhydr. ammoniaque | » | » | » | » | » |
| 8 | Engrais minéral mixte | 83.3 | 6.67 | 8.03 | 1.46 | 1.76 |
| 9 | Engrais minéral mixte et 2,242 k. sciure de bois | 83.4 | 6.74 | 8.10 | 1.49 | 1.79 |
| 10 | Engrais minéral mixte, 224 k. sulfate et 224 k. chlorhyd. ammoniaque | 82.1 | 6.86 | 7.75 | 1.23 | 1.49 |
| 11 | Engrais minéral mixte, 224 k. sulfate, 224 k. chlorhydr. ammoniaque et 2,242 k. sciure de bois | 82.1 | 6.63 | 8.10 | 1.17 | 1.44 |
| 12 | Engrais minéral mixte, 224 k. sulfate, 224 chlorhyd. ammoniaque et 2,542 k. paille de blé hachée | 82.5 | 6.56 | 7.95 | 1.28 | 1.56 |
| 13 a | Engrais minéral mixte, 448 k. sulfate et 448 k. chlorhyd. ammoniaque | 81.2 | 6.32 | 7.79 | 1.42 | 1.75 |
| 13 b | Engrais minéral mixte (comprenant 224 k. silicate de soude et 224 k. silicate de chaux), 448 k. sulfate et 448 chlorhydr. ammoniaque | » | » | » | » | » |
| 14 | Engrais minéral mixte et 308 k. nitrate soude (1) | 82.7 | 6.66 | 8.08 | 1.33 | 1.61 |
| 15 | Engrais minéral mixte et 616 k. nitrate soude (1) | 82.9 | 6.30 | 7.61 | 1.20 | 1.45 |
| | Moyenne des parcelles de la 2e série | 82.5 | 6.53 | 7.93 | 1.32 | 1.61 |
| | 3e série. — *Avec fumier de ferme.* | | | | | |
| 16 | 35,000 k. fumier de ferme | 83 4 | 6.89 | 8.34 | 1.23 | 1.49 |
| 17 | 35,000 k. fumier, 112 k. sulfate et 112 k. chlorhyd. amm. | 82.8 | 6.82 | 8.26 | 1.24 | 1.50 |

(1) Moyennes de cinq années seulement.

Le tableau VII reproduit les teneurs moyennes centésimales, constatées dans la période de sept années consécutives (1856-62), sur les parcelles classées d'après les trois séries indiquées tableau I.

Chaque parcelle a fourni chaque année, pendant le fauchage, un échantillon que l'on a coupé à la machine et mélangé. Sur cet échantillon, il a été prélevé deux quantités de 700 grammes environ, pour lesquelles on a dosé en duplicata la matière sèche et la matière minérale. La matière sèche a été obtenue par la dessiccation à 100 degrés au bain-marie ; et la matière minérale, par l'incinération sur des feuilles de platine, dans des moufles en fonte chauffées au coke. L'azote a été déterminé également en double par la chaux sodée et la méthode volumétrique.

*Matière sèche.* — En rapprochant les chiffres du tableau VII de ceux du tableau I, on reconnaît que la proportion centésimale de matière sèche est plutôt soumise aux variations des saisons qu'à celles des engrais. Entre ces derniers, ceux qui poussent davantage au chaume et à la maturité, notamment l'engrais minéral, donnent une proportion plus élevée de matière sèche. Plus il y aura excès d'azote dans l'engrais, les éléments minéraux ne faisant pas défaut, et les autres circonstances étant identiques, et moins la proportion de matière sèche sera élevée.

*Matières minérales.* — De la comparaison des années et des parcelles d'une même année entre elles, il résulte que la teneur de la substance sèche en matières minérales croîtra avec l'apport de ces dernières dans le sol, par l'engrais, et diminuera avec l'abondance des graminées. La réciproque est également vraie.

*Azote.* — La proportion d'azote de la matière sèche varie peu d'année en année. Toutes choses égales d'ailleurs, plus l'herbage est de nature complexe et moins il renferme de graminées (ce que les engrais minéraux favorisent); plus aussi la récolte est développée comme feuilles et éloignée de la maturité, et moins la teneur du foin sec en azote est élevée. Au contraire, plus il y a abondance de graminées, et, par conséquent, de chaume (ce que favorisent les mélanges d'engrais azotés et minéraux, et le fumier), et moins la teneur en azote est forte dans le foin sec.

D'autre part, il importe de remarquer qu'un foin très-azoté par rapport à celui obtenu sans engrais ou avec du fumier, n'est pas toujours plus riche pour cela en matières azotées digestibles ou assimilables. Si l'augmentation d'azote, en effet, est due à une prédominance des légumineuses, il y a lieu de compter sur une forte proportion de composés azotés nutritifs; mais s'il y a dominance de graminées, relativement moins mûres, une certaine partie de l'augmentation de l'azote peut être à un état moins parfait d'élaboration et correspondre à un défaut d'autres éléments. Il est vrai que, dans ce dernier cas, le fumier des animaux se sera toujours enrichi en azote.

*Analyse des cendres.* — Les cendres de la matière sèche et de la récolte annuelle ont été analysées au laboratoire de Rothamsted par M. R. Warington, sur un certain nombre de parcelles-types, désignées dès le début des expériences.

TABLEAU VIII. — *The Park. Composition élémentaire des cendres et analyse minérale de la récolte de foin sur cinq parcelles (1856-1858).*

| | COMPOSITION POUR 100 DES CENDRES | | | | | ANALYSE MINÉRALE DE LA RÉCOLTE DE FOIN | | | | |
|---|---|---|---|---|---|---|---|---|---|---|
| | Sans engrais. | Sels ammoniacaux. (92 k. azote). | Engrais minéral. | Engrais minéral et sels ammon. (92 kil. azote). | Engrais minéral et sels ammon. (184 k. azote). | sans engrais. | Sels ammoniacaux. (92 k. azote). | Engrais minéral. | Engrais minéral et sels ammon. (92 k. azote). | Engrais minéral et sels ammon. (184 k. azote). |
| Nos des parcelles. | Nos 1 et 2. Pour 100. | No 4. Pour 100. | No 8. Pour 100. | No 10. Pour 100. | No 13. Pour 100. | Nos 1 et 2. Kilogr. | No 4. Kilogr. | No 0. Kilogr. | No 10. Kilogr. | No 13. Kilogr. |
| Peroxyde de fer .. | 0.13 | 0 12 | 0.31 | 0 45 | 0.52 | 0.11 | 0.34 | 0.78 | 2.13 | 2.69 |
| Chaux. .......... | 13.85 | 13.85 | 13 38 | 9.60 | 8.65 | 26.57 | 34.75 | 36.32 | 46.74 | 44.61 |
| Magnésie ........ | 4.14 | 4.70 | 3.70 | 3.41 | 3.98 | 7 40 | 11.77 | 10.09 | 16.59 | 20.51 |
| Potasse ......... | 20.40 | 17.09 | 29 77 | 28.08 | 28.89 | 36.21 | 42.82 | 80.93 | 136.64 | 148.07 |
| Soude............ | 8.43 | 10 51 | 4.58 | 7.05 | 8.49 | 14.92 | 25.78 | 12.44 | 34.30 | 43.71 |
| Acide phospho iq. | 4.86 | 4.64 | 5.67 | 6.30 | 5.97 | 8.63 | 11.66 | 18.16 | 30.71 | 30.82 |
| Acide sulfurique.. | 6.09 | 7 56 | 7.78 | 6 27 | 5.71 | 10.76 | 18.94 | 21.18 | 30.49 | 29.48 |
| Chlore............ | 0.22 | 14 66 | 6.52 | 16.49 | 19.93 | 10.99 | 36.76 | 17.71 | 80.25 | 102.78 |
| Acide carbonique. | 5.62 | 3 21 | 6.63 | 1.87 | 1.73 | 9 98 | 8.07 | 18.05 | 9.08 | 8.86 |
| Silice. .......... | 25.91 | 21.17 | 18.82 | 18.57 | 15.89 | 45.96 | 53.02 | 51.11 | 90.84 | 81.94 |
| Sable ........... | 1.41 | 1.95 | 0.82 | 2.84 | 2.98 | » | » | » | » | » |
| Charbon......... | 3.19 | 4.08 | 2.54 | 5.04 | 2.13 | » | » | » | » | » |
| | 101.38 | 103 34 | 101.52 | 103.97 | 104.87 | | | | | |
| A déduire : Oxygène = chlore | 1.40 | 3.31 | 1.47 | 3 72 | 4 50 | » | » | » | » | » |
| Totaux.... | 99.98 | 100.03 | 100.05 | 100.25 | 100.37 | 171.53 | 243.91 | 266.77 | 477.27 | 514.37 |

Nous rappellerons que si les sels ammoniacaux employés seuls poussent presque exclusivement aux graminées, la récolte, d'un vert très-foncé, très-chargée en feuilles, n'excède guère en poids celle des parcelles sans engrais. Les sels minéraux employés seuls augmentent le poids de la récolte ; mais cette augmentation est due surtout aux légumineuses, car les graminées ne profitent de l'action de l'engrais minéral qu'au point de vue de leur précocité et de leur maturité. Le mélange des engrais minéraux et azotés rend la récolte beaucoup plus lourde à l'hectare, mais en enlevant au sol deux fois plus d'éléments minéraux. Il est donc évident que dans les parcelles où l'on a eu recours aux engrais ammoniacaux seuls, certains éléments minéraux indispensables ont fait défaut ; et que dans celles où l'on a employé l'engrais minéral seul, il y a eu manque d'azote assimilable pour les graminées.

L'analyse des cendres démontre que c'est d'abord à la potasse, puis à l'acide phosphorique, que l'engrais minéral, en présence d'un apport suffisant d'azote assimilable, doit son efficacité sur la prairie ; bien que pour les récoltes les plus lourdes, il ait pu y avoir défaut de silice soluble. Dans le tableau VIII apparaît une grande augmentation dans la potasse, sur les parcelles où l'on a employé l'engrais minéral, et en même temps, une diminution dans la soude. La proportion de potasse pour cent croît aux dépens de la chaux et de la magnésie, que réduisent encore les sels ammoniacaux ajoutés à l'engrais minéral. L'engrais minéral augmente aussi notablement l'acide phosphorique, tandis que l'acide sulfurique, dont la proportion excède singulièrement celle du chlore, reste à peu près le même dans toutes les parcelles. L'acide carbonique provenant de l'incinération de quelques autres acides organiques, domine dans le produit obtenu sans engrais ou avec l'engrais minéral seul. Il en est de même de la silice, dont la proportion est plus forte dans les cendres du foin venu sans engrais que dans toutes autres, et moins forte là où abondent les graminées. Si la dose de silice est très-augmentée dans les plus lourdes récoltes, elle n'est pas comparable pour l'augmentation, à celle de la potasse ou de l'acide phosphorique.

Lorsque l'on met en parallèle les analyses des cendres des mêmes parcelles, durant plusieurs années consécutives, on voit que la composition minérale du foin n'est pas affectée aussi sensiblement par les saisons que par les engrais. Le tableau IX offre la comparaison pour le foin récolté sur seize parcelles fumées d'une manière différente, pendant les trois années 1856, 1857 et 1858. La proportion pour cent d'acide phosphorique restant à peu près la même, celle de la chaux, de la potasse et de la silice paraît décroître faiblement d'une année à l'autre. La proportion d'acide carbonique, qui caractérise les cendres d'autres plantes que les graminées, diminue également, mais celle de la soude et du chlore qui indiquent une végétation verte et succulente, augmente.

TABLEAU IX. — *The Park. Composition pour* 100 *des cendres. Comparaison pendant trois années consécutives* (1856-1858).

| | Composition pour 100 des cendres des récoltes fournies par seize engr. différents chaque année. | | | |
|---|---|---|---|---|
| | 1856. | 1857. | 1858. | Moyenne des 3 années (1856-58). |
| | Pour 100. | Pour 100. | Pour 100. | Pour 100. |
| Peroxyde de fer. | 0.14 | 0 33 | 0.25 | 0.24 |
| Chaux.......... | 13.02 | 12.13 | 11.92 | 12.36 |
| Magnésie....... | 3.59 | 3.93 | 3.97 | 3.83 |
| Potasse......... | 26.83 | 26.43 | 25.26 | 26.17 |
| Soude.......... | 6.40 | 7.45 | 9 58 | 7.81 |
| Ac. phosphorique | 5.59 | 5.68 | 5.52 | 5.60 |
| Ac. sulfurique . | 6.02 | 7.14 | 7.18 | 6.78 |
| Chlore.......... | 11.37 | 12 15 | 12.25 | 11.92 |
| Acide carbonique | 3.37 | 2.74 | 2.73 | 2.95 |
| Silice......... ... | 22.28 | 19.93 | 20.23 | 20 81 |
| Sable.......... | 2.15 | 2.89 | 2.29 | 2.44 |
| Charbon........ | 2.22 | 2.22 | 2.17 | 2.20 |
| | 102.98 | 103.02 | 103.35 | 103.11 |
| A déduire : Oxygène=chlore | 2.56 | 2.74 | 2.76 | 2.69 |
| Totaux... | 100.42 | 100.28 | 100.59 | 100.42 |

*Matière fibreuse.* — Pour la détermination de la matière fibreuse, qui reste indissoute après le traitement des plantes par les dissolvants susceptibles d'enlever tous les autres composés, tels que la matière azotée, la matière grasse, l'amidon, le sucre, la gomme, les substances extractives, etc., M. T. Segelcke, de Copenhague, a appliqué au laboratoire de Rothamsted ses propres méthodes (1). Le dosage de la cellulose ou de la matière fibreuse intéresse surtout la question alimentaire, au point de vue de la digestibilité et de l'assimilation du fourrage.

D'après les analyses de M. Segelcke, aussi précises que le permettaient les connaissances sur le rôle chimique et physiologique de la cellulose, on peut conclure qu'un état imparfait d'élaboration, dans la partie nutritive du foin, correspond à une teneur élevée de la matière sèche en cel-

(1) *Report of the British Association,* 1859.

lulose. En outre, lorsque l'on compare les produits des divers engrais, dans la même année, on reconnaît que plus la récolte abonde en graminées, ou en chaume et approche de la maturité, plus la proportion de cellulose, comme celle de la matière sèche, est élevée.

*Matière grasse.* — La matière grasse, comprenant une certaine quantité de cire et de substance verte, a été aussi dosée par les procédés Segelcke, dans le seul but d'apprécier les caractères généraux des récoltes. On déduit des analyses, dont les résultats sont présentés dans le tableau X donnant la composition élémentaire du foin frais et de la matière sèche pour sept parcelles-types, que plus la proportion pour cent de cellulose est élevée, moins celle des matières azotées, de la matière grasse et des matières minérales est importante. L'inverse s'observe lorsque la teneur en cellulose est faible ; ce qui est le cas pour le fourrage où dominent d'autres herbes que les graminées, plus feuillues, plus succulentes et plus éloignées de la maturité.

TABLEAU X. — *The Park. Composition élémentaire du foin à l'état frais et de la matière sèche du foin.*

| | Sans engrais. | ENGRAIS COMMERCIAUX. | | | | FUMIER DE FERME | | Moyenne. |
| --- | --- | --- | --- | --- | --- | --- | --- | --- |
| | | Sels ammoniacaux seuls. | Engrais minéral mixte. | Engrais minéral et sels ammon. | Engrais minéral et double de sels ammon. | seul. | Avec sels ammoniacaux. | |
| | Parcelle 1. | Parcelle 4. | Parcelle 8. | Parcel. 10. | Parcel. 13. | Parcel. 16. | Parcel. 17. | |
| *I. Composition pour 100 du foin frais.* | | | | | | | | |
| Matière azotée (1) | 8.82 | 10.39 | 8.82 | 7.87 | 10.77 | 7.43 | 8.00 | 8.87 |
| Matière grasse | 2.87 | 3.60 | 2.55 | 1.99 | 2.36 | 2.48 | 2.80 | 2.58 |
| Cellulose ou matière fibreuse | 22.88 | 22.87 | 24.97 | 24.11 | 24.64 | 24.51 | 24.31 | 23 90 |
| Composés divers non azotés (2) | 45.63 | 42.70 | 42.78 | 41.60 | 37.58 | 43.46 | 40.85 | 42.08 |
| Matières minérales (cendres) | 5.70 | 5.14 | 6.48 | 6.53 | 6.35 | 6.72 | 6.74 | 6.24 |
| Matière sèche totale | 85.90 | 84.10 | 85.60 | 82.10 | 80.70 | 84.60 | 82.70 | 83.07 |
| Eau | 14.10 | 15.90 | 14.40 | 17.70 | 19.30 | 15.40 | 17.30 | 16.33 |
| | 100.00 | 100.00 | 100.00 | 100.00 | 100.00 | 100.00 | 100.00 | 100.00 |
| *II. Composition pour 100 de la matière sèche du foin.* | | | | | | | | |
| Matière azotée (1) | 10.27 | 12.35 | 10.33 | 9.58 | 13.36 | 8.82 | 9.64 | 10.62 |
| Matière grasse | 3.34 | 3.57 | 2.98 | 2.42 | 2.93 | 2.93 | 3.39 | 3.08 |
| Cellulose ou matière fibreuse | 26.63 | 27.20 | 29.17 | 29.37 | 29.30 | 28.97 | 29.40 | 28.58 |
| Composés divers non azotés (1) | 53.12 | 50.77 | 49.95 | 5.68 | 46.54 | 51.33 | 49 43 | 50.27 |
| Matières minérales (cendres) | 6.64 | 6.11 | 7.57 | 7.95 | 7.87 | 7.95 | 8.14 | 7.45 |
| | 100.00 | 100.00 | 100.00 | 100.00 | 100.00 | 100.00 | 100.00 | 100.00 |

(1) L'azote est multiplié par 6.3 en comptant 15.875 d'azote dans la matière azotée.
(2) Amidon, sucre, gomme, etc.

### F. Conclusions.

Pour résumer cette longue étude par quelques déductions pratiques, nous dirons avec MM. Lawes et Gilbert qu'aucun moyen d'accroître temporairement la fertilité des prairies ne doit faire omettre les ressources permanentes qu'offrent le drainage, le marnage, le chaulage, etc.

Pour l'engrais, l'emploi des os ne saurait être recommandé que sur les prairies appauvries de certaines localités.

Les plantes fourragères épuisent les alcalis du sol, et à cause du prix élevé des sels de potasse, on ne peut pas toujours les restituer économiquement par des engrais commerciaux. Sous ce rapport, le fumier, l'engrais humain, etc., ont l'avantage de permettre de rendre au sol, en même temps que les alcalis et les autres éléments minéraux, des quantités plus ou moins fortes d'azote assimilable.

Le guano du Pérou constitue un des meilleurs engrais de prairie, parce qu'il apporte du phosphate et de l'azote, tandis que les sels ammoniacaux et le nitrate de soude n'apportent que de l'azote. Le nitrate de soude et le sulfate d'ammoniaque ne devraient être employés que mélangés.

C'est en somme au fumier de ferme

qu'est due la restitution la plus complète des éléments enlevés au sol par la récolte de foin. Il est vrai que son action est plus lente que celle des autres engrais, mais la qualité de l'herbage, plus fournie d'espèces variées, est supérieure. Si l'on recourt au fumier tous les quatre ou cinq ans, pour rendre au sol la potasse et la silice dont le déprive la récolte, on peut utilement augmenter la production dans l'intervalle, par un choix judicieux d'engrais du commerce. Aussi conviendra-t-il d'employer plutôt un mélange de sels ammoniacaux et de nitrate de soude, à cause de l'action différente qu'ils exercent sur les herbes variées de la prairie, et pour favoriser leur variété en même temps que leur rendement. Les engrais phosphatés, qui activent sensiblement la croissance et la maturité, devront être appliqués à l'état de superphosphate ou de guano.

## XVII. — EXPÉRIENCES SUR LES PRÉS IRRIGUÉS.

Une commission royale nommée en janvier 1857 pour s'enquérir du meilleur mode de distribution et d'emploi des eaux d'égout des villes, décidait, en 1860, de pratiquer l'irrigation sur des terrains en prairie, déjà disposés pour l'arrosage, dans le but de déterminer :

1° Le rendement et la composition du fourrage arrosé, par rapport aux volumes d'eaux d'égout distribués, à la quantité de fertilisants appliqués au sol et à l'importance de la population desservie par les égouts ;

2° Les meilleurs procédés à suivre pour utiliser le fourrage produit, à l'état frais ou à l'état de foin, relativement à la production de lait ou de viande ; en le faisant consommer seul, ou en mélange, par les animaux.

Un sous-comité, composé de MM. Henry Austin, T. Way et Lawes, présidé par lord Essex, fut chargé de ces expériences.

Deux prairies, l'une de deux hectares, l'autre de quatre, furent choisies à Rugby, où depuis longtemps on arrosait à l'aide des eaux d'égout (1). Chacune de ces prairies fut partagée en quatre parcelles, dont le n° 1 ne reçut aucun arrosage ; le n° 2 reçut 7,500 mètres cubes ; le n° 3, 15,000 mètres cubes, et le n° 4, 22,500 mètres cubes d'eaux d'égout à l'hectare et par an (2).

(1) Nous avons décrit l'application de Rugby dans deux mémoires : *De l'utilisation des eaux d'égout en Angleterre*, publié en 1866 par la *Revue universelle des mines*, pp. 75 et 92, et *Égouts et irrigations*, publié dans les *Mémoires des ingénieurs civils*, 1874, p. 175.

(2) *On the composition, value and utilisation of town sewage by Lawes and Gilbert*. Jour. chem Soc. 1866.

TABLEAU I. — *Rugby. Rendement total et augmentation en herbe par 1,000 mètres cubes d'eaux d'égout employées à l'irrigation.*

Trois années : 1861, 1862 et 1863.

| ANNÉES. | PIÈCE DE DEUX HECTARES | | | | PIÈCE DE QUATRE HECTARES | | | | MOYENNE DES DEUX PIÈCES. | | | |
| | Sans irrigat. | Parc. lles Irriguées. | | | Sans irrigat. | Parcelles irriguées. | | | Sans irrigat. | Parcelles irriguées. | | |
| | | 7,500 m. cubes à l'hectare | 15,000 m. cubes à l'hectare | 22,500 m. cubes à l'hectare | | 7,500 m. cubes à l'hectare | 15,000 m. cubes à l'hectare | 22,500 m. cubes à l'hectare | | 7,500 m. cubes à l'hectare | 15,000 m. cubes à l'hectare | 22,500 m cubes à l'hectare |
| | N° 1. | N° 2. | N° 3. | N° 4. | N° 1. | N° 2. | N° 3. | N° 4. | N° 1. | N° 2. | N° 3. | N° 4. |
| | Kilogr. | Kilogr. | Kilogr. | Kilogr. | Kilogr. | Kilogr. | Kilogr. | Kilogr. | Kilogr. | Kilogr. | Kilogr. | Kilogr |
| *Produit en herbe à l'hectare et par an.* | | | | | | | | | | | | |
| 1861 | 23,325 | 37,263 | 67,928 | 82,457 | 22,364 | 39,767 | 57,197 | 67,020 | 22,844 | 38,515 | 62,563 | 74,739 |
| 1862 | 20,506 | 70,071 | 86,644 | 81,563 | 41,456 | 69,195 | 80,644 | 79,395 | 30,978 | 69,633 | 85,644 | 80,479 |
| 1863 | 12,412 | 55,878 | 87,688 | 92,963 | 20,202 | 63,438 | 76,781 | 87,807 | 16,307 | 59,658 | 82,235 | 90,367 |
| Moyennes.. | 18,747 | 54,404 | 80,753 | 85,663 | 28,007 | 57,467 | 71,540 | 78,074 | 23,377 | 55,935 | 76,147 | 81,869 |
| *Augmentation en herbe par 1,000 mètres cubes d'eau d'égout à l'hectare et par an.* | | | | | | | | | | | | |
| 1861 | » | 1,858 | 2,973 | 2,628 | » | 2,320 | 2,320 | 1,984 | » | 2,089 | 2,647 | 2,306 |
| 1862 | » | 6,008 | 4,409 | 2,713 | » | 3,698 | 2,012 | 1,686 | » | 5,154 | 3,511 | 2,200 |
| 1863 | » | 5,795 | 5,018 | 3.580 | » | 5,764 | 3,771 | 3,004 | » | 5,780 | 4,395 | 3,292 |
| Moyennes.. | » | 4,740 | 4,133 | 2,973 | » | 3,928 | 2,900 | 2,225 | » | 4,341 | 3,517 | 2,599 |

L'irrigation de l'une des pièces commença en mars 1861, et celle de l'autre pièce, le mois suivant. Pour se placer dans les conditions de l'utilisation continue des eaux fournies par les égouts, c'est-à-dire de l'emploi journalier de ces eaux, il fut résolu que pendant l'hiver, où l'arrosage a peu de valeur, on continuerait à irriguer ; mais on ferait courir l'année de production du 1er novembre d'une année au 31 octobre de l'année suivante. On eut naturellement à tenir compte de quelques irrégularités dans le débit de l'eau d'égout, par suite du service imparfait des machines, du temps employé aux coupes, etc.; on s'efforça toutefois, pour obtenir une meilleure distribution, de débiter l'eau sur une même parcelle pendant une journée entière, ce qui amena quelques variations dans le débit quotidien, suivant la pente de la parcelle et la vitesse d'écoulement.

Le tableau I indique le produit en herbe récolté pendant trois années consécutives sur les quatre parcelles de chacune des prairies et le produit moyen des deux pièces pour ces mêmes parcelles.

Le sol des deux prairies n'ayant pas été arrosé pendant l'hiver qui précéda les expériences, les récoltes faites avant la fin de mai, dans la deuxième et la troisième année, sont beaucoup plus considérables que dans la première campagne. En général, l'abondance des coupes de printemps, après l'arrosage de l'hiver, a été remarquable, et il y a eu grand avantage à pousser à la précocité du fourrage vert pour la nourriture des animaux. Les coupes de l'automne ont été relativement plus faibles ; sur les parcelles irriguées, elles ont excédé de beaucoup celles des parcelles non arrosées. Dans les deux saisons, printemps et automne, les plus fortes coupes ont été obtenues pour les volumes d'eau les plus considérables à l'hectare.

L'année 1862 ayant été froide et humide, on n'eut pas de troisième coupe ; mais, les autres années, on coupa quatre et même cinq fois. On a remarqué que, dans cette même année 1862, le volume d'eau débité eut très-peu d'influence sur l'augmentation de rendement.

D'ailleurs, pour apprécier l'augmentation de rendement due à l'arrosage, telle qu'elle a été établie dans le tableau I, il ne convient pas seulement de tenir compte des saisons, mais encore de l'état pes prairies. Or les deux prairies, avant d'être mises en expérience, servaient d'embouche, et leur rendement naturel, sans irrigation, était déjà très-élevé. Rien n'indiquait d'avance que les espèces fourragères d'un pré d'embouche dussent profiter également de l'arrosage ; il était même certain que seulement à la suite d'un certain nombre d'années d'irrigation, les espèces dominantes parviendraient à fournir leur rendement maximum. C'est pourquoi les chiffres des récoltes de Rugby doivent être considérées plutôt comme des minima, par rapport aux prairies expressément créées pour l'irrigation.

Sur la prairie de quatre hectares, où le sol était de meilleure qualité et préalablement mieux fumé que celui de l'autre prairie, l'herbe avait été mangée beaucoup plus près, et le rendement de la parcelle non arrosée dans la première année s'en est ressenti. Aussi, tandis que le produit de la parcelle non arrosée, dans la prairie de deux hectares, diminue d'année en année, celui de la parcelle symétrique dans la prairie de quatre années va en augmentant.

La différence de composition physique et chimique des deux sols explique d'ailleurs les anomalies que présente le tableau I. Ainsi, d'après les analyses du sol, on reconnaît que, pour la terre de la prairie de deux hectares, naturellement beaucoup moins fertile et plus pierreuse, le rendement à l'hectare, sous l'influence d'une bonne distribution d'eau d'égout, est le même que celui fourni par la terre de la prairie de quatre hectares, beaucoup plus fertile, plus argileuse et riche en humus. Dans le premier cas pourtant, l'analyse indique : 18.46 pour 100 de pierres, 12.08 d'eau, 4.46 de matières organiques et 0.15 d'azote ; dans le second cas, elle donne 7.73 pour 100 de pierres, 16.92 d'eau, 8.25 de matières organiques et 0.22 d'azote dans les terres à l'état naturel.

Quoique le rendement de la parcelle sans engrais, sur la prairie de quatre hectares, soit plus fort que celui de la parcelle sans engrais de l'autre prairie, il est moindre sur les parcelles soumises à l'arrosage. C'est qu'en effet la prairie de deux hectares, mieux nivelée et plus perméable, se prête mieux à l'absorption lente et à l'utilisation de l'eau d'égout. Le sol de qualité inférieure donne ainsi la récolte la lus considérable sous l'influence de l'irrigation ; en outre, si l'on consulte les analyses des eaux de drainage faites par MM. Lawes et Gilbert, il utilise mieux l'engrais, tout en épurant plus complétement l'eau d'égout.

Les plus gros rendements correspondent aux plus gros débits, et s'affirment surtout à la troisième année d'irrigation ; mais, quant à l'augmentation de la récolte due à un volume d'eau donné, elle s'abaisse lorsque les volumes augmentent. Il est évident que l'on obtiendrait de plus forts rendements en employant 50,000 et 75,000 mètres cubes à l'hectare, au lieu de 15,000 et de 22,500 ; mais alors l'eau d'égout serait imparfaitement utilisée et purifiée, et l'on atteindrait le minimum d'augmentation de rendement pour un volume d'eau donné.

Sans entrer plus avant dans les détails des expériences de Rugby, qui remplissent un volumineux rapport où la question de l'irrigation des prairies à l'aide des eaux fertilisantes a été traitée sous tous ses aspects (1), nous ferons remarquer que, comme tous les engrais intensifs, ces eaux développent certaines espèces végétales à l'exclusion partielle ou totale d'autres espèces.

Dans les prés d'Édimbourg, arrosés depuis des années par les eaux d'égout, la flore fourragère est devenue très-simple, de complexe qu'elle était. Elle s'est réduite à peu près au pâturin commun, au blé chiendent, et en bien moins grande proportion, à l'ivraie vivace et au dactyle pelotonné. Parmi les plantes nuisibles, la renoncule domine, surtout dans les parcelles mal drainées. Les prairies d'autres fermes arrosées offrent également la prédominance du pâturin et du chiendent.

TABLEAU II. — *Rugby. Proportion pour cent de matière sèche dans l'herbe non irriguée et dans l'herbe irriguée.*

| ANNÉES ET NOMBRE DE COUPES. | PIÈCE DE DEUX HECTARES. | | | | | PIÈCE DE QUATRE HECTARES. | | | | |
|---|---|---|---|---|---|---|---|---|---|---|
| | Parcelle non irriguée. | Parcelles irriguées. | | | Moyenne | Parcelle non irriguée. | Parcelles irriguées. | | | Moyenne |
| | N° 1. | N° 2. | N° 3. | N° 4. | | N° 1. | N° 2. | N° 3. | N° 4. | |
| **1re année 1861.** | | | | | | | | | | |
| Première coupe | 27 9 | 30.5 | 26.9 | 27.7 | 28.3 | 22.0 | 23.3 | 21.4 | 18.4 | 21.3 |
| Deuxième coupe | 24.4 | 19.8 | 14.2 | 13.3 | 17.9 | 26.9 | 17.1 | 15.1 | 16.1 | 18.8 |
| Troisième coupe | » | 13.4 | 13.7 | 12.9 | 13.3 | » | 12 6 | 7.3 | 14.4 | 11.4 |
| Quatrième coupe | » | » | 15.4 | 9.6 | 12 5 | » | 16.9 | 15.1 | 17.8 | 16.6 |
| Moyennes | 26.2 | 21.2 | 17.6 | 15.9 | » | 24.5 | 17.5 | 14.7 | 16.7 | » |
| **2e année 1862.** | | | | | | | | | | |
| Première coupe | 26.7 | 22.8 | 14.4 | 15.3 | 19.8 | 26.9 | 19.5 | 13.5 | 13.1 | 18.3 |
| Deuxième coupe | 22.8 | 14.3 | 16.4 | 19.4 | 18.2 | 17.9 | 16.2 | 19.0 | 16.7 | 17.5 |
| Troisième coupe | » | 18.2 | 12.9 | 14.2 | 15.1 | » | 14.5 | 14.4 | 15.8 | 14.9 |
| Quatrième coupe | » | » | » | » | » | » | » | » | 53.8 | 33.6 |
| Moyennes | 24.8 | 18.4 | 14.6 | 16.3 | » | 22.4 | 16.4 | 15.6 | 15.2 | » |
| **3e année 1863.** | | | | | | | | | | |
| Première coupe | 36.1 | 21.5 | 17.6 | 16.3 | 22.9 | 39.8 | 18.6 | 20.0 | 14 6 | 23.3 |
| Deuxième coupe | 34 4 | 18.5 | 14.9 | 17.8 | 21.4 | 18.2 | 17.7 | 16.3 | 18 8 | 17.8 |
| Troisième coupe | » | 17.7 | 10.9 | 17.6 | 15.4 | » | 12.4 | 14.6 | 15.2 | 14.1 |
| Quatrième coupe | » | 15.8 | 13.0 | 12.3 | 13.7 | » | » | 13 9 | 13.6 | 13.8 |
| Cinquième coupe | » | » | » | 15.3 | 15 3 | » | » | » | » | » |
| Moyennes | 35.3 | 18.4 | 14.1 | 15.9 | » | 29.0 | 16.2 | 16.2 | 15 6 | » |

A Rugby, les mêmes effets se sont produits, bien qu'à un moindre degré. La parcelle non arrosée de la prairie de deux hectares avait reçu moins d'eau d'égout, avant les expériences, que celle de la prairie de quatre hectares, et la variété d'herbes y était plus grande. Ainsi l'on y trouvait, comme dominantes : la houque laineuse, l'agrostis, le pâturin, la fétuque dure, l'ivraie vivace, le dactyle et quelques autres espèces, parmi lesquelles des légumineuses et certaines plantes accessoires : le plantain, le rumex, l'achillée et

(1) *Sewage of towns. Third Report of the commission appointed to inquire into the best mode of distributing the sewage of towns*, etc. London, 1865. Un extrait du rapport antérieur de la commission royale sur les expériences de 1861 avait été présenté, avec quelques observations spéciales de M. Lawes, relatives à la question sanitaire, dans le *Journal de la Soc. Roy. d'Agric. d'Angleterre*, t. XXIV, 1863, sous le titre de : *The utilisation of town sewage.*

le pissenlit. Sous l'action de l'eau d'é-gout, le dactyle et la houque ont dominé, et les légumineuses ont été très-réduites, tandis que la renoncule et le rumex se sont beaucoup développés au détriment des autres espèces nuisibles.

En général, une abondante distribution d'eau d'égout a pour conséquence de favoriser les graminées, de détruire les légumineuses et de réduire les plantes accessoires ou nuisibles, au profit de quelques variétés individuelles. Au bout de quelques années successives, deux ou trois graminées seulement résistent et prospèrent. Comme l'herbe arrosée est fauchée ou consommée, à peine la pousse faite, la tendance qu'ont les graminées librement développées à donner un chaume plus ou moins grossier et coriace n'est pas à craindre, comme dans le cas des prairies non arrosées.

D'ailleurs, l'analyse du foin arrosé de de Rugby vient confirmer les faits d'expérience. Les tableaux II et III indiquent la proportion pour cent de matière sèche de l'herbe irriguée et de l'herbe non irriguée, ainsi que la composition élémentaire de cette matière sèche relativement aux diverses coupes des trois années; ce qui permet d'apprécier les différences d'une année à l'autre et d'une coupe à l'autre.

TABLEAU III. — *Rugby. Composition élémentaire pour 100 de la matière sèche du fourrage sur les parcelles irriguées et non irriguées et suivant les coupes, pendant trois années* (1861-1863).

| | Matière azotée. | Matière grasse. | Matière fibreuse (cellulose). | Matières non azotées (sucre, gomme, amidon, etc.). | Matières minérales (cendres). | Nombre de dosages. |
|---|---|---|---|---|---|---|
| **1re ANNÉE 1861.** | | | | | | |
| — *Parcelle* no 1 non irriguée..... | 13.08 | 3.21 | 28.80 | 45.66 | 9.25 | 5 |
| — no 2 irriguée........... | 18.67 | 3.54 | 29.34 | 37.09 | 11.36 | 7 |
| — ne 3 — .. .. ·... | 18.92 | 3.53 | 30.15 | 35.94 | 11.46 | 9 |
| — no 4 — ......... | 19.78 | 3.44 | 29.13 | 35.92 | 11.73 | 9 |
| — 1re *coupe*.............. · .. ... .. | 10.33 | 3.01 | 30 80 | 47.79 | 8.07 | 11 |
| 2e — ................. ..... | 18.07 | 3.60 | 28.45 | 38.28 | 11.60 | 9 |
| 3e — ..............·.. .... | 23.76 | 3.65 | 28.50 | 30.84 | 13.25 | 7 |
| 4e — .................... | 28.23 | 3.84 | 23.60 | 24.57 | 14 74 | 5 |
| **2e ANNÉE 1862.** | | | | | | |
| — *Parcelle* no 1 non irriguée..... | 9.49 | 2.93 | 29.80 | 47.84 | 9.94 | 4 |
| — no 2 irriguée.... .... | 15.65 | 3 81 | 29.20 | 40.70 | 10.64 | 6 |
| — no 3 — ... ..... | 15.70 | 3.64 | 29.18 | 40.50 | 10.98 | 6 |
| — no 4 — ......... | 16.83 | 3.85 | 29.86 | 39.01 | 10.45 | 7 |
| — 1re *coupe*............... | 11.65 | 2.82 | 32.42 | 44.40 | 8.71 | 11 |
| 2e — .............. | 12.70 | 3.72 | 29.01 | 43.87 | 10.70 | 9 |
| 3e — ............... | 20.44 | 4.34 | 26 69 | 36.00 | 12.53 | 6 |
| 4e — ............... | 18.22 | 4.42 | 24.86 | 38.70 | 13.80 | 1 |
| **3e ANNÉE 1863.** | | | | | | |
| — *Parcelle* no 1 non irriguée..... | 10.31 | 4.08 | 28.04 | 47 29 | 9.68 | 4 |
| — no 2 irriguée........... | 18.43 | 5.04 | 26.08 | 39.48 | 10.97 | 7 |
| — no 3 — ......... | 20.49 | 4.68 | 25.62 | 37.82 | 11.39 | 8 |
| — no 4 — ......... | 22.38 | 4.83 | 25.40 | 35.70 | 11.60 | 9 |
| — 1re *coupe*..... ........... | 15.05 | 4.79 | 26.55 | 44 32 | 9.29 | 8 |
| 2e — ............ | 10.04 | 4.51 | 28.07 | 39.68 | 11.30 | 8 |
| 3e — ............. | 19.88 | 5.00 | 26.08 | 37.05 | 11.99 | 6 |
| 4e — ............. | 20.12 | 4.93 | 23.33 | 33.20 | 12.36 | 5 |
| 5e — ............... | 32.19 | 5.07 | 20.51 | 29.62 | 12 61 | 1 |

A quelques exceptions près, la proportion de matière sèche dans l'herbe arrosée est plus faible que dans l'herbe venue sans arrosage; et même d'autant plus faible que le volume d'eau distribué a été plus grand. On reconnaît également que la proportion de matière sèche diminue à chaque coupe, au fur et à mesure que l'année avance vers son terme. Il est vrai qu'elle dépend non-seulement de la période de végétation et de la relation des tiges et des feuilles, mais encore des conditions atmosphériques au moment où se fait la coupe. Or l'herbe ordinaire, venue sans arrosage, fut presque toujours fauchée à un moment plus tardif de sa végétation, et montra par conséquent plus de maturité. Aussi plus le volume d'eau distribué est grand, plus la production de feuilles succulentes est activée; mais en temps chaud et sec, l'herbe arrosée montre plus de tendance à la maturité qu'en temps froid et humide. En outre, les coupes de printemps et d'été étant plus abondantes que les autres, sont enlevées plus lentement, et par cela même acquièrent une maturité plus grande.

Sous le rapport de la composition élémentaire (tableau III), la différence la plus tranchée apparaît dans la proportion pour cent de matières azotées qui, dans l'herbe arrosée, surpasse beaucoup chaque année celle de l'herbe ordinaire. Cette proportion croît avec le volume d'eau d'arrosage. La même loi est suivie par la matière grasse impure. Pour la matière fibreuse ou cellulose, dans les années 1862 et 1863, où les coupes furent opérées plus tôt et dans de meilleures conditions qu'en 1861, elle est moins élevée dans l'herbe arrosée. En tout cas, les matières minérales prédominent dans l'herbe arrosée et indiquent généralement un état moins avancé de maturité.

Les longues et minutieuses expériences de MM. Lawes et Gilbert à Rugby, sur l'engraissement des bœufs et sur l'alimentation des vaches laitières, — dont nous ne pouvons rendre compte ici (1), — ont démontré les qualités supérieures de l'herbe arrosée, comme de l'herbe fauchée dans la première partie de l'année, pour l'engraissement, et surtout pour la production du lait. MM. Lawes et Gilbert ont attribué ces qualités à l'état plus favorable de maturité, qui entraîne une digestion et une assimilation plus complètes des éléments utiles du foin.

Les essais d'arrosage du ray-grass pendant l'année 1863, également décrits *in extenso* par les auteurs, n'ont pas offert des données assez différentes de celles obtenues sur les herbages permanents, pour que nous ayons à les résumer.

En conclusion, MM. Lawes et Gilbert infèrent des expériences de Rugby (2) que le meilleur mode d'utilisation et d'épuration des eaux d'égout est réalisé par leur distribution sur le sol; et qu'en considérant l'état de dilution de ces liquides, leur volume quotidien pendant toutes les saisons de l'année, leur augmentation

(1) Nous avons publié le résultat de ces essais dans notre mémoire sur l'*Utilisation des eaux d'égout en Angleterre* (1866), p 93.

(2) *On the composition, value, and utilisation of town sewage* Journ. chem. soc. 1866.

dans les saisons humides, lorsque le sol est moins propre à les recevoir, et le coût de leur épandage, il est préférable de les déverser sur les herbes des prairies qui peuvent les utiliser pendant tout le cours de l'année. Pour concilier les intérêts des villes et des campagnes, une distribution de 12,000 mètres cubes d'eau d'égout à l'hectare et par an, sur des prairies permanentes ou de ray-grass, semble, dans la plupart des cas, réaliser le meilleur mode d'utilisation; « toutefois ce volume devrait être réduit s'il était prouvé en pratique que les liquides ne sont pas suffisamment épurés. » Enfin la conséquence directe de l'emploi général des eaux d'égout sur les terres en prairies, serait une augmentation énorme dans la production du lait, du beurre, du fromage et de la viande; en même temps, la consommation très-développée des fourrages arrosés assurerait la production d'une masse de fumier pour les terres arables et les autres récoltes.

XVIII. — EXPÉRIENCES SUR L'ASSOLEMENT QUADRIENNAL.

La théorie des assolements est de celles qui ont le plus exercé les agronomes; et pour l'exposer au moment où MM. Lawes et Gilbert débutaient dans leurs expériences culturales, il faudrait remonter aux résultats obtenus par M. Boussingault sur la ferme de Bechelbronn et aux interminables discussions soulevées par la doctrine de Liebig, entre les partisans de l'azote et ceux des matières minérales. C'est après avoir déterminé avec Payen, l'azote contenu dans un grand nombre d'engrais, et établi l'identité entre la valeur commerciale des engrais et leur teneur en azote, que M. Boussingault voulut compléter la démonstration par les résultats de la pratique en grand. Tous les produits agricoles de sa ferme furent pendant plusieurs années soumis à l'analyse, ainsi que les engrais fournis aux terrains; et cela, pour six assolements différents comprenant à peu près toutes les cultures adoptées alors dans une grande partie de l'Europe centrale.

Nous croyons superflu de revenir sur cette expérience classique d'où, suivant le comte de Gasparin, « on peut véritable ment dater l'époque de l'établissement définitif de la théorie agricole. Tous les principes posés par Thaer, ajoutait-il, toutes les prévisions furent confirmés ; et avec cette belle démonstration, on obtint des chiffres exacts pour la localité, suffisamment approchés pour les autres lieux, au moyen desquels il fut possible de donner un appui aux calculs agronométriques (1). »

Jadis le cultivateur, conduit uniquement par l'empirisme, réparait en partie les pertes éprouvées par le sol, en faisant alterner les plantes qui prennent plus à l'atmosphère, avec celles qui prennent moins. Théoriquement, M. Boussingault constatait que l'alternance la plus avantageuse est celle où la quantité de matière organique azotée des récoltes, pendant une rotation, excède le plus la quantité de matière organique azotée introduite par l'engrais dans le sol. M. Boussingault supposait toutefois, pour établir la balance de l'azote des six assolements expérimentés à Bechelbronn, que la matière azotée de l'engrais était complétement enlevée par les différentes récoltes formant chaque rotation ; ce qui n'a pas lieu ; de telle sorte que la quantité soutirée à l'atmosphère n'était qu'une limite inférieure de la somme enlevée par l'ensemble des cultures composant la rotation. Dans ces conditions, il a été trouvé que, pour chacun des assolements mis en expérience, l'azote de la récolte excédait l'azote de l'engrais, et souvent dans une proportion considérable.

Le gain d'azote dépendait-il d'un puisage direct dans l'air, dû aux légumineuses ? Les essais de M. Boussingault et de MM. Lawes et Gilbert pour vérifier l'assimilation directe de l'azote atmosphérique par les plantes, avaient été, comme on le verra, négatifs. Dépendait-il de la combustion de la matière carbonée de la terre arable ? Ici les essais avaient été plus ou moins probants et, en tous cas, ils ne permettaient pas d'expliquer certains faits exceptionnels, que l'on exposera plus tard.

Pour Liebig, la théorie de l'assolement se formulait, au contraire, comme il suit : « De l'inégalité dans la quantité et la qualité des éléments minéraux, comme dans les proportions de ces éléments exigées par le développement des différen-

tes cultures, dépendent les assolements et leurs variétés en usage dans les divers pays. »

Il opposait ainsi la théorie minérale à celle de l'azote, et sur ce thème où la discussion fut vivement engagée avec M. Boussingault, les savants expérimentateurs de Rothamsted apportèrent à ce dernier le concours de leurs précieuses observations fondées sur la statique chimique d'un assolement.

L'assolement mis en expérience par MM. Lawes et Gilbert, dès 1848, sur la pièce d'Agdell Field, était très-connu depuis de longues années en France. La plupart des auteurs agricoles l'avaient proposé aux cultivateurs français comme satisfaisant à toutes les lois physiologiques et chimiques. C'est l'assolement quadriennal de Norfolk, appartenant à la culture fourragère, et comprenant : navet, orge, trèfle et froment. La première sole est occupée par une plante pivotante et nettoyante ; la seconde, par une plante à racines fibreuses, à la fois épuisante et salissante ; la troisième, par une plante pivotante, étouffante et améliorante ; la quatrième, par une plante pivotante, épuisante et salissante. L'alternance était indiquée comme parfaite, puisque les deux céréales étaient séparées d'abord par une crucifère et ensuite par une légumineuse (1).

### A. Essais d'Agdell Field.

Agdell Field, d'une contenance d'un hectare, situé dans le voisinage immédiat de Hoos Field, a été partagé dès 1848 en trois parcelles de 0ʰ.33 environ qui ont été soumises au même assolement quadriennal.

La parcelle nº 1 est restée sans engrais ; la parcelle nº 2 a reçu, pour la première sole de navets, à chaque rotation, du superphosphate de chaux ; et la parcelle nº 3 a reçu également pour la première sole, un engrais intensif composé de superphosphate de chaux, d'alcali, de tourteau et de sels ammoniacaux (voir § II, Champs d'expériences).

Dès la seconde rotation, le trèfle formant la troisième sole ne réussit pas, comme on s'y attendait, et fut remplacé, sur moitié de la parcelle, par des fèves, et

(1) *Cours d'agriculture*, t. V, p. 22.

(1) G. Heuzé. Les Assolements. *Cours d'agriculture pratique*, 1862, p. 356.

sur l'autre moitié, par une jachère. Dans les rotations suivantes, la troisième sole fut occupée par les fèves, et le trèfle ne fut repris que dans la septième rotation en 1874, mais, cette fois, avec réussite.

Les expériences d'Agdell Field durant encore actuellement depuis 1848, les navets qui forment la tête de l'assolement ont été fumés huit fois en comprenant l'année courante, c'est-à-dire en 1848, 1852, 1856, 1860, 1864, 1868, 1872 et 1876. Sur la moitié de chaque parcelle en navets, on a emporté les racines et les feuilles; et sur l'autre moitié on a parqué les moutons pour les consommer. L'orge succédant aux navets a été ainsi obtenue dans deux conditions différentes pour permettre d'apprécier l'influence relative de l'enlèvement des produits en racines et de leur consommation sur place.

TABLEAU I. — *Agdell Field.* — *Expériences sur l'assolement quadriennal pendant 28 années consécutives : 1848-1875.*

| | | PARCELLE 1. Sans aucun engrais. | | | PARCELLE 2. Superphosphate de chaux seul pour les turneps. | | | PARCELLE 3. Engrais complet pour les turneps. | | |
|---|---|---|---|---|---|---|---|---|---|---|
| | | Grain ou racines. | Paille ou fanes. | Produit total. | Grain ou racines. | Paille ou fanes. | Produit total. | Grain ou racines. | Paille ou fanes. | Produit total. |
| | *Première rotation (1848-1851).* | kil. | kil. | | | kil. | kil. | | kil. | kil. |
| 1848 | Turneps (Norfolks blancs) | 8,223 k. | 5,743 | 13,966 | 28,341 k. | 13,338 | 41,679 | 27,368 k. | 19,050 | 46,418 |
| 1849 | Orge | 40h.31 | 3,344 | 6,340 | 26h.83 | 2,363 | 4,305 | 25h.93 | 2,340 | 4,253 |
| 1850 | Trèfle (à l'état de foin) | » | » | 6,779 | » | » | 7,250 | » | » | 7,909 |
| 1851 | Blé | 25h.60 | 3,846 | 6,040 | 25h.15 | 3,778 | 5,888 | 25h.93 | 3,981 | 6,165 |
| | *Deuxième rotation (1852-1855).* | | | | | | | | | |
| 1852 | Turneps (Suède) | 3,264 k. | 533 | 3,797 | 28,027 k. | 2,542 | 30,569 | 49,776 k. | 4,582 | 54,358 |
| 1853 | Orge | 30h.88 | 2,724 | 5,005 | 25h.71 | 2,099 | 3,990 | 34h.35 | 2,919 | 5,462 |
| 1854 | Fèves | 4h.60 | 1,183 | 1,620 | 5h.28 | 1,236 | 1,719 | 8h.86 | 1,519 | 2,315 |
| 1855 | Blé | 31h.66 | 4,056 | 6,567 | 31h.66 | 3,951 | 6,489 | 33h.57 | 4,418 | 7,141 |
| | *Troisième rotation (1856-1859).* | | | | | | | | | |
| 1856 | Turneps (Suède) | 4,017 k. | 314 | 4,331 | 17,073 k. | 942 | 18,015 | 41,899 k. | 1,569 | 43,468 |
| 1857 | Orge | 43h.56 | 2,914 | 5,982 | 25h.60 | 1,653 | 3,448 | 43h.11 | 2,729 | 5,793 |
| 1858 | Fèves | 5h.61 | 1,233 | 1,698 | 5h.84 | 1,295 | 1,799 | 11h.11 | 1,704 | 2,642 |
| 1859 | Blé | 31h.66 | 4,517 | 7,019 | 31h.21 | 4,405 | 6,860 | 35h.70 | 5,167 | 8,019 |
| | *Quatrième rotation (1860-1863).* | | | | | | | | | |
| 1860 | Turneps (Suède) | 125 k. | 7 | 132 | 3.672 k. | 188 | 3,860 | 10,985 k. | 408 | 11,393 |
| 1861 | Orge | 34h.69 | 2,827 | 5,288 | 27h.51 | 2,242 | 4,231 | 54h.45 | 4,416 | 8,284 |
| 1862 | Fèves | 26h.04 | 2,062 | 4,103 | 26h.72 | 2,410 | 4,528 | 38h.96 | 3,676 | 6,714 |
| 1863 | Blé | 40h.30 | 3,886 | 7,118 | 31h.32 | 3,800 | 6,298 | 41h.43 | 5,265 | 8,548 |
| | *Cinquième rotation (1864-1867).* | | | | | | | | | |
| 1864 | Turneps (Suède) | 1,098 k. | 94 | 1,193 | 8,537 k. | 506 | 9,133 | 22,126 k. | 1,098 | 23,225 |
| 1865 | Orge | 35h.03 | 2,414 | 4,687 | 29h.86 | 1,810 | 3,804 | 42h.66 | 2,909 | 5,770 |
| 1866 | Fèves | 9h.20 | 1,135 | 1,893 | 6h.62 | 1,096 | 1,640 | 18h.30 | 2,230 | 3,747 |
| 1867 | Blé | 18h.86 | 2,402 | 3,893 | 19h.53 | 2,204 | 3,611 | 21h.32 | 3,366 | 5,119 |
| | *Sixième rotation (1868-1871).* | | | | | | | | | |
| 1868 | Turneps (Suède) (1) | » | » | » | » | » | » | » | » | » |
| 1869 | Orge | 22h.11 | 2,183 | 3,764 | 25h.82 | 2,267 | 4,132 | 38h.50 | 3,769 | 6,501 |
| 1870 | Fèves | 12h.01 | 827 | 1,783 | 14h.03 | 861 | 1,993 | 22h.12 | 1,184 | 2,986 |
| 1871 | Blé | 18h.52 | 3,137 | 4,587 | 21h.44 | 3,416 | 5,068 | 20h.65 | 3,856 | 5,473 |
| | *Septième rotation (1872-1875).* | | | | | | | | | |
| 1872 | Turneps (Suède) | 4,284 k. | 1,098 | 5,382 | 21,420 k. | 2,181 | 23,601 | 42,668 k. | 4,488 | 47,156 |
| 1873 | Orge | 21h.10 | 1,505 | 3,045 | 18h.63 | 1,754 | 3,222 | 28h.51 | 1,931 | 4,005 |
| 1874 | Trèfle | » | » | 3,986 | » | » | 6,544 | » | » | 10,576 |
| 1875 | Blé | 19h.42 | 2,724 | 4,241 | 25h.37 | 3,903 | 5,972 | 28h.62 | 5,251 | 7,509 |
| | *Moyennes des six premières rotations (1848-1871).* | | | | | | | | | |
| 1848-52-56-60-64... | Turneps (Suède) | 3,358 k. | 1,318 | 4,676 | 17,136 k. | 3,515 | 20,651 | 30,443 k. | 5,355 | 35,778 |
| 1849-53 57-61-65-69 | Orge | 34h.47 | 2,735 | 5,177 | 26h.95 | 2,073 | 3,985 | 39h.86 | 3,171 | 6,010 |
| 1850... | Trèfle | » | » | 6,779 | » | » | 7,250 | » | » | 7,909 |
| 1854-58-62-66-70... | Fèves | 11h.44 | 1,288 | 2,219 | 11h.67 | 1,380 | 2,336 | 19h.87 | 2,062 | 3,681 |
| 1851-55-59-63-67-71 | Blé | 27h.73 | 3,641 | 5,871 | 26h.39 | 3,592 | 5,702 | 29h.75 | 4,342 | 6,744 |

(1) La récolte ne leva pas, et la pièce fut labourée.

*N. B.* — Les volumes en hectolitres pour les céréales ne s'appliquent qu'au grain vanné, et les poids du produit total comprennent le grain vanné, la paille et les balles.

Le tableau I offre le résumé des produits récoltés pendant sept rotations, c'est-à-dire pendant vingt-huit années consécutives, sur la partie des parcelles correspondant à l'enlèvement des navets, racines et feuilles (1).

Le superphosphate appliqué à la parcelle 2 a été ainsi composé :

> En 1848, de 112 kilogr. cendres d'os et 112 kilogr. acide sulfurique à 1.5 ;
> En 1852, de 180 kilogr. cendres d'os et 135 kilogr. acide sulfurique à 1.5 ;
> En 1856 et dans les rotations suivantes, de 224 kil. cendres d'os et 168 kilogr. acide sulfurique.

L'engrais complet de la parcelle 3 a été composé :

> En 1848 : de 112 kilogr. potasse; 112 kilogr. cendres d'os; 112 kilogr. acide sulfurique; 112 kilogr. sulfate d'ammoniaque; 112 kilogr. chlorhydrate d'ammoniaque et 1,120 kilogr. tourteau de navette.
> En 1852 : de 336 kilogr. sulfate de potasse ; 112 kilogr. sulfate de soude; 112 kilogr. sulfate de magnésie; 180 kilogr. cendres d'os; 135 kilogr. acide sulfurique ; 112 kilogr. sulfate et 112 kilogr. chlorhydrate d'ammoniaque , et 2,240 kilogr. de tourteau.

La composition de ce mélange depuis 1856, c'est-à-dire pour les six dernières rotations, a été indiquée déjà dans le chapitre II, consacré aux champs d'expériences (2).

La statique d'un assolement devant permettre de juger si les faits observés pour l'action des engrais sur les cultures individuelles, se vérifient à l'égard de ces mêmes cultures en rotation, on ne peut s'empêcher de remarquer tout d'abord, dans le tableau I, que la parcelle soumise à l'assolement sans aucun engrais, donne à peine de produit en navets, mais fournit invariablement plus d'orge et de blé que la parcelle n° 2 où la sole de navets est fumée avec du superphosphate. Quoique assez maigre, la récolte des navets sur la parcelle n° 2, enlevée au sol, l'épuise davantage, surtout par rapport à l'azote assimilable, que sur la parcelle n° 1 sans engrais, et il s'ensuit que les récoltes suivantes de céréales y sont moindres. Ce résultat ressort d'une manière plus frappante encore du tableau II qui donne la composition élémentaire, en poids, des récoltes obtenues pendant la première rotation sur les trois parcelles, le produit total (racines et feuilles) des navets ayant été enlevé (1).

TABLEAU II. — *Agdell Field*. — *Composition élémentaire en poids, des récoltes des trois parcelles soumises au même assolement et dans lesquelles le produit total (racines et feuilles) des turneps a été enlevé (1848-1851).*

| | Matière sèche organiq. Kilogr. | Azote. Kilogr. | Matière minérale. Kilogr. | Acide phosphorique. Kilogr. | Potasse. Kilogr. | Chaux. Kilogr. | Magnésie. Kilogr. | Silice. Kilogr. |
|---|---|---|---|---|---|---|---|---|
| **PARCELLE I. — TURNEPS SANS ENGRAIS.** | | | | | | | | |
| 1848. Turneps | 2,757 | 71.74 | 142 | 12.89 | 37.88 | 21.63 | 3.69 | 2.24 |
| 1849. Orge | 4,341 | 58.28 | 201 | 23.65 | 35.89 | 15 12 | 8.06 | 103.23 |
| 1850. Trèfle | 4,848 | 159.17 | 465 | 35.08 | 93.59 | 140.33 | 39.79 | 14.01 |
| 1851. Blé | 4,837 | 63.89 | 243 | 27.57 | 37.44 | 12.78 | 8.06 | 141.00 |
| **PARCELLE II. — TURNEPS AVEC SUPERPHOSPHATE DE CHAUX.** | | | | | | | | |
| 1848. Turneps | 4,422 | 169.85 | 256 | 23.20 | 68.37 | 38.56 | 6.61 | 4.15 |
| 1849. Orge | 3,664 | 42.59 | 145 | 17.93 | 25.55 | 9.85 | 5.94 | 73.20 |
| 1850. Trèfle | 5,788 | 163.65 | 481 | 36.09 | 96.27 | 144.36 | 40.91 | 14.45 |
| 1851. Blé | 5,966 | 67.25 | 267 | 23.92 | 40.91 | 13.90 | 8.85 | 154.56 |
| **PARCELLE III. — TURNEPS AVEC ENGRAIS COMPLET.** | | | | | | | | |
| 1848. Turneps | 5,586 | 155.80 | 254 | 22.29 | 65.85 | 41.35 | 6.72 | 4.15 |
| 1849. Orge | 3,604 | 50.44 | 162 | 19.94 | 28 69 | 11.21 | 6.72 | 82.71 |
| 1850. Trèfle | 5,788 | 190.55 | 558 | 41.91 | 111.74 | 167.57 | 47.42 | 16.69 |
| 1851. Blé | 5,066 | 66.13 | 262 | 28.69 | 89.90 | 13.67 | 8.51 | 153.11 |

Dans le tableau II, la matière organique sèche, l'azote et la matière minérale ont été déterminés directement sur les produits des parcelles, et dans certains cas, sur la moyenne de ces produits. Les éléments des cendres ont été déduits de la moyenne des analyses faites à Rothamsted et ailleurs.

(1) *Memoranda of the field experiments*, etc., mai 1875.

(2) Voir page 8.

*Sole du trèfle.* — Il est évident que si, comme le prétendait Liebig, les avantages de l'assolement dépendaient uniquement des éléments minéraux, et si le trèfle intercalé entre deux céréales, orge et froment, devait se caractériser par un moindre épuisement de ces éléments, on trouverait que, dans les trois parcelles, la

(1) On some points connected with agricultural chemistry. *Journ. Roy. Agr. Soc. Eng.*, t. XVI, 1855.

légumineuse dérobe moins de matières minérales au sol que l'orge qui la précède; ou bien que le froment qui la suit. Or quels sont les faits ?

Dans chaque cas, la récolte de trèfle enlève au sol plus, et même beaucoup plus, d'acide phosphorique, de potasse, de chaux, de magnésie, que les récoltes d'orge ou de blé. En outre, le blé, après l'épuisement considérable du sol en matières minérales, donne un plein rendement, à peu près double de celui qui eût été obtenu s'il avait suivi immédiatement l'orge.

Il est vrai que le trèfle a faiblement touché à un élément minéral, la silice, que l'orge et le blé ont au contraire notablement épuisé; mais Liebig ne songeait pas à la silice, puisque, selon lui, il n'y avait jamais à craindre un manque de silice tant que le sol renfermait une dose suffisante d'alcalis assimilables. Aussi, puisque le trèfle extrait du sol trois fois plus de potasse que n'en exige le blé suivant, on ne peut attribuer les avantages du trèfle par rapport au blé, à la conservation dans le sol de la silice soluble. En poussant plus loin ce raisonnement, on reconnaît que si, après l'orge, on peut obtenir, à l'aide d'engrais azotés, une récolte de blé égale à celle qui a suivi le trèfle, c'est que, à moins d'attribuer à ces engrais le pouvoir de rendre la silice soluble et assimilable, le trèfle n'agit pas pour augmenter dans le sol les éléments minéraux nécessaires au blé suivant.

En d'autres termes, il est avéré :

1° Qu'un apport d'azote assimilable dans le sol arable augmente notablement le rendement du blé;

2° Que le trèfle, qui joue le même rôle, épuise le sol beaucoup plus en éléments minéraux, sauf en silice;

3° Que le trèfle rend deux ou trois fois plus d'azote à l'hectare qu'une récolte de céréales, quoiqu'il ait été également fumé, et abandonne dans le sol une forte proportion de résidus organiques.

N'est-on pas ainsi fondé à conclure que les légumineuses ont pour effet utile de puiser aux sources atmosphériques, pour accumuler dans le sol l'azote assimilable qui sert à accroître le rendement de la céréale suivante? N'est-on pas amené également, puisque la dose d'azote de l'engrais est beaucoup plus forte que celle retrouvée dans l'augmentation de rendement du blé, à reconnaître nettement les avantages des jachères vertes alternant avec des céréales?

TABLEAU III. — *Agdell Field.* — *Culture de l'orge sur les trois parcelles soumises à l'assolement quadriennal avec turneps enlevés en partie au sol, et turneps consommés sur place* (1849, 1853 et 1857).

| | PARCELLE I sans aucun engrais. | | | PARCELLE II avec superphosphate de chaux pour les turneps. | | | PARCELLE III avec engrais complet pour les turneps. | | |
|---|---|---|---|---|---|---|---|---|---|
| | Après enlèvement des turneps. | Après consommat. des turneps sur place. | Différences. | Après enlèvement des turneps. | Après consommat. des turneps sur place. | Différences. | Après enlèvement des turneps. | Après consommat. des turneps sur place. | Différences. |
| *Grain total à l'hectare.* | | | | | | | | | |
| | Kilogr. | Kilogr. | Kilogr. | Kilogr. | Kilogr. | Kilogr. | Kilogr. | Kilogr. | Kilogr. |
| Orge. 1re rotation, ann. 1849 | 3,005 | 3,064 | + 59 | 1,879 | 2,831 | +952 | 2,178 | 2,88) | + 207 |
| 2e — 1853 | 2,182 | 2,163 | — 19 | 2,102 | 2,624 | +522 | 2,535 | 2,554 | +' 19 |
| 3o — 1857 | 2,905 | 2,782 | —123 | 1,936 | 3,190 | +1254 | 3,040 | 4,044 | +1004 |
| Moyenne des trois récoltes | 2,698 | 2,670 | — 28 | 1,972 | 2,882 | +910 | 2,585 | 3,160 | + 575 |
| *Paille à l'hectare.* | | | | | | | | | |
| Orge. 1re rotation, ann. 1849 | 3,354 | 3,567 | +213 | 2,229 | 3,659 | +1430 | 2,761 | 4,118 | +1357 |
| 2e — 1853 | 2,588 | 2,489 | — 98 | 2,268 | 3,075 | + 807 | 2,913 | 3,533 | + 620 |
| 3e — 1857 | 2,763 | 2,724 | — 39 | 1,732 | 3,012 | +1280 | 2,709 | 3,908 | +1199 |
| Moyenne des trois récoltes | 2,902 | 2,927 | + 25 | 2,070 | 3,248 | +1172 | 2,794 | 3,854 | +1060 |
| *Produit total (grain et paille) à l'hectare.* | | | | | | | | | |
| Orge. 1re rotation, ann. 1849 | 6,359 | 6,631 | +272 | 4,108 | 6,490 | +2382 | 4,939 | 6,998 | +2059 |
| 2e — 1853 | 4,770 | 4,652 | —118 | 4,370 | 5,699 | +1329 | 5,448 | 6,087 | + 639 |
| 3o — 1857 | 5,668 | 5,506 | —162 | 3,668 | 6,202 | +2534 | 5,749 | 7,952 | +2203 |
| Moyenne des trois récoltes | 5,600 | 5.597 | — 3 | 4,048 | 6,130 | +2082 | 5,379 | 7,014 | +1635 |

*Sole de l'orge.* — Mais, continuons l'examen des résultats obtenus à Agdell Field, et sans revenir sur ceux spéciaux à la sole d'orge, tels que nous les avons résumés dans le § VIII, tableau VIII (1), voyons quelle a été l'influence de l'engrais laissé par les moutons qui ont consommé sur place les navets de la sole précédente.

Dans le tableau III, nous avons groupé, d'après MM. Lawes et Gilbert, les chiffres du rendement en grain et en paille et du rendement total de l'orge des trois parcelles parallèles soumises au même assolement, mais dans des conditions de fumure différentes, en distinguant les produits obtenus sur la moitié où les turneps avaient été enlevés, de ceux obtenus sur la moitié où ils avaient été consommés par les moutons (2).

Laissant de côté l'année 1849 pendant laquelle le sol d'Agdell Field s'est ressenti de l'action du résidu d'engrais antérieurs, on constate la supériorité du rendement de l'orge venue après les turneps fumés avec du superphosphate et consommés sur place, par rapport à celui de la parcelle I où le turneps a été cultivé sans engrais et consommé également sur place. Cependant, sur la parcelle I sans aucun engrais, l'orge récoltée après les turneps consommés, accuse un rendement moindre qu'après les turneps exportés ; et dans la parcelle III avec engrais complet intensif, la différence d'augmentation est moindre que celle observée sur la parcelle II, contrairement à ce que l'on aurait pu attendre. Ce dernier fait peut s'expliquer par ce motif que les turneps phosphatés et enlevés au sol, en ont extrait certains éléments minéraux en plus grande abondance que ceux fournis par l'engrais et, par conséquent, l'ont laissé plus appauvri pour la sole d'orge. Comme, d'autre part, on a la preuve que les turneps fumés par l'engrais intensif et mangés sur place laissent le sol dans un état de fumure trop élevé pour offrir au cours de la rotation un excédent de récolte aussi marqué, eu égard à l'engrais fourni, il est certain que la différence d'augmentation causée par la consommation sur place des turneps a dû croître dans la parcelle où ils n'ont été que phosphatés.

En d'autres termes, tandis que sur la parcelle III, abondamment fumée, l'épuisement causé par l'enlèvement des turneps est moindre, et l'apport d'engrais par leur consommation sur place est trop considérable ; l'épuisement dû à l'enlèvement des turneps sur la parcelle II fumée seulement avec des superphosphates est plus considérable ; mais l'apport d'engrais par les moutons y est suffisant, sans être trop élevé, de façon à assurer un plein rendement de l'orge suivante.

On a vu, d'autre part, que l'assolement d'Agdell Field poursuivi sur une terre réduite préalablement à l'état d'épuisement agricole, fournit, dans une série de rotations et sans le secours d'aucun engrais, une récolte d'orge plus forte que si l'on avait cultivé l'orge chaque année consécutivement sur le même sol, sans engrais, et encore plus forte que si on l'avait cultivée après une série de soles en navets, sans engrais.

Ainsi l'effet de l'assolement sur le rendement de l'orge venue sans engrais est aussi remarquable que pour l'orge venue après les navets fumés ; mais ce n'est assurément pas à la restitution de matières minérales, comme l'entendait Liebig, que cet effet est dû. L'augmentation de rendement de l'orge par la consommation sur place des turneps simplement phosphatés étant plus forte que pour les turneps fumés d'une manière intensive et laissant dans le sol un résidu d'engrais minéral et organique beaucoup plus riche, croît encore lorsque les turneps, complétement fumés, sont consommés sur place, c'est-à-dire avec apport d'azote et de matières minérales par l'engrais des moutons.

Comme il a été démontré déjà (1) par l'expérience directe de Hoos Field, que les engrais minéraux, sans azote assimilable dans le sol, ne peuvent assurer des récoltes d'orge même médiocres, il s'ensuit que la caractéristique de la sole d'orge dans la rotation est de laisser à la terre plus d'azote assimilable que lorsqu'elle est cultivée isolément et continûment, ou bien après une série d'années de turneps enlevés au sol. La provision d'azote du sol n'a pas besoin d'être aussi abondante pour l'orge que pour le blé, et doit être concentrée surtout dans la couche arable superficielle, à cause de la période plus courte de végétation de cette céréale. C'est pourquoi on fait succéder avec avan-

---

(1) Voir page 53.

(2) On the growth of barley by different manures. *Journ. Roy. Agric. Soc. Engl.*, t. XVIII, 1857.

(1) Voir pages 49 et 53.

tage l'orge au blé, en ne fumant qu'au printemps et en couverture, avec des engrais azotés; ou bien, à une racine consommée sur place, l'engrais des moutons étant incorporé par les façons subséquentes dans la couche superficielle où l'orge se plaît à étendre ses racines.

*Résultats comparés de quatre rotations successives.* — L'interprétation des résultats d'Agdell Field peut encore être étendue à plusieurs rotations successives en supprimant la première rotation dans laquelle la première sole était occupée par des norfolk blancs et la troisième par du trèfle, et en comparant les chiffres obtenus dans la moitié de la parcelle III sur laquelle les navets de Suède ont été consommés, avec ceux de la demi-parcelle où les navets ont été enlevés.

Tableau IV. — *Agdell field.* — *Résultats comparés des produits de la parcelle fumée intensivement pendant quatre rotations successives (1852-1867).*

| ANNÉES. | CULTURES EN ROTATION. | PARCELLE III | |
|---|---|---|---|
| | | Navets enlevés au sol. | Navets consomm. sur le sol. |
| | *2e rotation.* | | |
| 1852 | Navets de Suède.. kil. | 49,588 | 48,542 |
| 1853 | Orge............ hect. | 34.35 | 31.66 |
| 1854 | Fèves........... hect. | 8.98 | 11.90 |
| 1855 | Blé ............ hect. | 33.68 | 36.50 |
| | *3e rotation.* | | |
| 1856 | Navets de Suède. kil.. | 42,056 | 42,683 |
| 1857 | Orge ........... hect. | 43.11 | 56.89 |
| 1858 | Fèves. ......... hect. | 11.23 | 13.24 |
| 1859 | Blé. ........... hect. | 35.70 | 34.80 |
| | *4e rotation.* | | |
| 1860 | Navets de Suède. kil.. | 10,880 | 8,787 |
| 1861 | Orge........... hect. | 54.56 | 48.95 |
| 1862 | Fèves.......... hect. | 39.07 | 37.05 |
| 1863 | Blé ........... hect | 41.54 | 39.96 |
| | *5e rotation.* | | |
| 1864 | Navets de Suède. kil.. | 21,969 | 21,341 |
| 1865 | Orge .......... hect. | 42.66 | 39.07 |
| 1866 | Fèves......... hect. | 18.41 | 22.23 |
| 1867 | Blé........... hect. | 21.33 | 19.08 |
| | *Moy. des 4 rotations.* | | |
| 1852,56,60,64 | Navets de Suède. kil.. | 30,758 | 30,130 |
| 1853,57,61,65 | Orge .......... hect. | 43.78 | 44.01 |
| 1854,58,62,66 | Fèves.......... hect. | 19.53 | 21.11 |
| 1855,59,63,67 | Blé ........... hect. | 33.00 | 32.56 |

Ces chiffres sont présentés dans le tableau IV pour quatre rotations complètes, de 1852 à 1867 inclusivement. Si l'on ne s'en tient qu'aux moyennes, on constate que le rendement moyen des navets de Suède a été de 30,000 kilogr. de racines et 1,000 kilogr. de feuilles environ. Les engrais qui ont donné ce produit auraient été directement appliqués à la sole d'orge, qu'ils eussent fourni trois récoltes successives d'orge d'environ 43 hectol. chacune, soit ensemble 129 hectol. d'orge. Et pourtant le rendement moyen de la demi-parcelle où les racines ont été consommées, diffère peu de celui de l'autre demi-parcelle, quoique ces deux moitiés aient été bien différemment partagées sous le rapport des engrais. On peut, en effet, estimer la quantité d'azote restituée par les animaux à celle que contiendraient 400 à 500 kilogr. de nitrate de soude.

La quantité d'engrais qui donne, dans la première sole de chaque rotation, une moyenne de 30,000 kilogr. de navets, ne sert, par le fait, qu'à accroître la valeur des moutons qui les ont consommés. Aussi reste-t-il, outre le prix de l'engrais, certaines dépenses à la charge des trois récoltes suivantes. Mais la même quantité d'engrais eût-elle été appliquée directement à l'orge, n'aurait laissé aucunes dépenses supplémentaires à la charge des autres récoltes, et aurait fourni 129 hectolitres d'orge. On peut alors se demander pourquoi la sole de navets ne laissant aucun résidu approprié à l'orge, sauf l'excédant de l'engrais qu'elle a reçu, et convertissant une partie seulement de l'alimentation que l'orge réclame, au profit des navets que les animaux consomment et transforment en engrais, il ne serait pas plus économique de convertir immédiatement en orge cette partie de l'alimentation, sans recourir aux navets?

Les inconvénients du parcage expliquent l'action relativement faible des engrais sur l'orge qui suit les navets; mais dans l'année très-sèche et chaude de 1868, lorsque la sole de navets échoua complétement, la récolte suivante d'orge n'atteignit que 37ʰ.72, tandis que, dans le champ spécial à l'orge cultivée d'une manière suivie, on obtint cette même année, à l'aide d'un tiers seulement de l'engrais appliqué aux navets, 40 hectolitres d'orge.

On est donc amené à conclure que sur la parcelle fumée intensivement :

1° La sole de turneps n'a contribué en rien à développer la fertilité du sol;

2° Que le piétinement des moutons a plutôt nui à la sole d'orge suivante;

3° Que la quotité de rendement n'est pas seulement déterminée par la proportion d'éléments fertilisants contenus dans l'engrais, mais encore par l'état de présence de ces éléments dans le sol (1).

(1) *Scientific agriculture with a view to profit.* Maidstone, 1870.

### B. Conclusions pratiques.

On voit, d'après ces divers modes de présenter les résultats acquis par l'expérience d'Agdell Field, à quelles déductions pratiques il est permis d'arriver, et notamment à celle développée par M. Lawes dans ces dernières années, que sur les terres fortes où le parcage des moutons est nuisible, la sole de racines, si elle n'est pas à supprimer tout à fait, devrait occuper une place beaucoup moins considérable dans l'assolement.

S'il ne convient pas, pour bien des motifs se rapportant à la production de la viande et de l'engrais, et s'il n'est pas pratique de consacrer aux céréales la totalité des terres arables d'une exploitation agricole, il n'en résulte pas moins des faits observés à Rothamsted que sur des terres fortes ou moyennement fortes, on peut obtenir pendant quelques années successives des pleines récoltes d'orge, de blé ou d'avoine, moyennant des engrais commerciaux renfermant du phosphate soluble et de l'azote à l'état d'ammoniaque ou d'acide nitrique, et que l'augmentation de rendement due à ces engrais est obtenue avec bénéfice, en affectant une plus grande surface aux céréales. C'est ainsi que M. Lawes, dans une pièce attenante à Hoos Field, a fait suivre des mangolds venus en 1866 avec une grosse fumure de fumier et d'engrais du commerce, par du blé, de l'avoine, deux soles d'orge ayant excédé 50 hectolitres, et une dernière céréale, soit cinq céréales successives, à plein rendement. M. Lawes se montrerait donc disposé à abandonner les navets pour ne cultiver que des mangolds sur un quinzième ou un vingtième de la surface totale. Les mangolds seraient fortement fumés avec du fumier à l'automne et au printemps, puis avec des engrais du commerce au moment des semailles. Les façons seraient données dès l'automne, en utilisant le labourage à vapeur, et en vue du blé de printemps, pour éviter le parcage dans la saison humide.

Si, sur les terres où le parcage est utile, l'alternance des céréales avec les racines est à conserver, sur d'autres terres plus fortes, les racines et le bétail peuvent devenir une source de perte plutôt que de bénéfice; et en fait, grâce aux labours profonds ou à la vapeur, et aux fer-tilisants spéciaux, on parvient à cultiver avec bénéfice les céréales sur des surfaces beaucoup plus étendues que ne l'impliquent les assolements en usage. C'est ainsi que M. Prout cultive avec de gros profits, de 130 à 140 hectares en céréales sur une surface totale de 180 hectares qui compose sa ferme de Sawbridgeworth, comté de Herts (1). Une condition s'impose pour le rendement des céréales ainsi étendues, c'est la propreté du sol; et, pour l'obtenir, il faut de temps à autre recourir à une jachère ou à une sole de racines.

Dans le même ordre d'idées, M. Lawes propose de rendre la culture de l'orge plus fréquente sur les terres fortes, en ajournant, dans l'assolement de Norfolk, la sole de navets, qui, malgré l'apport considérable d'engrais qu'elle reçoit, épuise le sol des principes nécessaires à l'orge, beaucoup plus que l'orge elle-même ne l'eût fait (2). Soit que l'azote du tourteau et des sels ammoniacaux qui complètent l'engrais minéral intensif appliqué aux navets se perde par le drainage en hiver; soit que le sol retienne cet azote à un état de combinaison ou de dissémination qui le rende lentement disponible pour les récoltes suivantes de la rotation, il est démontré que les engrais de commerce donnent de bien meilleurs résultats, lorsqu'on les applique directement à l'orge, quelque temps avant sa végétation active, au lieu de les appliquer à des racines suivies par l'orge (3).

Quant à l'assolement lui-même, on affirmait jadis que les Anglais avaient préféré les navets aux autres plantes sarclées, parce qu'ils sont mieux appropriés au climat et qu'ils exercent une influence notable sur l'engraissement des bêtes bovines et des bêtes à laine. De Morel Vindé, en recommandant, il y a cinquante ans, l'adoption, pour la France, de l'assolement de Norfolk, était persuadé que la betterave à sucre remplirait les conditions auxquelles doivent satisfaire les plantes sarclées pour remplacer la jachère. On pensait encore que, dans la seconde sole, l'orge, végétant sur un sol nettoyé et aéré l'année précédente, devait trouver dans la couche arable un reliquat de fumure assez

(1) A. Ronna. La culture à vapeur améliorante. *Journ. Agric. prat.*, t. II. 1874.

(2) *On the more frequent growth of barley on heavy land.* 1875.

(3) Cette question a été traitée en détail dans le § IX consacré à la culture de l'orge. Voir page 57.

élevé pour donner de bonnes récoltes, et se trouvait placée dans d'excellentes conditions. Le trèfle de la troisième sole, n'étant antipathique avec lui-même que lorsqu'il végète sur des terres mal préparées, peu profondes et fumées faiblement avec du fumier, devait être toujours productif dans les terres profondes, saines et déjà fertiles, car il était peu éloigné de la fumure et végétait sur un sol propre. Enfin la quatrième sole, consacrée au blé d'hiver, bien que critiquée par Morel de Vindé et, plus tard, par de Dombasle, comme devant produire moins de paille et de grain après le développement tardif du trèfle, était regardée par d'autres comme ayant reçu une préparation très-suffisante pour fournir une bonne récolte.

Les expériences d'Agdell Field permettent aujourd'hui de rectifier toutes ces assertions, en ce qui concerne les terres fortes.

Les agronomes de Rothamsted ont pu en conclure justement que, quelles que soient la nature du sol, l'intelligence du fermier et les circonstances locales, le temps de l'observation formelle et servile d'un assolement quelconque est passé. « Voyez, disaient-ils au club des fermiers de Maidstone, quelles connaissances sont aujourd'hui mises à la portée du cultivateur; de quelles ressources fertilisantes il dispose par les aliments et les engrais du commerce; quels progrès la mécanique a accomplis; de quelles facilités croissantes jouissent les transports et le transit des produits agricoles, et vous reconnaîtrez que le cultivateur de nos jours possède des avantages signalés sur ses devanciers. Il n'est que raisonnable d'admettre que toutes ces améliorations doivent exercer une salutaire influence pour faire modifier des systèmes et des pratiques dont l'origine et la justification remontent à d'autres époques et à d'autres circonstances (1) ».

## XIX. — DU SOL ET DE LA JACHÈRE.

Le chapitre précédent clôt le compte rendu des expériences culturales proprement dites de Rothamsted. Il nous reste à résumer des essais qui se réfèrent moins

directement à la culture; ils ont trait à certaines propriétés des sols et à la jachère; à la faculté d'évaporation des diverses plantes; à l'influence de la sécheresse sur les récoltes; aux sources d'azote puisées par la végétation dans l'atmosphère et dans le sol; à la fertilité et à l'épuisement des terres; à la production et à la consommation du froment et de ses dérivés en Grande-Bretagne; enfin à la pratique des fumures. L'importance d'aucune de ces questions n'échappera au lecteur; malgré cela, nous nous efforcerons de les exposer plus brièvement encore, afin de ne pas dépasser le cadre de l'étude sommaire que nous nous sommes proposée.

Avant toutefois de délaisser les champs d'expériences de Rothamsted, insistons sur ce point qu'il y a trente ans, au début de leurs investigations, MM. Lawes et Gilbert avaient décidé de s'en rapporter uniquement aux plantes, pour apprécier les éléments dont elles déprivent la terre, et la mesure dans laquelle elles l'épuisent. On a donc été bien mal venu de s'attribuer beaucoup plus tard l'invention des champs d'expériences, et surtout du mode d'interprétation des données qui y étaient recueillies. On a été non moins mal fondé à élever une prétention quelconque sur la méthode qui admet les témoignages de la végétation pour fixer l'action de certaines dominantes parmi les matières fertilisantes, et qui permet de définir la nature des agents utiles aux plantes cultivées, en même temps que la composition des engrais destinés à l'accroissement des récoltes.

« Que l'on partage un champ où la terre a été épuisée d'engrais, en un certain nombre de parcelles; que l'on mette sur plusieurs d'entre elles les éléments séparés et combinés du fumier de ferme, en laissant quelques parcelles voisines sans aucun engrais et d'autres avec du fumier seul; les produits comparés indiqueront d'une manière beaucoup plus satisfaisante que ne le ferait aucune analyse chimique du sol, quels ont été les éléments soustraits par la récolte en expérience, par rapport à ceux disponibles, et quels éléments il faudra restituer à la terre pour augmenter la récolte (1). »

C'est en ces termes que MM. Lawes et Gilbert, à la suite de vingt années d'es-

---

(1) *Scientific agriculture with a view to profit.* Maidstone, 1870.

(1) *Journ Roy. Agr. Soc. Engl.* t. xxv. 1864.

sais sur la culture du blé, traçaient le rôle des champs d'expériences.

Parmi les éléments essentiels, quatre substances : phosphate de chaux, potasse, chaux et azote, que l'on a dit depuis « devoir suffire, en tout lieu et sous tous les climats, à tous les besoins de la culture », à la condition toutefois de ne pas négliger le carbone, ni la silice, ni même la magnésie, entrent dans la composition du fumier de ferme. Ces substances essayées isolément à Rothamsted, en mélange ou en combinaison, en parallèle avec le fumier, sur une terre épuisée, ont exercé, suivant la nature des végétaux, des fonctions plus ou moins prépondérantes ; une d'elles, au moins, par sa dominance, a caractérisé la quotité des récoltes. Ainsi, ce dont on a fait tant de bruit récemment dans le monde agricole pouvait être constaté dès 1844 à Rothamsted. Tous les mélanges d'engrais ou d'éléments fertilisants à diverses doses étaient appliqués à cette époque et s'étendaient d'année en année, pour les principales plantes de la culture, à une trentaine d'hectares et à une ferme entière, sans que l'idée fût venue à l'esprit des expérimentateurs d'en faire la base d'une doctrine visant tous les cas particuliers de la pratique agricole. C'est que, en effet, il était plus que superflu d'ériger en corps de doctrine les combinaisons que l'on peut former mathématiquement avec quatre ou six termes connus, et de déguiser les simples résultats de la méthode expérimentale sous une classification de jour en jour plus compliquée, puisqu'elle comprend aujourd'hui des engrais à *numéros* et à *symboles*, des groupes (formules anciennes et nouvelles) d'engrais *complets* ou *incomplets*, *intensifs* ou *homologues*, à fonctions *spécifiques : graniféres*, *glutigènes*, *saccharigènes*, lesquels sont à employer suivant des fumures *alternantes*, *graduées* ou *progressives*.

Quoi qu'en pensent les novateurs et leurs adeptes, la science ne se fonde pas et s'organise encore moins par « la réalité», disons, la confusion de tels détails. « Le travail obstiné de pareilles applications » entrave sa marche, tandis qu'elle doit tous ses progrès à l'ordre suivi pour observer les faits, découvrir les causes des phénomènes et interpréter leurs effets. A cet égard, la méthode expérimentale à laquelle les sciences naturelles, sans exception, sont redevables de leur avancement, telle qu'elle a été inaugurée à Bechelbronn pour les plantes collectives de l'assolement, et suivie à Rothamsted pour les plantes isolées, reste la seule expression rationnelle et vraie du progrès scientifique agricole. On ne saurait rendre cette méthode responsable des recettes soi-disant pratiques, qui sont le fond de la *doctrine* des engrais chimiques. L'étude persévérante et si laborieuse des manifestations biologiques des végétaux agricoles, continuée depuis bientôt un demi-siècle par MM. Lawes et Gilbert, après M. Boussingault, sur leurs domaines d'expériences respectifs, donne le moyen de déterminer avec le degré possible de certitude la composition du sol, au point de vue de ses aptitudes productives, et les agents de fertilité dont il est dépourvu, ou qu'il convient de lui apporter pour augmenter les récoltes. C'est « œuvre de justice » que de le proclamer, en rendant honneur sans partage aux savants éminents qui ont fondé la théorie sur l'expérimentation.

*De l'analyse des sols.* — En réponse aux observations des chimistes qui étaient restés étrangers jusqu'alors aux études agronomiques, et comme conclusion à de nombreux mémoires, MM. Lawes et Gilbert ont eu plus d'une fois l'occasion d'affirmer qu'il fallait déterminer les propriétés physiques et chimiques des terres par rapport à l'atmosphère et aux matières fertilisantes, et perfectionner notamment les méthodes de laboratoire, avant de pouvoir apprécier par l'analyse chimique la fertilité des divers sols, et surtout d'un même sol, à diverses périodes de culture (1).

C'est ainsi que dans les essais dont nous aurons à rendre compte, sur la puissance évaporatoire des plantes, M. Lawes déclare préférer les indications comparatives des sols naturels et non analysés, auxquels il ajoute des engrais de composition connue, à celle de sols artificiels, tels que le sable calciné, ou de sols préalablement analysés.

« Je me bornerai, dit-il, comme preuve des dangers et des incertitudes auxquels on est exposé quand on veut juger d'après la seule analyse chimique des propriétés d'un sol, et notamment d'un sol épuisé, où les éléments constitutifs im-

(1) Voir chapitre VI. Plan des expériences à Rothamsted, page 26.

portants se trouvent à des doses si minimes, à proposer l'étude du travail si minutieux du professeur Magnus de Berlin (1). »

Certes, les méthodes se sont bien améliorées depuis les analyses de Magnus, et de jour en jour elles se perfectionnent; mais sait-on encore ce qu'exige la fertilité d'un sol sous le rapport chimique, et peut-on utiliser une analyse, quelque bien faite qu'elle soit, pour résoudre les questions d'épuisement des terres? MM. Lawes et Gilbert ne le pensent pas, et cependant ils ne rejettent pas systématiquement les indications fournies par la chimie sur la composition des sols. Nous verrons dans le paragraphe suivant que, pour s'opposer aux attaques de Liebig, ils ont consulté l'analyse dans le but d'élucider le rôle de la jachère et les propriétés qui différencient les sols entre eux.

**A. — Système de jachère Lois-Weedon.**

Nous sommes ainsi amené à exposer les recherches chimiques auxquelles donna lieu le système du révérend Smith, appliqué à Lois-Weedon et répété à Rothamsted pendant quatre années consécutives.

L'histoire nous apprend que de vastes régions où la culture du froment avait été continuée pendant des siècles ont fini par devenir stériles. Avant les essais de culture continue du blé par MM. Lawes et Gilbert, on avait vu, il est vrai, cultiver cette céréale durant de nombreuses années, sans preuve manifeste de l'épuisement des terres dont la fertilité était exceptionnelle. Le système de Lois-Weedon était venu depuis démontrer qu'une longue série de récoltes de froment pouvait être prélevée sur un même sol par un assolement biennal (blé et jachère), sans que la production fût sensiblement amoindrie.

Les résultats de ce dernier mode de culture essayé à Rothamsted ont été déjà retracés (2); il consiste, on se le rappellera, à développer les ressources du sol par des façons mécaniques, en les faisant dépendre exclusivement des éléments fertilisants que renferment l'atmosphère

et le sol. D'après les produits obtenus à Lois-Weedon, on était arrivé à conclure que les façons mécaniques augmentant la profondeur et la perméabilité de la couche arable, ainsi que le périmètre dans lequel les racines végètent, les influences atmosphériques agissent, de manière à rendre assimilables les éléments minéraux en plus grande abondance, et à faciliter l'accumulation de l'azote de l'air dans la couche perméable; mais Liebig écartait l'idée que l'efficacité de la jachère pût dépendre d'une augmentation d'ammoniaque dans le sol; ou, en d'autres termes, qu'une action prédominante pût être attribuée à l'ammoniaque retenue par le sol en friche.

La question se posait donc de la manière suivante : « Les sols, en général, ou certains sols en particulier, peuvent-ils sans préjudice supporter un prélèvement annuel de matières minérales et acquérir, ou mettre en liberté, assez d'azote atmosphérique assimilable pour suffire à de pleines récoltes? »

*Dosage d'azote des sols.* — Liebig s'était appuyé sur les dosages d'azote d'un certain nombre de terres, exécutés au laboratoire de Giessen, en 1846, par le docteur Krocker (1), pour dire que le sol renferme toujours une proportion plus que suffisante de matières azotées, et qu'il n'y a pas lieu de lui en apporter par l'engrais. Or Krocker n'avait fait qu'un seul dosage sur chacune des vingt-deux espèces de terres, et les teneurs atteignant à peine 2 millièmes et demi, il était difficile d'admettre que la moindre erreur ne dût pas se traduire par des différences exagérées. M. Lawes fit remarquer, en effet, que 100 kilogr. d'ammoniaque incorporés avec 1 hectare de sol pesant 4,000 tonnes (et cette dose suffit pour augmenter considérablement une récolte), ne relèveraient la teneur du sol en ammoniaque que de 0.0025 pour 100, c'est-à-dire d'un quarante millième.

Dans d'autres analyses de sols, exécutées au Collége royal d'économie de Berlin (2), et invoquées également par Liebig, l'azote fut déterminé sur chaque échantillon par trois chimistes différents, et c'est d'après le résultat moyen de ces trois analyses, appliqué à un hectare de

---

(1) *Uber Versuche betreffend die Erschöpfung des Bodens.*
(2) Voir chap. VII, § B., page 37.

(1) *Ann. der Chem. und Pharm.* Band 58, 1848.
(2) *Ann. der Landw,* vol. XIV.

terre, sur une épaisseur de couche de 0^m.30 et d'une densité de 1.5, qu'ont été établies les teneurs en azote, à l'état d'ammoniaque. La discussion de ces analyses par MM. Lawes et Gilbert a confirmé en tous points l'opinion du professeur Magnus sur l'insuffisance de pareilles données analytiques quand elles sont généralisées pour la masse du sol arable.

Malgré cela, en ne tenant pas compte de l'azote retenu à l'état d'acide nitrique par les terres arables, comme l'impliquerait l'observation de Way, parce que l'azote retenu de la sorte est en proportion insignifiante, il fut procédé au dosage d'azote du sol et du sous-sol de la parcelle consacrée à l'essai du système Smith, et de quelques autres terres des champs d'expériences, pour le comparer avec celui des sols de Lois-Weedon (1).

Prélevés avec le plus grand soin dans les deux localités, ces échantillons ont été analysés en observant les conditions de température, de siccité relative, et de contrôle par divers opérateurs, de nature à assurer leur concordance pour la même matière. Les analyses qui complètent les informations sur les champs de Rothamsted sont rapportées dans le tableau I. MM. Lawes et Gilbert maintiennent cependant que « les procédés de dosage d'azote ne peuvent servir à apprécier la différence entre un sol qui donne 14 hectolitres de blé sans engrais et d'autres sols offant un rendement double ou triple à l'aide d'engrais, c'est-à-dire que de pareilles méthodes sont absolument impuissantes pour indiquer le degré de fertilité temporaire des sols. »

TABLEAU I. — *Dosages d'azote pour 100 dans les sols et sous-sols de Rothamsted et de Lois-Weedon.*

| | | 1er essai. | 2e essai. | 3e essai. | 4e essai. | Moyennes |
|---|---|---|---|---|---|---|
| **Rothamsted** | *Parcelle Lois-Weedon :* | | | | | |
| | Sol superficiel | 0.1416 | 0.1418 | » | » | 0.1417 |
| | Sous-sol | 0.0730 | 0.0763 | » | » | 0.0746 |
| | *Parcelles de Broadbalk :* | | | | | |
| | Parcelle sans engrais | 0.1560 | 0.1450 | 0.1560 | » | 0.1523 |
| | — avec engrais minéral | 0.1430 | 0.1529 | 0.1420 | » | 0.1459 |
| | — avec engrais ammoniacal | 0.1530 | 0.1694 | 0.1620 | 0.1505 | 0.1587 |
| | — avec engrais mixte, minéral et ammoniacal | 0.1520 | 0.1593 | 0.1545 | 0.1567 | 0.1556 |
| **Lois-Weedon** | Terre forte en chaume | 0.1640 | 0.1590 | 0.1670 | 0.1666 | 0.1641 |
| | — en jachère | 0.2020 | 0.1940 | 0.2000 | 0.2090 | 0.2012 |
| | Terre légère en jachère | 0.1630 | 0.1520 | 0.1510 | 0.1540 | 0.1550 |
| | Terre forte du sous-sol | 0.0661 | 0.0670 | 0.0667 | 0.0610 | 0.0652 |
| | Terre légère du sous-sol | 0.0840 | 0.0770 | 0.0760 | 0.0760 | 0.0782 |
| | Pièce en terre légère ; marl Pit | 0.0920 | 0.0890 | » | » | 0.0905 |
| | Pièce en terre forte : ray-grass ; sous-sol arrosé par engrais liquide | 0.0790 | 0.0790 | » | » | 0.0790 |

On remarquera dans la colonne des moyennes du tableau I que les sous-sols renferment moitié ou un tiers d'azote de moins que les sols superficiels. Quelques centimètres de profondeur, en plus ou en moins, dans la prise d'échantillons, exercent donc une influence notable sur la proportion pour 100 d'azote. Cela apparaît surtout en rapprochant les teneurs de la parcelle de Rothamsted, où le système Smith, qui fouille le sous-sol, a été appliqué, de celles des autres parcelles ayant porté du blé durant bien des années sans que le sous-sol ait été touché.

Si nous omettons les autres détails de la comparaison des terres dans les deux localités, nous devons faire observer cependant que le sol de Lois-Weedon, où

(1) *Journ. Roy. Agric. Soc. Engl.*, t. XVII 1857.

le système Smith a réussi, renferme plus d'azote pour 100 que celui de Rothamsted, où il a échoué. En effet, à Rothamsted (parcelle Lois-Weedon), la teneur moyenne en azote est de 0.1417, et à Lois-Weedon même, de 0.1550 pour 100 dans les terres légères, et de 0.1827 dans les terres fortes. Cette différence sensible, accusée par la chimie, est indépendante de celle des terres, comme état physique, comme richesse minérale, etc.

*Propriété absorbante des sols.* — Une question spéciale restait à résoudre, à savoir, si les terres de Lois-Weedon sont mieux douées pour l'absorption et la fixation de l'azote atmosphérique, ou pour la mise en liberté de l'azote déjà absorbé et accumulé.

M. Way avait déjà constaté dans son

travail classique (1) que la quantité d'ammoniaque absorbée par une même terre varie avec les degrés de concentration de la dissolution ammoniacale, et que, sur des terres différentes, les quantités absorbées varient également.

MM. Lawes et Gilbert ont eu recours, comme M. Way, à l'expérience, pour la solution de cette question. Chacun des échantillons des sols du tableau, différant entre eux par leur composition physique, sur lesquels on avait dosé l'azote, furent amenés au même degré de siccité, et soumis à l'action d'une atmosphère humide pendant trois jours, à la température de 37 à 38 degrés centigrades ; puis à l'action de la vapeur d'eau ammoniacale pendant quatre jours, dans des vases couverts, à la température de 21 degrés. Aucun des sols n'ayant ainsi plus de 5 pour 100 d'eau, on les additionna de 5 pour 100, afin de favoriser l'absorption de l'ammoniaque, et on les soumit pendant quatre jours encore à l'influence de l'atmosphère ammoniacale. Finalement, on ajouta 10 pour 100 d'eau, et les sols furent replacés dans la même atmosphère, jusqu'à ce qu'ils fissent sentir fortement l'ammoniaque. Ceci fait, pour que l'alcali non fixé d'une manière stable pût se dégager, on laissa les échantillons pendant dix-huit heures sans être recouverts, à la température de 21 degrés. L'humidité fut ainsi ramenée pour tous les sols au-dessous de 3, et pour quelques-uns, au-dessous de 2 pour 100.

Le tableau II présente les résultats de ces essais classés sous le titre de première série, en regard des dosages d'azote des sols expérimentés ; de même que ceux d'une seconde série d'essais, où après l'absorption d'ammoniaque, les échantillons furent conservés vingt-quatre heures à l'air libre, et à la température de 21 degrés.

TABLEAU II. — *Expériences comparatives sur le pouvoir absorbant des sols pour l'eau et l'ammoniaque.*

| | EAU POUR 100 | | | | | Azote p. 100 dans le sol sec | | | | Azote : gain par absorption pour 100. | |
| --- | --- | --- | --- | --- | --- | --- | --- | --- | --- | --- | --- |
| | Après 3 jours atmosphère humide. | Après 4 jours atmosphère ammoniacale. | 1re addition 26 novembre. | 2e addition 30 novembre. | Retenue après 18 heures à 21 degr. cent. | Après absorption d'ammoniaque. 1re expérience. | 2e expérience. | Moyenne. | Avant absorpt. d'ammoniaque Moyennes. | sur le sol sec. | sur l'azote préexistant. |
| *Rothamsted :* PREMIÈRE SÉRIE. | | | | | | | | | | | |
| Sol sans engrais................... | 1.80 | 2.78 | 5.0 | 10.0 | 1.65 | 0.2880 | 0.2779 | 0.2829 | 0.1523 | 0.1306 | 85.7 |
| *Lois-Weedon :* | | | | | | | | | | | |
| Terre forte...................... | 2.53 | 3.35 | | | 2.48 | 0.3970 | 0.3905 | 0.3937 | 0.2012 | 0.1925 | 95.7 |
| Terre légère..................... | 1.41 | 2.35 | 5.0 | 10.0 | 1.60 | 0.2547 | 0.2529 | 0.2538 | 0.1550 | 0.0988 | 63.7 |
| Sous-sol de terre forte........... | 3.38 | 4.95 | | | 2.51 | 0.2930 | 0.2959 | 0.2944 | 0.0652 | 0.2292 | 351.5 |
| Sous-sol de terre légère.......... | 2.00 | 2.80 | | | 1.57 | 0.1870 | 0.1912 | 0.1891 | 0.0782 | 0.1109 | 141.8 |
| DEUXIÈME SÉRIE. | | | | | | | | | | | |
| *Rothamsted :* | | | | | Après 24 heures. | | | | | | |
| Sol sans engrais ................. | » | » | » | » | 5.33 | 0.2498 | 0.2632 | 0.2565 | 0.1523 | 0.1042 | 68.4 |
| Parcelle Lois-Weedon, sol superficiel | » | » | » | » | 5.19 | 0.2525 | 0.2462 | 0.2493 | 0.1417 | 0.1076 | 75.9 |
| Parcelle Lois-Weedon, sous-sol..... | » | » | » | » | 5.45 | 0.2378 | 0.2239 | 0.2308 | 0.0746 | 0.1562 | 209.4 |
| *Lois-Weedon :* | | | | | | | | | | | |
| Terre forte, sol superficiel.......... | » | » | » | » | 5.65 | 0.3445 | 0.3308 | 0.3376 | 0.2012 | 0.1364 | 67.8 |
| Terre légère, sol superficiel......... | » | » | » | » | 4.69 | 0.2448 | 0.2425 | 0.2456 | 0.1550 | 0.0906 | 58.4 |

On reconnaît dans ce tableau qu'il y a un certain rapport numérique entre la capacité des sols pour l'absorption de l'eau et la fixation de l'ammoniaque. Les terres fortes de la surface et du sous-sol de Lois-Weedon absorbent et retiennent une proportion d'eau et d'ammoniaque beaucoup plus forte que les terres de Rothamsted, et même que les terres légères de Lois-Weedon. En outre, les sous-sols à Lois-Weedon absorbent plus d'eau et d'ammoniaque que les sols qui les recouvrent.

Sans entrer dans la discussion très-correcte que MM. Lawes et Gilbert ont produite sur ces essais, il résulte à l'évidence que les terres fortes de Lois-Weedon, analysées au laboratoire, renferment plus d'azote, à un état quelconque, que celles de Rothamsted et absorbent plus d'ammoniaque dans des circonstances identiques ; de même, les terres légères sont également plus azotées et participent aux avantages des terres fortes.

(1) *Journ. Roy. agr. Soc. Engl.,* 1850.

Comme, d'autre part, les essais de culture démontrent que, dans les sols de Lois-Weedon, une plus grande perméabilité et, par conséquent, une plus grande surface soumise aux influences atmosphériques, correspondent à une teneur azotée et à une plus forte capacité d'absorption de l'azote, que dans les sols de Rothamsted ayant subi les mêmes procédés mécaniques de division, il est permis de conclure au sujet de la différence des résultats obtenus dans ces deux localités. En effet, si l'on ne doit pas attribuer exclusivement à l'augmentation d'azote combiné, dans le sol de Lois-Weedon, les produits de la culture continue du blé, il convient de tenir compte des façons très-appropriées au plus grand développement des racines, à la distribution générale des éléments fertilisants du sol, ainsi qu'à leur mise en liberté et à leur élaboration. Ce sont d'ailleurs les terres douées de la plus grande faculté d'absorption qui possèdent généralement le plus d'éléments minéraux, constitutifs des récoltes.

MM. Lawes et Gilbert savaient très-bien au moment de leurs essais que l'azote d'une terre arable, accusé par le dosage à la chaux sodée, n'est pas nécessairement à l'état assimilable. M. Boussingault avait déjà démontré que lorsque des solutions ammoniacales très-diluées sont distillées dans certaines conditions d'expérience, la totalité de l'ammoniaque passe dans les premiers deux cinquièmes. Aussi, en répétant cette démonstration sur les sols de Rothamsted et de Lois-Weedon réduits à l'état de division voulue, en présence de potasse caustique diluée, MM. Lawes et Gilbert ont constaté que le premier cinquième du produit recueilli renfermait à très-peu près toute l'ammoniaque ; que le dernier cinquième n'en renfermait presque pas, et que l'ammoniaque était chassée, en quantité beaucoup plus notable, dans les sols soumis aux vapeurs ammoniacales que dans les sols non traités.

Aussi ne s'explique-t-on pas, en présence des déductions très-nettes résultant des essais de culture et de laboratoire faits à Rothamsted, que l'auteur du cours de chimie professé à Grignon, après un compte rendu, sans doute trop sommaire, des expériences comparatives du système Smith, ait ajouté que : « tous les éléments nouveaux introduits par les recherches depuis 1856, ayant manqué aux savants agriculteurs de Rothamsted, ils ont dû laisser cette question *sans solution* ..... » (1). S'il faut entendre par éléments nouveaux, la transformation des matières azotées insolubles en matières solubles, dans les alcalis, sous l'influence de l'oxygène ; ou bien la combustion de la matière organique du sol arable, pour rendre compte de la disparition de l'azote gazeux et de la fixation de l'azote atmosphérique, on ne voit pas en quoi ces éléments de recherche, encore incomplets, auraient pu servir, dans le cas particulier, à mieux faire découvrir les causes de la fertilité des terres de Lois-Weedon.

### B. — Jachère et chaulage.

Pour étendre les conclusions suggérées par l'essai du système Smith, au système général de la jachère usité dans certaines cultures de céréales, rappelons que, d'après Liebig, « la jachère n'augmentant pas la quantité de matières alibiles, mais la somme des parties assimilables, ...... si le sol ne renferme pas en quantité suffisante des silicates susceptibles de désagrégation, ou des phosphates capables de se dissoudre, le temps, le travail, et les influences atmosphériques, pendant la période de jachère, ne parviendront pas à lui rendre sa fertilité » (2). Ailleurs, il avait dit : « La culture ne peut épuiser l'azote dans une terre, car l'azote n'est pas un des éléments du sol, mais de l'air qui le prête au sol ; ..... d'où résulte que l'infertilité de nos champs ne peut provenir d'un manque d'azote » (3).

MM. Lawes et Gilbert reconnaissent bien, de leur côté, que la jachère animée par les façons mécaniques, de même que le chaulage, favorisent sans aucun doute la décomposition des éléments minéraux du sol et l'augmentation des quantités disponibles pour les plantes. Les expériences directes de Wiegmann et Polstorff, de Rogers et d'autres analystes, ont fourni des preuves suffisantes de cette décomposition sous l'action de l'air et de

(1) *Cours de chimie agricole*, par P. Dehérain, 1873, p. 387.

(2) Les *Lois naturelles de l'agriculture*, trad. par Scheler, t. II, p. 83.

(3) *De la théorie et de la pratique en agriculture*, Lille, 1857, p. 14.

l'eau ; mais pour les expérimentateurs de Rothamsted, l'efficacité de la jachère dépend autant, sinon davantage, des modifications que subit le sol relativement à l'azote assimilable, dont les plantes ont besoin.

Mulder avait déjà déduit de ses recherches que certains acides organiques du sol ont la faculté d'accumuler l'ammoniaque atmosphérique. Or ces composés ne sont *retenus* dans le sol que si la matière organique y est soumise à un procédé très-lent de décomposition ; et c'est justement dans les terres les plus fortes, où les procédés de jachère et de chaulage sont les plus efficaces, que la matière organique pourrait subir l'action décomposante, très-lente, donnant naissance aux sels azotés, étudiés par Mulder.

Mais ce qui est plus important encore, le professeur Way avait déjà démontré directement par ses essais sur le pouvoir absorbant des sols, rappelés plus haut, que les terres les plus fortes et, par conséquent, les plus sensibles à l'action de la jachère et du chaulage, jouissent au plus haut degré de la faculté d'absorber et de fixer l'ammoniaque et les autres substances à l'influence desquelles elles sont soumises.

De telle sorte que si ces procédés ne doivent pas exclusivement leur efficacité aux actions qui viennent d'être signalées, il y a assurément autant de témoignages en leur faveur qu'en faveur de l'action des éléments minéraux, mise en avant par Liebig, surtout si l'on veut ne pas perdre de vue que c'est la sole de blé, à laquelle l'azote du sol est si nécessaire, qui suit presque invariablement la jachère. Le fait simultané de l'augmentation des matières minérales assimilables ne ferait que confirmer, s'il y avait lieu, la notion qu'elles ne peuvent faire défaut, dans la plupart des cas, par rapport aux autres éléments essentiels.

Aussi, MM. Lawes et Gilbert affirment-ils que l'action chimique de la jachère est indépendante de la somme d'éléments minéraux nutritifs du sol mis en liberté et qui excèdent l'azote assimilable, préexistant dans la terre, ou bien fixé pendant la jachère, et qu'elle dépend de l'*azote assimilable*. C'est sur la proportion de cet azote que se base l'évaluation de l'accroissement en grain donné par la jachère (1).

(1) *Journ. Roy. Agr. Soc. Engl.* t. XVII, 1875.

## XX. DE L'ÉVAPORATION DES PLANTES ET DES EFFETS DE LA SÉCHERESSE.

La propriété qu'ont les végétaux d'évaporer de l'eau par leurs feuilles a une importance considérable, puisque de son bon fonctionnement dépendent non-seulement la croissance et la vigueur, mais l'existence même des plantes. Aussi tous les faits de nature à nous éclairer sur le rôle chimique et physiologique des feuilles, en présence des agents atmosphériques, acquièrent-ils un haut intérêt pour l'agriculture et la météorologie.

Dès 1691, le docteur Woodward faisait des expériences sur l'évaporation de diverses plantes et sur l'influence de la composition des eaux relativement à leur évaporation (1). M. Lawes a résumé ces essais, en même temps que ceux du docteur Hales, déjà très-connus, sur la transpiration des feuilles de l'hélianthe, du chou, de la vigne, du pommier et de l'oranger (2), et les expériences faites à l'instigation de Hales, par Miller, au jardin botanique de Chelsea, en 1726, sur le bananier, l'aloès et le pommier.

Au dix-septième siècle, la plupart des naturalistes pensaient que l'augmentation du poids des plantes était proportionnelle à la quantité d'eau que leurs organes fixaient par l'absorption des racines et l'évaporation des feuilles. Woodward démontrait que la plante offrant la plus luxuriante végétation avait évaporé la plus grande masse d'eau par rapport à son poids ; que la plante poussée dans l'eau distillée s'était faiblement développée, tandis que celle venue dans l'eau de source, imprégnée de terre de jardin, était beaucoup plus florissante. Hales, à son tour, prouvait que les plantes vertes persistantes transpirent moins que celles à feuilles caduques ; que les végétaux, en général, évaporent plus le matin que le soir ; qu'ils absorbent souvent de l'humidité par leurs feuilles pendant la nuit, et que la quantité d'eau évaporée est en rapport direct avec la température diurne.

(1) *Phil. Trans. Roy. Soc.*, n° 253. Mariotte, paraît-il, s'était occupé avant Woodward de la transpiration des plantes ; voir ses *Essais de physique*, 1679.

(2) *Statical essays*, 1724.

Des procédés de recherche beaucoup plus compliqués, dus à Calandrini et suivis par Bonnet, pour évaluer le rapport de l'évaporation entre les faces supérieure et inférieure des feuilles, furent utilement amendés par Guettard. Les mémoires de ce dernier, insérés dans le recueil de l'Académie des sciences (1748 et 1749), donnent les résultats d'essais remarquables à bien des points de vue. Depuis lors, les recherches sur la transpiration se sont multipliées, sans que les botanistes Senebier, Dutrochet, Meyer et de Candolle aient fait notablement avancer la connaissance des fonctions des feuilles. En tout cas, aucune observation ne se référait directement à la solution du problème agricole.

### A. — Évaporation des plantes de culture.

M. Lawes, de 1849 à 1850, entreprit le premier une série d'observations sur la transpiration des principales plantes cultivées, céréales et légumineuses, pour déterminer la quantité d'eau qui y circule, eu égard aux éléments qu'elles avaient fixés et à l'origine de ces éléments. Elles ont été relatées dans un mémoire de la Société d'horticulture de Londres (1).

On choisit parmi les graminées, le blé et l'orge, et parmi les légumineuses, les fèves, les pois et le trèfle. Le programme des expériences s'étendait :

1° Au choix de sols connus par leur composition, et à leur emploi en quantité suffisante pour le libre développement des racines;

2° Aux moyens d'empêcher l'évaporation du sol de se produire autrement que par les plantes mêmes;

3° Aux moyens de fournir aux sols des poids d'eau fixés, suivant leurs besoins;

4° A la détermination par la balance de l'eau évaporée dans un temps donné;

5° Au dosage de la matière sèche et des principaux éléments fixés dans les plantes, par rapport à l'évaporation totale durant leur période de croissance;

6° A l'étude de l'origine des éléments fixés, provenant du sol, de l'engrais ou de l'atmosphère.

Par suite de l'imperfection de la méthode analytique des sols, M. Lawes préféra, comme nous l'avons dit, la synthèse, fondée sur la comparaison entre eux de sols non analysés, laissés à l'état naturel, ou additionnés d'engrais connus. Des plants de blé, d'orge, de fèves et de pois, ayant atteint 0$^m$.07 de hauteur en caisses, et de trèfle extrait directement de la prairie, furent transférés dans trois séries de pots d'expérience, correspondant à trois sols différents; c'est-à-dire que le sol de la série 1 provenant d'une pièce ayant donné dix récoltes successives de froment sans engrais, fut additionné de l'engrais minéral complet pour la série 2; et le sol de la série 2 ainsi formé fut additionné de chlorhydrate d'ammoniaque pour la série 3.

Les pots en verre, de 0$^m$.22 de diamètre sur 0$^m$.35 de hauteur, renfermaient en moyenne 20 kilogr. de terre. Un disque en verre, percé au centre d'un trou de 0$^m$.02, pour laisser passer les plantes, et d'un second trou vers le bord, pour permettre de verser de l'eau, et que l'on tenait bouché, fut luté sur chacun des seize pots, à savoir : cinq pots dans chaque série, plus un pot laissé comme témoin, sans plante et sans engrais. Les pots étaient placés sur des planchettes vernissées pouvant s'accrocher comme plateaux à une balance sensible à deux centigrammes, pour des poids de 25 à 50 kilogr.

Les pots d'une même série étaient installés sur un petit chariot que l'on roulait la nuit dans la serre, et le jour, sur une prairie, où un abri les protégeait contre la pluie.

Depuis la plantation jusqu'à la pleine croissance, il fut procédé, avec tous les soins voulus, à une vingtaine de pesées réparties sur six périodes, du 19 mars jusqu'au 9 septembre suivant. Les détails ont été fournis par M. Lawes dans des tableaux spéciaux. Nous nous bornerons à donner les résultats définitifs dans le tableau I, sous deux classifications différentes : la première, qui permet de comparer les plantes dans les mêmes conditions et pour le même sol; la seconde, de constater pour la même plante, l'influence des sols pourvus de divers engrais.

---

(1) Experimental investigation into the amount of water given off by plants during their growth, especially in relation with their constituents. *ourn. Hort. Soc. London.* vol. V, 1850.

TABLEAU I. — *Évaporation des plantes de culture, pendant la durée de leur croissance.*

| Du 19 mars au 7 septembre 1849. | | Eau totale fournie. | Eau totale obtenue du sol. | Eau totale évaporée. 172 jours. |
|---|---|---|---|---|
| **I.** | | gr. | gr | gr. |
| Sans engrais | Blé | 5,168.9 | 2,184.6 | 7,353.5 |
| | Orge | 5,751.8 | 2,022.5 | 7,774.3 |
| | Fèves | 5,687.1 | 1,582.5 | 7,269.6 |
| | Pois | 5,298.4 | 1,767.1 | 7,065.5 |
| | Trèfle (fauché le 28 juin) | 1,846.0 | 1,722.5 | 3,568.5 |
| Engrais minéral | Blé | 5,557.5 | 790.6 | 6,438.1 |
| | Orge | 6,334.8 | 1,979.1 | 8,313.9 |
| | Fèves | 6,205.2 | 1,429.5 | 7,634.7 |
| | Pois | 5,570.5 | 673.9 | 6,244.4 |
| | Trèfle (fauché le 28 juin) | 2,364.2 | 1,115.6 | 3,479.8 |
| Engrais minéral et sels ammoniacaux | Blé | 3,737.4 | » | 3,627.0 |
| | Orge | 4,812.6 | 701.1 | 5,513.7 |
| | Fèves (mort) | » | » | » |
| | Pois (mort) | » | » | » |
| | Trèfle (fauché le 28 juin) | 1,573.9 | » | 885.5 |
| **II.** | | | | |
| Blé | Sans engrais | 5,168.9 | 2,184.6 | 7,353.5 |
| | Engrais minéral | 5,557.5 | 790.6 | 6,438.1 |
| | Engrais minéral et azoté | 3,737.4 | » | 3,627.0 |
| Orge | Sans engrais | 5,751.8 | 2,022.5 | 7,774.3 |
| | Engrais minéral | 6,334.8 | 1,979.1 | 8,313.9 |
| | Engrais minéral et azoté | 4,812.6 | 701.1 | 5,513.7 |
| Fèves | Sans engrais | 5,687.1 | 1,582.5 | 7,269.6 |
| | Engrais minéral | 6,205.2 | 1,429.5 | 7,634.7 |
| | Engrais minéral et azoté | (mort). | » | » |
| Pois | Sans engrais | 5,298.4 | 1,767.1 | 7,065.5 |
| | Engrais minéral | 5,570.5 | 673.9 | 6,244.4 |
| | Engrais minéral et azoté | (mort). | » | » |
| Trèfle | Sans engrais | 1,846.0 | 1,722.5 | 3,568.5 |
| | Engrais minéral | 2,364.2 | 1,115.6 | 3,479.8 |
| | Engrais minéral et azoté | 1,573.9 | » | 885.5 |

Les nombres de la série sans engrais et de la série avec engrais minéral, indiquent seuls une grande régularité pendant la croissance. Dans la troisième série, en effet, avec engrais minéral et sels ammoniacaux, le blé et l'orge furent seuls à survivre jusqu'à la fin de l'expérience et offrirent un rendement bien inférieur à celui des autres séries. Les autres plantes restèrent chétives ou périrent.

L'eau fut fournie en ayant égard à la transpiration et à l'aspect des plantes. L'évaporation totale par l'orifice du pot où il n'y avait point de plante fut trouvée égale à 2,464 grammes pour la durée de l'expérience, c'est-à-dire pendant 172 jours. Quoique considérable, elle représente 3 pour 100 à peine de la perte totale des pots à plantes; aussi a-t-elle paru négligeable.

*Dosage de la matière sèche.* — Si l'on admet d'une manière générale qu'entre les plantes de même espèce, l'énergie de l'évaporation indique l'activité relative du développement, il conviendra de remarquer qu'au fur et à mesure de l'avancement de la saison et de l'augmentation de la température et de la lumière, la surface évaporatoire s'est constamment accrue. Il devient par conséquent très-difficile de déterminer dans quelle proportion l'augmentation de perte par évaporation, jusqu'à une certaine période de croissance de la plante, est due aux influences extérieures. Il importe pour cela d'établir expérimentalement le rapport qui existe entre la perte par évaporation et la quantité de matière sèche ou d'éléments que fixent les plantes, dans des circonstances connues. Toute discussion sur les indications thermométriques serait autrement superflue.

Quoi qu'il en soit, vers la fin des essais, la perte diminua rapidement, et la diminution parut coïncider avec la période d'élaboration ou de maturité de végétal; d'où il suivrait que la circulation d'eau la plus active, révélée par l'évaporation quotidienne, correspond à la plus grande accumulation d'éléments fixes.

Le tableau II fait connaître sous la même classification que dans tableau I, les quantités de substance sèche et de matières minérales fixées par les plantes en expérience. Ces quantités résultent des dosages du grain, de la paille, des balles et, pour le foin, des diverses coupes obtenues.

TABLEAU II. — *Comparaison des quantités de matière sèche fixée et d'eau évaporée par les plantes de culture.*

| | | Eau évaporée par la plante. | Matière sèche fixée par la plante | | |
| | | | totale y compris les cendres. | organique seulement. | minérale seulement (cendres). |
|---|---|---|---|---|---|
| **I.** | | gr. | gr. | gr. | gr. |
| Sans engrais | Blé | 7,353.5 | 29.72 | 27.36 | 2.36 |
| | Orge | 7,774.3 | 30.15 | 27.18 | 2.97 |
| | Fèves | 7,269.6 | 34.82 | 31.63 | 3.19 |
| | Pois | 7,065.5 | 27.27 | 24.47 | 2.80 |
| | Trèfle | 3,568.5 | 13.26 | 11.36 | 1.90 |
| Engrais minéral | Blé | 6,438.1 | 28.55 | 25.63 | 2.92 |
| | Orge | 8,313.9 | 32.43 | 29.14 | 3.29 |
| | Fèves | 7,634.7 | 34.83 | 31.80 | 3.03 |
| | Pois | 6,244.4 | 29.63 | 25.47 | 4.16 |
| | Trèfle | 3,479.8 | 15.21 | 12.91 | 2.30 |
| Engrais minéral et sels ammoniacaux | Blé | 3,627.0 | 17.61 | 15.54 | 2.07 |
| | Orge | 5,513.7 | 20.29 | 18.14 | 2.15 |
| | Trèfle | 885.5 | 6.35 | 5.45 | 0.90 |
| **II.** | | | | | |
| Blé | Sans engrais | 7,353.5 | 29.72 | 27.36 | 2.36 |
| | Engrais minéral | 6,438.1 | 28.55 | 25.63 | 2.92 |
| | Engrais minéral et azoté | 3,627.0 | 17.61 | 15.54 | 2.07 |
| Orge | Sans engrais | 7,774.3 | 30.15 | 27.18 | 2.97 |
| | Engrais minéral | 8,313.9 | 32.43 | 29.14 | 3.29 |
| | Engrais minéral et azoté | 5,513.7 | 20.29 | 18.14 | 2.15 |
| Fèves | Sans engrais | 7,269.6 | 34.82 | 31.63 | 3.19 |
| | Engrais minéral | 7,634.7 | 34.83 | 31.80 | 3.03 |
| Pois | Sans engrais | 7,065.5 | 27.27 | 24.47 | 2.80 |
| | Engrais minéral | 6,244.4 | 29.63 | 25.47 | 4.16 |
| Trèfle | Sans engrais | 3,568.5 | 13.26 | 11.36 | 1.90 |
| | Engrais minéral | 3,479.8 | 15.21 | 12.91 | 2.30 |
| | Engrais minéral et azoté | 885.5 | 6.35 | 5.45 | 0.90 |

En négligeant les résultats obtenus pour le trèfle, et qui ne sont pas comparables utilement aux autres, de même que ceux de la série avec engrais minéral et ammoniacal, où les plantes ont souffert, on constate une uniformité remarquable dans la quantité de matière sèche produite. Dans le cas des fèves et des pois, la graine si fortement azotée dénote un rapport beaucoup plus élevé pour la matière sèche totale, relativement aux fanes ou aux pailles, que dans le cas des céréales. L'excès de matière minérale que l'on observe d'une manière générale dans les résultats, peut être attribué en partie à l'état de maturité imparfaite des plantes, et, pour celles de même espèce, aux différences du sol.

Sans entrer plus avant dans l'examen des chiffres du tableau II, qui comporterait celui des faits spéciaux de chaque expérience, on constate que, sauf pour un des pots de trèfle qui ne fut jamais réussi, l'évaporation de 300 grammes d'eau correspond à un gramme environ de matières fixées par la plante.

Si des tableaux I et II nous extrayons toutefois le poids de l'eau évaporé par le blé, dans les trois cas d'expérience, et que nous le comparions avec les poids de l'hectolitre de grain et de la paille, constatés par les auteurs, nous trouverons que la consommation d'eau par unité de grain et de paille a été la suivante :

| | Sans engrais. | Engrais minéral. | Engrais minéral. et ammon. |
|---|---|---|---|
| Poids de l'eau évaporée. | 7,353 | 6,438 | 3,627 |
| Poids du grain produit. | 9.6 | 7.2 | 4.2 |
| Rapport du poids de l'eau au poids du grain. | 766 | 882 | 856 |
| — au poids total de grain et de paille ... | 247 | 222 | 286 |

Ainsi l'addition d'engrais au sol a élevé, au lieu de restreindre, la proportion d'eau consommée par unité de grain et de paille ; de même, elle a diminué le poids du grain.

M. Marié Davy a institué depuis 1873 au parc de Montsouris, une série d'essais sur la quantité d'eau consommée par le blé, notamment pendant sa croissance.

Après avoir évalué qu'une récolte d'un hectolitre de blé, du poids de 80 kilogr., enlève au sol 444 mètres cubes d'eau, correspondant par hectare à une tranche de $14^{mm}.4$, M. Marié Davy a tenu à répéter les expériences en tenant compte cette fois de la qualité et de la quotité des engrais et de la nature des terres. Mais les résultats obtenus en flacons, comme ceux des caisses de végétation, enregistrés pendant une seule campagne, sur huit variétés de terres, fumées avec des poids différents de terreau non analysé, ne permettent pas de formuler une conclusion générale.

En adoptant le nombre 1370, au lieu de 1796 trouvé en 1873, comme exprimant la consommation moyenne en eau, des terres fortement fumées, pour produire l'unité de poids de froment, on trouve qu'un rendement à l'hectare de 30 hectol. de blé du poids de 80 kilogr. amènerait une dépense de 3,300 mètres cubes d'eau, correspondant à une tranche d'eau d'une épaisseur de $0^m.330$, qui, jointe à l'eau évaporée directement par le sol, depuis la moisson jusqu'aux semailles, formerait un total égal à la tranche d'eau pluviale d'une année, dans les environs de Paris.

Enfin certains engrais donneraient un plus fort rendement avec la même consommation d'eau.

Les résultats des expériences de Montsouris (1), sur des terres, il est vrai, beaucoup moins riches que celles de Rothamsted, s'écartent trop des données de MM. Lawes et Gilbert pour qu'il ne soit pas désirable de voir les essais se poursuivre.

Dans un récent mémoire, M. Risler confirmant les résultats des investigations de Rothamsted, a contrôlé les diverses méthodes déjà employées par lui en 1867-1868, par les indications météorologiques et les données culturales de sa propriété de Calèves, en Suisse, afin d'arriver à fixer la consommation d'eau moyenne et quotidienne des plantes : luzerne, blé, avoine, vigne, trèfle, prairie, etc. (2). C'est ainsi que le blé d'hiver aurait consommé journellement, d'avril en juillet 1869, $2^{mm}.5$ de hauteur d'eau ou 256 millimètres de pluie

en 101 jours; ce qui a été suffisant, avec un petit supplément fourni par la terre, pour donner une récolte satisfaisante comme grain et comme paille. Il importe, en général, que le blé trouve dans le sol un supplément d'humidité pour qu'il puisse se nourrir convenablement. M. Risler pense comme M. Lawes que si le blé de printemps ne rend jamais autant que le blé d'hiver, c'est parce qu'il manque de l'eau indispensable pour dissoudre les matières nutritives du sol et les porter dans les organes des plantes. Pour l'avoine, il a fallu, d'après M. Risler, 250 kilogr. d'eau par kilogr. de matière sèche en 1870, ou 1,250 kilogr. d'eau par kilogr. de matières minérales contenues dans la récolte. En 1871, le trèfle a transpiré 263 kilogr. d'eau pour produire 1 kilogr. de substance sèche, et la prairie, 545 kilogr. d'eau pour 1 kilogr. de foin à 15 pour 100 d'eau. Pour cette dernière, cela correspond à 7 millimètres d'eau par jour.

## B. — Évaporation de plantes et arbustes divers.

Les premiers essais furent repris, à l'instigation du regretté professeur de botanique Lindley, sur les plantes à feuilles persistantes et à feuilles caduques, et leurs résultats ont été consignés par M. Lawes dans un second mémoire (1).

On choisit douze espèces différentes et trois sujets par espèce de plantes. L'un des sujets fut cultivé en pleine terre; le second fut pesé au sortir de la pépinière, après l'avoir soigneusement débarrassé de la terre adhérente aux racines; et le troisième fut soumis aux expériences dans les mêmes conditions que celles exposées plus haut pour les plantes cultivées.

Dans le tableau III (2) se trouvent reproduits les poids des plantes et des feuilles, les quantités d'eau évaporées pendant

---

(1) Voir *Journ. Agric. prat.* 1874, t. II, pages 171 et 243.

(2) *Recherches sur l'évaporation du sol et des plantes.* Genève, 1871.

(1) Evaporation of evergreen and deciduous trees. *Journ. Hort. Soc. London*, vol. V, 1851.

(2) Les nombres de ce tableau, comme ceux de la troisième colonne du tableau I, diffèrent complétement des nombres que l'on trouve dans le *Cours de chimie agricole* de M. Dehérain, 1873, pages 173 et 174, sans doute à cause de la conversion en grammes, des onces et grains troy.

trois périodes consécutives de quatre mois chacune, et la perte totale de l'année, en tenant compte de l'eau fournie au sol, ou dérivée du sol. Les caractères distinctifs des deux genres de plantes ressortent de ce tableau; ainsi, tandis que les six arbustes à feuilles persistantes évaporent dans les quatre premiers mois 44 pour 100 environ de l'eau totale, ceux à feuilles caduques n'en évaporent que 14 pour 100 ; ce qui explique la perte considérable que subissent les arbres à feuilles persistantes quand on les transplante en hiver.

TABLEAU III. — *Poids et perte par évaporation de plantes et arbustes divers.*

| | Poids | | Eau évaporée | | | Eau évaporée en douze mois | | |
|---|---|---|---|---|---|---|---|---|
| | des plantes. | des feuilles vertes. | du 22 déc. au 24 avril, Tempér. moy. 3°.58 C. | du 24 avr. 'nu 22 août, Tempér. moy. 12°.9 C. | du 22août au 31 déc. Tempér. moy. 8 degr. C. | fournie au sol. | obtenue du sol. | Total. |
| | gr. | gr. | gr. | gr. | gr. | gr. | gr. | gr. |
| Sapin | 476.7 | » | 2,508 | 3,666 | 1,885 | 5,920 | 2,139 | 8,059 |
| Laurier de Portugal | 559.6 | 115.9 | 2,574 | 6,739 | 3,434 | 10,130 | 2,617 | 12,747 |
| Epine-vinette persistante | 103.6 | 39.5 | 1,589 | 5,564 | 3,039 | 8,025 | 2,167 | 10,192 |
| If | 705.4 | » | 3,588 | 6,648 | 3,188 | 11,102 | 2,322 | 13,424 |
| Houx | 498.1 | 51.2 | 1,540 | 2,175 | 1,311 | 3,976 | 1,050 | 5,026 |
| Laurier commun | 763.0 | 287.6 | 2,814 | 8,410 | 3,083 | 11,750 | 2,557 | 14,307 |
| Chêne vert | 142.5 | 2.8 | 710 | 200 | 96 | 867 | 139 | 1,006 |
| Mélèze | 135.4 | » | 749 | 3,402 | 3,252 | 5,661 | 1,742 | 7,403 |
| Chêne | 86.1 | » | 551 | 2,270 | 2,398 | 3,717 | 1,502 | 5,219 |
| Epine-vinette caduque | 233.2 | » | 760 | 6,619 | 4,280 | 8,899 | 2,760 | 11,659 |
| Frêne | 126.9 | » | 512 | 5,306 | 1,649 | 6,632 | 835 | 7,467 |
| Sycomore | 63.7 | » | 630 | 4,883 | 3,128 | 6,309 | 2,332 | 8 641 |

Sous le rapport des périodes d'évaporation, les mêmes essais peuvent se présenter encore comme il suit :

| | Plantes à feuilles | |
|---|---|---|
| | persistantes. | caduques. |
| Quatre mois jusqu'au 24 avril. | 23 | 8 |
| — — 22 août. | 52.5 | 56 |
| — — 31 déc. | 24.5 | 36 |
| | 100.0 | 100 |

Relativement à la température, on trouve, sans tenir compte de la sécheresse ou de l'humidité de l'atmosphère, que certaines plantes offrent des différences notables d'évaporation. Ainsi, pour le laurier du Portugal, le houx, le mélèze et le sycomore, le maximum d'évaporation se produit en même temps que le maximum de température, entre le 23 juillet et le 22 août. Il n'en est pas de même des autres plantes, car pour le chêne et l'épine-vinette à feuilles caduques, le maximum d'évaporation est atteint après les plus fortes chaleurs, du 22 août au 21 septembre; tandis que pour le sapin, l'épine persistante, l'if, le frêne, le maximum précède les hautes températures.

### C. — Conclusions sur l'évaporation des plantes de culture.

Les expériences sur les plantes cultivées, poursuivies pendant dix ans à partir de 1850, en les étendant aux navets blancs et de Suède, aux mangolds, aux pommes de terre et aux artichauts, ont donné lieu finalement aux conclusions suivantes que MM. Lawes et Gilbert ont énoncées dans un troisième mémoire sur les effets de la sécheresse en 1870 (1).

1° La quantité d'eau évaporée par les plantes pendant leur croissance est proportionnelle à la quantité de matière sèche totale, ou à la matière totale non azotée que les plantes fixent ou assimilent. La proportion est à peu près la même dans les graminées et les légumineuses.

2° Pour une quantité déterminée d'eau évaporée, les légumineuses fixent deux ou trois fois plus d'azote que les graminées.

3° Pendant la croissance et la maturité des graminées, comme des légumineuses, il y a de 250 à 300 parties d'eau évaporée, contre une partie de matière sèche fixée ou assimilée.

D'après cela, on serait porté à admettre que si le rendement d'une terre à blé de Rothamsted est en moyenne (grain

(1) Effects of the drought of 1870 on some of the experimental crops at Rothamsted. *Journ. Roy. Agr. Soc. Engl.*, vol. VII, 1871.

et paille ) de 7,500 kilogr. à l'hectare et par an, il y aura 6,275 kilogr. de matière sèche fixée vers la fin de juillet ou au commencement d'août de chaque année ; et comme pour une partie de matière sèche fixée, il faut compter sur 300 parties d'eau, on trouvera 1,883 mètres cubes d'eau évaporée à l'hectare, pour la croissance d'une récolte de froment.

Ce même calcul appliqué aux prairies de Rothamsted donnerait le même résultat, mais jusqu'au milieu, ou vers la fin de juin.

### D. — Influence de la sécheresse sur les récoltes.

On se rappelle la sécheresse exceptionnelle de l'année 1870. C'est surtout en Grande-Bretagne, où l'on a plutôt à redouter le contraire, que l'absence de pluies a été marquée par des phénomènes inusités. Il est vrai que depuis 1844, dernière année de grande sécheresse, l'été de 1868 avait été signalé également, en Angleterre, par un défaut de pluies et par une température plus intense qu'en 1870 ; mais, en 1870, la pluie manqua un mois plus tôt et revint quelques semaines plus tard qu'en 1868. Aussi la coupe des foins, comme le regain, y furent-ils à peu près perdus.

Lorsque les récoltes sont obtenues dans des conditions identiques de fumure, pendant un certain nombre d'années consécutives, on a des données convenables pour rechercher l'influence des variations de saison. A Rothamsted il était difficile de laisser échapper l'occasion d'apprécier la perte d'eau des récoltes en expérience, la provenance de cette eau et les effets de la sécheresse générale.

Dans leur mémoire spécial déjà cité, MM. Lawes et Gilbert se sont principalement occupés des prairies, du blé et de l'orge.

Pour les prairies, ils ont mis en regard des quantités d'eau pluviale tombées en avril, mai et juin, le foin récolté pendant quinze années, de 1856 à 1870, et en 1870, sur trois parcelles types de la pièce *the Park*, c'est-à-dire sur les parcelles sans engrais, avec engrais minéral et nitrate de soude.

Pour le blé, ils ont enregistré les quantités d'eau pluviale tombées d'avril a août, et le rendement total (grain et paille) obtenu pendant dix-neuf années, de 1852 à 1870, sur quatre parcelles de Broadbalk field : sans engrais ; avec fumier de ferme ; avec engrais minéral et sels ammoniacaux ; avec engrais minéral et nitrate de soude.

Enfin, pour l'orge, ils ont établi le parallèle pour les années 1868, 1869 et 1870, entre les parcelles de Hoos field ayant reçu des sels ammoniacaux et du nitrate, en mélange avec l'engrais minéral.

Le tableau IV reproduit les résultats de ces comparaisons des trois récoltes, par rapport à l'année 1870.

TABLEAU IV. — *Produit en foin, en blé et en orge de l'année 1870, comparé au produit moyen, à l'hectare et par an, des années précédentes.*

| | Foin (the Park) 15 années. | Produit total : grain et paille. | |
|---|---|---|---|
| | | Blé (Broadbalk) 19 années. | Orge (Hoos field) 19 années. |
| | Kilogr. | Kilogr. | Kilogr. |
| *I. Sans engrais.* | | | |
| Produit moyen à l'hectare et par an................... | 2,680.05 | 2,687.90 | 2,749.55 |
| Produit en 1870 — ................... | 721.85 | 2,244.02 | 1,669.01 |
| Différence en moins pour 1870............... | 1.958.20 | [ 443.88 | 1,080.54 |
| *II. Avec fumier de ferme.* | | | |
| Produit moyen à l'hectare et par an ................... | 5,160.58 | 6,743.28 | 6,563.94 |
| Produit en 1870 — ................... | 1,744.11 | 5,707.58 | 5,547.29 |
| Différence en moins pour 1870............... | 3,416.47 | 1,035.70 | 1,016.65 |
| *III. Avec engrais minéral et sels ammoniacaux.* | | | |
| Produit moyen à l'hectare et par an................... | 6,494.44 | 7,024.63 | 6,485.48 |
| Produit en 1870 — ................... | 3,705.66 | 6,541.52 | 4,805.27 |
| Différence en moins pour 1870..... ......... | 2,788.78 | [ 483.11 | 1,680.21 |

Il est à remarquer que, malgré les variations du rendement d'après les saisons, le produit moyen d'un grand nombre d'années reste à peu près le même pour les récoltes venues sans engrais. En 1870, sur le sol sans engrais, le déficit en foin a été de trois quarts du rendement moyen, tandis qu'il n'a été que des deux cinquièmes pour l'orge et d'un sixième pour le blé.

Avec le fumier de ferme, le déficit de fourrage, en 1870, est également le plus considérable, puisqu'il atteint les deux tiers environ du rendement moyen, alors que pour le blé et l'orge il est seulement d'un sixième. Il est vrai que le sol en prairie n'avait recu du fumier que pendant les huit premières années ; mais en 1869, la récolte d'herbe avait été la plus forte de toutes, de telle sorte que la diminution constatée en 1870 est bien le fait de la sécheresse, et non pas de l'interruption de la fumure. Le blé d'automne et l'orge de printemps offrent le même déficit à peu près ; cependant il est moindre pour l'orge dans le sol sans engrais, ce qui prouverait que la terre qui a reçu du fumier possède un pouvoir d'absorption dans les couches supérieures plus énergique que dans le sol non fumé.

Pour le mélange d'engrais minéraux et ammoniacaux, l'uniformité dans le rendement moyen des récoltes ne s'observe plus. Le déficit, qui est des deux cinquièmes environ pour le foin, n'est que d'un quart pour l'orge et d'un quinzième pour le blé.

Au résumé, pendant une sécheresse de quatre mois, l'herbage des prairies, dans les diverses conditions de fumure, a souffert beaucoup plus que les céréales. L'orge, aussi bien dans le sol sans engrais que dans les sols fumés, a plus souffert que le blé. Le fumier a permis toutefois à l'orge, aussi bien qu'au blé, de résister à l'absence de pluies.

Ces données de l'observation s'expliquent de plusieurs manières. Ainsi les plantes variées qui composent l'herbage des prairies recouvrent et pénètrent plus complétement la surface ; mais, à moins d'une prédominance de certaines espèces, elles pénètrent les couches superficielles moins profondément que les céréales. Le blé d'hiver, qui exige plus de temps pour étendre ses racines, les pousse à une plus grande profondeur et tire profit de l'humidité, comme des aliments, à un niveau plus bas que l'orge du printemps. En outre, la plupart des plantes fourragères fleurissent avant le blé et l'orge, et l'herbe coupée dès la fin de juin n'a pas atteint sa pleine maturité, tandis que dans les céréales une très-grande proportion de la matière sèche totale, la moitié peut-être, est fixée sous l'action croissante des rayons solaires, après l'époque de la coupe du foin. L'expérience prouve enfin que, dans les champs de Rothamsted, les céréales dépendent d'un degré élevé de température, surtout lorsque la terre a reçu des engrais minéraux et ammoniacaux, plutôt que de la continuité de la pluie qu'exige le fourrage pendant la période de végétation.

Dans tous les cas examinés, sur un sol bien fumé, il faut moins d'eau pour produire un même poids de récolte que sur un sol sans engrais. C'est ce que M. J. Sachs a également constaté dans ses expériences avec les engrais qui exercent une action régularisatrice sur la consommation de l'eau par les plantes (1).

XXI. DE L'HUMIDITÉ ET DE L'ÉVAPORATION DU SOL.

### A. Humidité du sol.

Pour compléter leurs essais sur l'évaporation des plantes, MM. Lawes et Gilbert ont dosé l'humidité des sols à différentes profondeurs, au-delà de 1 mètre. Dans ce but, ils firent choix, sur chaque parcelle, d'un mètre carré de sol en culture, et y firent pénétrer jusqu'au ras de la surface, un cadre en tôle tantôt de 7.6 centimètres, tantôt de 22.8 centimètres de hauteur, couvrant une superficie de 38 centimètres carrés. La terre fut enlevée jusqu'au niveau du bord inférieur du cadre ; puis on descendit le cadre d'une hauteur, et ainsi de suite. Chaque volume de terre enlevée fut pesé, mis en poudre pour être passé, après le triage des pierres, à travers une série de tamis à mailles décroissantes. Après le dernier tamis à mailles de 6 millimètres, on pulvérisa une partie de l'échantillon pour y doser l'eau, l'azote et d'autres éléments.

Le tableau I indique les proportions centésimales d'eau retenues par les sols et par les sous-sols : 1° de Broadbalk

(1) *Landw. Versuchstationen*, 1859, t. I, p. 203.

field, échantillonnés en juillet 1868, avant la moisson, et en 1869, lorsque la terre pouvait être considérée comme saturée; 2° de Barnfield, partie en friche et partie en orge, à la fin de juin 1870; 3° de la prairie du Park, à la fin de juillet 1870, la récolte ayant été préalablement enlevée.

TABLEAU I. — *Proportion d'eau centesimale dans les sols et sous-sols de diverses pièces en culture, pour des années et des récoltes différentes.*

| Profondeurs croissantes en centimètres. | Blé (Broadbalk field). | | | | | | | | Barn field. | | Prairie (the Park). | | | |
|---|---|---|---|---|---|---|---|---|---|---|---|---|---|---|
| | Juillet 1868. | | | | 6 et 7 janvier 1869. | | | | 27 et 28 juin 1870 | | 25 et 26 juillet 1870. | | | |
| | Parcelle n° 3. Sans engrais. | Parcelle n° 2. Fumier de ferme. | Parcelle n° 8 a. Engrais minéral et ammoniacal. | Moyenne des trois parcelles. | Parcelle n° 3. Sans engrais. | Parcelle n° 2. Fumier de ferme. | Parcelle n° 8 a. Engrais minéral et ammoniacal. | Moyenne des trois parcelles. | Parcelle en jachère. | Parcelle en orge. | Parcelle n° 3. Sans engrais. | Parcelle n° 9. Engrais minéral et ammoniacal. | Parcelle n° 14. Engrais minéral et nitrate. | Moyenne des trois parcelles. |
| 7.6............ | 4.05 | 4.48 | 4.31 | » | 21.43 | 39.67 | 26.53 | » | » | » | » | » | » | » |
| 7.6............ | 7.20 | 7.01 | 6.07 | » | 24.54 | 35.62 | 22.93 | » | » | » | » | » | » | » |
| 7.6 = 22.8...... | 8.91 | 7.38 | 6.66 | 6.23 | 24.35 | 28.85 | 20.62 | 27.17 | 20.36 | 11.91 | 10.83 | 13.00 | 12.16 | 11.99 |
| 7.6............ | 10.65 | 8.14 | 8.45 | » | 21.41 | 23.95 | 24.07 | » | » | » | » | » | » | » |
| 7.6............ | 11.24 | 9.98 | 12.44 | » | 22.07 | 20.59 | 24.84 | » | » | » | » | » | » | » |
| 7.6 = 45.7...... | 13.20 | 12.26 | 14.34 | 11.19 | 21.48 | 21.07 | 24.79 | 22.70 | 29.53 | 19.32 | 13.34 | 10.18 | 11.80 | 11.77 |
| 7.6............ | 14.03 | 12.51 | 15.20 | » | 21.82 | 26.96 | 23.69 | » | » | » | » | » | » | » |
| 7.6............ | 15.09 | 12.91 | 16.86 | » | 23.59 | 24.87 | 28.98 | » | » | » | » | » | » | » |
| 7.6 = 68.6...... | 16.84 | 13.78 | 17.98 | 15.02 | 24.74 | 25.75 | 27.01 | 25.27 | 34.84 | 22.83 | 19.23 | 16.46 | 15.65 | 17.11 |
| 7.6............ | 18.03 | 13.45 | 18.53 | » | 25.71 | 25.34 | 28.59 | » | » | » | » | » | » | » |
| 7.6............ | 14.64 | 14.49 | 17.67 | » | 23.97 | 25.18 | 28.93 | » | » | » | » | » | » | » |
| 7.6 = 91.4...... | 15.44 | 16.11 | 16.85 | 16.13 | 22.94 | 22.75 | 27.40 | 25.65 | 34.22 | 25.09 | 22.71 | 18.96 | 16.30 | 19.32 |
| Moyennes ........ | 12.44 | 11.04 | 12.95 | 12.14 | 23.17 | 26.71 | 25.70 | 25.19 | 29.76 | 19.79 | 16.52 | 14.65 | 13.97 | 15.05 |
| = 114...... | | | | | | | | | 31.31 | 26.98 | 24.28 | 20.54 | 17.18 | 20.67 |
| = 137...... | | | | | | | | | 33.55 | 26.38 | 25.07 | 21.34 | 18.06 | 21.49 |
| Moyennes génér. | | | | | | | | | 30.65 | 22.00 | 19.24 | 16.75 | 15.19 | 17.06 |

Chacune de ces terres a pour sous-sol une argile jaune-rougeâtre, reposant sur de la craie qui offre un bon drainage naturel. De plus, Broadbalk field est drainé à 0ᵐ.75 de profondeur, par des tuyaux espacés de 7ᵐ.50 environ.

Que l'on considère la pièce à blé au mois de juillet 1868, lorsque la récolte avait à peu près atteint la maturité, ou bien la pièce en prairie au mois de juillet 1870, le foin étant coupé, les différences d'humidité du sol aux mêmes profondeurs ne sont pas notables. Vers la fin de juin 1870, le sol non drainé qui portait une récolte correspondant à 3,700 et 5,000 kilogr. de matière sèche par hectare, avait retenu dans les couches superficielles la même humidité que le sol en prairie examiné en juillet 1868. C'est seulement aux plus grandes profondeurs que la dose d'eau augmente, si on la compare à celle du sol drainé portant du blé, ou du sol en prairie, non drainé.

Malgré le drainage naturel par la craie, les tuyaux drains ont contribué à diminuer l'humidité du sous-sol de la pièce à blé; mais l'argile étant rendue plus perméable aux racines, l'eau a été tenue à portée des racines. Il s'ensuit qu'en temps de sécheresse, les récoltes peuvent résister, grâce à l'eau dont le sous-sol a été préalablement imbibé, pourvu qu'il soit assez profond, assez perméable et assez absorbant.

### B. Évaporation du sol.

Une autre question devait être examinée, celle de l'évaluation approximative des quantités d'eau évaporée par le sol en culture et entraînée par le drainage.

Dalton, on le sait, avait constaté à l'aide d'un appareil de son invention, que pendant les trois années 1796-1798, l'eau de drainage représentait 25 pour 100, et l'eau évaporée, 75 pour 100 de la hauteur totale de pluie recueillie par le sol (1). Le dernier chiffre comprenait la perte par transpiration, puisque dès la

(1) *Mem. Lit. Phil. Soc. of Manchester*, t. V, p. 2.

première année, le sol en expérience se couvrit d'herbe.

Maurice, expérimentant à Genève pendant les années 1796 et 1797, trouva que la perte par évaporation du sol correspondait à 61 pour 100 de la hauteur d'eau pluviale, qui fut en moyenne de 0$^m$.653 annuellement (1). L'évaporation de la terre était le tiers de celle de l'eau.

D'essais analogues exécutés à Orange, de Gasparin conclut, pour l'année 1821-1822, à environ 80 pour 100 de la quantité annuelle égale à 0$^m$.710 (2); soit un peu moins du tiers de l'évaporation de l'eau.

Dickinson, d'Abbots hill, reprenant l'appareil Dalton, sur un sol recouvert de gazon et drainé, reconnut, après huit années d'expériences, que si l'eau de pénétration représentait 42 pour 100 de la pluie tombée annuellement, la perte par évaporation du sol, y compris celle de la végétation, atteignait 57 pour 100 (3).

M. Risler, comme nous l'avons dit, a institué des recherches précieuses sur l'é-

(1) *Bibl. univ. de Genève*, t. I (sciences et arts).
(2) *Cours d'agriculture*, t. II, p. 122.
(3) *Journ. Roy. Agric. Soc. Engl.*, vol. V.

vaporation des terres, dans sa propriété de Calèves, près de Nyon, en Suisse, où le sous-sol est très-compacte et imperméable. Il en a conclu pour les deux années 1867 et 1868, la surface étant en culture pendant la durée de l'expérience, que la perte par évaporation, y compris l'eau transpirée par l'intermédiaire des plantes, atteignait 70 pour 100 de la pluie tombée annuellement (1).

### C. Filtration dans le sol.

Dans une communication récemment faite à la Société des ingénieurs civils de Londres (2), en réponse aux faits d'expérience de M. Greaves, le docteur Gilbert a complété les recherches sur l'évaporation des sols par des données d'un très-haut intérêt sur l'infiltration des eaux pluviales.

(1) *Archiv. des sciences. Bibl. univ. de Genève*, 1869, t. XXXVI; et 1870, t. XXXVII.
(2) On Rainfall, evaporation and percolation, by D$^r$ Gilbert. *Proceedings Instit. Civ. Engineers*; London, vol. XLV, 1875-1876.

TABLEAU II. — *Proportions pour cent d'eau évaporée et d'eau infiltrée dans le sol.*

| OBSERVA-TEURS. | CONDITIONS DES EXPÉRIENCES. | EXPÉRIENC | | INFIL-TRATION. | ÉVAPO-RATION. |
| --- | --- | --- | --- | --- | --- |
| | | Durée. | Dates. | | |
| | | Années. | | Pour 100. | Pour 100. |
| Dalton...... | Cylindre de 0$^m$.25 de diamètre et 0$^m$.90 de profondeur, fermé par le bas, rempli de terre et enfoncé dans le sol au ras de la surface, avec un côté libre pour la réception de l'eau dans les flacons. — Surface gazonnée après la première année. | 3 | 1796-1798 | 25.0 | 75.0 |
| Dickinson... | Cylindre de 0$^m$.30 de diamètre et 0$^m$.90 de hauteur: fond perforé avec récepteur pour l'eau de drainage; argile sableuse; surface gazonnée; évaporation comprenant la transpiration de l'herbe. — Hauteur moyenne d'eau pluviale : 0$^m$.676 par an. | 8 | 1836-1843 | 42.5 | 57.5 |
| Maurice .... | Vase en fer cylindrique rempli de terre. — Hauteur moyenne d'eau pluviale : 0$^m$.650 par an, à Genève. | 2 | 1796-1797 | 39.0 | 61.0 |
| De Gasparin | Expériences analogues aux précédentes. — Hauteur moyenne d'eau pluviale : 0$^m$.710 par an, à Orange. | 2 | 1821-1822 | 20.0 | 80.0 |
| Risler...... | Drains-jauge de 1$^m$.20 de profondeur; sous-sol compacte et imperméable; surface en culture. — Hauteur moyenne d'eau pluviale : 1$^m$.04 par an, à Calèves. — Evaporation comprenant la transpiration des plantes. | 2 | 1867-1868 | 30.0 | 70.0 |
| | Moyennes............ | ...... | ...... | 31.3 | 68.7 |
| Greaves.... | Jauge ou caisse d'ardoise de 0$^m$.83 de surface et 0$^m$.91 de hauteur; remplie d'un mélange d'argile, de gravier et de sable, foulé et semé en gazon. — Hauteur moyenne d'eau pluviale : 0$^m$.637 par an, à Lee Bridge. | 22 | 1852-1873 | 26.6 | 73.4 |
| | Même jauge, avec sable. — Hauteur moyenne d'eau pluviale : 0$^m$636. | 14 | 1860-1873 | 83.2 | 16.8 |
| | Moyenne calculée pour les comtés d'Angleterre. — Hauteur moyenne d'eau pluviale : 0$^m$.635. | » | » | 28.0 | 72.0 |
| Lawes et Gilbert | Jauge de 47 décimètres carrés; terre compacte argileuse, avec sous-sol de craie. — Hauteur moyenne d'eau pluviale : 0$^m$.71. | | | | |
| | Hauteur de jauge : 0$^m$.50.......................... | 5 | 1870-1875 | 36.8 | 63.2 |
| | — 1$^m$.00.......................... | 5 | 1870-1875 | 36.0 | 64.0 |
| | — 1$^m$.50.......................... | 5 | 1870-1875 | 28.6 | 71.4 |

M. Greaves, dans les deux jauges qui lui servirent pour mesurer l'infiltration, avait employé de la terre argileuse, en mélange avec du gravier et du sable, foulée, puis semée superficiellement en gazon; et du sable seul. MM. Lawes et Gilbert, au lieu d'un sol artificiel, ont pris de la terre naturelle, en place, qu'ils ont circonscrite par un mur en briques et ciment, avec un fond en tôle perforée; ils ont construit ainsi des jauges de 0ᵐ.50, 1 mètre, 1ᵐ.50 de hauteur de sol, de manière à pouvoir étudier l'action capillaire des terres.

Le tableau II donne les résultats que nous avons déjà mentionnés dans le paragraphe précédent, tels qu'ils ont été obtenus par Dalton, Dickinson, Maurice, de Gasparin et Risler, plus ceux des essais de MM. Greaves, Lawes et Gilbert.

Pour une période de cinq années (1870-1875) les expérimentateurs de Rothamsted ont constaté que l'infiltration des eaux de pluie s'élevait à 36.8, 36 et 28.6 pour 100, sur des épaisseurs de sol de 0ᵐ.50, 1 mètre et 1ᵐ50. Il convient de remarquer tout d'abord que le sol artificiel de M. Greaves était beaucoup plus perméable que celui de Rothamsted. Pour montrer combien il est difficile d'imiter un sol naturel, M. Gilbert expose que, dans le but de multiplier les essais, il plaça dans un certain nombre de tubes de 0ᵐ.60 de diamètre et 1ᵐ.50 de hauteur, des couches de terre, dans le même ordre où elles se présentaient naturellement sur un champ contigu. Après avoir introduit ces couches sur une épaisseur totale de 0ᵐ.90, versé des masses d'eau et appliqué à la surface un poids de plus de 1,000 kilogr., il constata que le niveau ne s'était guère abaissé au delà de 0ᵐ.15.

Il convient également d'ajouter que MM. Lawes et Gilbert ont fait courir l'année du 1ᵉʳ septembre au 31 août suivant. La hauteur annuelle de pluie ayant été de 0ᵐ.698, 0ᵐ.736, 0ᵐ.775, 0ᵐ.552, 0ᵐ.781, soit en moyenne, de 0ᵐ.711 pour les cinq années, ils ont trouvé sur une épaisseur de 0ᵐ.50 de sol que l'infiltration avait été de 0ᵐ.260 de hauteur d'eau; que sur 1 mètre, l'infiltration se réduisait à 0ᵐ.254 et sur 1ᵐ.50 à 0ᵐ.203. Il est donc clair que l'action capillaire opère à des profondeurs plus considérables que ne le supposait M. Greaves, en fixant la limite à 0ᵐ.18.

D'après les tableaux détaillés mois par mois, des expériences de Rothamsted, il ressort qu'en septembre, c'est-à-dire après les mois chauds et relativement secs, jusqu'aux mois d'hiver, il s'infiltre moins d'eau à travers 1 mètre de sol qu'à travers 0ᵐ.50; et moins, à travers 1ᵐ.50 qu'à travers 1 mètre; mais à partir des pluies hivernales, l'inverse se produit.

Une dernière remarque qui a son importance : M. Greaves avait expérimenté sur un sol artificiel, mais recouvert de végétation; or l'infiltration dépend beaucoup de la couverture du sol. Si l'on se reporte, en effet, aux dosages d'eau du sol et du sous-sol exécutés en juillet 1870 sur la parcelle en prairie du Park, et sur celles en orge et en friche de Barn Field (voir tableau I), on observe que dans le premier cas (the Park), les quantités d'eau totale par hectare, sur une profondeur du sol de 1ᵐ.37, sont :

Pour la parcelle nº 3 , sans engrais, de...................... 3,881 m. cubes
Pour la parcelle nº 9 , avec engrais minéral et ammoniacal, de. 3,379 —
Pour la parcelle nº 14, avec engrais minéral et nitrate, de...... 3,065 —

Le sol avec engrais retient donc 502 mètres cubes et 816 mètres cubes d'eau de moins que le sol sans engrais.

De même, dans le second cas (Barn field), la quantité d'eau totale à l'hectare, sur une épaisseur de 1ᵐ.37, est :

Pour le sol en orge, de........ 4,677 m. cubes
Pour le sol contigu, en friche, de 6,959 —

Soit une différence , en faveur du sol en friche, de. 2,282 m. cubes

Du reste, l'action de la couverture du sol sur l'infiltration a été démontrée par les expériences des stations domaniales de la Bavière, rapportées par le professeur Ebermayer dans son ouvrage sur la statique forestière que M. Grandeau a analysé dans ses études sur la nutrition des végétaux (1).

Ainsi l'on a trouvé que dans la période quinquennale 1869-1873, l'évaporation, d'avril à octobre, des sols forestiers sous bois, est 47 pour 100 en moyenne de celle des mêmes sols dénudés, hors forêt. D'autre part, si l'évaporation du sol forestier hors bois est considérée comme égale à 100, le même sol sous bois, avec la couverture, évapore en moyenne annuelle

(1) *Journ. d'Agr. prat.*, 1874, t. I, p. 158.

22 pour 100 de la quantité d'eau que le sol dépourvu d'arbres évapore.

Les essais d'Ebermayer sur l'infiltration de l'eau pluviale ont été opérés à l'aide de cylindres en zinc, de 10 décimètres carrés et demi de surface et 0ᵐ.32, 0ᵐ.64, 0ᵐ.97 de hauteur, remplis de terre et abandonnés à l'air et à la pluie pendant un certain temps pour donner au sol ses caractères physiques. Nous en reproduisons les données principales d'après les tableaux du docteur Gilbert, pour un sol nu et en rase campagne, un sol forestier sans couverture et un sol forestier avec couverture (tableau III). On y reconnaîtra notamment les différences d'infiltrations entre le semestre d'été et le semestre d'hiver.

TABLEAU III. — *Proportion d'eau en centièmes de la hauteur d'eau pluviale annuelle, infiltrée dans les sols.*

| EXPÉRIENCES DE EBERMAYER. | ÉPAISSEURS DU SOL | | |
|---|---|---|---|
| | 0ᵐ.325. | 0ᵐ.649. | 0ᵐ.974. |
| *Douze mois : mars 1868 à mars 1869.* | | | |
| Sol nu et libre | 54 | 50 | 53 |
| Sol forestier sans couverture | 67 | » | » |
| Sol forestier avec couverture | 74 | 77 | 60 |
| *Comparaison des semestres d'hiver et d'été.* | | | |
| Sol nu et libre { d'octobre à mars | 72 | 67 | 76 |
| { d'avril à novembre | 23 | 24 | 24 |
| Différence en moins pour le semestre d'été | 49 | 43 | 52 |
| Sol forestier sans couverture { d'octobre à mars | 80 | » | » |
| { d'avril à novembre | 57 | » | » |
| Différence en moins pour le semestre d'été | 23 | » | » |
| Sol forestier avec couverture { d'octobre à mars | 86 | 87 | 73 |
| { d'avril à novembre | 75 | 76 | 62 |
| Différence en moins pour le semestre d'été | 11 | 11 | 11 |

D'après le professeur Woldrich, que cite Ebermayer, des expériences sur l'infiltration, à travers 0ᵐ.60 de sol gazonné et de sol nu, à Salzbourg et aux environs de Vienne, ont donné pour le sol gazonné, en moins que pour l'autre :

En mai............. 25.2 pour 100.
En juin........... 53.1 —
En juillet......... 23.4 —
En août.......... 29.2 —
En septembre...... 12.7 —

La différence atteignit son minimum en janvier, et son maximum en juin et juillet.

Ebermayer conclut de tous ces essais que dans le semestre d'été, le sol des forêts est le plus humide ; le sol nu et librement exposé est moins humide que le précédent, et le sol gazonné est le plus sec.

Au résumé, MM. Lawes et Gilbert s'étaient posé le problème pratique suivant : étant admis, d'après l'expérience, qu'une bonne récolte de foin ou de céréales évapore pendant sa croissance 28 pour 100 de la pluie tombée annuellement ; que la quantité d'eau retenue par le sol est une constante, et qu'il reste 72 pour 100 d'eau pluviale annuelle pour l'évaporation de la surface et l'écoulement par les drains, quelle quantité d'eau sur ces 72 pour 100 s'évapore superficiellement, entraînant de bas en haut les éléments nutritifs que consomme la plante, et quelle quantité se perd en profondeur, emportant les éléments en excès ?

Le problème dont les données varient suivant les sols et suivant les années, en même temps que dans le même sol, pour une année et une culture déterminées, ne comporte pas de solution définitive ; mais on peut dire, d'après les statistiques de Rothamsted, que si pour la moyenne des sols et des années, les sept dixièmes de la pluie tombée annuellement disparaissent par le fait de l'évaporation du sol et des plantes, céréales ou fourragères ; les autres trois dixièmes s'infiltrent dans les couches inférieures et entraînent plus ou moins de matières nutritives.

## XXII. DES SOURCES DE L'AZOTE DES RÉCOLTES.

La recherche des sources auxquelles les végétaux puisent l'azote, et des combinaisons dans lesquelles ils transforment l'ammoniaque et l'acide nitrique de l'atmosphère, des eaux et du sol, a soulevé des problèmes de chimie physiologique et donné naissance à des investigations du plus haut intérêt pour l'agronomie.

Par leurs cultures expérimentales, les savants agronomes de Rothamsted ont démontré, non-seulement la nécessité de la restitution au sol de l'azote et de certaines substances minérales à l'aide des fumures, mais encore à quels états de combinaison et pour quelles plantes cette restitution pouvait être faite avec avantage. Au point de vue de l'azote notamment, ils ont établi, comme nous l'avons fait voir dans les chapitres précédents, la quantité d'azote fournie par les diverses récoltes, pour une surface déterminée, et les relations entre les sources d'azote et les récoltes obtenues.

### A. Résultats des cultures dans le sol sans engrais azoté

C'est ainsi qu'en cultivant d'une manière continue, dans un sol épuisé, sans l'addition d'aucun engrais, ou en n'ajoutant que des engrais absolument exempts d'azote, le blé, l'orge, les fèves, les turneps, les plantes de prairie, etc., les auteurs ont évalué l'azote fourni à l'hectare et par an dans chacune des récoltes. Nous référerons aux tableaux et au paragraphe spécial, consacrés à la teneur en azote des légumineuses et des autres récoltes (1), pour les conclusions à tirer des statistiques dont ils disposaient en 1860.

Après seize années de culture consécutive du blé et huit années de culture d'orge, la proportion d'azote de 27 kilogr. et quelques dixièmes, à l'hectare et par an, ne faiblissait pas, tandis que les légumineuses accusaient une diminution considérable, et les turneps avaient notablement épuisé l'azote disponible du sol.

(1) Voir page 93.

La proportion d'azote retirée par les récoltes de légumineuses et de racines, avec l'intervention des engrais minéraux, avait beaucoup augmenté, tandis que, pour les céréales, l'augmentation due aux mêmes engrais, avait été peu sensible.

D'autres essais que nous avons relatés ont montré que la quantité totale d'azote recueillie par hectare était à peu près la même, que le blé fût cultivé pendant cinq années consécutives, ou qu'il fût alterné avec des fèves (1) pendant cinq années.

De même à Agdell field, il avait été reconnu que pendant huit années d'assolement, on obtenait sans engrais une moyenne de 64$^k$.67 d'azote à l'hectare et par an, c'est-à-dire deux fois plus d'azote, pour le blé ou l'orge, que si l'on eût cultivé ces mêmes céréales sur le même sol, d'une manière continue. Dans cette double période quadriennale, la plus forte proportion d'azote avait été fournie par le trèfle, mais la récolte de blé enlevé après ce trèfle, de même que celle obtenue dans la seconde rotation après les fèves, étaient sensiblement doubles de la récolte de blé venu après blé, qui fournit en moyenne 33$^k$.63 d'azote à l'hectare et par an. Une rotation sans aucun engrais avait donné deux fois autant d'azote que quatre années de céréales se suivant.

On constatait, d'ailleurs, que non-seulement les légumineuses ne profitaient pas sensiblement, mais qu'elles souffraient plutôt, par l'application directe d'engrais azotés; tandis que le contraire s'observait avec les graminées qui tiennent relativement peu d'azote, lors même qu'elles suivent une légumineuse très-azotée ou une jachère.

Quand les engrais azotés ont été appliqués directement aux céréales, l'azote, dans l'augmentation du produit, s'est élevé la première année à 40 pour 100 environ de l'azote contenu dans l'engrais, et la deuxième année, à un peu moins d'un dixième du résidu. La proportion d'azote recouvrée dans les plantes des prairies n'était guère plus forte. Enfin, si dans les légumineuses, la quotité recouvrée était moindre, elle était plus considérable encore dans les racines.

Tels étaient les faits principaux cons-

(1) Voir page 93.

tatés par MM. Lawes et Gilbert en 1860, sur les dépenses d'azote du sol ; mais entrons dans le détail, avec quelques tableaux portant les résultats des expériences aux dernières dates, c'est-à-dire avec quinze années d'observations en plus (1).

TABLEAU I. — *Teneur moyenne en azote des récoltes de céréales et de racines.*

| RÉCOLTES. | CONDITIONS DES EXPÉRIENCES. | | Durée des expériences. | | Moyenne d'azote à l'hectare et par an. |
|---|---|---|---|---|---|
| | | | Années. | Dates. | |
| Blé......... | Sans engrais...................... | | 8 | 1844-1851 | 28.25 |
| | | | 12 | 1852-1863 | 25.33 |
| | | | 12 | 1864-1875 | 17.82 |
| | | | 24 | 1852-1875 | 21.63 |
| | | | 32 | 1844-1875 | 23.20 |
| | Avec engrais minéral.................. | | 12 | 1852-1863 | 30.26 |
| | | | 12 | 1864-1875 | 19.28 |
| | | | 24 | 1852-1875 | 24.77 |
| Orge ........ | Sans engrais...................... | | 12 | 1852-1863 | 24.66 |
| | | | 12 | 1864-1875 | 16.36 |
| | | | 24 | 1852-1875 | 20.51 |
| | Avec engrais minéral.................. | | 12 | 1852-1863 | 29.14 |
| | | | 12 | 1864-1875 | 21.07 |
| | | | 24 | 1852-1875 | 25.11 |
| Racines...... | Avec engrais minéral...... | Navets...... | 8 | 1845-1852 | 47.08 |
| | | Orge........ | 3 | 1853-1855 | 27.24 |
| | | Navets...... | 15 (1) | 1856-1870 | 20.74 |
| | | Betteraves.. | 5 | 1871-1875 | 14.68 |
| | | Total ....... | 31 | 1845-1875 | 30.04 |

(1) Treize récoltes effectives ; deux ayant manqué.

*Azote des récoltes de céréales.* — D'après le tableau I, on reconnaît que dans une période de trente-deux années, le blé sans engrais a fourni en moyenne 23$^k$.20 d'azote à l'hectare et par an ; mais si l'on compare les périodes successives de huit, de dix et de douze années, on remarque que le produit moyen a continué à décroître notablement ; ce qui prouverait que l'azote du sol, dérivé d'accumulations antérieures, diminue graduellement. Les dosages d'azote du sol exécutés de temps en temps, pendant le cours des essais de culture, confirment une réduction appréciable. Il est à présumer toutefois qu'une partie de l'excédant de produit en azote est dû à la condensation de l'ammoniaque de l'air dans les pores du sol, en plus de la quantité normale laissée par les eaux météoriques.

Tandis que dans les vingt-quatre dernières années (1852-1875) le blé donne 21$^k$.63 d'azote à l'hectare et par an, l'orge en donne 20$^k$.51. La comparaison des deux périodes de douze années pour l'orge et le blé indique une similitude de rendement en azote, quoique les deux céréales soient venues dans des champs différents. L'avantage reste au blé d'hiver par rapport à l'orge semée au printemps.

L'application de l'engrais minéral augmente faiblement le rendement en azote des deux céréales ; il y lieu de croire que l'excédant est seulement attribuable à l'ammoniaque accumulée antérieurement dans le sol.

*Azote des récoltes de racines.* — On sait que si l'on cultive les racines sans fumure, au bout de quelques années, on n'a plus de récoltes ; aussi a-t-on dû n'envisager que les résultats obtenus à l'aide de l'engrais minéral. Le tableau I montre que pendant trente et une années, dont trois en orge, deux en friche, vingt et une en navets, et cinq en betteraves, le rendement moyen annuel en azote a été de 30$^k$.04. Cependant, dans les dernières années de cette période, le rendement s'est réduit d'un tiers, comparé à celui des premières années ; il est même inférieur à celui des céréales, quoique la moyenne de la pé-

(1) *On some points in connection with vegetation,* by D$^r$ Gilbert. London, 1876.

riode totale soit plus élevée. Outre les expériences directes qui démontrent que les racines épuisent davantage en azote les couches superficielles où elles végètent, les auteurs ont reconnu que le sol accusait dans ces dernières années une proportion d'azote pour cent, moindre que dans tous les autres champs d'expériences. Il est donc permis d'inférer que si, dans le cas des céréales, l'azote enlevé par les récoltes, provient de dépôts accumulés dans le sol, en dehors de l'azote provenant des dépôts aqueux météoriques et de l'ammoniaque de l'air condensée, il en est de même pour les racines.

*Azote des récoltes de légumineuses.* — Voyons maintenant le rendement en azote des plantes de la famille des légumineuses, cultivées seules ou en rotation avec des céréales. Le tableau II donne les résultats des expériences déjà décrites.

TABLEAU II. — *Teneur moyenne en azote des légumineuses, seules ou en assolement.*

| RÉCOLTES. | CONDITIONS DES EXPÉRIENCES. | Durée des expériences. | | Moyenne d'azote à l'hectare et par an. |
|---|---|---|---|---|
| | | Années. | Dates. | |
| Fèves........ | Sans engrais.......................... | 12<br>12 (1)<br>24 | 1847-1858<br>859-1870<br>1847-1870 | 53.91<br>16.36<br>35.08 |
| | Avec engrais minéral .............. | 12<br>12 (1)<br>24 | 1847-1858<br>1859-1870<br>1847-1870 | 68.93<br>33.06<br>51.00 |
| Trèfle ...... | Sans engrais..........................<br>Avec engrais minéral .............. | 22 (2)<br>22 (2) | 1849-1870<br>1849-1870 | 34.18<br>44.61 |
| Orge.—Trèfle. | Sans engrais........................... | 1<br>1 | 1873<br>1873 | 41.81<br>169.59 |
| Orge ........ | Sans engrais...... { après orge........<br>{ après trèfle ........ | 1<br>1 | 1874<br>1874 | 43.83<br>77.79 |
| Assolement : 7 rotations. | 1. Navets .......... { sans engrais .......<br>2. Orge ...........<br>3. Trèfle ou fèves..<br>4. Blé............ { superphosphate..... | 28<br><br><br>28 | 1848-1875<br><br><br>1847ᵇ 875 | 41.25<br><br><br>50.66 |

(1) Neuf années de fèves, une année de blé, deux années en friche.
(2) Six années de trèfle, une année de blé, trois années d'orge et douze années de jachère.

Pour les fèves sans engrais, bien que le rendement moyen en azote, pendant vingt-quatre années, soit de 35ᵏ.08 par an, c'est-à-dire une fois et demie plus élevé que celui du blé ou de l'orge, on remarque que le rendement de 53ᵏ.91, des douze premières années, s'abaisse à 16ᵏ.36 dans les douze années suivantes. L'engrais minéral, qui a peu d'action sur l'azote des récoltes de céréales, agit sur les fèves, surtout par la potasse qu'il renferme. En effet, dans les douze premières années où la potasse est abondante, on trouve que le rendement en azote atteint 68ᵏ.93, tandis que dans les douze années suivantes, il descend à 33ᵏ.06. L'engrais minéral potassique assure un rendement moyen annuel de 51 kilogr. par rapport à celui de 35ᵏ.08 sans engrais.

Pour le trèfle, sans rappeler les conditions très-défavorables de sa culture à Hoos Field, puisqu'on n'y a obtenu que six récoltes en vingt-deux ans (ch. XV), nous signalerons l'influence qu'exerce l'alternance de cette légumineuse avec d'autres plantes, sur l'augmentation de rendement en azote, par rapport au blé et à l'orge cultivés d'une manière continue. Ici encore, comme avec les fèves, l'engrais potassique a notablement accrû la proportion d'azote.

C'est un fait avéré qu'une récolte de légumineuses, très-riche en azote, est une des meilleures préparations pour une récolte de céréales exigeant une fumure azotée. On en trouve la confirmation dans le tableau II. En effet, après six céréales successives ayant reçu des engrais commerciaux, on a cultivé en 1873, sur une partie du champ, et sans engrais, de l'orge, qui a fourni 41$^k$.81 d'azote, et sur l'autre partie, du trèfle, qui a fourni 169$^k$.59 d'azote. Cependant, l'année suivante, l'orge succédant à l'orge, donna 43$^k$.83 d'azote, tandis que l'orge succédant au trèfle donnait encore 77$^k$.79 d'azote. Et ce n'est pas là un résultat douteux, car les dosages d'azote opérés sur quatre échantillons différents du sol, sur le mélange de ces quatre échantillons, et sur six échantillons du sol de l'autre parcelle, prélevés à différentes profondeurs, témoignèrent unanimement de l'excédant d'azote pour cent, principalement dans la couche superficielle de 0$^m$.22 d'épaisseur. Il y avait donc eu enrichissement du sol en azote par la culture et l'enlèvement d'une récolte à haut titrage d'azote. Le docteur Voelcker a obtenu des résultats analogues.

*Azote des récoltes en assolement.* — Examinons maintenant les résultats de l'assolement quadriennal (Agdell field ; ch. xviii). Sans l'addition d'aucun engrais, l'hectare de sol soumis à l'assolement pendant vingt-huit années, a fourni une moyenne annuelle en azote de 41$^k$.25 ; presque le double de celle obtenue avec les céréales cultivées d'une manière continue. Avec le superphosphate de chaux seul, qui augmente le rendement en azote des navets, le réduit dans la sole d'orge suivante, l'augmente considérablement dans la troisième sole de légumineuses, et le diminue faiblement dans la dernière sole de blé, la moyenne annuelle en azote s'élève, pour vingt-huit années, à 50$^k$.66, plus du double de celle des céréales cultivées d'une manière continue à l'aide d'engrais minéraux.

Lorsqu'il y a eu jachère, au lieu d'une légumineuse, entre les deux céréales, le rendement en azote de l'assolement a été très-peu amoindri. Ainsi le blé suivant une récolte à haut dosage d'azote, fève ou trèfle, a assimilé à peu près autant d'azote que s'il avait suivi une jachère pendant laquelle l'azote provenant de sources extérieures s'est accumulé et n'a pas été enlevé par aucune récolte.

*Azote des plantes fourragères (prairie).* — Considérons enfin les résultats obtenus pour l'azote, dans les expériences sur les plantes fourragères des prairies, continuées pendant vingt années sur la pièce *the Park* (ch. xvi).

TABLEAU III. — *Produit moyen et teneur moyenne en azote d'une prairie permanente pendant vingt années.*

| Nos des parcelles. | CONDITIONS d'expériences. | Produit moyen à l'hectare, et par an, pendant vingt années (1856-1875), calculé d'après la moyenne pour 100 des six périodes 1862-67-71-72-74-75. | | | Moyenne d'azote à l'hectare et par an. | | |
|---|---|---|---|---|---|---|---|
| | | Graminées. | Légumin. | Diverses. | 10 ans (1856-1865). | 10 ans (1866-1875). | 20 ans (1856-1875). |
| | | Kil. | Kil. | Kil. | Kil. | Kil. | Kil. |
| 3 | Sans engrais......... | 1,832.66 | 245.47 | 592.95 | 39.34 | 34.63 | 36.99 |
| 4 : 1 | Superphosphate...... | 1,873.01 | 167.01 | 754.36 | 40.02 | 35.31 | 37.66 |
| 8 | Engrais minéral (1) .. | 2,737.22 | 331.78 | 716.26 | 60.97 | 42.71 | 51.90 |
| 7 | Engrais minéral (2) .. | 2,890,78 | 903.44 | 642.27 | 61.87 | 62.72 | 62.32 |

(1) Cet engrais comprend de la potasse pendant six ans (1856-1861).
(2) Cet engrais comprend de la potasse pendant les vingt années (1856-1875).

Le tableau III, en même temps que le produit moyen à l'hectare et par an, de la prairie *the Park*, en graminées, en légumineuses et en plantes accessoires diverses, d'après les classements effectués en 1862, 1867, 1871, 1872, 1874 et 1875, indique le rendement annuel en azote de deux périodes décennales successives, et de la période totale de vingt années.

On y notera, en passant, combien le produit des graminées augmente plus, avec l'intervention des engrais minéraux, que celui des céréales cultivées isolément. Faut-il expliquer cela par l'action directe des engrais minéraux sur les graminées, ou par l'accumulation d'azote combiné, provenant des légumineuses en mélange avec les graminées ?

Le rendement en azote offre une diminution dans les dix dernières années par rapport aux dix premières, pour la prairie sans engrais ; mais la moyenne annuelle est de 36$^k$.99.

Avec le superphosphate seul, le rendement se maintient à peu près le même que pour le sol sans engrais, bien que le produit en légumineuses soit moindre et celui en plantes accessoires plus élevé.

L'engrais minéral, dans lequel la potasse n'a figuré que pendant les six premières années, augmente beaucoup le produit des graminées et des légumineuses et donne comme rendement moyen en azote, de la première période décennale : 60$^k$. 97, contre 42$^k$. 71 de la deuxième période ; et 51$^k$. 90 pour l'ensemble.

Enfin l'engrais comprenant chaque année de la potasse pendant vingt ans, assure aux légumineuses un cinquième du produit total et un rendement croissant en azote, en même temps qu'une augmentation de produit dans la seconde période décennale par rapport à la première.

Au résumé, que les plantes prairiales croissent isolément ou ensemble, les légumineuses, et probablement quelques plantes d'autres familles, ont la faculté d'assimiler beaucoup plus d'azote, sur une surface déterminée, que les graminées.

*Légumineuses et graminées.* — Peut-on expliquer ce gain considérable en azote des légumineuses, comme on l'a fait pour les graminées, en recourant aux eaux météoriques, à l'ammoniaque de l'air condensée dans le sol, et aux dépôts d'azote assimilable, antérieurement accumulé?

A cette question, il a été répondu avec une certaine apparence d'autorité que le feuillage très-différent des légumineuses : fèves, pois, trèfle, etc., et des plantes-racines, navets et autres, leur donne la faculté d'absorber l'azote atmosphérique, à un degré et d'une manière tout autres que le feuillage des graminées.

Cette réponse conduit à l'étude des sources naturelles d'azote auxquelles puisent les récoltes ; nous les examinerons dans le paragraphe suivant. Les faits statistiques des cultures de Rothamsted n'en justifient pas moins cette déduction, à savoir, que pour les racines à feuilles largement développées, l'azote combiné de l'air n'est pas absorbé en proportion notable par les feuilles. La déduction n'est pas aussi nette pour les légumineuses.

### B. Sources d'azote dans l'atmosphère et le sol.

Quelles sont dans la nature les sources d'azote des végétaux ? Sont-elles les mêmes pour tous les végétaux? Viennent-elles entièrement du sol? ou entièrement de l'atmosphère ? ou des deux à la fois ?

Lorsque MM. Lawes et Gilbert exposèrent leurs recherches sur l'assimilation de l'azote libre de l'air par les végétaux, ils commencèrent par examiner les autres sources d'azote, provenant :

1° Des dépôts aqueux de l'atmosphère, où l'azote combiné est à l'état d'ammoniaque, d'acide nitrique, de corpuscules organiques, etc.;

2° De l'accumulation dans le sol, de l'azote combiné atmosphérique, par l'absorption de la surface sous l'influence de l'humidité, ou par l'action chimique d'éléments organiques et inorganiques dans le sol;

3° De la combinaison de l'azote libre de l'air avec l'hydrogène, formant de l'ammoniaque qui reste dans le sol à l'état d'ammoniaque, ou s'oxyde à l'état d'acide nitrique ;

4° De l'acide nitrique fourni par l'azote de l'air, sous l'influence de l'électricité, des corps poreux et alcalins, de l'ozone ou oxygène naissant, de l'évaporation et de la combustion (Schœnbein);

5° De l'azote combiné de l'air, directement absorbé par les végétaux;

6° De certaines matières minérales du sol, principalement ferrugineuses et alumineuses et de certains azotures.

Une quantité considérable d'ammoniaque est renfermée dans les dépôts aqueux de l'atmosphère et entraînée avec eux dans le sol ; mais il est fort douteux, d'après les auteurs, que cette quantité puisse excéder 10 kilogr. à l'hectare et par an.

Quant au pouvoir absorbant du sol dû à l'action de la surface, aidée par l'humidité, ou à l'action chimique de certains éléments du sol même, MM. Lawes et Gilbert concluent d'une série d'expériences pour constater la faculté d'absorption de diverses terres, que c'est là probablement une source considérable de l'azote mise à profit par la végétation ; mais les résultats quantitatifs obtenus dans le laboratoire ne permettent pas d'évaluer la proportion qu'une masse donnée de sol peut fixer dans un temps donné.

S'il se forme de l'ammoniaque dans certaines circonstances, par la combinaison de l'hydrogène naissant avec l'azote libre de l'air, il est très-douteux que de l'ammoniaque prenne naissance par suite du dégagement d'hydrogène, provenant de matières organiques en décomposition, combiné avec l'azote atmosphérique.

On a fait bien des essais pour démontrer que de l'air passant sur des composés alcalins et poreux peut engendrer de l'acide nitrique ; et l'on sait que de petites quantités de cet acide se forment pendant les orages ; mais la proportion de combinaisons nitrogénées qui peut être obtenue de la sorte n'est pas déterminée.

La faculté qu'ont les plantes d'absorber de l'ammoniaque ou de l'acide nitrique par les feuilles était à l'étude. Les quantités si minimes de ces composés qu'on rencontre dans l'atmosphère rendent problématique cette source directe de l'azote.

Enfin les matières minérales que l'on extrait d'une certaine profondeur dans le sol, renfermant toujours de l'ammoniaque, il serait possible que certains azotures contenus dans la terre pussent également fournir une faible quantité d'azote combiné.

Ainsi l'examen des diverses provenances d'azote, en dehors de l'ammoniaque absorbée par le sol et de l'azote libre qu'ils devaient étudier, conduisait MM. Lawes et Gilbert à conclure, en 1860, que les sources susceptibles d'évaluation étaient absolument insuffisantes pour rendre compte quantitativement de la proportion d'azote récoltée sur un sol donné ; et que les autres sources échappant au calcul n'offraient aucunes données utiles à la solution du problème posé.

Depuis lors, il est vrai, ce même problème n'a cessé d'être étudié, et parmi les nombreux travaux sur l'origine de l'azote des plantes (1), nous aurions à citer ceux de Stöckhardt, de J. Sachs, de

(1) M. Grandeau a analysé, avec l'autorité qu'on lui connaît, la plupart de ces travaux, dans ses articles consacrés à la *Nutrition minérale des végétaux*, que le *Journal d'Agriculture pratique* publie depuis le 28 mars 1872. Voir notamment le tome I<sup>er</sup> de 1875.

A. Selmi, de Dehérain, de Boussingault, de A. Mayer et de Schlœsing, qui ont fait avancer la question sur bien des points, sans toutefois la résoudre quantitativement. Nous aurons à voir comment M. Gilbert a dû l'envisager dans une conférence toute récente, à South-Kensington ; mais auparavant nous parlerons des expériences classiques, exécutées à Rothamsted, en 1857 et 1858, sur l'assimilation de l'azote gazeux de l'air par les plantes.

### 1. *Assimilation de l'azote gazeux de l'air par les plantes.*

C'était un point absolument essentiel pour la physiologie générale que de déterminer si l'atmosphère, cet immense réservoir d'azote, fournit aux végétaux une quantité appréciable de son azote à l'état libre.

A la suite de recherches laborieuses, exécutées dans des conditions très-variées par M. Boussingault, de 1837 à 1858, par M. Georges Ville, de 1849 à 1856, et reprises à des points de vue plus limités, par d'autres chimistes, la solution restait indécise et contestée jusqu'aux investigations concluantes de MM. Lawes et Gilbert.

Nous ne referons pas l'historique de recherches qui remontent à Priestley et à de Saussure et s'arrêtent aux discussions personnelles de M. G. Ville. Qu'il suffise de rappeler que M. Boussingault avait déduit de ses premières expériences (1837-1838) que, pendant la végétation, les plantes sont aptes, dans plusieurs conditions, à puiser directement de l'azote dans l'air. M. Dumas avait généralisé ces déductions, contraires à l'opinion de Liebig qui voyait, dans l'ammoniaque atmosphérique, la source où les végétaux prennent l'azote indispensable à leur formation. Plus tard (1851-1853), M. Boussingault, d'après de nouvelles recherches sur les plantes maintenues dans une atmosphère confinée, concluait catégoriquement que l'azote de l'air n'est pas absorbé par les plantes.

M. Georges Ville affirmait, de son côté, en se fondant sur des essais faits depuis 1849, dans des conditions soi-disant plus normales pour la végétation, par le renouvellement incessant de l'atmosphère ambiante, de l'eau et de l'acide carbonique, sous des cages spacieuses, vitrées, etc., mais aussi d'une surveillance plus difficile, que les plantes avaient assimilé de l'azote emprunté à l'air. D'après l'expérimentateur du Muséum, les essais de M. Boussingault à l'air libre ne pouvaient aboutir qu'à des résultats négatifs, parce que l'air était confiné; parce que la masse du sol était insuffisante et la dose des cendres ajoutées comme amendement était trop forte.

M. G. Ville obtenait que l'une de ses propres expériences fût répétée en 1854, au Muséum d'histoire naturelle, sous les yeux d'une commission de l'Académie des sciences. Le rapporteur, M. Chevreul, concluait, il est vrai, que l'expérience était conforme aux conclusions tirées par l'auteur de ses travaux antérieurs, et que l'Académie devait en payer les frais; mais il avait soin d'ajouter : « Dans une expérience aussi compliquée, qui s'est prolongée des mois entiers en plein air, et où les circonstances ont été les moins favorables, à cause de variations fréquentes de température, des vents, et de violents orages, il ne faudra pas s'étonner de ce que le rapport pourra laisser à désirer sur quelques points », et il terminait en disant : « Que dans les expériences entreprises pour résoudre une question aussi difficile à traiter, il eût été opportun de faire, comparativement avec l'expérience où des plantes végètent dans le sable calciné et l'eau distillée, que recouvre une cloche où l'eau se renouvelle, une seconde expérience en tout semblable à la première, sauf qu'il n'y aurait pas eu de plante dans le sable calciné et l'eau distillée. Après l'expérience, on aurait examiné comparativement le sable et l'eau de chacun des appareils. » (1)

On a tenu à ne voir dans ces réserves de la commission que le désir de ménager la susceptibilité et les titres acquis d'un collègue académicien, alors qu'on y trouve une déclaration des plus nettes qu'elle ne considérait pas à cette époque, comme résolue, ni vidée, la question de l'origine de l'azote dans les plantes, malgré l'expérience officielle du Muséum.

Du reste, M. Boussingault publiait à la même date, en 1854, de nouvelles recherches exécutées à l'air libre, ou dans des appareils fermés, dont l'atmosphère était renouvelée, à l'instar de ce qui avait été fait au Muséum, et concluait

(1) *Compt. rend. Acad. Sc.*, t. XLI, 1855.

de nouveau péremptoirement à la non-assimilation de l'azote atmosphérique par les plantes.

*Expériences G. Ville.* — Les essais de M. G. Ville, sévèrement critiqués dans leurs détails, avaient été jugés insuffisants par les hommes de science d'alors, qui reconnaissaient toute l'importauce de ce point fondamental de la chimie agricole. MM. Lawes et Gilbert, dans leur travail d'ensemble qui parut en 1862 (1), se sont bornés à les discuter, sans aucune opposition systématique et au même titre que ceux de MM. Boussingault, Mène, Roy, Cloëz et Gratiolet, de Luca, Harting et Petzholdt.

Dans ses expériences de 1850 sur le colza, M. Ville avait trouvé une augmentation de plus d'un gramme d'azote, c'est-à-dire 41 fois plus d'azote qu'il n'en avait été fourni par la graine et par l'air. Les essais sur le blé, le seigle et le maïs accusèrent une augmentation beaucoup moindre; mais avec les soleils et le tabac, les chiffres de gain d'azote atteignirent au-delà de 30 et 40 fois le poids d'azote fourni. Dans les expériences de 1855 et 1856, à l'air libre, où l'on apporta aux plantes (colza et blé) du nitre comme engrais, les augmentations proportionnelles, beaucoup plus faibles que celles obtenues dans l'appareil à courant d'air, varièrent seulement entre $0^{gr}.8$ et $2^{gr}.67$ d'azote.

M. G. Ville attribue le gain d'azote, dans quelques cas, à la surface foliacée des plantes. Pour expliquer l'assimilation de cet azote, il s'appuie sur les faits de la production d'ammoniaque par l'hydrogène naissant, et d'acide nitrique par l'oxygène naissant, combinés avec l'azote libre de l'air. Ainsi, se référant à une opinion déjà émise par de Luca, et que nous examinons plus loin, il demande (2) : « Pourquoi l'azote que la séve fait affluer vers les feuilles ne se combinerait-il pas avec ces deux corps, lorsque nous voyons l'azote de l'air se combiner avec l'oxygène que les feuilles dégagent, pour former de l'acide azotique? » Et plus loin, il ajoute : « La séve de certains champignons jouit de la propriété d'ozoniser l'oxygène de l'air;.... est-il probable que l'azote dissous dans la séve ne subit aucune action de la part de l'oxygène ozo-

(1) *Philos. Transact.*, part. II, 1861.
(2) *Rech. expérim. sur la végétat.*, par G. Ville, t. I, 1868, p. 301.

nisé avec lequel il est mêlé, lorsque nous savons que cette séve contient des alcalis, et traverse des tissus dont l'état de porosité dépasse celui de la mousse de platine, si apte cependant à favoriser les combinaisons ?.... L'explication que nous proposons, fût-elle insuffisante ou même erronée, cela ne changerait rien aux résultats des expériences qui, toutes, accusent un excédant d'azote, que ni l'ammoniaque de l'air, ni la supposition inadmissible d'une nitrification spontanée ne peuvent expliquer ».

Les conclusions suivantes de M. Ville ne visent donc, à proprement parler, que ses expériences personnelles, sans aucune interprétation des phénomènes chimiques et physiologiques qui les ont accompagnées, ni des résultats obtenus par les autres expérimentateurs :

« 1° Les plantes assimilent l'azote à l'état de gaz élémentaire ;

« 2° Les nitrates agissent par l'azote de leur acide : l'absorption de ces sels est immédiate et directe ;

« 3° A égalité d'azote, le nitre agit plus que les sels ammoniacaux (blé et colza);

« 4° Toute matière de nature organique qui est en voie de décomposition perd une partie de son azote à l'état d'azote gazeux, et l'on peut fonder sur cette décomposition une preuve de plus en faveur de la faculté que les végétaux possèdent d'absorber et d'assimiler ce gaz. »

*Expériences Boussingault.* — M. Boussingault avait choisi comme sol, des terres et de la brique calcinées, de la pierre ponce lavée et calcinée, et opéré sur les plantes, à l'air libre, dans une atmosphère confinée et dans une atmosphère renouvelée. Pour les expériences faites sous cloche, un courant de gaz acide carbonique approvisionnait les plantes.

Les résultats sont rapportés dans le tableau IV où M. Gilbert a résumé les données principales de chaque série d'essais depuis 1837 jusqu'en 1858 (1). On y remarquera que si, dans les premiers essais de 1837-1838, il y a eu un gain appréciable d'azote pour les légumineuses : trèfle et pois ; dans les autres, il y a une faible perte, ou bien un gain qui se chiffre à peine par quelques milligrammes. Ce sont ces premiers nombres qui condui-

sirent à des théories sur les assolements, sans que l'on attendît de savoir si c'était de l'azote libre, ou des vapeurs ammoniacales existant également dans l'atmosphère, qui avaient été pris par les légumineuses. Les expériences suivantes démontrèrent qu'on s'était trop hâté de conclure ; puisque, d'une part, les plantes obtenues de graines dans une atmosphère limitée, en l'absence complète d'engrais azoté et d'ammoniaque, ne contiennent pas plus d'azote qu'il n'y en avait dans la graine, ou végétent normalement, à la condition qu'on leur fournira par le sol les éléments nécessaires à leur entretien ; et que, d'autre part, même avec le renouvellement de l'atmosphère, la récolte ne contient pas plus d'azote que n'en renfermaient les graines, à condition qu'on élimine complétement l'ammoniaque de l'air et que l'on évite d'autres causes d'erreur.

*Expériences Lawes, Gilbert et Pugh.* — Dans les expériences qui devaient mettre fin à la controverse entre M. Ville et M. Boussingault, MM. Lawes et Gilbert ont eu l'assistance, pendant trois années, du docteur Evan Pugh, professeur au collége agricole de l'état de Pensylvanie, enlevé depuis à la science, par une mort prématurée.

La terre employée avait été préalablement calcinée, puis lavée pour extraire tous les principes solubles, calcinée de nouveau, et enfin refroidie au-dessus de l'acide sulfurique, avant d'être placée dans des pots poreux. La pierre ponce fut traitée de même.

L'appareil dont ils ont fait usage consistait en une grande cloche en verre reposant sur une plaque, de la surface de laquelle s'élevaient deux cylindres concentriques. Le bord de cette cloche entrait dans l'espace libre entre les deux cylindres et la fermeture hermétique était obtenue par du mercure versé dans la rainure.

L'air amené aux plantes passait à travers de l'acide sulfurique, puis à travers une solution saturée de carbonate de soude, avant d'entrer sous la cloche. Il y était introduit par pression, et non par aspiration. L'air expiré par la cloche traversait également un appareil à acide sulfurique, pour empêcher la communication avec l'air extérieur non purifié. Le gaz acide carbonique était occasionnellement fourni aux plantes, mais après avoir été

(1) *On some points...* p. 24.

épuré par l'acide sulfurique et le carbonate de soude (1).

Le professeur Wunder, de Saxe, qui avait connu *de visu* et examiné très-attentivement le dispositif et les expériences de M. Ville, s'était rendu également

**TABLEAU IV.** — *Expériences de M. Boussingault sur l'assimilation par les plantes de l'azote libre de l'air.*

| PLANTES SOUMISES A L'EXPÉRIENCE. | AZOTE | | | AZOTE |
|---|---|---|---|---|
| | dans la graine ou les plantes, et dans l'engrais. | dans les produits. | Gain ou perte. | du produit pour 1 d'azote fourni. |
| | gr. | gr. | gr. | |
| **1837. Sol calciné, eau distillée, air libre, en serre fermée (1),** | | | | |
| Trèfle | 0.1100 | 0.1200 | + 0.0100 | 1.09 |
| Trèfle | 0.1140 | 0.1560 | + 0.0420 | 1.37 |
| Blé | 0.0430 | 0.0400 | — 0.0030 | 0.93 |
| Blé | 0.0570 | 0.0600 | + 0.0030 | 1.05 |
| **1838. Mêmes conditions qu'en 1837.** | | | | |
| Pois | 0.0460 | 0.1010 | + 0.0550 | 2.20 |
| Trèfle (plantes) | 0.0330 | 0.0560 | + 0.0230 | 1.70 |
| Avoine (plantes) | 0.0590 | 0.0530 | — 0.0060 | 0.90 |
| **1851 et 1852. Ponce lavée et calcinée, cendres, eau distillée, air confiné, sous cloche en verre, avec acide carbonique (2).** | | | | |
| Haricot, 1851 | 0.0349 | 0.0340 | — 0.0009 | 0.97 |
| Avoine, id. | 0.0073 | 0.0067 | — 0.0011 | 0.86 |
| Haricot, 1852 | 0.0210 | 0.0189 | — 0.0021 | 0.90 |
| Haricot, id. | 0.0245 | 0.0226 | — 0.0019 | 0.92 |
| Avoine, id. | 0.0031 | 0.0030 | — 0.0001 | 0.97 |
| **1853. Ponce préparée, ou brique calcinée, cendres, eau distillée, air confiné, sous cloche en verre, avec acide carbonique (3).** | | | | |
| Lupin blanc | 0.0480 | 0.0483 | + 0.0003 | 1.01 |
| id. | 0.1282 | 0.1246 | — 0.0036 | 0.97 |
| id. | 0.0349 | 0.0339 | — 0.0010 | 0.97 |
| id. | 0.0200 | 0.0204 | + 0.0004 | 1.02 |
| id. | 0.0399 | 0.0397 | — 0.0002 | 1.00 |
| Haricot nain | 0.0354 | 0.0360 | + 0.0006 | 1.02 |
| id. | 0.0298 | 0.0277 | — 0.0021 | 0.93 |
| Cresson de jardin | 0.0013 | 0.0013 | 0.0000 | 1.00 |
| Lupin blanc | 0.1827 | 0.1697 | — 0.0130 | 0.93 |
| **1854. Ponce préparée, avec cendres, eau distillée, courant d'air lavé, et acide carbonique, en caisse vitrée (4).** | | | | |
| Lupin | 0.0196 | 0.0187 | — 0.0009 | 0.95 |
| Haricot nain | 0.0322 | 0.0325 | + 0.0003 | 1.01 |
| id. | 0.0335 | 0.0341 | + 0.0006 | 1.02 |
| id. | 0.0339 | 0.0329 | — 0.0010 | 0.97 |
| id. | 0.0676 | 0.0666 | — 0.0010 | 0.99 |
| Lupin | 0.0180 } 0.0175 | 0.0334 | — 0.0021 | 0.94 |
| id. | | | | |
| Cresson | 0.0046 | 0.0052 | + 0.0006 | 1.13 |
| **1851 à 1854. Sol préparé, ou ponce avec cendres; eau distillée, air libre, sous caisse vitrée (4).** | | | | |
| Haricot nain, 1851 | 0.0349 | 0.0380 | + 0.0031 | 1.09 |
| id. 1852 | 0.0213 | 0.0238 | + 0.0025 | 1.12 |
| id. 1853 | 0.0293 | 0.0270 | — 0.0023 | 0.92 |
| id. 1354 | 0.0318 | 0.0350 | + 0.0032 | 1.10 |
| Lupin blanc, 1853 | 0.0214 | 0.0256 | + 0.0042 | 1.20 |
| id. 1854 | 0.0199 | 0.0229 | + 0.0030 | 1.15 |
| id. 1854 | 0.0367 | 0.0387 | + 0.0020 | 1.05 |
| Avoine, 1852 | 0.0031 | 0.0041 | + 0.0010 | 1.32 |
| Blé, 1853 | 0.0064 | 0.0075 | + 0.0011 | 1.17 |
| Cresson de jardin, 1854 | 0.0259 | 0.0272 | + 0.0013 | 1.05 |
| **1858. Nitrate de potasse comme engrais (5).** | | | | |
| Hélianthe | 0.0144 (6) | 0.0130 | — 0.0014 | 0.90 |
| | 0.0255 (6) | 0.0245 | — 0.0010 | 0.96 |

(1) *Ann. Ch. Phys.* [2] LXVII, 1838. — (2) *Id.* LXIX. — (3) *Id.* XLI, 1854. — (4) *Id.* [3] XLIII, 1855. — (5) *Compt. rend.* XLVII, 1858. — (6) Azote dans la graine et le nitrate.

compte par lui-même de l'appareil et de la méthode de Rothamsted. « Appareil et procédés, dit-il, étaient à peu de chose près les mêmes que ceux de M. Ville. Une modification avantageuse existait dans la disposition particulière, à l'aide de laquelle l'air fut introduit

(1) Voir p. 13 la mention déjà faite de l'appareil.

dans la cloche par pression. On arrivait ainsi à avoir pour l'air de la cloche, non plus une pression moindre que celle de l'atmosphère, comme dans le cas de l'aspiration (essais Ville), mais bien une pression un peu plus forte, de sorte que dans le cas possible d'une fermeture non hermétique de l'appareil, il fallait que l'air introduit s'échappât au dehors, tandis que pareil accident survenant dans l'appareil Ville, l'air du dehors pénétrait dans la cage vitrée » (1).

Les nombreuses graines qui germèrent sous l'appareil de Rothamsted se développèrent jusqu'à un certain point, et les plantes montrèrent une telle ténacité que les plus récentes, au fur et à mesure qu'elles croissaient, absorbaient les principes nitrogénés des plantes plus anciennes, dejà en décomposition. Toutefois les légumineuses périrent peu de temps après la germination, car elles ne pouvaient végéter sans recevoir une quantité additionnelle d'azote en combinaison.

En conséquence, on renouvela les expériences en 1858, en fournissant, comme l'avait fait M. Ville, des substances azotées aux légumineuses, jusqu'à ce qu'elles eussent atteint un certain développement. L'appareil Ville servit en outre à répéter les expériences sur les céréales en 1858.

Les résultats numériques obtenus par MM. Lawes, Gilbert et Pugh sont donnés dans le tableau V sous deux classifications : 1° aucun azote combiné, autre que celui des semences n'a été fourni aux plantes ; 2° l'azote combiné, outre celui des semences, a été appliqué au sol, sous forme d'une solution de sulfate d'ammoniaque (et non pas de nitrate, comme l'avait fait M. Ville).

La description détaillée de ces expériences se trouve dans le mémoire des *Transactions philosophiques* de 1861; elle a été abrégée ou reproduite ailleurs par les auteurs (2).

Dans le tableau V on remarque que les nombres représentant le gain et la perte en azote sont plus élevés, pour les seconds essais où l'azote a été fourni en plus grande quantité, que pour les premiers exécutés sans aucun engrais; mais il ne s'agit dans tous les cas que de milligrammes. En outre, le gain, quel qu'il soit, apparaît pour les graminées, tandis que pour les légumineuses et le maïs, il n'y a que de la perte. Il est vrai que les légumineuses, qui, même en plein champ, sont si sensibles aux variations climatériques, de chaleur et d'humidité, n'avaient point prospéré sous cloche, et par conséquent les résultats négatifs qu'elles ont fournis pourraient n'être pas aussi probants que pour les céréales. La perte d'azote qui se dégageait à l'état d'ammoniaque, entraînée hors de l'appareil, ne pouvait provenir de la production d'azote libre pendant la décomposition spontanée des parties de plantes qui avaient péri : de telle sorte que rien dans les expériences de Rothamsted ne justifie l'assertion que les céréales ou les légumineuses prélèvent et assimilent l'azote libre atmosphérique (1).

Les conclusions de ces laborieuses recherches et de l'examen des sources d'azote de la végétation ont été présentées par les auteurs eux-mêmes dans les termes suivants (2) :

« Le rendement en azote des plantes de culture, récoltées sur une surface et dans un temps déterminés, surtout dans le cas des légumineuses, ne peut s'expliquer d'une manière satisfaisante, en tenant compte seulement des quantités d'azote combiné, fournies périodiquement, en proportion connue.

« Les résultats des nombreuses expériences faites pour savoir si les plantes assimilent de l'azote libre, c'est-à-dire non combiné, sont très-contradictoires,

« Dans leurs expériences personnelles, les auteurs ont reconnu que les conditions de végétation obtenues dans leur appareil, concordaient avec le développement régulier des céréales, et qu'il n'en était pas tout à fait de même des légumineuses.

---

(1) L. Grandeau. *Journal d'Agric. prat.*, 1872, t. II, p. 835.

(2) On the sources of the nitrogen of vegetation, by J. B. Lawes, J. H. Gilbert and Evan Pugh. *Phil. Trans.*. part. II, 1861.

Id. *Abstract from Proc. Roy. Soc. London* 1860.

Id. *Journ. Chem. Soc.*, 2° sér., t. I, 1863.

(1) M. G. Ville n'en persiste pas moins à déclarer, d'après un principe qu'il est seul à énoncer, que les plantes ne commençant à puiser de l'azote dans l'air que lorsque le poids de la récolte égale *dix fois* celui de la semence; les auteurs de Rothamsted ayant obtenu, comme rendement, quatre à cinq fois seulement ce poids, n'ont rien décidé de plus que M. Boussingault et laissé la question intacte. (*Rech. exp. sur la végétat.*, 2° édit., 1868, p. XXXIV.)

(2) *Proc. Roy. Soc.*, 21 juin 1860.

« Dans les conditions expérimentales réalisées, il n'est pas probable que les plantes aient reçu une portion d'azote combiné dont il n'ait été tenu compte, qu'il ait été formé sous l'action de l'ozone, ou de l'hydrogène naissant.

« Il n'est pas probable qu'une perte d'azote combiné ait pu se produire par suite du dégagement d'azote libre dans la décomposition de la matière organique, sauf dans les cas où elle avait été prévue.

« Enfin il n'est pas probable qu'il y ait eu perte par le dégagement d'azote libre provenant des substances azotées qui constituent les plantes en végétation.

« En exécutant de nombreux essais sur les graminées et en faisant varier dans de larges limites les conditions de végétation, on n'a jamais reconnu qu'il y eût assimilation d'azote libre.

« Dans les expériences sur les légumineuses, la végétation fut moins satisfaisante, et les limites de variation furent moindres; mais les résultats enregistrés n'indiquent aucune assimilation d'azote

TABLEAU V. — *Expériences de MM. Lawes, Gilbert et Pugh sur l'assimilation par les plantes de l'azote libre de l'air.*

| PLANTES Soumises à l'expérience. | | | AZOTE dans la graine et dans l'engrais. | AZOTE dans les plantes, le pot et le sol. | Gain ou perte. | AZOTE du produit pour 1 d'azote fourni. |
|---|---|---|---|---|---|---|
| | | | gr. | gr. | gr. | |
| *Sans autre azote combiné que celui de la semence.* | | | | | | |
| *Graminées* | 1857. | Blé | 0.0080 | 0.0072 | — 0.0008 | 0.90 |
| | | Orge | 0.0056 | 0.0072 | + 0.0016 | 1.11 |
| | | Orge | 0.0056 | 0.0082 | + 0.0026 | 1.46 |
| | 1858. | Blé | 0.0078 | 0.0081 | + 0.0003 | 1.04 |
| | | Orge | 0.0057 | 0.0058 | + 0.0001 | 1.02 |
| | | Avoine | 0.0063 | 0.0056 | — 0.0007 | 0.89 |
| | 1858 (a). | Blé | 0.0078 | 0.0078 | 0.0000 | 1.00 |
| | | Avoine | 0.0064 | 0.0063 | — 0.0001 | 0.98 |
| *Légumineuses.* | 1857. | Fèves | 0.0796 | 0.0791 | — 0.0005 | 0.99 |
| | 1858. | Fèves | 0.0750 | 0.0757 | + 0.0007 | 1.01 |
| | | Pois | 0.0188 | 0.0167 | — 0.0021 | 0.89 |
| *Autres plantes.* | 1858. | Maïs | 0.0200 | 0.0182 | — 0.0018 | 0.91 |
| *Avec azote combiné, outre celui de la semence.* | | | | | | |
| *Graminées* | 1857. | Blé | 0.0329 | 0.0383 | + 0.0054 | 1.16 |
| | | Id. | 0.0329 | 0.0331 | + 0.0002 | 1.01 |
| | | Orge | 0.0326 | 0.0328 | + 0.0002 | 1.01 |
| | | Id. | 0.0268 | 0.0337 | + 0.0069 | 1.25 |
| | 1858. | Blé | 0.0548 | 0.0536 | — 0.0012 | 0.98 |
| | | Orge | 0.0496 | 0.0464 | — 0.0032 | 0.94 |
| | | Avoine | 0.0312 | 0.0216 | — 0.0096 | 0.69 |
| | 1858 (a). | Blé | 0.0268 | 0.0274 | + 0.0006 | 1.02 |
| | | Orge | 0.0257 | 0.0242 | — 0.0015 | 0.94 |
| | | Avoine | 0.0260 | 0.0198 | — 0.0062 | 0.76 |
| *Légumineuses.* | 1858. | Pois | 0.0227 | 0.0211 | — 0.0016 | 0.93 |
| | | Trèfle | 0.0712 | 0.0665 | — 0.0047 | 0.93 |
| | 1858 (a). | Fèves | 0.0711 | 0.0655 | — 0.0056 | 0.92 |
| *Autres plantes.* | 1858. | Maïs | 0.0308 | 0.0292 | — 0.0016 | 0.95 |

(a) Ces expériences ont été faites en 1858, avec l'appareil G. Ville.

libre. Il serait désirable que de nouvelles expériences fussent reprises sur ces mêmes plantes dans des circonstances plus favorables.

« Les données obtenues sur d'autres plantes sont toutes dans le même sens, au point de vue de la non-assimilation de l'azote libre.

« Pour confirmer la démonstration, il est à désirer que les sources, connues ou probables, d'azote combiné, qui s'offrent aux plantes, soient étudiées plus complétement au point de vue qualitatif et quantitatif.

« S'il est établi que la végétation n'opère pas la combinaison de l'azote libre, on ne voit pas très-clairement à quelles actions il faut attribuer une grande partie de l'azote combiné qu'elle contient. »

Conformément à ce dernier vœu, nous étudierons, avec l'un des savants de Rothamsted, les autres sources d'azote de la végétation, telles que les font connaître les travaux plus modernes et sa propre conférence à South Kensington (1).

### 2. Assimilation de l'azote combiné des eaux météoriques et de l'air.

L'azote combiné, à l'état d'ammoniaque et d'acide nitrique, fourni par les pluies, la grêle, la neige, les brouillards, la rosée, etc., à Rothamsted, pendant les années 1853, 1855 et 1856 avait été déterminé par le professeur Way et par MM. Lawes et Gilbert. Les résultats sont reproduits dans le tableau VI suivant :

TABLEAU VI. — *Dosage d'azote combiné dans les eaux météoriques à Rothamsted.*

| Azote combiné des eaux météoriques. | Azote à l'hectare et par an. | | | |
|---|---|---|---|---|
| | 1853 | 1855 | 1856 | Moy. |
| | Kil. | Kil. | Kil. | Kil. |
| Ammoniaque .. | 6.35 | 6.57 | 8.80 | 7.24 |
| Acide nitrique. | indéterm. | 0.86 | 0.81 | 0.84 |
| Total.... | | 7.43 | 9.61 | 8.08 |

De nombreux dosages d'azote combiné, provenant des eaux météoriques recueillies à Rothamsted, exécutés récemment par le professeur Frankland (2), sont venus à l'appui de ceux du tableau précédent; toutefois les nombres trouvés sont plus faibles.

Sur le continent, on a procédé depuis longtemps à des déterminations d'ammoniaque et d'acide nitrique dans l'eau de pluie et dans les autres dépôts aqueux de l'atmosphère, tant dans le voisinage des villes qu'en pleine campagne. Il suffira de rappeler les travaux de Lie-

(1) Dr Gilbert. *On some points in connection with vegetation.* London, 1876.

(2) *Sixth Report of the Rivers Pollution commission,* 1875.

big, de Barral, de Becquerel; les dosages de M. Boussingault au Liebfrauenberg, en Alsace, qui indiquent plus d'acide nitrique et moins d'ammoniaque qu'à Rothamsted; et ceux de M. Marié Davy, à l'observatoire de Montsouris, pendant le dernier semestre de 1875, qui montrent que l'ammoniaque des eaux recueillies dans l'intérieur même de Paris représente seulement $11^k.76$ d'azote combiné, à l'hectare et par an.

Il ressort de l'ensemble des recherches qu'on ne saurait admettre, d'après M. Gilbert, plus de 9 à 11 kilogr. d'azote combiné, en pleine campagne, dans l'ouest de l'Europe, comme provenance des météores aqueux. Il y a lieu pourtant de remarquer que, sous un même volume, les autres eaux météoriques renferment beaucoup plus d'ammoniaque que la pluie; et qu'il se dépose plus d'ammoniaque atmosphérique dans les pores d'un sol naturel, à égalité de surface, que dans le sol uni et plus ou moins imperméable, d'une jauge d'expérience.

*Assimilation de l'ammoniaque.* — L'ammoniaque, dont de Saussure constatait et découvrait la présence dans l'air, au commencement du siècle, est devenue, depuis que Liebig l'a signalée en 1840 comme l'une des deux sources d'azote assimilé par les végétaux, l'objet de travaux du plus haut intérêt, soit qu'on ait voulu déterminer le taux d'ammoniaque contenue dans l'atmosphère, soit qu'on ait voulu évaluer son absorption par les plantes.

Stöckhardt, de Tharand, ayant confirmé, en 1859, l'absorption directe de l'ammoniaque gazeuse par les racines des plantes, conformément aux indications de sir H. Davy, publiées dès 1808, le professeur J. Sachs déduisit de ses propres expériences que l'ammoniaque offerte aux feuilles des plantes est assimilée; les feuilles, les tiges et les racines augmentent en poids sous son influence. Non-seulement cette assimilation accroît notablement le taux de la substance organique et celui de l'azote, mais encore celui des cendres, de telle sorte que l'ammoniaque contribue à l'activité des feuilles autant que des racines.

Notre ami, M. A. Selmi, a déduit également de ses expériences faites à Reggio en 1864, que l'ammoniaque ne pénètre pas dans les végétaux par les racines, mais bien par les parties foliacées, à l'état de carbonate qui alimente toutes les plantes (1).

MM. Schlœsing (2) et Mayer (3), dans leurs dernières recherches, ont à leur tour vérifié l'assimilation de l'ammoniaque aérienne par les feuilles, sa transformation en matière protéique, et son utilisation comme aliment azoté dans les tissus du végétal. L'ammoniaque assimilée, qui a formé des composés en accroissement de la matière organique, ne se trouve plus dans la plante, ni à l'état d'ammoniaque, ni à l'état d'acide nitrique ; elle s'est répandue dans tout le végétal.

D'après ces deux observateurs, l'échange entre l'atmosphère et les feuilles serait plus important qu'on ne l'admet généralement (4). Quel est-il ?

Avant d'examiner ce point, il convient de savoir ce que l'atmosphère contient d'ammoniaque.

Les déterminations faites à diverses époques, dans de nombreuses localités et par des chimistes différents, à cause de l'extrême mobilité et de l'extrême division de l'ammoniaque au sein de l'air, ne concordent aucunement. Soit qu'elles aient porté sur des volumes d'air considérables (Is. Pierre, G. Ville), sans avoir été suffisamment prolongées, soit qu'elles aient été limitées à des volumes d'air trop faibles, les variations constatées dans la teneur en ammoniaque de l'atmosphère sont considérables. Par ses recherches récentes, grâce aux ingénieuses dispositions de ses appareils de dosage par absorption, M. Schlœsing a pu introduire dans des volumes d'air considérables, des quantités d'ammoniaque extrêmement faibles et pourtant les mesurer exactement. Il a été reconnu ainsi que le taux d'ammoniaque dans l'air de Paris variait de un demi-centième à dix centièmes de milligramme par mètre cube (5).

C'est sur ce taux que se base M. Gilbert pour apprécier le rôle des feuilles des céréales et des légumineuses, au point de vue de l'absorption de l'ammoniaque

aérienne. Il admet pour cela, à titre d'exemple, que l'atmosphère ambiante de l'Europe renferme en moyenne une partie d'ammoniaque sur soixante millions de parties d'air en poids, c'est-à-dire une partie d'azote à l'état d'ammoniaque, sur cinquante millions de parties d'air. En d'autres termes, il suppose que l'atmosphère contient huit mille fois moins d'azote à l'état d'ammoniaque que de carbone à l'état d'acide carbonique (1).

Or, les céréales tiennent environ 1 d'azote pour 30 de carbone, et les légumineuses 1 d'azote pour 15, ou moins encore, de carbone. L'atmosphère ambiante renfermerait par conséquent, comme azote à l'état d'ammoniaque, par rapport au carbone à l'état d'acide carbonique, environ 267 fois moins que le rapport trouvé dans les céréales, et environ 534 fois moins que celui trouvé dans les légumineuses.

Il est vrai que l'eau absorbe beaucoup plus d'azote atmosphérique à l'état de carbonate, ou de bi-carbonate d'ammoniaque, que de carbone à l'état d'acide carbonique. C'est là une sorte de compensation ; mais qui serait absolument insuffisante pour expliquer la différence de rendement en azote des graminées et des légumineuses, que plusieurs observateurs attribuent à la surface foliacée des deux espèces de plantes. En effet, quoique deux récoltes de blé et de fèves puissent représenter la même proportion de matière sèche à l'hectare, la récolte de fèves contiendra deux ou trois fois plus d'azote ; et comme la plante froment offre plus de surface extérieure, pour un poids donné de matière sèche, que la plante fève, elle offrira *a fortiori* une plus large surface encore, par rapport à une quantité donnée d'azote. Il en résulte que si la fève emprunte plus d'azote à l'atmosphère que le blé, ce n'est pas à cause de son développement foliacé extérieur. La seule observation en faveur de l'opinion émise, c'est que les récoltes de légumineuses, maintenues en terre jusqu'à maturité des graines, conservent leur surface verte pendant une plus longue période de croissance active que celles des céréales.

On peut donc affirmer sans crainte d'erreur que ni l'expérience directe, ni

(1) *Memoria letta alla Societa agraria di Reggio nell'Emilia*, 1865.

(2) *Compt. rend. Ac. Sc.*, 1874, t. LXXVIII, p. 1700 : Sur l'absorption de l'ammoniaque de l'air par les végétaux.

(3) *Land Versuchs-Stat*, t. XVII, 1874.

(4) Grandeau : Nutrit. minér. des vég. *Journ. d'Agric. prat.*, 1875 ; t. I, p. 485.

(5) *Compt. rend. Ac. Sc.*, 1875, t. LXXXI, p. 1252.

(1) *On some points...* p. 19.

les déductions théoriques, autorisent la conclusion que les plantes susceptibles d'assimiler plus d'azote que d'autres, sur une surface donnée, le font en vertu d'une plus grande faculté d'absorption de l'ammoniaque atmosphérique par leurs parties aériennes. Cette conclusion serait bien moins fondée encore, relativement à l'acide nitrique de l'air (1).

*Ozone et azote gazeux.* — M. de Luca avait émis l'opinion, partagée par M. G. Ville, que l'air ozonisé effectue l'oxydation de l'azote libre atmosphérique et donne naissance à de l'acide nitrique absorbé par les plantes.

Les expériences de MM. Lawes et Gilbert les ont conduits à déclarer qu'il n'était d'abord pas probable que de l'ozone put se former pendant le dégagement d'oxygène d'une plante soumise aux rayons directs du soleil, car ces rayons possèdent un grand pouvoir réducteur. Encore moins l'ozone pourrait-il prendre naissance pendant que la plante est à l'ombre, ou dans l'obscurité, puisque l'oxygène est alors employé à l'oxydation du carbone et à la production d'acide carbonique. Ceci n'exclurait pas la formation possible d'acide nitrique par l'action de l'air ozonisé sur l'azote, en dehors de la plante; mais alors pourquoi n'en trouve-t-on aucune trace dans les eaux météoriques, où l'azote combiné est en quantité déjà trop réduite pour rendre compte de l'excès d'azote des graminées, et à plus forte raison des légumineuses?

### 3. *Assimilation de l'azote par le sol.*

*Hydrogène du sol et azote de l'air.* — Si la plante ne peut assimiler l'azote gazeux de l'air, ni le mettre par ses organes aériens à l'état de combinaison propre à ses besoins, peut-elle le faire grâce à l'action du sol?

Il y a plus de trente ans, le chimiste allemand, Mulder, fit l'hypothèse que dans les dernières périodes de décomposition de la matière organique du sol, il se dégage de l'hydrogène, et que cet hydrogène naissant, en se combinant avec l'azote libre de l'air, forme de l'ammoniaque. M. Dehérain a remis tout récemment au jour cette hypothèse, en affirmant, d'après des expériences de

laboratoire, qu'à une certaine profondeur, l'air du sol étant pauvre d'oxygène ou dénué d'oxygène, la matière organique en décomposition dégage de l'hydrogène qui se combine avec l'azote libre pour former de l'ammoniaque. C'est pourquoi l'azote combiné augmenterait dans les sols, malgré la production et l'enlèvement des récoltes.

D'autres observations ont paru donner quelque semblant de probabilité à cette opinion.

Ainsi Bretschneider a trouvé qu'en exposant à l'air, pendant une année, à l'abri de la pluie et des insectes, un mélange d'acide humique et de sable quartzeux, il y avait eu gain d'azote combiné, équivalant à une augmentation de plus de 45 kilogr. à l'hectare.

M. Boussingault a également constaté, au début de ses recherches, que de la terre végétale, abandonnée pendant trois mois, avait gagné faiblement en azote; mais l'explication qu'il donna du fait fût différente, car il admit la possibilité d'un dégagement d'ozone, dû à la décomposition de la matière organique du sol, et de la combinaison de l'ozone avec l'azote libre, pour donner naissance à de l'acide nitrique et à un gain d'azote. Plus loin, nous examinerons cette interprétation qu'ont modifiée les expériences ultérieures de MM. Boussingault et Schlœsing.

Quant à l'hypothèse Mulder et Dehérain, les résultats pratiques de quelques-unes des observations faites à Rothamsted lui sont plutôt contraires que favorables. Si, en effet, la formation d'ammoniaque a lieu dans les sols à l'état naturel, c'est, d'après leur supposition, dans des couches assez profondes pour qu'elles soient pauvres en oxygène. Or, dans ces mêmes couches, la matière organique carbonée n'abonde pas. En outre, s'il se forme de l'ammoniaque, il est plus que probable qu'une certaine quantité s'oxyde et engendre de l'acide nitrique; mais pour qu'il se forme de l'acide nitrique, il faudrait que l'air fût riche en oxygène. Comme d'ailleurs les nombreuses analyses des eaux de drainage des divers champs d'expériences de Rothamsted prouvent que la totalité de l'azote combiné, dans les eaux recueillies à une profondeur de $0^m.75$, est à l'état de nitrates et de nitrites, il en résulte que le sol traversé par les eaux n'est point pauvre en

---

(1) *On some points...*, p. 20.

oxygène, ni à plus forte raison dépourvu d'oxygène (1).

L'ammoniaque ne pourrait davantage se former dans les couches supérieures où la matière organique est abondante, et où elle s'oxyde plutôt qu'elle ne donne naissance à de l'ammoniaque aux dépens de l'azote libre. La présence d'une grande quantité d'acide nitrique dans ces couches a été suffisamment démontrée.

Si enfin l'on devait admettre avec M. Dehérain que l'ammoniaque, dans des circonstances données, se combine avec les acides organiques du sol pour constituer des composés carbo-azotés, non-assimilés par les céréales et les racines, mais absorbés par les légumineuses, on ne s'expliquerait pas pourquoi l'analyse indique invariablement qu'après une récolte de légumineuses, la proportion d'azote dans les couches superficielles est toujours plus élevée, au lieu d'être plus faible ?

M. Gilbert reconnaît que la supposition d'une source spéciale d'azote pour les légumineuses, qui serait l'ammoniaque, ou bien de composés autres que l'acide nitrique, formés dans les couches superficielles du sol, ne s'appuie sur aucunes preuves concluantes.

*Nitrates et nitrification du sol.* — Au demeurant, les expériences de MM. Boussingault et Schlœsing prouvent que l'azote gazeux de l'air ne se combine pas avec l'oxygène des matières organiques dans le sol, pour former de l'acide nitrique, et que la nitrification se produit aux dépens des matières azotées des détritus organiques, avec perte à l'état gazeux d'une partie de l'azote primitivement assimilé par les plantes.

M. Boussingault avait reconnu, dans ses premières recherches, avec des mélanges de terre végétale et de sable pur, conservés dans de grands vases clos, à l'abri de la lumière, qu'au bout d'une année la matière organique s'était oxydée ; qu'il s'était formé de l'acide nitrique ; mais que, sur l'ensemble, il y avait eu une légère perte d'azote combiné. Dans aucun de ses essais sur des sols artificiels, il n'y eut, on l'a vu plus haut, de gain d'azote dans le sol, ni dans les plantes ; mais, en 1858-1859, le sol étant formé en partie de terre végétale, les essais de culture du lupin dans l'air confiné,

et de haricot, à l'air libre, indiquèrent une augmentation notable d'azote combiné, et bien que les quantités de terre employées fussent différentes, le gain en azote fut proportionnel à ces quantités. Le gain d'azote provenait ainsi du sol plutôt que de la plante. Enfin, une terre végétale, maintenue pendant onze années en vases clos, dans un grand volume d'air contenant de l'oxygène, avait perdu une partie de son azote combiné ; ce qui démontre que l'azote libre de l'air n'a pas concouru directement à la nitrification.

M. Berthelot a objecté, il est vrai, à ce dernier résultat, que les sols étant en vases clos, l'intervention de l'électricité atmosphérique avait été nulle, et les conditions différaient sous ce rapport de celles réalisées avec les sols naturels (1).

Les remarquables expériences poursuivies par M. Schlœsing, pendant quatre années, ont confirmé et étendu les faits observés par M. Boussingault. C'est ainsi qu'il a démontré que, lors même que la proportion d'oxygène confiné était devenue très-faible, la combustion de la matière organique et la nitrification avaient continué dans les sols, même imbibés d'eau à saturation ; en outre, que pendant la réduction des nitrates, il s'était produit de l'azote libre en proportion exacte des nitrates, plus, de l'azote provenant des matières organiques azotées. En d'autres termes, les nitrates parvenant dans le sous-sol et y rencontrant un milieu réducteur, c'est-à-dire exempt d'oxygène atmosphérique, ne se transforment pas en ammoniaque, comme on l'avait prétendu ; mais, sous l'influence de ce milieu, ou des matières minérales oxydables, telles que l'oxyde de fer, ils peuvent être ramenés à l'état d'azote gazeux, inutilisable par les végétaux (2).

(1) Suivant les récentes démonstrations de M. Berthelot, la fixation de l'azote dans la nature n'est corrélative, d'une manière nécessaire, ni de la formation de l'ozone, ni de la production préalable de l'ammoniaque ou des composés nitreux. (*Compt. rend. Acad. Sc.*, 1876, t. LXXXII, p. 1357.) Sous l'influence de l'effluve électrique, l'absorption de l'azote pur et de l'azote de l'air par les matières organiques a lieu à la température ordinaire, que ces tensions électriques soient énormes et comparables à celles qui se développent pendant les orages, ou bien beaucoup plus faibles, comme celles qui se produisent sans cesse dans l'atmosphère. (*Idem,* 9 octobre 1876.)

(2) *Compt. rend. Acad. Sc.*, LXXVII, 21 juillet et 4 août 1873.

(1) Voir les analyses des eaux de drainage, ch. XXIII.

Les preuves abondent de la formation et de l'existence de masses d'acide nitrique dans les sols, et même dans ceux qui renferment relativement de fortes quantités de matière organique, carbonée et azotée. Ainsi, la terre de jardin de Rothamsted, cultivée comme telle depuis un siècle, et qui a fourni du trèfle pendant vingt années de suite, renferme, d'après les analyses du docteur Pugh, répétées récemment par M. Warington, une forte proportion d'acide nitrique. Il n'y a pas à douter, toutefois, que cette même terre donnerait de lourdes récoltes en céréales qui profitent à un si haut point des nitrates. Comme elle contient en abondance, non-seulement des éléments minéraux, mais encore de la matière organique carbonée et de l'azote combiné à tous les états, il serait difficile de distinguer pourquoi elle est si bien appropriée à la culture des légumineuses, d'autant plus qu'il a été reconnu dans la culture expérimentale du trèfle, poursuivie pendant tant d'années, que les nitrates avaient exercé peu ou point d'action.

*Absorption d'ammoniaque par le sol végétal.* — Dans les dernières expériences dont il a rendu compte à l'Académie (1), M. Schlœsing a précisé l'importance des emprunts d'ammoniaque que la terre végétale fait à l'atmosphère. Les terres sèches, qui perdent absolument la propriété de nitrifier lorsqu'elles absorbent l'ammoniaque, ne la transforment pas. Pendant vingt-huit jours d'exposition à l'atmosphère, deux variétés de terre sèche ont gagné 34 et 79 milligrammes d'ammoniaque par kilogramme. L'exhalation d'ammoniaque pendant la sécheresse serait donc une erreur. D'autre part, des terres humides, où se poursuit la double nitrification de l'ammoniaque et de l'azote de la matière organique, ont absorbé à l'hectare de 53 à 63 kilogr. d'ammoniaque par an. Ainsi, que la terre soit sèche ou humide, mais nitrifiant bien ; par son contact permanent avec l'atmosphère, elle gagne en ammoniaque ; et son bénéfice, tel qu'il est permis de l'évaluer dans des essais de laboratoire, c'est-à-dire en ne tenant pas compte de la couverture végétale et des conditions variables ayant chacune une influence sur les phénomènes, serait beaucoup plus considérable qu'on ne l'avait pensé.

(1) *Compt. rend. Acad. Sc.*, t. LXXXII, 1876, p. 1105.

### 4. Conclusions

A. la demande du docteur Gilbert, M. Boussingault résumait, dans une lettre de fraîche date (1), son opinion sur les points principaux qui ont été traités dans ce chapitre. Nous la reproduisons comme la meilleure conclusion du sujet des sources de l'azote des végétaux :

« 1. *Dans l'air confiné, stagnant, ou dans l'air en mouvement traversant un appareil clos, après purification préalable, l'air renfermant dans tous les cas du gaz acide carbonique;* les plantes, en croissant dans un sol dénué d'engrais azoté, mais contenant les substances minérales indispensables à l'organisme végétal, n'assimilent pas l'azote qui est à l'état gazeux dans l'atmosphère.

2. *A l'air libre, dans un sol dénué d'engrais azoté, mais contenant les substances minérales indispensables à l'organisme végétal;* les plantes acquièrent de très-minimes quantités d'azote, provenant, à n'en pas douter, des minimes proportions des principes azotés fertilisants apportés par l'air; vapeurs ammoniacales ; poussières tenant toujours des nitrates alcalins ou terreux.

3. *Dans l'air confiné, stagnant, ou renouvelé dans un appareil clos;* une plante, en se développant dans un sol contenant un engrais azoté et des substances minérales nécessaires à l'organisme végétal, ou dans de la terre végétale fertile, n'assimile pas d'azote libre.

5. *Dans les cultures des champs,* en employant le fumier à doses ordinaires, l'analyse indique qu'il y a dans les récoltes plus d'azote que n'en contenaient les engrais incorporés.

Cet excédant d'azote vient de l'atmosphère et du sol :

A. *De l'atmosphère,* parce qu'elle apporte de l'ammoniaque constituant du carbonate, des nitrates ou des nitrites, des poussières.

Théodore de Saussure, le premier, a démontré la présence de l'ammoniaque dans l'air, et, par conséquent, dans les météores aqueux. Liebig a exagéré l'influence de cette ammoniaque sur la végétation, puisqu'il alla jusqu'à nier l'utilité de l'azote qui entre dans la constitution du fumier de ferme.

Toutefois, cette influence est réelle et comprise dans les limites que viennent de tracer les récents et remarquables travaux de M. Schlœsing.

B. *Du sol,* qui fournit aussi aux récoltes, avec des substances minérales alcalines, de l'azote, par l'ammoniaque, par les nitrates qui y prennent naissance aux dépens de principes azotés que renferment les diluvium, base de la terre végétale. Ces principes, où

(1) 19 mai 1876.

l'azote est engagé dans des combinaisons stables, ne deviennent fertilisants que par l'effet du temps. Si l'on tient compte de leur immensité, les dépôts des dernières périodes géologiques doivent être considérés comme une réserve inépuisable d'agents de fertilité. La forêt, la prairie, certains vignobles n'ont, en réalité, pas d'autres engrais que ceux apportés par l'atmosphère et par le sol.

Puisque la base de toute terre cultivée contient des matériaux aptes à faire naître des combinaisons azotées, des substances minérales assimilables par les plantes, il n'est donc pas nécessaire de supposer que, dans une culture, l'azote excédant trouvé dans les récoltes dérive de l'azote libre de l'atmosphère.

Quant à l'absorption de l'azote gazeux de l'air par la terre végétale, je ne connais pas une seule observation irréprochable qui l'établisse ; non-seulement la terre n'absorbe pas d'azote gazeux, mais elle en émet, ainsi que M. Gilbert l'a reconnu avec M. Lawes ; comme l'a vu Reiset pour le fumier ; comme nous l'avons constaté, M. Schlœsing et moi, dans nos recherches sur la nitrification.

S'il est, en physiologie, un fait parfaitement démontré, c'est celui de la non-assimilation de l'azote libre par les végétaux, et je puis ajouter par les plantes d'un ordre inférieur, telles que les mycodermes, les champignons, etc. (1). »

MM. Lawes et Gilbert avaient déduit de leurs expériences en 1861, qu'il existe dans la nature une source d'azote que la science d'alors n'avait pu encore évaluer, et que les plantes, surtout les légumineuses, mettent successivement à contribution. Il est indiscutable aujourd'hui qu'en présence des sources adventices, connues ou mesurées, de l'atmosphère et du sol, ce n'est pas dans l'azote élémentaire de l'air qu'il faut chercher l'explication des excédants indéfinis d'azote que fournissent les récoltes ; à moins qu'il ne faille admettre, suivant les recherches encore en cours de l'éminent M. Berthelot (2), une action jusqu'ici inconnue de l'état électrique de l'atmosphère, à forte ou à faible tension, influençant la végétation, fonctionnant sans cesse, même sous le ciel le plus serein, et déterminant une fixation *directe* de l'azote sur les tissus des végétaux vivants.

(1) *On some points...*, p. 31.
(2) *Compt. rend. Acad. Sc.* 9 octobre 1876.

## XXIII. DE L'UTILISATION DE L'AZOTE ET DES AUTRES ÉLÉMENTS DES ENGRAIS.

Outre l'absorption des substances fécondantes de l'atmosphère, faite par le sol cultivé et par les plantes, il reste à déterminer quelle aliquote de fertilité les plantes puisent dans la masse totale de l'engrais. C'est ce troisième ordre de recherches qui implique la question de fertilité et d'épuisement des terres, en même temps qu'il complète la théorie des assolements, que nous nous proposons d'étudier, en puisant dans les divers mémoires de MM. Lawes et Gilbert.

Il s'agit d'abord de répondre aux questions suivantes sur l'azote, auxquelles conduisent les nombreux résultats des expériences culturales que nous avons résumées :

1° Quelle est la proportion d'azote de l'engrais que l'on recouvre dans l'accroissement des récoltes ?

2° Sur la proportion non recouvrée, quelle quantité reste dans le sol, et quelle quantité est entraînée ou perdue par le drainage du sol ?

3° Sur la quantité conservée, combien y a-t-il d'azote à l'état combiné ou disponible pour les besoins des récoltes successives ?

Ces mêmes questions n'ont pas moins d'intérêt si on les envisage pour d'autres matières que l'azote, notamment pour le carbone et certaines matières minérales, phosphates, potasse, etc., qui amènent l'enrichissement ou l'épuisement des terres.

### A. Utilisation de l'azote.

On a vu tour à tour les déductions de MM. Lawes et Gilbert, dans les expériences de culture du blé, sur l'action du résidu des fumures non épuisées, et sur l'augmentation du rendement par l'azote (1); dans les expériences avec l'orge, sur la quantité d'ammoniaque correspondant à une augmentation donnée de produit (2); dans les expériences diverses avec les céréales, sur l'azote recouvré par les récoltes (3). A propos de la culture expérimentale des racines, ils ont également montré l'in-

(1) Voir p. 31 et 34. — (2) p. 50. — (3) p. 60.

fluence des engrais azotés sur les betteraves et l'action des racines sur l'azote du sol (1). Enfin ils ont comparé les effets des fumures sur les légumineuses et l'épuisement du sol, dû à leur culture (2); déterminé la teneur en azote des légumineuses par rapport aux autres récoltes (3), et les principes immédiats de la récolte des prairies (4).

1. *Céréales et engrais azotés.* — Il serait oiseux de revenir sur ce qui a été déjà dit; aussi nous bornerons-nous à présenter le résumé de l'étude comparative du sol, après vingt années de culture continue du blé et seize années de culture continue de l'orge, telle que MM. Lawes et Gilbert l'ont entreprise au point de vue spécial de l'azote (5) et du carbone (6).

Examinons d'abord l'effet de l'azote non épuisé, lorsqu'il a été fourni aux deux céréales, à l'état de sels ammoniacaux et de nitrate de soude.

*Orge.* — Si l'on relève les chiffres du rendement en grain et en paille, ainsi que du rendement total (tableau des expériences de Hoos Field (7), sur la parcelle 4 A, ayant reçu tous les ans, de 1852 à 1867, 224 kilogr. de sels ammoniacaux à l'hectare, et sur la parcelle 4 AA, ayant reçu d'abord pendant six ans (1852-57) 448 kilogr. de sels ammoniacaux, puis 224 kilogr. pendant les dix années suivantes (1858-67); on constate que sur cette dernière parcelle, il y a eu un excédant de produit égal à 25,15 hectolitres de grain et 3515 kilogr. de paille pour les dix dernières années; soit 2.50 hectolitres de grain et 350 kilogr. de paille environ par an. Avec le nitrate de soude (parcelles 1 N et 2 N) l'effet est identique; l'augmentation de rendement dans la dernière année de la série 1853-71 est à peu près la même que l'augmentation moyenne obtenue dans toute la période.

*Blé.* — Pour le blé, on a comparé les parcelles n<sup>os</sup> 5 et 16 (tableaux I et III des expériences de Broadbalk Field (8). Sur vingt années, la parcelle n° 16 a reçu pendant treize années l'énorme fumure de

896 kilogr. de sels ammoniacaux à l'hectare, puis elle est restée sans engrais.

Il a été constaté que, par l'utilisation des trois dixièmes seulement de l'azote, on avait obtenu pendant les treize premières années (1852-64) un rendement moyen à l'hectare de 36.8 hectolitres de grain et de 5830 kilogr. de paille; ce qui équivaut à une augmentation annuelle moyenne de 19.7 hectol. de grain et 3,760 kilogr. de paille, par rapport aux parcelles n'ayant reçu que de l'engrais minéral. Pendant les sept années suivantes (1865-71), les sept dixièmes de l'azote non recouvré dans les récoltes ont fourni un rendement moyen annuel de seulement 17.3 hect. de grain et 2080 kilogr. de paille, soit une augmentation réduite de 5 hectol. de grain et 600 kilogr. de paille par rapport aux parcelles à engrais minéral.

*Orge et blé.*—La dose de 448 kilogr. de sels ammoniacaux, qui, après six années d'application continue, donne pendant dix autres années un excédant de produit pour l'orge, de 2.50 hectol. de grains et 350 kilogr. de paille, fournit à peine aucune augmentation pour le blé (parcelles n<sup>os</sup> 17, 18, tab. I de Broadbalk field). En d'autres termes, après l'orge, le résidu de l'engrais ammoniacal est beaucoup plus efficace et pendant plus longtemps, qu'après le blé.

On a déjà vu, dans un des chapitres précédents, que 5 kilogr. d'ammoniaque de l'engrais appliqué au blé, assuraient un excédant d'un hectolitre de grain, avec son *quantum* de paille, par rapport au produit normal du sol (1). D'après le dosage direct de l'azote de six récoltes successives d'orge, il a été reconnu que pour cette céréale, comme pour le blé, on retrouvait dans l'augmentation de produit, un peu plus de 40 pour 100 de l'azote fourni par l'engrais (2). Ce résultat a été confirmé pour les herbes fourragères (3).

Avec les céréales notamment, au fur et à mesure que les années s'accumulaient, on a continué les déterminations d'azote, et le tableau I donne les quantités recouvrées et non recouvrées de cet élément dans l'augmentation de produit, constatée sur vingt récoltes successives

<hr>

(1) Voir pp. 74, 81 et 84. — (2) pp. 91 et 93. — (3) p. 94. — (4) p. 100.

(5) Report of experiments on the growth of barley. *Journ. Roy. Agr. Soc. Engl.,* vol. IX, 1873.

(6) *On some points in connection with vegetation,* 1876, p. 37.

(7) Voir page 44.

(8) Voir pp. 30 et 33.

<hr>

(1) Voir page 36.

(2) On the annual yield of nitrogen in different crops : *Brith. Assoc. Leeds,* 1858.

(3) Voir page 102.

(1852-1871) de blé et d'orge et sur trois récoltes d'avoine (1869-1871), pour les parcelles avec engrais minéral, seul ou additionné de sels ammoniacaux et de nitrate, et avec fumier de ferme.

Il ressort d'une manière générale de ce tableau que, quelque manifestes que soient les effets de l'engrais azoté, aucune des céréales ne recouvre, dans l'augmentation de produit, plus de moitié de l'azote fourni par l'engrais, et que le blé en recouvre seulement un tiers ;

que, par le mélange de sels ammoniacaux avec l'engrais minéral, le blé semé à l'automne utilise une bien moins grande proportion d'azote que l'orge ou l'avoine semées au printemps ; que le blé lui-même recouvre plus d'azote par l'emploi du nitrate de soude que par l'emploi des sels ammoniacaux ; enfin, qu'avec le fumier de ferme, l'orge et le blé indistinctement utilisent beaucoup moins d'azote qu'avec les engrais préparés.

TABLEAU I. — *Azote pour cent de l'engrais, recouvré et non recouvré dans l'augmentation des récoltes de blé, d'orge et d'avoine.*

| PARCELLES. | ENGRAIS A L'HECTARE ET PAR AN. | Azote pour 100 dans l'engrais. | |
|---|---|---|---|
| | | recouvré par l'augmentation. | non recouvré par l'augmentation. |
| | *Blé.* — Vingt années (1852-1871) ; *Broadbalk field.* | | |
| 6. | Engrais minéral mixte et 224 kilogr. sels ammoniacaux (= $45^k9$ azote) | 32.4 | 67.6 |
| 7. | —            —     et 448 kilogr. sels ammoniacaux (= 91.9 azote) | 32.9 | 67.1 |
| 8. | —            —     et 672 kilogr. sels ammoniacaux (=137.8 azote) | 31.5 | 68.5 |
| 16. | —            —(1) et 896 kilogr. sels ammoniacaux (=183.7 azote) | 28.5 | 71.5 |
| 9 *a*. | —            —(2) et 616 kilogr. nitrate soude (= 92 azote) | 45.3 | 54.7 |
| 2. | Fumier de ferme, 35,000 kilogr. | 14.6 | 85.4 |
| | *Orge.* — Vingt années (1852-1871) : *Hoos field.* | | |
| 4 *a*. | Engrais minéral mixte et 224 kilogr. sels ammoniacaux (= $45^k.9$ azote) | 48.1 | 51.9 |
| 4*aa*. | Engrais minéral mixte et { 448 kilogr. sels ammoniacaux (= $91^k.9$ azote) 1852-1857. / 224 kilogr. sels ammoniacaux (= 45.9 azote) 1858-1867. / 308 kilogr. nitrate soude (= $45^k.9$ azote) 1868-1871 } | 49.8 | 50.2 |
| 4 *c* | Engrais minéral mixte et { 2,242 kilogr. tourteau (= 106 kilogr. azote) 1852-1857. / 1,121 kilogr. tourteau (= 53 kilogr. azote) 1858-1871 } | 36.3 | 63.7 |
| 7. | Fumier de ferme, 35,000 kilogr. | 10.7 | 89.3 |
| | *Avoine.* — Trois années (1869-1871) ; *Geescroft field.* | | |
| 4. | Engrais minéral mixte et 448 kilogr. sels ammoniacaux (= $91^k.9$ azote) | 51.9 | 48.1 |
| 6. | —            —     et 616 kilogr. nitrate soude (= 92 kilogr. azote) | 50.4 | 49.6 |

(1) Pendant treize années seulement (1852-1864).
(2) Les proportions avaient été en 1852 de 532 kilogr. ; en 1853, de 308 kilogr. ; et, à partir de 1854, de 616 kilogr. de nitrate de soude.

**2. *Autres récoltes.*** — Si nous passons aux autres récoltes, on remarque que dans le cas des racines, lorsque l'apport d'azote n'est pas excessif, la quantité récupérée par la récolte peut être beaucoup plus considérable que dans le cas des céréales. Au contraire, avec les légumineuses, l'effet de l'application directe d'engrais azotés solubles est relativement si faible et si incertain qu'il est inutile d'évaluer le gain ou la perte d'azote des récoltes.

D'où viennent ces différences entre le blé et les autres céréales ; entre les graminées, les racines et les légumineuses ?

Comment expliquer la perte apparente de l'azote dans les divers cas ?

**3. *Causes des pertes de l'azote des engrais.*** — On peut assigner à trois causes la perte de l'azote apporté dans l'engrais : au drainage du sol ; à l'accumulation dans le sol de l'azote, à un état de combinaison ou de distribution plus ou moins favorable aux récoltes ultérieures ; au dégagement d'azote par les plantes. Cette dernière cause, on l'a vu, ne se vérifie pas ; il reste à examiner les deux autres.

*Eaux de drainage.* — La déperdition d'azote par les eaux qui drainent les sols arables a été d'abord minutieusement étudiée par le professeur Way (1). Plus tard, à l'occasion des essais de M. Lawes sur l'irrigation des prairies de Rugby avec les eaux d'égout de la ville, M. Way assista MM. Lawes et Gilbert dans l'analyse de soixante-deux échantillons des eaux drainées par les prairies en arrosage. Le tableau II offre un résumé des analyses exécutées sur les eaux, avant et

TABLEAU II. — *Composition moyenne, en grammes par litre, de l'eau d'égout servant à l'irrigation des prés de Rugby, et de l'eau de drainage (1862-1863).*

| | Mai à octobre 1862. | | Nov. 1862 à nov. 1863. | |
| | Eau d'égout. | Eau de drainage. | Eau d'égout. | Eau de drainage. |
|---|---|---|---|---|
| Nombre d'échantillons analysés | 22 | 19 | 45 | 43 |
| | Gr. | Gr. | Gr. | Gr. |
| Matières en suspension { inorganiques | 0.360 | 0.042 | 0.531 | 0.043 |
| organiques | 0.227 | 0.019 | 0.381 | 0.034 |
| Total | 0.587 | 0.061 | 0.912 | 0.077 |
| Matières en dissolution { inorganiques | 0.477 | 0.513 | 0.559 | 0.570 |
| organiques | 0.109 | 0.108 | 0.118 | 0.110 |
| Total | 0.586 | 0.621 | 0.677 | 0.680 |
| Total des matières inorganiques | 0.837 | 0.555 | 1.090 | 0.613 |
| Total des matières organiques | 0.336 | 0.127 | 0.499 | 0.144 |
| Total de la matière solide | 1.173 | 0.682 | 1.589 | 0.757 |
| Ammoniaque { en dissolution | 0.0205 | 0.0041 | 0.0289 | 0.0033 |
| en suspension | 0.0598 | 0.0200 | 0.0821 | 0.0181 |
| Total | 0.0804 | 0.0241 | 0.1110 | 0.0214 |

après l'irrigation des deux pièces de 2 et de 4 hectares en prairie (2). On y remarque que la plus grande partie des matières en suspension sont retenues dans le sol, mais que l'eau de drainage renferme à peu près la même dose de matières organiques et inorganiques en dissolution, car si l'eau d'égout abandonne au sol certains éléments fertilisants, elle lui en reprend d'autres que l'on retrouve dans l'eau de drainage. En somme, une partie seulement de l'azote de l'eau d'égout est recouvrée par l'augmentation de la récolte, car l'eau de drainage en tient encore de 20 à 30 pour 100.

Sur une autre collection d'échantillons, faite spécialement en vue du dosage de l'acide nitrique, l'analyse a montré que, dans l'eau de drainage, l'azote est bien plus abondant à cet état qu'à celui d'ammoniaque, et se perd en grande partie sous forme d'acide nitrique. Le tableau III suivant porte les

(1) On the composition of the water of land drainage. *Journ. Roy. Agric. Soc. Engl.*, vol. XVII.
(2) Voir page 143.

TABLEAU III. — *Composition, en grammes par litre, de l'eau des égouts de Rugby, avant et après l'irrigation (1864).*

| | | | 6 au 11 juillet 1864. | | 13 au 18 juillet 1864. | |
| | | | Eau d'égout. | Eau de drainage | Eau d'égout. | Eau de drainage. |
|---|---|---|---|---|---|---|
| | | | Gr. | Gr. | Gr. | Gr. |
| Matière inorganique | | | 1.301 | 0.535 | 1.400 | 0.581 |
| Matière organique (A) | | | 0.736 | 0.111 | 0.605 | 0.100 |
| Matière totale solide | | | 2.037 | 0.646 | 2.005 | 0.681 |
| (A) { | Ammoniaque { | en suspension | 0.0416 | » | 0.0344 | » |
| | | en dissolution | 0.0818 | 0.0139 | 0.0906 | 0.0131 |
| | | Total | 0.1234 | 0.0139 | 0.1250 | 0.0131 |
| | Acide nitrique en dissolution = Ammoniaque | | » | 0.0189 | » | 0.0200 |

résultats sommaires de cette recherche. L'eau d'égout ne renfermait pas d'acide nitrique en quantité appréciable, mais l'eau de drainage en contient plus que d'ammoniaque ; ce qui démontre que le sol retient beaucoup moins d'azote par l'irrigation qu'on ne serait enclin à le supposer, d'après la composition de l'eau d'égout (1).

Depuis ces recherches, les professeurs Voelcker et Frankland ont, sur leur demande, analysé les eaux de drainage de diverses parcelles du champ consacré à la culture du blé et régulièrement drainé (*Broadbalk field*). Les déterminations de M. Voelcker ont été faites sur des échantillons d'eau des drains en plein écoulement, prélevés à diverses époques de l'année, de 1866 à 1868, et celles de M. Frankland, sur les eaux provenant de drains à faible écoulement, et recueillies pour les mêmes parcelles, de janvier 1872 à février 1873.

Sans aborder le détail de ces dosages, malgré l'intérêt qu'il présente, nous transcrivons leurs moyennes qui s'appliquent à un sol cultivé en blé ; dans un cas, depuis vingt-deux ans, et dans l'autre cas, depuis vingt-huit ans.

TABLEAU IV. — *Détermination de l'azote dans les eaux de drainage de Broadbalk field.*

| Numéros des parcelles. | | Azote à l'état de nitrates et de nitrites pour 100,000 parties d'eau de drainage. | | | | | |
|---|---|---|---|---|---|---|---|
| | | Dr Frankland. | | Dr Voelcker. | | Moyennes. | |
| | | Nombre de dosages | | Nombre de dosages | | Nombre de dosages | |
| 2 | Fumier de ferme (35,000 kilogr.).......... | 4 | 0.922 | 2 | 1.606 | 6 | 1.264 |
| 3 et 4 | Sans aucun engrais..................... | 6 | 0.316 | 5 | 0.390 | 11 | 0.353 |
| 5 | Engrais minéral ....................... | 6 | 0.349 | 5 | 0.506 | 11 | 0.428 |
| 6 | — et 45k.9 azote à l'état d'ammoniaque | 6 | 0.793 | 5 | 0.853 | 11 | 0.823 |
| 7 | — et 90k.8 azote — — | 6 | 1.477 | 5 | 1.400 | 11 | 1.439 |
| 8 | — et 136k.7 azote — — | 6 | 1.931 | 5 | 1.679 | 11 | 1.815 |
| 9 | — et 90k.8 azote à l'état de nitrate.... | 5 | 1.039 | 5 | 1.835 | 10 | 1.437 |

On conclura du tableau IV : 1º que les eaux de drainage contiennent une forte proportion d'azote à l'état de nitrates et de nitrites ; 2º que la quantité de nitrate augmente proportionnellement à la dose d'ammoniaque ou de nitrate employée dans l'engrais ; 3º que, même sur un sol depuis de longues années sans fumure, il y a perte considérable d'azote par le drainage.

Comme le sous-sol, à Rothamsted, repose sur la craie existant à peu de profondeur au-dessous de la surface, le drainage s'y opère même lorsque les drains de Broadbalk field ne coulent pas. Il est donc impossible d'évaluer la quantité totale d'eau drainée et la perte totale en azote, de ce chef.

Il y a lieu de signaler que sur la parcelle nº 2, engraissée depuis des années avec du fumier de ferme, la perméabilité très-développée du sol fait que les drains y coulent très-rarement, et quand ils coulent, c'est qu'il y a eu un grand excès de pluie, et d'autres eaux peuvent alors gagner les drains. Toutefois la moyenne des analyses, pour cette parcelle, indique que la dose de nitrates et de nitrites y est moindre que dans la parcelle nº 6, par exemple, qui a reçu 45k.9 d'azote à l'hectare, au lieu de 224 kilogr. que représente le fumier. On n'en constate pas moins d'après l'analyse que le stock d'azote, à la surface de la parcelle nº 2, est très-grand, beaucoup plus grand que dans les parcelles ayant reçu des sels ammoniacaux ou du nitrate par l'engrais.

Les détails des analyses font voir encore qu'en hiver, la perte d'azote par drainage est plus forte qu'au printemps et à l'été. Ainsi après l'application de sels ammoniacaux pour le blé, à l'automne, les eaux d'égouttement du sol renferment de 2 à 3 cent millièmes d'azote à l'état de nitrates et de nitrites. Le calcul établit que pour chaque cent millième d'azote dans l'eau de drainage, il se produit une perte de 895 grammes à l'hectare, par centimètre de hauteur d'eau pluviale ayant

(1) Les tableaux II et III sont établis d'après les analyses relatées par MM. Lawes et Gilbert : *On the composition, value and utilization of town sewage.* Journ. Chem. Soc. 1866, pp. 39 et 41.

pénétré au delà des racines. Si donc il venait à filtrer annuellement de 15 à 20 centimètres d'eau de pluie, dans ces conditions, la déperdition serait énorme.

Sur une surface donnée, le nitrate de soude, ou les produits de sa décomposition, est moins absorbé que l'ammoniaque des sels ammoniacaux. Il s'ensuit que les grosses pluies après les semailles entraînent plus d'azote, à égalité de fumure, lorsque l'on emploie le nitrate.

L'époque de fumure agit sur la teneur en azote de l'eau de drainage. En effet, bien que la pièce en orge (*Hoos field*) ne soit pas drainée artificiellement et ne se prête pas aussi bien que celle en blé à des démonstrations précises, on déduit de la statique des cultures que si une plus grande proportion d'azote est récupérée par l'orge que par le blé, dans un temps donné, il reste moins d'azote dans le sol. Cela s'explique surtout par la fumure de l'orge qui a lieu au printemps, sur une terre récemment façonnée, offrant par conséquent plus de surface à l'absorption, et par la plus grande activité dans le développement des racines de l'orge, au sein des couches superficielles. Quelques dosages d'azote du sol cultivé en orge sont venus d'ailleurs confirmer que le stock des couches inférieures est moindre que celui du même sol cultivé en blé.

Des considérations qui précèdent, sur la composition des eaux de drainage, on peut inférer que lorsque l'engrais contient ou fournit de l'ammoniaque, celle-ci s'oxyde dans le sol et se tranforme en acide nitrique qui est entraîné, s'il n'est assimilé par la plante, par l'eau de drainage, surtout à l'état de combinaison avec la chaux et la soude. Lorsqu'on recourt au nitrate de soude, la grande solubilité de ce fertilisant et la moindre faculté que possède le sol de l'absorber, ou de retenir les produits de sa décomposition, le rendent plus apte à une déperdition par les drains, après les pluies qui peuvent suivre la fumure.

4. *Azote de l'engrais fixé dans le sol.* — L'accumulation dans le sol de l'azote des engrais, à un état de combinaison ou de distribution plus ou moins favorable aux récoltes successives, n'a guère besoin, après tout ce qui précède, d'être démontrée. Cependant, comme le sol lui-même, lorsqu'il est constitué par les dépôts des dernières périodes géologiques, forme, suivant la juste remarque de M. Boussin-

gault, une réserve inépuisable d'azote, aussi bien que des autres agents de fertilité, il est difficile, pour ne pas dire impossible, d'établir le départ entre le stock azoté du sol lui-même, avant et après l'addition des engrais.

Les analyses du sol des parcelles de Broadbalk field, consacrées à la culture du blé, et dont nous avons cité quelques dosages à l'occasion des expériences sur le système de Lois Weedon (1), ont conduit MM. Lawes et Gilbert à reconnaître que le résidu azoté des engrais est parfois très-considérable. Même à quantité égale d'azote fourni par les engrais, le résidu varie notablement, comme quantité et comme distribution, dans la masse du sol superficiel. La profondeur de la couche que ce résidu atteint semble dépendre de la nature et de la quantité des substances fertilisantes associées dans l'engrais. Règle générale, on observe que si une proportion notable de l'azote de l'engrais, non recouvré dans l'augmentation des récoltes, reste dans le sol, il n'y a aucun moyen de se rendre compte de cette proportion par des dosages exécutés dans le sol jusqu'à la profondeur de $0^m.68$ (2).

Par la série des analyses des eaux de drainage recueillies à $0^m.50$, 1 mètre et $1^m.50$ dans les terres de Rothamsted, le docteur Frankland a montré que les eaux, à la profondeur de $0^m.50$, renferment invariablement plus d'azote, à l'état d'acide nitrique, que celles prises à 1 mètre ou à $1^m.50$; ce qui semblerait indiquer qu'une forte dose d'acide nitrique est arrêtée dans le sol au-dessous de $0^m.50$ de profondeur. En outre, les dosages d'azote du sol confirment l'accumulation. Il est donc probable que la réserve du sol, susceptible de détermination, rend compte de l'azote de l'engrais, fourni à l'état de sels ammoniacaux ou de nitrate de soude, que les récoltes n'ont pas utilisé et que les drains n'ont pas entraîné.

Quoi qu'il en soit, l'étude analytique des sols et des sous-sols des champs d'expérience mérite des recherches spéciales, et pour Rothamsted en particulier, M. Warington s'est chargé d'y consacrer quelques années, en employant les méthodes éprouvées du docteur Frankland. En admettant que l'on obtienne une solution satisfaisante sur les points dou-

(1) Voir page 128.
(2) *Brit. Assoc. Nottingham*, 1866.

teux concernant l'emploi de l'azote, on ne devra pas oublier qu'à Rothamsted, le sol expérimental renferme des réserves d'azote combiné, atteignant plusieurs milliers de kilogrammes à l'hectare, tenues à la disposition des racines des plantes, et que l'origine de ces réserves demeure inexpliquée. On notera en passant ce fait singulier que l'analyse du sous-sol de Rothamsted à 1$^m$.20 de profondeur indique approximativement la même teneur en azote que celle de l'argile d'Oxford extraite par un récent sondage (sub-Wealden), à 150 et 180 mètres de profondeur.

*Azote du fumier et des engrais organiques.* — Avec le fumier, le tourteau et les autres engrais contenant une grande quantité de matière organique, les résultats ne sont pas aussi simples que pour les sels ammoniacaux et le nitrate de soude. En effet, dans le fumier, une partie de l'azote se trouve déjà à l'état d'ammoniaque toute formée; mais la plus grande partie ne se convertit que très-lentement en ammoniaque, au fur et à mesure de la décomposition de la substance organique. C'est pourquoi il faut trois ou quatre fois plus d'azote dans le fumier que dans les engrais préparés, pour obtenir le même effet sur la récolte qui devra suivre immédiatement.

Le fumier n'en jouit pas moins de deux propriétés caractéristiques, très-importantes, l'une mécanique et l'autre chimique. A cause de son volume et de la masse de matière organique qu'il renferme, il rend le sol plus divisé, plus perméable et lui permet non-seulement de retenir plus d'eau dans certaines circonstances données, mais encore d'absorber et de retenir plus d'éléments précieux avant qu'ils ne gagnent les drains. Au surplus, par la décomposition graduelle de la matière organique, les pores du sol se remplissent d'acide carbonique qui sert sans doute à retarder l'oxydation de l'ammoniaque, sous la forme plus soluble d'acide nitrique, et par là, empêche la perte du drainage.

La lenteur de la décomposition du fumier et de la mise en réserve de son azote, par le sol, est démontrée par les faits d'expérience (1).

Ainsi, dans les essais sur les prairies

permanentes (*the Park*), une parcelle reçut 35,000 kilogr. de fumier à l'hectare et par an, pendant huit années consécutives (1856-63), et donna un rendement moyen de 5,398 kilogr. de foin, contre 2,980 kilogr. obtenus pendant la même période sur la même parcelle, sans aucun engrais. Durant les onze années suivantes (1864-74) on ne mit ni fumier, ni aucun autre engrais, sur cette même parcelle, et le produit moyen se maintint à 4,206 kilogr. de foin, contre 2,448 kilogr. de la parcelle laissée sans engrais depuis le commencement. L'augmentation totale pendant les huit années d'application du fumier avait été de 19,144 kilogr.; et pendant les onze années suivantes, sans fumier, de 19,270 kilogr. dus au résidu de la période antérieure. Après 1874, il est vrai, l'augmentation de rendement a beaucoup diminué : de moitié environ, si l'on considère les cinq dernières années. Il est donc probable que, sur la période complète de dix-neuf années, la récolte totale du foin n'ayant guère enlevé plus des deux tiers de l'azote, l'augmentation dans le sol fumé, par rapport à celui laissé sans aucun engrais, représente seulement un quart de l'azote fourni par le fumier.

Encore un exemple : pendant vingt années consécutives, 35,000 kilogr. de fumier ont été appliqués à l'une des parcelles du champ cultivé en orge (*Hoos field*). La statistique prouve qu'une bien plus faible dose d'azote a été prise par la récolte d'orge, due à ce fumier, que dans celle due aux sels ammoniacaux et au nitrate. On pourrait en conclure que la proportion pour cent d'azote, emmagasinée dans le sol, était à peu près double de celle abandonnée par les autres engrais azotés. Pourtant, après vingt ans, on cessa l'application du fumier sur une moitié de la parcelle, et on la continua sur l'autre moitié. Dans un cas, sans fumier, le rendement fut de 39$^h$.52 de grain nettoyé et de 3,008 kilogr. de paille; et dans l'autre, avec fumier, de 47$^h$.14 de grain et 3,925 kil. de paille. Ainsi, quoique le produit par les fumures antérieures fût considérable, il n'atteignit pas le maximum qu'eût comporté l'année, et resta bien inférieur à celui obtenu en continuant la fumure.

Si le fumier exerce une action plus durable que les engrais plus énergiques du commerce, on ne peut pourtant ren-

(1) On the valuation of unexhausted manures, by M. Lawes. *Journ. Roy. Agr. Soc. Engl.*, vol. XI, 2$^e$ sér. 1875.

dre compte d'une quantité notable d'azote, en dehors de l'excédant de la récolte et de la réserve du sol. La perte finale est-elle plus considérable qu'avec les sels ammoniacaux et le nitrate ? est-elle proportionnelle à la quantité de fumier employée ? est-elle attribuable en entier, ou en partie seulement, au drainage ? C'est ce que de nouvelles recherches permettraient de décider.

### B. — Production en carbone des céréales et autres récoltes.

Pour compléter ce qui a rapport à l'action des engrais azotés, appliqués directement à l'état de sels ammoniacaux et de nitrates, sur l'augmentation de rendement des récoltes, MM. Lawes et Gilbert ont calculé le produit et le gain annuels en carbone, pendant vingt années de culture de blé et d'orge, pendant trois années de culture de betterave, et huit années de culture de fèves, en recourant à l'engrais minéral seul, ou additionné de sels ammoniacaux et de nitrate. Le tableau V reproduit les données numériques de leurs calculs.

TABLEAU V. — *Production et gain en carbone des cultures expérimentales de Rothamsted.*

| ENGRAIS A L'HECTARE ET PAR AN. | CARBONE moyenne à l'hectare et par an. | |
| --- | --- | --- |
| | Produit. | Gain. |
| *Blé.* — Vingt années (1852-1871). | kilogr. | kilogr. |
| Engrais minéral | 1,107 | » |
| id.     et $45^k.9$ azote à l'état d'ammoniaque | 1,782 | 675 |
| id.     et $90^k.8$ azote à l'état d'ammoniaque | 2,490 | 1,383 |
| id.     et $90^k.8$ azote à l'état de nitrate | 2,802 | 1,695 |
| *Orge.* — Vingt années (1852-1871). | | |
| Engrais minéral | 1,275 | » |
| id.     et $45^k.9$ azote à l'état d'ammoniaque | 2,340 | 1,065 |
| *Betterave.* — Trois années (1871-4873). | | |
| Engrais minéral | 1,273 | » |
| id.     et $90^k.8$ azote à l'état d'ammoniaque | 2,952 | 1,679 |
| id.     et $90^k.8$ azote à l'état de nitrate | 3,453 | 2,180 |
| *Fèves.* — Huit années (1862 et 1864-1870). | | |
| Engrais minéral | 814 | » |
| id.     et $90^k.8$ azote à l'état de nitrate | 1,112 | 298 |

Il est évident, d'après ce tableau, que dans le cas des céréales, à faible titrage d'azote, qui assimilent relativement peu d'azote sur une surface donnée, et de la betterave, l'addition de l'engrais azoté a développé considérablement l'assimilation du carbone. Sur une quantité donnée d'azote, le nitrate, appliqué toujours au printemps, a exercé une action bien plus décisive pour le blé, que la même quantité de sels ammoniacaux appliquée à l'automne et soumise au drainage de l'hiver. Les sels ammoniacaux, pour la même raison, agissent plus sur le carbone de l'orge que sur celui du blé ; et le nitrate est plus efficace que les sels ammoniacaux sur le carbone des betteraves, bien que les deux engrais s'emploient également au printemps. Enfin l'engrais azoté n'a presque point d'action sur les fèves, dont la récolte est à haut titrage d'azote.

On devra remarquer d'ailleurs que la forte augmentation de carbone des céréales, par l'effet des engrais azotés, s'est produite sans qu'on ait ajouté de carbone au sol. Il est donc certain que, dans les conditions particulières des terres de Rothamsted, le développement des récoltes granifères dépend beaucoup d'un apport d'azote dans le sol.

De même pour les betteraves (1), on se rappellera que l'augmentation considérable de carbone due aux engrais azotés correspond à un accroissement en sucre, à l'hectare et par an, de 2,510 kilogr., avec 91$^k$8 d'azote à l'état de sels ammoniacaux, et de 3,545 kilogr, avec la même quantité d'azote à l'état de nitrate de soude.

(1) Voir page 80.

### C. — **Résidu d'acide phosphorique et de potasse.**

Il n'en est pas de l'acide phosphorique et de la potasse, ces deux éléments importants de la fertilité du sol, comme de l'azote.

Les analyses des eaux de drainage indiquent qu'elles renferment ces éléments en petite quantité ; et la composition des sols de Rothamsted, déterminée par Hermann de Liebig, montre que, dans les couches superficielles, leur stock augmente suivant la proportion fournie par l'engrais.

Les résultats de la culture expérimentale prouvent que ces substances peuvent demeurer inertes dans le sol, à défaut d'une provision suffisante d'azote, mais qu'elles deviennent efficaces, même vingt ans après leur apport, si l'azote intervient à l'état assimilable. C'est surtout dans les terres fortes, et dans le périmètre de végétation des racines, que l'on retrouve la presque totalité de la potasse et de l'acide phosphorique, et que l'on peut constater la durée de leur action sur les récoltes successives, lorsque l'azote ne manque pas.

Ainsi des deux parcelles 10 *a* et 10 *b* de Broadbalk field, 10 *a* n'a reçu que des sels ammoniacaux depuis l'application, en 1844, d'engrais minéral, renfermant du silicate de potasse et du superphosphate de chaux ; tandis que 10 *h*, soumise de même à une fumure de sels ammoniacaux, a été privée de tous engrais en 1846, puis a reçu, en 1848, de l'engrais minéral complet (potasse, soude, magnésie et superphosphate) avec des sels ammoniacaux, et, en 1850, le même engrais minéral, mais sans addition de sels ammoniacaux. Pendant vingt années, à partir de la première application d'engrais minéral, la parcelle 10 *b* a fourni une moyenne annuelle de 3.02 hectol. de blé et 360 kilogr. de paille de plus que la parcelle 10 *a*.

Pour l'orge, les parcelles 1 N et 2 N, qui ont reçu, dès la première année, du superphosphate et de la potasse, confirment par leur rendement l'effet durable de ces fertilisants minéraux, en présence de l'azote (1).

### XXIV. DE LA FERTILITÉ ET DE L'ÉPUISEMENT DES TERRES.

Il y a peu d'observations à ajouter au chapitre qui précède, pour compléter ce qui a trait à l'épuisement des terres, tel qu'il résulte des méthodes de culture suivies en Angleterre.

La balance des champs d'expériences de Rothamsted, établie d'après le rendement et la composition chimique des récoltes, par le dosage de l'azote, de la matière sèche, des cendres, etc., devait servir à apprécier les effets dus, pendant une longue période, à l'assolement quadriennal, qui règne avec quelques variantes dans toute l'Angleterre.

Comme les céréales épuisent le sol, les agriculteurs anglais ont compris de bonne heure qu'ils ne pouvaient pousser à la production du grain sans appauvrir promptement leurs terres. D'autre part, les circonstances particulières du climat et du sol favorisant la production spontanée d'une herbe abondante pour la nourriture du bétail, ils ont trouvé un immense intérêt à produire beaucoup d'animaux donnant de la viande et des fumiers aptes à développer la fertilité des terres et le rendement en grain. Ils ont été ainsi conduits, tout en gardant de vastes étendues en prairies, à réduire le domaine des jachères par la culture des plantes fourragères et des racines, et à restreindre les emblavures pour obtenir un excédant maximum de grain.

L'assolement du Norfolk, en réalisant l'objet de la principale préoccupation de l'agriculture anglaise, la fabrication de la viande, a permis de vérifier cette loi agronomique que, « pour recueillir « beaucoup de céréales, il vaut mieux « réduire qu'étendre la surface emblavée, et qu'en consacrant la plus grande « place aux cultures fourragères, on « n'obtient pas seulement un plus grand « produit en viande, lait et laine, mais « encore un plus grand produit en céréales. (1) »

Avec une masse de fumiers trois à quatre fois plus forte proportionnellement qu'en France, en dehors des produits des animaux qui entrent dans la consommation générale, la culture bri-

---

(1) *Report of experiments on the growth of barley,* 1873, p. 151.

(1) L. de Lavergne. *Essai sur l'économie rurale de l'Angleterre,* 4e édition, 1863, p. 76.

tannique n'a pas cessé de recourir, d'une part, aux nourritures artificielles pour le bétail, et d'autre part, aux os, aux tourteaux, au guano, au nitrate de soude, au sulfate d'ammoniaque, aux phosphates fossiles, etc., que le commerce le plus actif met à sa disposition. L'apport d'engrais complémentaires du fumier, qui figure dans les dépenses annuelles de chaque ferme anglaise pour un chiffre d'environ 75 francs par hectare et par an, représentait déjà en 1863 une importation totale annuelle de plus de 350,000 tonnes, d'une valeur de 90 millions de francs (1).

Malgré cela, Liebig, ne voyant que la théorie minérale dont il était l'auteur, prédisait la ruine, la déchéance fatale, des contrées où l'agriculture importe de l'ammoniaque et persiste à gaspiller l'engrais humain ou les eaux des villes, et mettait à l'index la pratique agricole anglaise, basée sur le fumier et les matières fertilisantes de l'étranger. Ses notions sur la fertilité sont connues ; il affirmait « que par l'emploi de l'ammoniaque on « n'augmente au total la production que « relativement au temps. Le rendement « des champs devrait être en rapport « avec la somme des aliments minéraux « qui y sont contenus ; et la valeur de « ce rendement dépend de la rapidité « d'action des éléments du sol dans un « temps donné (2).

« L'action du fumier, disait-il ailleurs, « repose incontestablement sur la quan- « tité qu'il contient de substances fixes « des végétaux, et sa qualité en dépend « complétement... La culture qui enri- « chit le sol de substances combusti- « bles diminue nécessairement sa fer- « tilité (3). »

Enfin, pour lui, « l'épuisement devient « inévitable, même lorsque, dans une sé- « rie de cultures, le sol n'a perdu qu'une « seule des diverses substances miné- « rales nécessaires à la nourriture des « plantes ; car celle qui manque enlève « aux autres toute efficacité, ou les rend « inutiles (4). »

On pourrait prodiguer les citations du

(1) A. Ronna. *Fabrication et emploi des phosphates de chaux*, 1864, p. 21.
(2) J. Liebig. *De la théorie et de la pratique en agriculture*, Lille, 1857, p. 26.
(3) *Lettres sur l'agriculture moderne*, trad. par Swarts, p. 130.
(4) *Idem.*, p. 129.

même genre et celles aussi où, plus tard, il préconise, en contradiction avec lui-même, l'assolement basé sur les fourrages et l'emploi du fumier ; mais l'illustre chimiste n'admettait pas que l'apport d'ammoniaque dans l'engrais fut suffisant pour restaurer la fertilité des terres épuisées par l'enlèvement des sels inorganiques des récoltes.

### A. Economie de l'assolement quadriennal.

En réponse à ces affirmations, MM. Lawes et Gilbert, afin d'établir pratiquement la statique des éléments minéraux du sol, considèrent l'assolement quadriennal, en supposant qu'on se borne à vendre le grain et la viande.

Ils avaient constaté déjà que le sol de Broadbalk field, consacré exclusivement au blé, avait perdu annuellement, par l'emploi continu des sels ammoniacaux, 2 fois plus d'acide phosphorique, 5 fois plus de potasse et 25 fois plus de silice que dans le cas de la fumure continue avec le fumier. En fait, pendant 16 années, la culture du blé avait enlevé au sol, par les engrais ammoniacaux, autant d'acide phosphorique que le fumier seul en eût enlevé en 32 années, autant de potasse qu'en 82 ans et autant de silice qu'en 400 ans (1).

Dans leurs essais du système Lois-Weedon, ils avaient conclu qu'on déprive le sol par la culture du blé, alternant avec une jachère nue, de 3 fois et demie plus d'acide phosphorique, de 7 fois plus de potasse et de 37 fois plus de silice que par les procédés de culture ordinaires ; cependant, au bout de 15 années, les récoltes de Lois-Weedon n'avaient pas faibli.

Il est donc facile de déterminer les limites d'épuisement des terres en matières inorganiques. En admettant une couche de sol arable de 30 centimètres d'épaisseur qui aurait pour composition moyenne celle des quatorze terres arables analysées par le professeur Magnus de Berlin, il faudrait, suivant MM. Lawes et Gilbert, par l'assolement quadriennal fondé sur le fumier, sans autre exportation que celle de la viande et du grain,

(1) *On some points in connection with the exhaustion of soils.* Report Brit. Assoc., 1861.

mille années environ pour épuiser l'acide phosphorique, deux mille ans pour la potasse et six mille ans pour la silice soluble. Bien des terres, sans doute, ont une composition inférieure à la moyenne prise pour exemple, et il est probable que les éléments supposés solubles dans les acides seraient assimilés longtemps avant les périodes établies par le calcul; mais aussi on devra admettre que le sous-sol, au-dessous de 30 centimètres de couche arable, concourt à l'approvisionnement des plantes.

Supposons, avec les auteurs, que, dans une exploitation soumise à l'assolement du Norfolk, on récolte à l'hectare 27 hectolitres de blé, 31 hectolitres d'orge, 25,000 kilogr. de navets, et 6,725 kilogr. de trèfle ou 1,680 kilogr. de fèves; que l'on vende tout le grain et que les racines et le trèfle, ou les fèves, soient consommés par les animaux dont l'engrais est utilisé, et faisons le calcul du déchet du sol en matières minérales (1).

La vente du grain donnera par hectare une perte de 22 à 27 kilogr. de potasse et de soude, et de 29 à 33 kilogr. d'acide phosphorique, pour la rotation complète ; soit, par an, 5 à 6 kilogr. d'alcalis, et 7 à 8 kilogr. d'acide phosphorique.

Par la vente des animaux, il y aura une perte additionnelle d'acide phosphorique et une perte d'alcalis qui peuvent s'estimer, d'après des expériences directes de MM. Lawes et Gilbert sur les bœufs, veaux, moutons, agneaux et porcs, au quart de celle de l'acide phosphorique.

Comme l'acide phosphorique s'applique couramment aux racines, dans la pratique anglaise, sous forme d'os ou de phosphates commerciaux, et laisse dans le sol un résidu utilisé par le blé, il s'ensuit qu'il n'y a réellement à se préoccuper que de la restitution des alcalis exportés par la vente du grain, soit de 5 à 6 kilogr. à l'hectare. Les ressources naturelles d'une terre devraient être bien médiocres pour que sa fertilité baissât à cause d'un aussi faible prélèvement !

Toutefois, MM. Lawes et Gilbert ne pensent pas que dans l'hypothèse de l'exportation de la totalité du grain et

des alcalis, sans autre restitution au sol, on puisse se passer d'acheter des nourritures artificielles pour les animaux, ou des tourteaux pour fumer les navets. Ils rappellent, afin de justifier cette opinion, que les prix comparatifs de la viande et du blé, eu égard à celui des engrais, tels qu'ils résultent de l'offre et de la demande, empêchent que le cours du grain se maintienne par le fait unique des engrais et indépendamment de la consommation par le bétail de nourritures artificielles. Comment expliquer autrement que l'excédant de rendement du blé soit si limité et que le prix de revient soit tellement élevé, s'il suffisait de restituer au sol les éléments minéraux contenus dans les cendres du blé? Au contraire, si l'azote des engrais assure l'excédant de produit, comment expliquer les cours du froment et de l'ammoniaque, sans admettre que la dépense d'ammoniaque, pendant la croissance du blé, est un fait fondamental qui affecte le produit en grain et son prix de revient ?

Les animaux de travail maintenus sur la ferme, s'ils consomment une partie des récoltes, diminueront d'autant les ventes de grain et l'épuisement des alcalis ; ou bien, ils devront recevoir des nourritures du dehors, et alors, la plupart des éléments minéraux étant conservés, l'azote et le carbone seront utilisés par les animaux.

Que l'exemple choisi soit un cas particulier ou non, l'argumentation n'en subsiste pas moins pour les modifications dont il est susceptible et n'en conduit pas moins aux mêmes conséquences.

Dans l'état intensif de la culture anglaise, c'est donc plutôt par défaut d'azote que par défaut d'éléments inorganiques que pèchent les sols, au point de vue de la culture des céréales. Aussi la meilleure restitution s'obtient-elle par le choix d'assolements qui comprennent les fourrages dont le rôle essentiel consiste à puiser l'azote à ses sources naturelles, et à le conserver sur l'exploitation à l'état d'engrais destiné à accroître le produit des céréales. Lorsque par la jachère, ou par une sole de fourrages consommés sur place, la paille étant gardée, on obtient un excédant de matières minérales par rapport à l'azote assimilable, c'est à la réserve de cet azote qu'on mesure l'excédant de récolte et la richesse du fonds.

(1) On agricultural chemistry especially in relation to the mineral theory of Liebig. *Journ. Roy. Agric. Soc. Engl.*, vol. XII, 1851.

En insistant sur la valeur des engrais azotés du commerce, MM. Lawes et Gilbert n'ont pas entendu dire, comme Liebig l'a prétendu, que tous dussent venir du dehors. Aucun cultivateur intelligent ne songerait à recourir à des engrais fournis exclusivement par le marché. Les sels ammoniacaux et le nitrate de soude sont rarement employés seuls et pour une récolte, à moins que, dans le cours d'une rotation, une autre récolte n'ait exigé quelques fertilisants phosphatés, et cela en dehors des fumiers appliqués périodiquement (1). Un apport exagéré d'ammoniaque ferait courir le risque d'épuiser la réserve de matières minérales du sol.

Si l'on achète des tourteaux ou toutes autres nourritures artificielles pour le bétail, on arrive finalement à obtenir des récoltes de céréales plus fréquentes que dans la pratique ordinaire, avec profit pour le producteur, et sans préjudice pour le sol. C'est ainsi que, sur les terres fortes, on obtient de l'orge de meilleure qualité après du blé, que si elle suit une racine. Quand le blé suit le blé, il faut que la terre soit bien nettoyée et abondamment fumée. Dans ce cas, c'est-à-dire pour le froment faisant suite à une autre céréale, on devra employer de 55 à 65 kilogr. d'ammoniaque à l'hectare, et pour l'orge ou l'avoine faisant suite au froment, de 45 à 55 kilogr. La quantité de phosphates, à mélanger avec l'ammoniaque, devra être plus considérable pour le blé de printemps que pour celui d'automne, et se distribuer en semant.

Ainsi, pour MM. Lawes et Gilbert, accroître les ventes de grain et de viande, en important des nourritures pour le bétail, c'est accroître la proportion de matières minérales disponibles dans le sol. D'autre part, accroître les ventes des mêmes produits en recourant aux engrais du commerce, c'est presque invariablement accroître l'acide phosphorique dans le sol.

En n'important rien sur la ferme, il est présumable que, dans la plupart des cas, l'acide phosphorique finirait par manquer, relativement aux autres matières fertilisantes ; mais les sources d'acide phosphorique (os, phosphates minéraux, guanos, etc.) dont on dispose sur le marché permettent de réparer largement les pertes de cet acide qu'entraînerait le mode de culture suivi.

En n'important que des engrais du commerce, à défaut de nourriture pour le bétail, il est possible que la potasse vienne également à manquer ; or, les sources de potasse (marais salants, sels de Stassfurth, etc.), n'étant pas aussi considérables et nombreuses que celles d'acide phosphorique, fournissent l'alcali à un prix bien plus élevé. Toutefois, la potasse serait très-économique si elle donnait, dans l'excédant de produit, l'équivalent de ce qu'elle coûte dans l'engrais. On peut dire, du reste, d'une manière générale, que la pratique agricole anglaise n'a pas assez réduit le stock de potasse pour qu'il y ait économie à appliquer des engrais purement potassiques en vue des céréales.

La discussion de l'abaissement de fertilité des terres de la Grande-Bretagne est en résumé dominée, d'après MM. Lawes et Gilbert, pour les céréales surtout, par le stock disponible d'azote dans les sols. « C'est notre conviction, ajoutent-ils, « appuyée sur une connaissance très-intime de la pratique que suivent les fermiers dans chaque district, depuis des « années, en ce qui concerne les engrais « commerciaux, que, dans 99 cas sur 100, « où l'on cultive le blé par la rotation « usuelle, les matières minérales immé- « diatement disponibles sont en excès « sur l'azote immédiatement assimila- « ble (1). »

Les conditions générales du drainage qui soumet l'azote à de plus grandes pertes que les éléments minéraux, expliquent certainement la prédominance de ces derniers dans les terres soumises à l'assolement quadriennal.

**B. Évaluation de l'épuisement.**

La question de l'épuisement est entrée, en Angleterre, dans le domaine des faits pratiques, depuis qu'on se préoccupe de régler légalement les indemnités dues au fermier sortant, pour les améliorations

---

(1) Voir ch. XXVI; pratique des engrais.

(1) Report of experiments on the growth of barley. *Journ. Roy. Agr. Soc. Engl.*, t. IX, 2ᵉ série, 1873.

qu'il a introduites et qui subsistent au moment où il quitte son exploitation.

Une première loi présentée par M. Gladstone et édictée pour l'Irlande (1) est très-explicite en ce qui concerne la procédure légale à suivre pour recouvrer les indemnités; mais elle ne renferme aucune indication sur la valeur, ni le mode d'estimation des améliorations non épuisées, pour lesquelles il y a droit à compensation.

Un procès intenté, en 1873, au duc de Leinster par son fermier sortant, aux termes de la loi d'Irlande, eut assez de retentissement pour démontrer combien il est difficile à des juges éclairés de trancher équitablement des réclamations de cette nature sans des bases certaines d'évaluation (2).

Depuis lors, un comité spécial de l'Association des chambres d'agriculture a recueilli, dans tous les comtés de l'Angleterre, les précédents établis par l'usage, et une agitation considérable s'est produite pour faire étendre à l'Angleterre et à l'Ecosse, avec les modifications jugées indispensables, la législation actuellement en vigueur en Irlande.

L'indemnité due au fermier sortant est d'autant plus importante que le sol anglais réclame des améliorations plus coûteuses, pour lesquelles le cultivateur, à défaut du propriétaire, pouvant faire les avances, doit trouver un intérêt et une garantie convenables.

Or, la condition du fermier à bail varie non-seulement, suivant les coutumes, d'un comté à l'autre, et d'un district à l'autre, mais encore suivant chaque propriété. Lors même que l'indemnité est réglée par expertise, le principe de ces expertises n'est pas obligatoire. Des usages très-contradictoires, tenant place de conventions écrites, soulèvent des points de droit controversés, d'une application tellement arbitraire, qu'une loi seule pourrait les aplanir.

Pour le fermier sans bail, la situation est bien autrement pénible, surtout depuis l'introduction des méthodes de culture intensive et des engrais à haut dosage. S'il a, en effet, amendé sa terre et exécuté des travaux dispendieux, il est soumis à des augmentations sous peine de congé, ou bien il ne peut recueillir le fruit de ses dépenses, ni rien obtenir légalement du propriétaire ou du fermier qui lui succède (1).

Dans une première communication au club des fermiers de Londres, M. Lawes a cherché à résoudre les deux questions connexes : de la nécessité d'imposer un un assolement pour éviter l'épuisement des terres, et des moyens d'estimer la valeur des engrais non épuisés (2). Les fertilisants et les aliments donnés au bétail, en dehors de ceux que fournit l'exploitation, ne constituent qu'une des catégories d'améliorations se prêtant à indemnité. Les constructions, les clôtures, le drainage, etc., forment autant d'autres catégories que M. Lawes a examinées, mais que nous n'envisagerons pas ici.

*Résidu des engrais.* — Malgré l'importance des dépenses en nourritures et en engrais artificiels, il n'y a aucune base reconnue, aucun système adopté généralement, pour évaluer le résidu des engrais.

En se fondant sur les cultures expérimentales de Rothamsted, M. Lawes a cherché à déterminer d'abord ce qu'on entend par bonne condition d'une terre arable, d'après l'action des principaux engrais azotés et minéraux sur les récoltes; puis le résidu dans le sol, une fois leur action produite. A ce sujet, ses conclusions sont les suivantes :

1° Lorsque les engrais azotés énergiques : guano, sels ammoniacaux ou nitrate de soude, sont appliqués en quantités modérées, telles que le comporte la pratique usuelle, le résidu non épuisé dans le sol, après l'enlèvement d'une récolte de céréales, a peu d'action sur les récoltes suivantes.

2° Lorsqu'on a recours à des tourteaux, des os, ou d'autres engrais analogues, qui abandonnent lentement au sol leurs éléments de fertilité, le résidu non épuisé, après l'enlèvement d'une première récolte, peut donner un excédant appréciable dans le cours de la rotation.

3° Lorsqu'on applique du fumier, les effets du résidu sont manifestes pour une plus longue durée encore.

---

(1) *Landlord and tenant act (Ireland)*, 1870.
(2) On ne peut lire qu'avec intérêt les détails de ce procès que M. Lawes, cité comme témoin, a fait connaître dans un mémoire de 1874 : *On exhausted tillages and manures with reference to the Ireland act of* 1870.

(1) E. Mérice. *Bull. Soc. Agric. France*, t. V, 1873.
(2) *Exhaustion of the soil and valuation of unexhausted improvements, by* J. B. Lawes, 4 april 1870, London.

4° Avec des engrais minéraux : phosphates, sels de potasse, etc., l'action du résidu est trop lente, trop graduelle, pour que l'on puisse apprécier sa valeur.

5° Si l'état de fertilité d'une terre résulte d'une dépense de capital en achat d'engrais directs, ou de nourritures pour le bétail, il doit être considéré comme provenant du fermier.

*Conditions de l'assolement.* — M. Lawes examine ensuite l'assolement tel qu'il est rendu obligatoire, soit par l'effet du bail ou de l'agrément avec le propriétaire, soit simplement en vertu de l'usage des lieux. Comme faute de s'y astreindre, le tenancier encourrait des pénalités, il en résulte que l'assolement est forcément le meilleur qu'il puisse adopter dans son propre intérêt, ou bien que l'intérêt des propriétaires est sacrifié, si l'assolement n'est pas aveuglément suivi.

En conséquence des essais de Rothamsted, M. Lawes pense que l'opinion générale sur le caractère obligatoire de l'assolement n'est pas fondée, et pourvu que la terre soit suffisamment approvisionnée d'engrais, l'assolement est susceptible de modifications aux mains d'un cultivateur intelligent et disposant de capitaux. Il distingue entre la fertilité naturelle ou intrinsèque, et la fertilité artificielle. La première appartient au propriétaire, la seconde est l'œuvre du fermier.

Le sol arable, en tout état de choses, ne peut pas descendre au-dessous d'un certain minimum de rendement. Laissé absolument sans engrais, assujetti à porter tous les ans la même récolte, comme dans certaines parcelles des champs de Rothamsted, il produit de moins en moins jusqu'à une certaine limite où il produit toujours. Il n'est donc pas susceptible de s'épuiser, et c'est providentiel, car une seule génération, dans des circonstances données, pourrait en tarir complétement la fécondité.

Le sol est donc autre chose que le support de la plante : il lui fournit des éléments constitutifs qu'il ne cède que dans une certaine proportion et avec une lenteur déterminée. La fertilité naturelle, sans être absolument inépuisable, ne peut guère être réduite au-dessous d'un certain minimum par aucune des méthodes pratiquées en Angleterre ; mais si elle augmente par le fait du fermier, celui-ci a droit d'être indemnisé.

*Conditions des baux.* — Suivant M. Lawes, du moment où il a un bail, le fermier devrait ne subir aucune restriction pour assoler ses terres, pourvu qu'à l'expiration de son bail, il laisse en rotation une sole convenable de céréales et de jachères vertes. Aucun préjudice ne serait apporté à la valeur locative des terres, si les céréales occupaient une plus grande place dans la rotation, mais à certaines conditions : la première, qu'il ne s'agit pas de terres légères ou de ferme à bétail ; la seconde, que ni les racines, ni la paille soient vendues ; la troisième, que les soles en blé soient remises assez propres pour qu'une autre céréale puisse y être cultivée.

D'un autre côté, si le propriétaire laisse plus de latitude à son fermier pour l'assolement, il doit se montrer plus rigoureux sur les conditions de propreté des terres. Au cas où les soles en céréales ne seront pas propres, il devra être autorisé à les faire nettoyer au frais du fermier, les récoltes étant sur pied ; ou bien à exiger des dommages-intérêts, de telle sorte que le fermier entrant puisse avantageusement cultiver une autre céréale (1).

Ces observations donnent lieu aux propositions suivantes :

1° Toute exploitation devra être livrée avec une proportion fixe de jachères et de terres en racines, semences et céréales, à déterminer d'après l'usage des lieux ; le fermier sortant sera passible de dommages-intérêts pour tout excédant cultivé en céréales.

2° Ni pailles, ni racines ne pourront sortir de la ferme, sauf compensation avec le fumier ou les autres engrais de villes, achetés au dehors.

3° Le fermier devra tenir la terre nette de mauvaises herbes sous peine de dommages-intérêts.

4° L'indemnité à allouer au fermier sortant sera calculée, en premier lieu, sur le fumier de ferme produit pendant la dernière année ; en deuxième lieu, sur l'engrais provenant des nourritures achetées pendant les douze derniers mois ; en troisième lieu, sur la paille des céréales de la dernière récolte.

La quantité de paille récoltée est, pour M. Lawes, une indication assez précise de l'état des terres, sous le rapport des fumures. C'est pourquoi il conseille de

(1) *On the more frequent growth of barley.* London, 1875.

rembourser au fermier sortant la plus-value de l'excédant de paille, relativement à la proportion constatée lors de son entrée en jouissance.

Quant à la valeur de l'engrais fourni par les nourritures, M. Lawes l'a calculée par tonne consommée, d'après les cours des marchés, et en supposant chacune des nourritures de bonne qualité. Le tableau I reproduit les prix de trente et un aliments. Comme les engrais résultants sont soumis à un déchet, par suite de leur décomposition, du drainage, du transport, etc, il y aurait à défalquer des prix du tableau un tiers ou un quart, et à établir le compte du fumier de l'hiver précédent d'après la charge ou la tonne, au lieu de le baser sur la récolte de racines à laquelle on applique ce fumier, comme il est d'usage dans le Norfolk.

TABLEAU I. — *Valeur de l'engrais obtenu par la consommation des diverses nourritures du bétail.*

| | NOURRITURES DU BÉTAIL. | Valeur de l'engrais par tonne de nourriture |
|---|---|---|
| | | Fr. c. |
| 1 | Tourteau de coton (décortiqué) | 162 50 |
| 2 | Tourteau de navette | 123 10 |
| 3 | Tourteau de graine de lin | 115 60 |
| 4 | Tourteau de coton (non décortiqué) | 98 10 |
| 5 | Lentilles | 96 25 |
| 6 | Fèves | 92 50 |
| 7 | Vesces | 91 85 |
| 8 | Graines de lin | 91 25 |
| 9 | Pois | 78 10 |
| 10 | Farine de maïs | 38 75 |
| 11 | Poussière de malt | 106 85 |
| 12 | Son | 72 50 |
| 13 | Recoupe grossière (blé) | 72 50 |
| 14 | Recoupe fine (blé) | 71 25 |
| 15 | Avoine | 43 75 |
| 16 | Blé | 41 25 |
| 17 | Malt | 39 35 |
| 18 | Orge | 37 50 |
| 19 | Trèfle foin | 56 85 |
| 20 | Foin des prés | 38 10 |
| 21 | Fanes de fèves | 25 60 |
| 22 | Fanes de pois | 23 40 |
| 23 | Paille d'avoine | 16 85 |
| 24 | Paille de blé | 15 60 |
| 25 | Paille d'orge | 13 40 |
| 26 | Pommes de terre | 8 75 |
| 27 | Panais | 6 85 |
| 28 | Mangold-wurzel | 6 55 |
| 29 | Navets de Suède | 5 30 |
| 30 | Navets communs | 5 00 |
| 31 | Carottes | 5 00 |

*Conclusions.* — Les propositions de M. Lawes ont été d'abord combattues comme reposant sur des principes inexacts et d'une application difficile. Mais le savant auteur a su, dans deux mémoires de date postérieure à celle de sa conférence du Farmers club, serrer de plus près la question des indemnités, en l'étendant aux façons du sol et en examinant les uns après les autres chacun des principaux engrais (1). Il a pu ainsi dresser le bilan en argent du résidu non épuisé des engrais restant en terre après chaque récolte, suivant les pratiques les plus usuelles de culture, et discuter les usages adoptés dans les divers districts pour le règlement des indemnités. Ces indemnités, fixées par l'usage, varient suivant que les nourritures achetées sont consommées dans l'étable, sur le pré, ou sur la terre arable ; suivant que l'engrais est appliqué aux racines ou aux récoltes vertes consommées sur place, aux céréales dont la paille reste pour l'utilisation de la ferme, aux fourrages également consommés sur les lieux ou les prés ; suivant enfin que la nourriture ou l'engrais ont été employés dans la dernière, ou l'avant-dernière année du bail. Dans tous les cas, l'indemnité allouée représente une partie de la valeur primitive, c'est-à-dire du prix d'achat de la nourriture ou des engrais.

M. Lawes n'a pas de peine à montrer par des exemples les différences considérables que consacrent les usages des districts agricoles les plus importants (Lincolnshire, West Riding du Yorkshire, Staffordshire sud) ; et à faire ressortir combien une allocation basée sur le prix d'achat, au lieu d'être basée sur la composition des matières alimentaires et fertilisantes, est erronée.

Les conclusions principales de M. Lawes se résument comme il suit : (2)

1° Dans l'état actuel de nos connaissances, il n'y a pas de règles simples, applicables aux sols et sous-sols de toute nature, aux climats, aux années, aux récoltes et aux engrais différents, pour estimer le résidu non épuisé d'engrais, déjà enfouis et ayant déjà fourni une récolte.

2° Dans de telles circonstances, l'estimation qui serait faite uniquement d'après l'engrais donnerait lieu à des décisions injustes et amènerait beaucoup de litiges.

3° Si l'on adopte un système de compensation basé sur le résidu non épuisé des engrais ou des nourritures achetés au dehors, le propriétaire devra être au-

(1) *Unexhausted tillages and manures with reference to the Ireland act.* Dublin, 1874.

On the valuation of unexhausted manures, *Journ. Roy. Agr. Soc. Engl.*, t. XI, 2e série, 1875.

(2) On the valuation..., p. 40.

torisé, ou, à son défaut, le fermier entrant, à prendre des échantillons des nourritures et engrais pouvant donner lieu à réclamations de la part du fermier sortant.

4° Considérant les difficultés que présentent les divers modes d'estimation, il serait désirable que l'indemnité pour les améliorations résultant de la fumure fût comptée sur certains produits de la ferme, dont la quantité et la valeur en argent seraient faciles à fixer.

## XXV. — DU BLÉ : COMPOSITION, PRODUCTION ET CONSOMMATION.

### A. Composition du grain, de la farine et du pain.

La composition du blé, qui est la base de l'alimentation sous les climats tempérés, et des produits dérivés du blé, qui varient suivant les conditions de développement ou de maturité du grain, intéressent au plus haut degré l'économiste, comme le savant et l'agriculteur.

Aussi les travaux sur ce sujet ne font-ils pas défaut. Depuis Beccari, chimiste italien, qui découvrit, il y a plus d'un siècle, le gluten du blé (1); depuis Geffroy, qui analysa le pain en 1732, Proust, Rouelle, Vauquelin, Cadet, de Saussure, Vogel ont déterminé les principes immédiats du grain et de ses dérivés. De notre temps, MM. Boussingault, Dumas, Payen, Johnston, le docteur Thomson, ont éclairci des points importants de la chimie et de la physiologie du froment.

(1) Cette découverte est due à Beccari et non à Beccaria, comme on l'a répété. Voir *Dizionario di Chimica di Klaproth e Wolff, traduzione di G. Moretti*, Milano, t. II, 1812, p. 444.

En 1849, M. Peligot; en 1849 et 1854, M. Millon, ont fait connaître la composition élémentaire de diverses espèces de blé. En 1853, M. Poggiale, et en 1855, le docteur Maclagan, ont recherché la composition et les différences entre les divers produits de la panification.

On est redevable au professeur Way et à M. Boussingault des analyses des cendres de froment. A la suite de la publication de la chimie de Liebig en 1840, les chimistes allemands ont procédé à de nombreux dosages des cendres de céréales.

MM. Lawes et Gilbert ont voulu étendre à leur tour ce genre de recherches au grain récolté dans leurs champs d'expériences, et nous avons déjà fait allusion (1) à l'importance de travaux qui, après les avoir occupés pendant plus de douze années, ont été présentés à la Société chimique de Londres (2). Nous ne reviendrons par ici sur le mode de préparation des spécimens analysés, ni sur les méthodes que l'on trouvera exposées en détail dans leur mémoire.

### 1. *Composition du grain et de la paille.*

Les résultats de dix années (1845-1855) sont résumés dans le tableau I, en regard des données culturales des récoltes. On y trouvera la détermination de la matière sèche, des cendres et de l'azote, dans le grain et la paille de chacune des dix récoltes. Chaque chiffre du tableau correspond à la moyenne de trente à quarante dosages différents.

(1) Voir p. 40.
(2) On some points in the composition of wheat grain, its products in the mill, and bread. *Journ. Chem. Soc.*, 1857.

TABLEAU I. — *Composition du grain et de la paille de dix récoltes de blé (1845-1855).*

| RÉCOLTES. | Détails de la production. | | | | Composition du grain. | | | Composition de la paille. | | |
|---|---|---|---|---|---|---|---|---|---|---|
| | Produit total, grain et paille, à l'hectare. | Grain pour 100 dans le produit total. | Grain nettoyé pour 100 du grain total. | Poids de l'hectolitre de blé nettoyé. | Grain sec à 100 degrés pour 100. | Cendres dans le grain sec pour 100. | Azote dans le grain sec pour 130. | Paille sèche à 100 degrés pour 100. | Cendres dans la paille sèche pour 100. | Azote dans la paille sèche pour 100. |
| | kil. | | | kil. | | | | | | |
| 1845 | 6,215 | 33.1 | 90.1 | 70.72 | 80.8 | 1.91 | 2.25 | » | 7.06 | 0.92 |
| 1846 | 4,611 | 43.1 | 93.2 | 78.71 | 84.3 | 1.96 | 2.15 | » | 6.02 | 0.67 |
| 1847 | 5,852 | 36.4 | 93.6 | 77.34 | » | » | 2.30 | » | 5.56 | 0.73 |
| 1848 | 5,063 | 36.7 | 89.0 | 72.98 | 80.3 | 2.02 | 2.39 | » | 7.24 | 0.78 |
| 1849 | 5,964 | 40.9 | 95.5 | 79.21 | 83.1 | 1.84 | 1.94 | 82.6 | 6.17 | 0.82 |
| 1850 | 6,160 | 33.6 | 94.3 | 75.97 | 84.4 | 1.99 | 2.15 | 84.4 | 5.88 | 0.87 |
| 1851 | 5,917 | 28.2 | 92.1 | 78.09 | 84.2 | 1.89 | 1.98 | 84.7 | 5.88 | 0.78 |
| 1852 | 4,819 | 31.6 | 92.1 | 70.72 | 83.2 | 2.00 | 2.28 | 82.6 | 6.53 | 0.79 |
| 1853 | 4,407 | 25.1 | 85.9 | 62.59 | 80.8 | 2.24 | 2.35 | 81.0 | 6.27 | 1.20 |
| 1854 | 7,625 | 35.8 | 95.6 | 76.59 | 84.9 | 1.93 | 2.14 | 83.7 | 5.08 | 0.69 |
| Moyennes... | 5,663 | 35.4 | 92.1 | 74.30 | 82.9 | 1.98 | 2.20 | 83.2 | 6.17 | 0.82 |

Le tableau I a servi aux auteurs à rechercher d'abord l'influence des saisons sur la composition de la récolte. Ainsi ils ont constaté que s'il y a une forte proportion pour cent de matière sèche, et une proportion faible de matières minérales et d'azote dans la matière sèche, les conditions d'une bonne qualité de récolte sont réalisées. Nous avons suffisamment insisté au chapitre *Blé* sur ce fait, dont la comparaison des années favorables : 1846, 1849, 1850, 1851, et 1854, avec les années à faibles rendements : 1845, 1848, 1852 et 1853, permet de vérifier l'exactitude, lors même que sur certains points il puisse y avoir désaccord. Il faudrait, pour expliquer cette non-concordance, reprendre une à une les conditions particulières de chaque année.

Il s'agissait de faire ressortir de ces essais cette conclusion importante, que la tendance à la maturité qui réduit la proportion centésimale de substances minérales et, le plus souvent, la proportion d'azote, est la même pour les céréales que pour les racines (turneps). Ainsi, plus le grain approche de la perfection, plus sa teneur en azote diminue, entre certaines limites climatériques.

L'engrais est loin d'exercer la même influence que la saison sur la nature et la composition du blé, comme on peut le voir en rapprochant les résultats des trois parcelles types. Quoique les engrais azotés, qui favorisent la récolte au plus haut degré, donnent, employés exclusivement et en excès, une proportion d'azote plus forte dans le grain, que lorsqu'il sont mélangés avec l'engrais minéral, et surtout qué dans le cas où le sol n'a reçu aucun engrais, les écarts, entre ces limites extrêmes de fumure, sont très-insignifiants. Rien donc ne justifie l'opinion que, pour de pleines récoltes à maturité, on puisse augmenter à volonté, par la fumure, la proportion d'azote du grain. Les moyennes décennales constatées à Rothamsted établissent que pour un excès de matières inorganiques, dans le sol sans engrais, le produit récolté en tient le plus, et que pour un manque relatif des mêmes matières, dans le sol fumé avec des engrais azotés, la récolte granifère en renferme le moins.

*Cendres du grain.* — Les dosages des cendres du grain provenant de trois années (1844-46) ont été exécutés à Rothamsted par MM. Dugald Campbell et Ashford, d'après les méthodes que les auteurs ont fait connaître. Le tableau II offre les résultats de ces dosages, comme moyennes annuelles et comme moyennes triennales dans trois parcelles types : sans engrais, avec fumier et avec en_

TABLEAU II. — *Composition des cendres du grain de blé : trois années (1844-1846).*

| | Moyennes annuelles. | | | Différences des moyennes annuelles. | | | Moyennes des parcelles types. | | | Moyennes générales. | |
|---|---|---|---|---|---|---|---|---|---|---|---|
| | 1844 9 analyses. | 1845 8 analyses. | 1846 6 analyses. | 1844 4 analyses. | 1845 8 analyses. | 1846 6 analyses. | sans engrais (3 ans). | fumier de ferme (3 ans). | autres engrais (3 ans). | 23 analyses Rothamsted | 26 analyses de M. Way. |
| *Rendement des récoltes :* | | | | | | | | | | | |
| Grain p. 100 dans le produit total | 46.2 | 34.1 | 43.3 | » | » | » | 41.4 | 40.8 | 41.3 | 41.2 | » |
| Poids de l'hect. de grain nettoyé | 74ᵏ35 | 71ᵏ10 | 78ᵏ56 | » | » | » | 74ᵏ35 | 74ᵏ35 | 74ᵏ97 | 74ᵏ85 | » |
| Matière sèche pour 100 du grain | 82.6 | 80.9 | 84.1 | » | » | » | 82.3 | 82.3 | 82.5 | 82.4 | » |
| Cendres p. 100 de la mat. sèche.. | 2.05 | 1.92 | 1.98 | » | » | » | 2.04 | 2.01 | 1.97 | 1.99 | 1.69 |
| *Composition des cendres :* | | | | | | | | | | | |
| Acide phosphorique ........... | 50.16 | 49.05 | 49.80 | 3.30 | 5.87 | 1.89 | 49.81 | 48.41 | 49.88 | 49.68 | 45.01 |
| Phosphate de fer............. | 2.54 | 2.10 | 2.43 | 0.90 | 3.87 | 1.45 | 2.14 | 2.06 | 2.45 | 2.36 | 0.82[1] |
| Potasse...................... | 28.93 | 29.54 | 29.72 | 2.82 | 7.11 | 3.07 | 29.78 | 28.03 | 29.50 | 29.35 | 31.44 |
| Soude...................... | 0.57 | 2.49 | 0.10 | 2.10 | 8.01 | 0.35 | 0.08 | 3.04 | 0.95 | 1.12 | 2.71 |
| Magnésie .................... | 11.07 | 10.24 | 10.78 | 1.74 | 2.60 | 0.79 | 11.20 | 11.31 | 10.51 | 10.70 | 12.36 |
| Chaux....................... | 3.30 | 3.18 | 3.84 | 1.06 | 1.64 | 1.74 | 3.15 | 3.47 | 3.43 | 3.40 | 3.52 |
| Acide sulfurique ............. | » | » | » | » | » | » | » | » | » | » | 0.34 |
| Acide carbonique............. | » | » | » | » | » | » | » | » | » | » | 0.02 |
| Chlore...................... | 0.13 | 0.10 | 0.17 | » | » | » | 0.14 | 0.04 | 0.14 | 0.13 | 0.13 |
| Silice, sable et charbon....... | 2.45 | 2.55 | 2.40 | » | » | » | 2.76 | 2.60 | 2.41 | 2.47 | 3.67[2] |
| Totaux........ | 99.15 | 99.25 | 99.24 | » | » | » | 99.06 | 98.96 | 99.27 | 99.21 | 100.03 |

[1] Peroxyde de fer. — [2] Silice soluble.

grais minéraux azotés , en regard de la moyenne générale des vingt-six analyses de M. Way. Le rendement des trois récoltes examinées, comme grain, comme teneur en matière sèche et en cendres, est indiqué également pour chacune des années et des parcelles.

Les différences de composition dues aux engrais, que l'on relève dans le tableau II, apparaissent plutôt comme des écarts d'analyse et n'offrent aucune indication positive, ainsi que c'était le cas pour les saisons, sur le plus ou moins de développement ou de maturité du grain. Dans la moins favorable des trois années : 1845, la variation de l'acide phosphorique, des alcalis et de la magnésie, est la plus grande ; tandis que dans l'année la plus favorable : 1846, elle est la plus faible. La chaux fait exception.

La moyenne des analyses Way indique une teneur généralement plus élevée (sauf pour l'acide phosphorique), que celle des dosages de Rothamsted. M. Way avait dosé, en effet, les cendres d'une grande variété de grains, tandis qu'à Rothamsted , on n'avait analysé qu'une seule variété : *old red Lamma*.

### 2. *Rendement et composition des produits de mouture.*

Depuis les premières investigations de Fourcroy et de Tillet sur la panification, on possède beaucoup de données sur la quotité de farine obtenue pratiquement pour cent de grain soumis à la mouture.

M. Boussingault a déterminé les proportions de farine et de son, sur vingt-quatre variétés de froment, cultivées au Jardin des Plantes de Paris; mais c'est par pulvérisation que les produits furent séparés.

MM. Lawes et Gilbert eurent d'abord recours au moulin à noix d'acier. Le grain étant plutôt taillé qu'écrasé, et les produits variant suivant la rapidité de l'opération, ils se décidèrent à faire moudre de 50 à 100 kilogr. de grain de chaque échantillon, sous les tournants d'un moulin à eau. Malgré les précautions prises, des irrégularités, provenant de la nature même des vingt-huit échantillons de grain, se sont produites. Il eût fallu, pour les éviter, agir sur des masses importantes, qui auraient permis au meunier de régler ses meules, au point de vue du meilleur rendement de chaque blé.

La boulange fut classée par blutage en neuf produits, dont les trois premiers numéros, formant la farine première, représentaient en moyenne 70 pour 100.

Le tableau III indique, outre les données caractéristiques des récoltes de 1846, 1847 et 1848, le rendement pour cent, en grain, de chaque année ; la matière sèche et la matière minérale ou cendres pour cent, dans chacune des neuf catégories de produits.

En examinant attentivement les résultats de chaque mouture, on constate que le grain provenant des engrais azotés, c'est-à-dire des plus lourdes récoltes, se sépare mieux, et que les issues sont plus dépourvues de farine, mais il importe pour cela que le grain soit bien développé et parfaitement mûr. La proportion de son, qui reste inférieur à 3 pour 100 dans ce cas, atteint près de 6 pour 100 lorsque le blé n'est pas suffisamment mûr, comme en 1848.

Les bas produits de la mouture, représentant 20 pour 100 de la boulange, ne semblent pas pouvoir être utilisés pour augmenter les subsistances publiques. On a pensé toutefois, comme il n'y avait réellement que 2 à 3 pour 100 de fibre ligneuse dans le grain , selon MM. Péligot et Millon, que des améliorations notables pourraient être introduites pour augmenter l'extraction. M. Poggiale a maintenu, il est vrai, que la proportion de matière fibreuse, non nutritive, des issues était de beaucoup supérieure à 3 pour 100. M. Boussingault l'avait évaluée de son côté à 7,5 pour 100 du poids du blé.

Entre autres, le procédé Mège-Mouriès, basé sur l'utilisation de la céréaline, ou du principe diastasique de la membrane du tégument du grain, devait permettre d'employer de 86 à 88 pour 100 de la boulange totale, pour faire du pain (1). Malgré l'intérêt scientifique de ce procédé, et les espérances qu'il fit concevoir, « il n'a rien apporté à la pratique... Tout en s'efforçant de curer les sons, il a été reconnu nécessaire (pour le meunier) de leur laisser la plus grande partie de la céréaline, renfermée dans la membrane qui les sépare de la farine (2). »

La teneur des produits de mouture en matière sèche est plus élevée que celle du grain complet, et plus élevée

(1) *Compt. rend. Acad. des Sciences,* 1857.
(2) Touaillon, *la Meunerie,* 1867, p. 134.

dans les issues que dans les farines et gruaux.

Pour les substances minérales, la teneur augmente depuis la quatrième catégorie. Le son en renferme dix fois plus que la première farine. Si on envisage pourtant la répartition de la matière minérale dans l'ensemble de la boulange, on en trouve près d'un tiers dans la première farine.

TABLEAU III. — *Produits de la mouture ; matière sèche et cendres pour 100 de blé (28 essais).*

| | PRODUIT en farines nos 1, 2 et 3. | | | | | MOYENNES générales annuelles. | | | Moyenne totale. 28 essais. | Cendres pour 100 de boulange. |
| | 1846. | | 1847. | | 1848. | 1846. | 1847. | 1848. | | |
| | Séparément. Moyenne de 3 essais. | Ensemble. Moyenne de 4 essais. | Séparément. Moyenne de 4 essais. | Ensemble. Moyenne de 15 essais. | Séparément. Moyenne de 2 essais. | 7 essais. | 19 essais. | 2 essais. | | |
|---|---|---|---|---|---|---|---|---|---|---|
| *Rendement des récoltes :* | | | | | | | | | | |
| Hectolitres à l'hectare | 23.57 | 26.26 | 23.67 | 29.64 | 28.29 | 25.15 | 28.29 | 28.29 | 27.39 | |
| Poids de l'hectolitre (kilogr.) | 79.2 | 78.9 | 76.9 | 77.6 | 73.7 | 79.1 | 77.5 | 73.7 | 77.6 | |
| Grain p.100 dans le produit total | 43.5 | 42.7 | 35.9 | 36.0 | 37.1 | 43.0 | 36.0 | 37.1 | 37.8 | |
| PRODUITS DE LA MOUTURE POUR 100. | | | | | | | | | | |
| 1. Première farine no 1 | 44.0 | » | 35.7 | » | 47.4 | 44.0 | 35 7 | 47.4 | 41.1 | |
| 2. id. id. no 2 | 17.9 | » | 16.4 | » | 23.9 | 17.9 | 16.4 | 23.9 | 18.6 | |
| 3. id. id. no 3 | 8.7 | » | 13.3 | » | 2.0 | 8.7 | 13.3 | 2.0 | 9.2 | |
| Premières farines nos 1, 2 et 3 | 70.6 | 68.3 | 65.4 | 71.5 | 73.3 | 69.3 | 70.2 | 73.3 | 70.2 | |
| 4. Seconde farine | 4.6 | 5.1 | 7.7 | 5.3 | 2.1 | 4.9 | 5.8 | 2.1 | 5.3 | |
| 5. Gruaux fins | 8 7 | 11.4 | 10.3 | 8.3 | 4.5 | 10 2 | 8.7 | 4.5 | 8.8 | |
| 6. Gruaux gros | 3.1 | 3.8 | 3.6 | 3.2 | 3.6 | 3.5 | 3.3 | 3.6 | 3.4 | |
| 7. Recoupe première | 1.8 | 5.5 | 1.9 | 1.8 | 2.6 | 3.9 | 1.8 | 2.6 | 2.4 | |
| 8. Recoupe seconde | 6.6 | 2.7 | 7.4 | 7.1 | 7.9 | 4.4 | 7.2 | 7.9 | 6.5 | |
| 9. Gros son | 4.3 | 2.9 | 3.2 | 2.3 | 5.9 | 3.5 | 2.5 | 5.9 | 3.0 | |
| MATIÈRE SÈCHE A 100° C. POUR 100 DANS CHACUN DES PRODUITS. | | | | | | | | | | |
| 1. Première farine no 1 | 84.4 | » | 83.8 | » | 85.4 | 84.4 | 83.8 | 85.4 | 84.3 | |
| 2. id. id. no 2 | 84.5 | » | 83.7 | » | 85.2 | 84.5 | 83.7 | 85.2 | 84.3 | |
| 3. id. id. no 3 | 84.5 | » | 83.9 | » | 85.2 | 84.5 | 83.9 | 85.2 | 84.4 | |
| Premières farines nos 1, 2 et 3 | » | 84.7 | » | 83.8 | » | 84.6 | 83.8 | 85.3 | 84.1 | |
| 4. Seconde farine | 84.4 | 85.2 | 84.3 | 85.2 | 85.5 | 84.8 | 85.0 | 85.5 | 85.0 | |
| 5. Gruaux fins | 83.1 | 84.9 | 84.0 | 84.7 | 85.3 | 84.1 | 84.5 | 85.3 | 84.5 | |
| 6. Gruaux gros | 86.5 | 85.1 | 82.2 | 86.2 | 85.4 | 85.7 | 85.3 | 85.4 | 85.4 | |
| 7. Recoupe première | 87.3 | 85.8 | 82.2 | 85.5 | 85.7 | 86.4 | 84.8 | 85.7 | 85.3 | |
| 8. Recoupe seconde | 86.4 | 84.9 | 82.6 | 86.0 | 86.2 | 85.5 | 85.3 | 86.2 | 85.4 | |
| 9. Gros son | 86.3 | 85.5 | 83.1 | 85.3 | 85.7 | 85.8 | 85.1 | 85.7 | 85.3 | |
| MATIÈRES MINÉRALES (CENDRES) POUR 100 DANS CHACUN DES PRODUITS. | | | | | | | | | | |
| 1. Première farine no 1 | 0.70 | » | 0.68 | » | 0.70 | 0.70 | 0.68 | 0.70 | 0.69 | 0.284 |
| 2. id. id. no 2 | 0.71 | » | 0.71 | » | 0.73 | 0.71 | 0.71 | 0.73 | 0.71 | 0.132 |
| 3. id. id. no 3 | 0.75 | » | 0.74 | » | 0.87 | 0.75 | 0.74 | 0.87 | 0.73 | 0.067 |
| Premières farines nos 1, 2 et 3 | » | 0.71 | » | 0.70 | » | 0.71 | 0.70 | 0.77 | 0.71 | 0.483 |
| 4. Seconde farine | 0.92 | 1.01 | 0.93 | 1.08 | 1.04 | 0.97 | 1.05 | 1 04 | 1.03 | 0.054 |
| 5. Gruaux fins | 1.82 | 1.88 | 1.54 | 2.43 | 1.88 | 1.85 | 2.24 | 1.88 | 2.12 | 0.186 |
| 6. Gruaux gros | 3.77 | 4.35 | 3.74 | 4.43 | 3.54 | 4.10 | 4.28 | 3.54 | 4.18 | 0.142 |
| 7. Recoupe première | 5.86 | 6.01 | 5.45 | 5.65 | 5.03 | 5.94 | 5.61 | 5.03 | 5.65 | 0.136 |
| 8. Recoupe seconde | 6.91 | 6.85 | 6.41 | 6.39 | 5.84 | 6.88 | 6.39 | 5.84 | 6.47 | 0.420 |
| 9. Gros son | 7.63 | 7.27 | 6.67 | 7 19 | 6.34 | 7.42 | 7.08 | 6.34 | 7.11 | 0.213 |
| Total | | | | | | | | | | 1.634 |

Comme l'année 1845-46 avait fourni le meilleur blé, les auteurs firent moudre en 1848 des quantités de grain de cette année, provenant de quatre parcelles types, pour y déterminer la proportion des produits, leur composition et la répartition des éléments pour cent de grain.

Les résultats sont consignés dans le tableau IV.

TABLEAU IV. — *Composition élémentaire des produits de mouture du blé de la récolte de 1846, moulu en 1848.*

| | Produits de mouture pour 100 de grain. | Pour 100 de chaque produit. | | | Pour 100 de cendres. | | Répartition des éléments pour 100 de grain. | | | |
|---|---|---|---|---|---|---|---|---|---|---|
| | | Matière sèche à 100° C. | Matières minérales (cendres). | Azote. — 4 dosages. | Insoluble dans les acides. | Acide phosphorique. | Matières minérales. | Azote. | Cendres. Insoluble dans les acides. | Acide phosphorique. |
| Farines premières. | | | | | | | | | | |
| 1............ .... N° 1.. | 51.2 | 85.5 | 0.71 | 1.63 | 6.04 | 44.3 | 0.36 | 0.83 | 0.022 | 0.161 |
| 2............,..... N° 2.. | 24.8 | 85.6 | 0.74 | 1.69 | 5.83 | 45.5 | 0.18 | 0.42 | 0.010 | 0.083 |
| 3....,.......,.... N° 3.. | 1.7 | 85.0 | 0.82 | 1.78 | 5.74 | 48.1 | 0.01 | 0.03 | 0.000 | 0.007 |
| 4. Farine seconde........ | 1.6 | 85.2 | 1.04 | 1.86 | 2.18 | 48.4 | 0.02 | 0.03 | 0.000 | 0.008 |
| 5. Gruaux fins ........... | 3.3 | 85.5 | 2.19 | 2.21 | 3.04 | 51.3 | 0.07 | 0.07 | 0.002 | 0.037 |
| 6. Gruaux gros .......... | 3.3 | 86.1 | 3.93 | 2.58 | 3.84 | 49.6 | 0.13 | 0.08 | 0.005 | 0.064 |
| 7. Recoupe 1ʳᵉ ........... | 1.8 | 86.5 | 5.46 | 2.44 | 0.84 | 52.3 | 0.10 | 0.04 | 0.001 | 0.051 |
| 8. Recoupe 2ᵉ........... | 6.7 | 86.4 | 6.56 | 2.42 | 0.56 | 55.2 | 0.44 | 0.16 | 0.002 | 0.242 |
| 9. Gros son ............. | 5.0 | 86.4 | 7.14 | 2.40 | 0.60 | 54.8 | 0.36 | 0.12 | 0.002 | 0.195 |
| Totaux......... | 99.4 | » | » | » | » | » | 1.67 | 1.78 | 0.044 | 0.850 |

On y relèvera d'abord que, conformément à l'opinion des praticiens, toutes conditions égales d'ailleurs, le blé de deux années de date rend plus de farine que le même blé moulu frais. En effet, les trois numéros de farine première figurent pour 77,7 pour 100, au lieu de 70,6 indiqués dans le tableau III.

La teneur en azote augmente progressivement jusqu'au n° 6 ; ce qui s'accorde avec ce que l'on sait de la structure du grain, dans lequel les matières azotées se concentrent au-dessous du péricarpe; mais à partir des gruaux, elle reste à peu près stationnaire.

D'après le dosage en azote des issues, on a pensé que le pain bis ou de ménage était plus nourrissant que le pain blanc. Les issues, en effet, ne tiennent pas seulement plus d'azote et de matières minérales, mais encore la plus forte proportion de matières grasses, qui, par leur combustion, entretiennent la respiration et la chaleur animale. Payen affirmait en conséquence que la farine serait un aliment plus complet si elle renfermait toutes les parties du fruit du blé, à l'exception de la pellicule périphérique, péricarpe sec, non nutritif, formant 4 à 5 pour 100 du poids total (1).

Il résulte des discussions à ce sujet que, parmi les éléments nitrogénés des issues, il y en a, pour les uns, une plus forte proportion de soluble dans l'eau, et pour

(1) *Précis de chim. ind.*, 5ᵉ édit., t. II, p. 198.

d'autres, que le son renferme probablement une dose plus forte d'albumine; ce qui indiquerait un degré moins avancé d'élaboration, et, par conséquent, d'assimilation. Poggiale déclare, en outre, qu'une grande partie des éléments nitrogénés insolubles n'est pas digestible, et que 56 pour 100 des matières composant les issues sont impropres à la nutrition. D'ailleurs, on sait par expérience que la céréaline a pour effet de fluidifier une partie de la substance amylacée, et que le mélange des issues avec la farine excite l'action péristaltique, d'où il résulte que le canal digestif, trop rapidement évacué, ne concourt pas dans la mesure voulue à l'alimentation.

Aussi MM. Lawes et Gilbert conservent-ils des doutes sur l'opinion soutenue par certains chimistes qu'il y a avantage à augmenter l'extraction par l'addition des matières azotées et minérales contenues dans les issues. Pour eux, la digestibilité et l'assimilation sont des qualités non moins essentielles que la composition chimique, en fait d'alimentation.

On remarquera encore que les matières insolubles dans les acides sont en beaucoup plus grande quantité dans les cendres des farines que dans celles des sons, ce qui peut tenir à la silice du grain ou à celle des meules. L'acide phosphorique et la magnésie, à l'inverse de la chaux, sont plus abondants dans les cendres des sons.

### 3. *Rendement des farines et composition du pain.*

Pour compléter leur examen des produits de mouture, les auteurs ont recherché le rendement en pain des diverses farines, la composition du pain et les modifications dues à la panification.

Dans le tableau V sont résumés : 1° les résultats des essais sur les blés de 1846 et 1847, de Rothamsted, où l'on a déterminé la quantité de farine pour cent de grain ; la quantité de pain pour cent de farine ; la matière sèche et l'eau pour cent de pain ; 2° les dosages de matière sèche et d'humidité des pains de boulangers, cuits à Londres et hors de Londres ; 3° les résultats des expériences d'autres chimistes.

Le type d'excellence d'une farine, pour le boulanger, outre l'aspect physique, l'éclat, la couleur, etc, paraît être basé sur la quantité de gluten, sur la qualité de la pâte *longue* ou *courte*, et, plus pratiquement encore, sur le poids de pain ferme et léger qui correspond à un poids donné de farine.

Cette dernière qualité, d'après les essais que nous relatons, ne serait pas inhérente aux produits supérieurs, séparés par le blutage, c'est-à-dire, les moins azotés et les plus riches en composés amylacés. En effet, les trois premiers numéros de farines du même grain offrent, pour des quantités données, un poids de pain d'autant plus grand qu'ils tiennent plus d'azote ; mais le n° 4, ou farine deuxième, qui renferme plus d'azote encore, sans doute à un autre état, fournit moins de pain en proportion, quoiqu'il retienne une certaine partie de son, susceptible d'absorber de l'eau.

C'est en comparant les années entre elles que l'on reconnaît au grain le plus lourd, le moins azoté, et par conséquent le mieux développé, la propriété de fournir le plus de pain. Ainsi, le grain de 1846, plus plein et de qualité supérieure, a fourni un poids de pain notablement plus fort que celui plus azoté de 1847.

Le mélange des trois premiers numéros de farines donne plus de pain que chacun des numéros pris séparément. C'est le cas surtout pour le grain plus azoté de 1847. En 1846, le grain n'a rendu que 68,3 pour 100 de farines panifiables, au lieu de 71,5 pour 100, tirés

en 1847 ; mais le pain obtenu en 1846 fut plus blanc, plus léger, de meilleure texture qu'en 1847.

Dans les résultats obtenus par les autres chimistes, on constate l'accord, au sujet de la dose d'humidité du pain de Paris, avec MM. Dumas, Payen, Boussingault ; pour quatre pains fermentés, avec Maclagan, et pour neuf pains différents, avec Millon.

Les dosages d'eau du pain anglais, trouvés par Johnston et par Payen, sont trop élevés.

MM. Lawes et Gilbert ont confirmé l'observation de M. Boussingault que le pain des campagnes est plus humide que celui des villes. Il en est de même du pain de ration et de munition, par rapport à celui de la consommation journalière.

En conclusion, les auteurs pensent que si la proportion de matière sèche dans le pain est essentielle à constater, elle est soumise à l'influence de circonstances dont il faut tenir compte, entre autres à la durée du séjour du pain hors du four et à l'état de maturité du grain. En fixant la moyenne de la matière sèche entre 62 et 64 pour 100, et celle de l'eau entre 36 et 38 pour 100, ils rappellent que leurs essais se sont faits sur les produits de trois années qui se classent au-dessus de la moyenne comme maturité.

### 4. *Du pain dans l'alimentation.*

MM. Lawes et Gilbert terminent leur étude en discutant les opinions produites sur les avantages des blés durs, plus riches en gluten, en substances azotées, en matières grasses, en sels inorganiques et en cellulose, mais renfermant moins d'amidon que les blés tendres.

M. W. Constable, de Brighton, ayant déterminé le gluten contenu dans cent trois variétés de froments, comprenant des blés d'Amérique, du nord, du midi et de l'est de l'Europe, et de l'Angleterre, a trouvé les moyennes suivantes de gluten pour cent de grain :

Blés américains...................... 11,4
Blés du continent européen.......... 11,6
Blés anglais........................ 10,7

Il y a lieu de remarquer que le procédé de dosage mécanique du gluten, appliqué par M. Constable (identique à celui que donne l'aleuromètre de Boland), n'indique pas la totalité des ma-

**TABLEAU V.** — *Expériences sur la panification et la composition du pain : matière sèche et humidité.*

| | Nombre d'essais. | DÉTAILS SUR LA RÉCOLTE. | | | | Farine pour 100 de grain | Pain pour 100 de farine. | Pour 100 de pain. | |
| --- | --- | --- | --- | --- | --- | --- | --- | --- | --- |
| | | Années des récoltes. | Hecto-litres à l'hectare. | Poids de l'hectolitre. | Grain pour 100 dans le produit total. | | | Matière sèche. | Eau. |
| **I. — Expériences de MM. Lawes et Gilbert.** | | | | | | | | | |
| Farine 1re, no 1............ | 6 | 1846 | 22.90 | 77.71 | 38.1 | 37.1 | 132.9 | 64.1 | 35.9 |
| id. no 2............ | 6 | et | | | | 15.7 | 135.3 | 62.5 | 37.5 |
| id. no 3............ | 6 | 1847 | | | | 12.9 | 136.7 | 61.9 | 38.1 |
| Farine 2e, no 4............ | 4 | 1847 | 22.67 | 76.96 | 35.9 | 7.7 | 136.1 | 62.6 | 37.4 |
| Total et moyennes............................ | | | | | | 73.4 | 135.2 | 62.8 | 37.2 |
| Farines nos 1, 2 et 3 mélangées.............. | 19 | 1846 et 1847 | 28.75 | 77.84 | 37.2 | 70.8 | 137.8 | 61.4 | 38.6 |
| *Pains de boulangers.* | | | | | | | | | |
| Moyenne de 4 pains cuits à la campagne........ 8 heures après leur sortie du four............................ | | | | | | | | 62.1 | 37.9 |
| Moyenne de 3 pains cuits à Londres............. 12 heures après leur sortie du four............................ | | | | | | | | 64.2 | 33.8 |
| Moyennes........................ | | | | | | | | 63.0 | 37.0 |
| **II. — Expériences de divers chimistes.** | | | | | | | | | |
| 1. *Pereira*............ | | | | | | » | 128.0 | » | » |
| 2. id. ............ | | | | | | » | 134.0 | » | » |
| 1. *Daubeny*............ | | | | | | 82.0 | » | » | » |
| 1. *Dumas*............ | | | | | | » | 128.0 | » | » |
| 2. id. ............ | | | | | | » | 130.0 | 62.5 | 37.5 |
| 3. id. ............ | | | | | | » | 133.0 | » | » |
| 1. *Ure*, moyenne ordinaire............ | | | | | | » | 133.3 | » | » |
| 2. id. Paris, 1835, farine 1re............ | | | | | | 80.0 | 127.0 | » | » |
| 1. *Hassall* ............ | | | | | | 77.7 | » | » | » |
| 1. *Alison et Christison* (pour le bureau des pauvres d'Ecosse)......... | | | | | | » | » | 62.0 | 38.0 |
| 1. *Johnston*, pain anglais............ | | | | | | 75.7 | 150.0 | 56.0 | 44.0 |
| 2. id. pain français de ration............ | | | | | | » | » | 49.0 | 51.0 |
| 1. *Boussingault*, pain anglais............ | | | | | | 72.0 | » | » | » |
| 2. id. id. français............ | | | | | | 74.0 | » | » | » |
| 3. id. id. Paris............ | | | | | | » | 130.0 | 64.6 | 35.4 |
| 4. id. id. Bechelbronn............ | | | | | | » | 140.0 | 57.1 | 42.9 |
| 5. id. id. français, de ration............ | | | | | | » | 139.0 | » | » |
| 6. id. id. Syrington............ | | | | | | 78.0 | » | » | » |
| 7. id. id. Lurzen............ | | | | | | 83.0 | » | » | » |
| 8. id. id. Dombasle............ | | | | | | 85.5 | » | » | » |
| 1. *Péligot*............ | | | | | | 80.0 | » | » | » |
| 1. *Payen*, pain de Paris ordinaire............ | | | | | | » | » | 64.0 | 36.0 |
| 2. id. id. id. ............ | | | | | | » | » | 62.0 | 38.0 |
| 3. id. pain français de munition............ | | | | | | 85.0 | » | 61.0 | 39.0 |
| 4. id. id. id. ............ | | | | | | 80.0 | » | 58.0 | 42.0 |
| 5. id. pain anglais cubique............ | | | | | | » | » | 60.0 | 40.0 |
| 1. *Millon*, pain de boulangerie (rendement réel)............ | | | | | | » | 135.0 | 65.0 | 34.98 |
| 2. id. id. id. ............ | | | | | | » | 107.0 | 63.4 | 36.6 |
| 3. id. id. id. ............ | | | | | | » | 132.0 | 63.5 | 36.5 |
| 4. id. id. id. ............ | | | | | | » | 134.5 | 61.3 | 38.7 |
| 5. id. id. id. ............ | | | | | | » | 133.0 | 63.3 | 36.7 |
| 6. id. id. id. ............ | | | | | | » | 133.0 | 65.5 | 34.5 |
| 7. id. id. id. ............ | | | | | | » | 134.0 | 66.0 | 34.0 |
| 8. id. id. id. ............ | | | | | | » | 137.3 | 64.9 | 35.1 |
| 9. id. id. id. ............ | | | | | | » | 134.0 | 60.5 | 39.5 |
| Moyennes........................ | | | | | | » | 134.4 | 63.7 | 36.3 |
| 10. id. pain de munition (armée)............ | | | | | | » | » | 58.0 | 42.0 |
| 11. id. id. id. ............ | | | | | | » | » | 57.0 | 43.0 |

| | Mat. azotée. | Farine pour 100 de grain | Pain pour 100 de farine. | Matière sèche. | Eau. |
| --- | --- | --- | --- | --- | --- |
| *Maclagan*............ | | | | | |
| 1. id. pain de boulanger, 1re qualité............ | 7.55 | » | 134.7 | 64.25 | 35.75 |
| 2. id. pain de boulanger, 2e qualité............ | 7.99 | » | » | 65.09 | 34.91 |
| 3. id. pain de ménage, 1re qualité............ | 7.29 | » | 131.0 | 66.1 | 33.9 |
| 4. id. pain de ménage, 2e qualité............ | 8.71 | » | 133.0 | 58.3 | 41.7 |
| 5. id. pain non fermenté, 1re qualité............ | 7.00 | » | 143.0 | 60.5 | 39.5 |
| 6. id. pain non fermenté, 2e qualité............ | 7.40 | » | » | 58.5 | 41.5 |

tières azotées contenues dans les farines, et laisse perdre quelque peu de gluten par le lavage ; en même temps qu'il offre une cause d'erreur, en sens inverse, par la dessiccation du gluten (1). Quoi qu'il en soit, les vérifications faites sur des blés étrangers par MM. Lawes et Gilbert venant à l'appui, on peut inférer des essais de M. Constable que les maxima de température, au moment de la maturité du grain, favorisent une dose de gluten plus élevée et qu'il y a une influence générale exercée par la latitude du lieu de culture sur la teneur en azote du grain.

En Angleterre, on a recours aux farines des blés étrangers, à haut titrage d'azote, pour donner surtout du corps à la pâte, en les mélangeant avec les farines de grain indigène, imparfaitement mûri. Les blés russes généralement employés donnent pourtant une farine de couleur inférieure, plus dure, plus cornée : ils ont été semés au printemps, dans des terres riches, et récoltés à maturité, sous l'action d'une plus haute température. D'ailleurs, même en Angleterre, les blés de printemps sont plus azotés que ceux d'automne et servent également à donner du corps aux farines des blés d'automne.

MM. Lawes et Gilbert n'en partagent pas moins l'avis de M. Peligot et de quelques autres observateurs, que la valeur des farines pour la panification doit se chiffrer plutôt d'après l'état des principes immédiats que d'après la teneur pour cent en matières azotées. Une forte proportion de matières plastiques, pourvu que le grain, bien développé et mûr n'offre pas trop d'obstacles au moulage et au blutage, tendra à donner plus de pain en poids, et du pain de bonne texture ; mais une moindre proportion de ces matières, si l'état du grain est également parfait, fournira le même résultat comme poids de pain, et souvent le pain sera plus blanc et de meilleure texture. Ainsi, c'est à la maturité, ou à l'état d'élaboration du grain, aussi bien qu'à la

composition centésimale, qu'il faut reconnaître les qualités panifiables des farines.

Le point de vue du consommateur, en ce qui se réfère à la proportion de gluten et des autres matières azotées neutres : albumine, fibrine et caséine, constituant les aliments assimilables des farines, ne doit pas faire oublier qu'un petit nombre seulement de blés étrangers combinent les avantages d'un haut titre en azote, d'une mouture facile et d'un pain léger, facilement digestible. Ce qui semble positif, c'est que, dans les froments anglais, un haut dosage d'azote correspond à un état moins parfait d'élaboration du grain et à une farine de qualité inférieure pour la panification.

MM. Lawes et Gilbert, en fixant l'azote du pain blanc à 1.29 pour 100, correspondant à 8 pour 100 de composés azotés, ont tenu à se rendre compte du rôle que joue le pain dans le régime de l'alimentation générale. Dans leurs expériences, sur quatre-vingt-six individus, classés en quinze catégories, suivant les sexes et les âges (1), ils ont constaté que le rapport moyen de l'azote au carbone, pour les régimes alimentaires auxquels ces individus avaient été soumis, n'était que de 5.34. Or, dans le tableau VI, qui résume la composition moyenne de nos principaux aliments : matière sèche, carbone et azote, on remarque que le rapport de

TABLEAU VI. — *Composition moyenne des principaux aliments.*

|  | Pour 100. | | | Azote pour 100 de carbone. |
|---|---|---|---|---|
|  | Matière sèche. | Carbone. | Azote. |  |
| Viande fraîche......... | 45.0 | 30.0 | 2.0 | 6.6 |
| Lard frais............. | 80.0 | 57.0 | 1.13 | 2.0 |
| Lard sec.............. | 85.0 | 61.0 | 1.4 | 2.3 |
| Suif ou beurre......... | 85.0 | 68.0 | 0.0 | » » |
| Lait................. | 10.0 | 5.4 | 0.5 | 9.3 |
| Fromage............. | 60.0 | 36.0 | 4.5 | 12.5 |
| Farine de blé.......... | 85.0 | 38.0 | 1.72 | 4.5 |
| Pain................. | 64.0 | 28.5 | 1.29 | 4.5 |
| Maïs................. | 87.0 | 40.0 | 1.75 | 4.4 |
| Farine d'avoine........ | 85.0 | 40.0 | 2.0 | 5.0 |
| Riz.................. | 87.0 | 39.0 | 1.0 | 2.56 |
| Pommes de terre....... | 25.0 | 11.0 | 0.35 | 3.2 |
| Légumes (succulents).. | 15.0 | 6.0 | 0.2 | 3.3 |
| Pois................. | 85.0 | 39.0 | 3.65 | 9.4 |
| Sucre................ | 95.0 | 40.0 | 0.0 | » » |
| Cacao et chocolat..... | 92.0 | 56.2 | 2.0 | 3.6 |
| Bière ou porter........ | 9.5 | 4.5 | 0.01 | 0.2 |

(1) M. Boland évaluait la dose de gluten, dans les farines de première qualité, entre 10.5 et 11 pour 100, et celle des farines inférieures entre 7.3 et 9. En général, la farine première de commerce contiendrait 12.5 de gluten, et celle d'Odessa, 14,55 pour 100. M. Villain assigne à la farine de froment pur, comme moyenne de nombreuses déterminations, 12.75 pour 100 de gluten sec.

(1) *Journ. Soc. Arts,* mars 1855.

l'azote pour 100 de carbone est, dans le pain seul, de 4.50. Il faut donc peu d'azote pour compléter, avec le pain, la proportion réalisée par les divers régimes.

Le pain, en somme, renferme une quantité d'azote et de carbone, ou d'aliments plastiques et respiratoires, comme on les a désignés, comparable à celle des aliments les plus usités, sauf la viande fraîche, le lait et le fromage. Bien que le fromage, par exemple, tienne 12.5 d'azote pour 100 de carbone, l'ouvrier anglais en consomme beaucoup moins que de lard, dont la teneur en azote, par rapport au carbone, est moitié moindre que dans le pain. Le beurre, la graisse, qui ne renferment pas d'azote, lorsqu'on les ajoute à la farine ou au pain, diminuent d'autant le rapport de l'azote au carbone. Cependant ces substances, outre le carbone qui favorise la combustion respiratoire, fournissent une grande quantité d'hydrogène dû à leur matière grasse. Il y a donc lieu, dans tout régime d'alimentation, de tenir compte des matières complémentaires du pain. Le régime par excellence se distingue par une certaine quantité d'éléments essentiels, non azotés, à l'état de matières grasses, par exemple, et par une certaine quantité de matières azotées à haut titre, telles que la viande, complétant l'ingestion du pain de froment non adultéré.

### B. Statistique du blé : production et consommation.

M. Caird, le statisticien très-connu, estimait, d'après les documents officiels présentés au Parlement (1), pour le Royaume-Uni, la différence entre une bonne récolte de froment (année 1863), et une mauvaise récolte (année 1867), à 750 millions de francs, dont l'étranger reçoit à peu près les neuf dixièmes (2).

Si tel est l'écart d'une bonne à une mauvaise année pour le blé, seul, on conçoit tout l'intérêt qui s'attache à la prévision du rendement total, ou du produit à l'hectare, des emblavures faites à l'automne précédent. On s'explique dès lors le nombre des communications insérées dans les grands journaux et dans les feuilles agricoles de nos voisins, avant l'époque de la moisson, et les discussions importantes, au point de vue de la prospérité générale du pays, qui s'engagent sur les avis des agriculteurs et des statisticiens les plus compétents.

La culture du blé à Rothamsted devait servir à obtenir ce résultat particulier, qui n'est pas sans offrir de sérieux services au public, de signaler en temps opportun les caractères généraux de la récolte annuelle de la Grande-Bretagne.

Grâce à des compensations soigneusement faites pendant une longue série d'années, entre les rendements variables des champs d'expériences et les rendements officiels, MM. Lawes et Gilbert ont pu, depuis 1862, fournir d'avance, chaque année, des indications extrêmement utiles sur la récolte. M. Caird, après avoir été des premiers à appeler l'attention générale sur les conséquences commerciales et économiques du prix de revient et de la consommation du blé, devait apprécier, comme elles le méritaient, les données de Rothamsted « qui constituent, selon lui, la série de faits les plus instructifs pour guider le producteur de céréales en Angleterre. »

Malgré l'intérêt de l'information puisée dans leurs champs d'expériences, MM. Lawes et Gilbert ont tenu à montrer combien de renseignements manquent encore pour arriver à une détermination absolument certaine du rendement total, ou à l'hectare, des terres à blé. C'est ce qu'ils ont fait dans un mémoire spécial publié en 1868 (1).

En calculant annuellement la moyenne du rendement des trois parcelles types suivantes de Broadbalk field :

N° 3, sans aucun engrais ;
N° 2, avec 35,000 kilogr. de fumier par an ;
N°ˢ 7, 8 et 9, moyenne des engrais préparés.

ils ont obtenu pour 16 années, 1852-67, et pour 17 années, 1852-68, les résultats moyens ci-après :

| | 1852-67 16 ans. | 1852-68 17 ans, |
|---|---|---|
| Hectolitres effectifs à l'hectare | 25.93 | 26.16 |
| Hectolitres à 76 kilogr. par hectolitre | 25.26 | 25.60 |
| Poids de l'hectolitre (kilogr.). | 65.71 | 65.81 |
| Rapport pour 100 du grain à la paille | 57 | 58 |

---

(1) *Agric. Returns for Great Britain, with abstract returns for the United Kingdom*, 1867.

(2) *Our daily food; its price and sources of supply*, by M. Caird. London, 1868.

(1) On the home produce, imports and consumption of wheat. *Journ. Roy. Agric. Soc. England*, t. VI, 2ᵉ série, 1868.

M. Caird, de son côté, évaluait le rendement moyen, pour la Grande-Bretagne, à 25,15 hectolitres. La coïncidence avec le résultat des parcelles types est remarquable.

Quoique les variations du poids de l'hectolitre de blé représentent, d'une année à l'autre, 10 et 20 pour 100, leur influence sur une longue période de 16 ou 17 années, en prenant un poids uniforme de 76 kil. par hectolitre pour évaluer le rendement, se traduit par une différence de moins d'un demi-hectolitre.

En parcourant les relevés statistiques annuels, on constate encore que les années 1863, 1854 et 1857, qui ont été les plus productives dans les champs d'expériences, ont donné, de l'avis unanime, les plus lourdes récoltes de blé dans le pays. Réciproquement, les années moins abondantes à Rothamsted, 1853, 1860 et 1867, ont été marquées par une pénurie exceptionnelle. Ainsi, la plus mauvaise récolte depuis 1816 a été celle de 1853, à cause de l'impossibilité, vu l'humidité, d'emblaver à l'automne.

L'examen des relevés annuels prouverait, s'il était continué, la concordance entre les variations de rendement des parcelles types choisies et celles observées dans le pays tout entier.

Pour évaluer, d'après les données locales de 17 années, la production totale, l'importation des blés étrangers et la consommation annuelle du Royaume-Uni, il fallait apprécier une à une les sources d'informations et de dénombrement dont on dispose, afin de déterminer les emblavures, le rendement moyen à l'hectare, la production totale intérieure et la quotité disponible pour l'alimentation, les quantités de blé importées, le nombre de consommateurs et la consommation par individu, etc. Cette appréciation, MM. Lawes et Gilbert l'ont faite sur les documents existants, pour chacune des catégories qui viennent d'être énumérées.

1. *Surface emblavée.* — Les emblavures varient beaucoup d'une année à l'autre suivant les prix du marché, les stocks du pays et de l'extérieur, les prévisions de l'étranger et les indices caractéristiques de l'année. C'est ainsi que, pour l'Angleterre, les emblavures, très-réduites en 1853, furent insuffisantes en 1861 ; elles furent moyennes de 1852 à 1857 inclusivement, et de 1862 à 1864, tandis

qu'elles furent très-étendues en 1868, à cause des bonnes conditions de l'emblaison et du cours élevé du blé.

Après avoir discuté les données officielles de 1866-67 (1) et celles de M. Caird pour 1850, les auteurs assignent aux emblavures de l'Angleterre, 1,306,069 hectares, et du Pays de Galles, 46,076 hectares.

En Ecosse, la Société d'agriculture des Highlands, qui a fait le dénombrement des quatre années (1854-57) (2), et les commissaires du Revenu Intérieur, qui ont fait, pour le *Board of trade*, la statistique des années 1866 et 1867, ont obtenu des résultats qui diffèrent les uns des autres de près de moitié. MM. Lawes et Gilbert ont appliqué aux premières années 1852 et 1853 la moyenne obtenue par la Société des Highlands, soit 85,588 hectares ; aux années 1854-57, les vrais chiffres donnés par la Société ; aux années 1857 à 1866 la moyenne résultant de la différence d'évaluation entre les deux statistiques, et aux années 1866 et 1867, les chiffres des commissaires du Revenu, soit 44,686 hectares.

En Irlande, la statistique officielle, régulièrement établie chaque année (3), donne pour emblavure maximum en 1857 : 226,472 hectares, et pour emblavure minimum en 1863 : 105,339 hectares, soit une moyenne, pour 16 ans, de 157,750 hectares.

La surface emblavée et la population des îles de Man et de la Manche, représentant 1 pour 100 de la surface et de la population totales, ont été négligées.

2. *Rendement à l'hectare.* — C'est là un élément essentiel pour lequel les informations authentiques font défaut. On n'a, en effet, de statistique officielle que pour l'Ecosse, pendant les années 1854-57, et pour l'Irlande, chaque année. Quant à l'Angleterre et au Pays de Galles, qui représentent plus de 85 pour 100 de l'emblavure totale, on en est réduit aux estimations particulières, qui varient entre 25 et 29 hectolitres. La moyenne plus généralement admise est de 27 hectolitres. M. Caird l'avait fixée, en 1850, à 23ʰ.8 et n'admettait pas qu'elle excédât, en 1867, 25ʰ.15.

(1) *Agric. Returns for Great Britain,* 1867.
(2) *Agric. Statistics of Scotland.* Reports by the Highl. and Agric. Soc. to the Board of Trade, 1854-1857.
(3) *Agric. Statistics for Ireland,* 1868.

Pour leurs calculs, MM. Lawes et Gilbert se sont basés sur le rendement des parcelles types de Broadbalk field, cultivées depuis 1843, en tenant compte des caractères de chaque récolte générale, c'est-à-dire en corrigeant leurs propres données à l'aide de celles des diverses régions, avant d'adopter une moyenne annuelle. Dans ce but, ils ont ramené le rendement à l'hectolitre d'un même poids de 76 kilogr.; augmenté le rendement des années 1852 et 1853 exceptionnellement défavorables, à Rothamsted, conformément aux chiffres de M. Caird; et fait courir l'année agricole d'une récolte à l'autre.

Pour l'Ecosse, le compte a été établi en se fondant sur les quatre années dénombrées, et sur la proportion des emblavures qui n'est que d'un vingtième par rapport à la surface totale du Royaume-Uni, ou de la Grande-Bretagne.

D'après cela, le rendement moyen annuel à l'hectare a été établi comme il suit :

|  | Hectol. |
|---|---|
| Angleterre et Pays de Galles.. | 25.82 |
| Écosse...................... | 24.92 |
| Grande-Bretagne ............. | 25.71 |
| Irlande .................... | 21.43 |
| Royaume-Uni................. | 25.37 |

A quelques objections que se prête ce mode de supputation, il convient de remarquer que l'Angleterre et le Pays de Galles, constituant 85 pour 100 des emblavures totales, fournissent un rendement moyen plus élevé que l'Ecosse, qui représente seulement 5 pour 100. La faible étendue relative des emblavures d'Ecosse et d'Irlande fait que la moyenne générale du Royaume-Uni est peu inférieure à celle de l'Angleterre et du Pays de Galles.

3. *Production intérieure et quotité disponible pour l'alimentation.* — On a calculé le chiffre de la production intérieure, pour l'Angleterre, en multipliant le nombre d'hectares emblavés par le nombre d'hectolitres récoltés annuellement.

Il a été fait de même pour l'Ecosse, sauf dans les années 1854-57, pour lesquelles la statistique a été complète.

Le dénombrement officiel établi pour l'Irlande indique que l'hectolitre de blé pèse beaucoup moins que 76 kilogr.; ce qui s'explique en réalité par les conditions d'humidité de la contrée.

Quelque exacte qu'elle soit, la production intérieure ne donne pas la quotité de blé disponible pour la consommation, comme farine et comme pain; car une partie des grains retourne au sol pour les semailles. Les auteurs ont évalué à 202 litres par hectare la retenue à faire pour les semences. Quand on a recours au semoir, cette retenue est trop forte; mais elle est trop faible pour la semaille à la volée, qui se pratique beaucoup en Irlande et dans certains districts de l'Ecosse et du nord de l'Angleterre.

4. *Importations.* — Les documents des douanes relatent les importations nettes de blés et de farines, ou les importations et exportations comptées collectivement pour le Royaume-Uni, et séparément pour l'Irlande, pendant les seize années 1852-67.

Comme jusqu'en 1862, ces données n'ont pas été publiées séparément pour l'Angleterre, ni pour l'Ecosse, on a dû se guider sur le chiffre de la consommation des dix années suivantes, multiplié par celui de la population, pour établir la production moyenne; puis en retrancher l'importation dans chacune des divisions de la Grande-Bretagne.

Les données des calculs ou des statistiques ont été ramenées, pour toutes les parties du royaume, à l'année agricole s'étendant d'une récolte à l'autre : du 1er septembre au 31 août suivant. L'année agricole (*harvest year*) est en effet la période de consommation à laquelle il s'agit de pourvoir; et comme elle peut varier de quelques semaines, suivant la précocité ou le retard de deux moissons consécutives, il y a lieu de tenir compte de l'écart pour la quantité disponible en vue de l'alimentation.

Les stocks de blé indigène sur les fermes, et de blé étranger dans les greniers, diffèrent considérablement aux approches de la moisson. Ainsi le reliquat du fermier, toutes choses égales d'ailleurs, est à son maximum quand les prix sont bas et que deux ou trois bonnes récoltes se sont suivies. Il est vrai qu'alors le blé de deux ou trois ans subit par avarie un déchet notable, difficile à évaluer.

5. *Population.* — Les recensements officiels donnent le chiffre de la population suivant deux catégories; au-dessus et au-dessous de quinze ans d'âge, pour chacun des sexes.

Ainsi, en 1867, la population de l'Angleterre et du Pays de Galles comprenait

36,1 pour 100 des deux sexes, âgés de moins de quinze ans, et 63,9 âgés de plus de quinze ans.

Le rapport des hommes de tous âges aux femmes de tous âges était de 48,5 pour 100.

6. *Consommation annuelle par individu.* — MM. Lawes et Gilbert ont fait connaître en 1855 (1) la consommation moyenne de certains éléments de nourriture par des individus de sexes et d'âges différents, en se fondant sur quatre-vingt-six exemples de régimes divers, classifiés suivant le sexe, l'âge, l'activité et d'autres circonstances spéciales aux individus. D'après leurs constatations, les auteurs évaluent la consommation moyenne de blé et de farine entre 235 et 245 litres par tête et par an. D'autres l'estiment de 220 à 290 litres en Grande-Bretagne (2).

En adoptant le chiffre de 218 litres, qui résulte des vérifications faites depuis 1855 ; en contrôlant les données sur la population, la production intérieure et les importations, MM. Lawes et Gilbert ont trouvé les quantités de consommation des diverses parties du Royaume-Uni, qui figurent dans le tableau VII.

Tableau VII. — *Consommation annuelle de blé, par individu, dans le Royaume-Uni.*

|  | Angleterre et Pays de Galles. | Ecosse. | Grande-Bretagne. | Irlande. | Royaume-Uni. |
|---|---|---|---|---|---|
|  | lit. | lit. | lit. | lit. | lit. |
| 8 années (1852-60) | 214 | 152* | 207 | 98 | 185 |
| 8 années (1860-68) | 228 | 152 | 218 | 120 | 200 |
| 16 années (1852-68) | 221 | 152 | 214 | 109 | 192.6 |

* Moyenne des six annés (1862-1868), statistique officielle.

Le poids de l'hectolitre de grain a évidemment une influence considérable sur l'alimentation. Ainsi, lorsque le rendement moyen est de 25ʰ.15, et que le poids de l'hectolitre est seulement de 73ᵏ.60, on n'aura comme farine que la quantité correspondant à un rendement de 24ʰ.25, du poids de 76 kilogr. Quand le poids de l'hectolitre est au contraire de 78ᵏ.60, la récolte de 25ʰ.15 à l'hectare donne autant de farine que 26ʰ.04 de rendement moyen.

(1) On the sewage of London. *Journ. Soc. Arts,* mars 1855 ; voir également page 181.

(2) Porter's *Progress of the nation,* 1851.

Il y a d'autant plus de différence que le blé qui pèse moins donne moins de farine et une farine de moins bonne qualité ; d'où il résulte que la consommation augmente d'autant.

Lorsque les stocks sont abondants et que les prix sont bas, le bétail reçoit en nourriture les qualités inférieures de blé.

Enfin, la consommation individuelle varie suivant l'emploi et le prix des autres denrées alimentaires. Si ces denrées sont à bas prix, le bon marché du blé augmentera peu la consommation, et réciproquement.

Ainsi, lors même que l'on dispose de statistiques authentiques et complètes sur les emblavures, le rendement moyen, les importations, la population, etc., il y a certains éléments topiques dont il faut tenir compte avant de conclure d'une manière positive.

7. *Résultats.* — D'après toutes les observations qui précèdent, les chiffres du tableau VIII ont été établis par MM. Lawes et Gilbert pour deux périodes de huit années et la période totale de seize années, et pour chacune des divisions géographiques du Royaume-Uni. Ces chiffres, entre autres informations d'un très-haut intérêt, donnent lieu aux conclusions suivantes :

*a.* Dans cette période, il y a eu réduction des emblavures pour les trois grandes divisions du royaume, mais notamment pour l'Ecosse et l'Irlande.

*b.* Le rendement moyen à l'hectare a légèrement augmenté en Angleterre, et peut-être en Ecosse, mais il a notamment diminué en Irlande.

*c.* La production intérieure a baissé dans tout le royaume, surtout en Ecosse et en Irlande.

*d.* Les importations se sont accrues énormément dans les dernières années, et beaucoup plus en Irlande que dans la Grande-Bretagne.

*e.* La population du royaume ayant beaucoup augmenté, l'accroissement en Ecosse a été moitié moindre qu'en Angleterre. En Irlande, il y a eu diminution.

*f.* La consommation individuelle du blé venu dans le pays a beaucoup faibli, surtout en Irlande et en Ecosse.

*g.* La consommation du blé étranger a réciproquement augmenté dans chacune des divisions du royaume, et en Irlande plus qu'ailleurs.

TABLEAU VIII. — *Production et consommation du blé dans le Royaume-Uni, et population :* 16 années (1852-1868).

| | | PRODUCTION INTÉRIEURE. | | | QUANTITÉS DISPONIBLES pour la consommation. | | | POPULATION — (au milieu de l'année agricole). | QUANTITÉS DISPONIBLES pour la consommation. | | | | | PRIX moyen de l'hecto-litre. |
| | | Surface en blé. | Rendement moyen à l'hectare. | Production totale intérieure. | Production intérieure. (moins 202 litres pour semences). | Impor-tations. | Total. | | par tête provenant de la production intérieure. | par tête provenant des impor-tations. | Total. | pour 100. provenant de la production intérieure. | pour 100. provenant des impor-tations. | |
| | | hectares. | hectolitres. | hectolitres. | hectolitres. | hectolitres. | hectolitres. | habitants. | litres. | litres. | litres. | | | fr. c. |
| ANGLETERRE ET PAYS DE GALLES. | | | | | | | | | | | | | | |
| Moyenne annuelle | 8 années (1852-1853 à 1859-1860). | 1,388,151 | 25.48 | 35,344,000 | 32,539,000 | 8,754,000 | 41,293,000 | 19,079,935 | 170 | 43 | 213 | 79 | 21 | 71.90 |
| | 8 années (1860-1861 à 1867-1868). | 1,331,309 | 26.05 | 34,727,000 | 32,036,000 | 15,612,000 | 47,648,000 | 20,809,982 | 153 | 76 | 229 | 66 | 34 | 65.40 |
| | 16 années (1852-1853 à 1867-1868). | 1,359,730 | 25.82 | 35,036,000 | 32,288,000 | 12,183,000 | 44,471,000 | 19,944,958 | 161 | 60 | 221 | 73 | 27 | 68.65 |
| ÉCOSSE. | | | | | | | | | | | | | | |
| Moyenne annuelle | 8 années (1852-1853 à 1859-1860). | 83,835 | 23.80 | 1,991,000 | 1,822,000 | 2,751,000 | 4,573,000 | 2,995,410 | 62 | 91 | 153 | 40 | 60 | » |
| | 8 années (1860-1861 à 1867-1868). | 56,514 | 26.05 | 1,473,000 | 1,359,000 | 3,412,000 | 4,771,000 | 3,121,821 | 43 | 109 | 152 | 29 | 71 | » |
| | 16 années (1852-1853 à 1867-1868). | 70,175 | 24.92 | 1,732,000 | 1,590,000 | 3,081,000 | 4,671,000 | 3,058,616 | 53 | 100 | 153 | 34 | 66 | » |
| GRANDE-BRETAGNE. | | | | | | | | | | | | | | |
| Moyenne annuelle | 8 années (1852-1853 à 1859-1860). | 1,471,985 | 25.37 | 37,335,000 | 34,360,000 | 11,505,000 | 45,865,000 | 22,075,345 | 156 | 51 | 207 | 75 | 25 | » |
| | 8 années (1860-1861 à 1867-1868). | 1,387,823 | 26.05 | 36,200,000 | 33,396,000 | 19,023,000 | 52,419,000 | 23,931,803 | 138 | 80 | 218 | 64 | 36 | » |
| | 16 années (1852-1853 à 1867-1868). | 1,429,905 | 25.71 | 36,768,000 | 33,878,000 | 15,264,000 | 49,142,000 | 23,003,574 | 147 | 66 | 213 | 69 | 31 | » |
| IRLANDE. | | | | | | | | | | | | | | |
| Moyenne annuelle | 8 années (1852-1853 à 1859-1860). | 183,992 | 23.46 | 4,278,000 | 3,906,000 | 2,024,000 | 5,930,000 | 5,991,825 | 65 | 33 | 98 | 66 | 34 | » |
| | 8 années (1860-1861 à 1867-1868). | 130,909 | 19.53 | 2,500,000 | 2,236,000 | 4,523,000 | 6,759,000 | 5,674,659 | 40 | 80 | 120 | 33 | 67 | » |
| | 16 années (1852-1853 à 1867-1868). | 157,451 | 21.44 | 3,389,000 | 3,071,000 | 3,274,000 | 6,345,000 | 5,833,242 | 53 | 57 | 110 | 49 | 51 | » |
| ROYAUME-UNI. | | | | | | | | | | | | | | |
| Moyenne annuelle | 8 années (1852-1853 à 1859-1860). | 1,655,978 | 25.15 | 41,613,000 | 38,266,000 | 13,529,000 | 51,795,000 | 28,067,170 | 138 | 47 | 185 | 73 | 27 | » |
| | 8 années (1860-1861 à 1867-1868). | 1,518,733 | 25.48 | 38,701,000 | 35,631,000 | 23,547,000 | 59,178,000 | 29,606,462 | 120 | 80 | 200 | 60 | 40 | » |
| | 16 années (1852-1853 à 1867-1868). | 1,587,356 | 25.37 | 40,157,000 | 36,949,000 | 18,538,000 | 55,487,000 | 20,836,816 | 129 | 64 | 193 | 67 | 33 | » |

*h.* Le chiffre de la consommation moyenne par individu et par an s'accroît de 20 pour 100 en Irlande, et de 5 pour 100 seulement en Grande-Bretagne.

*i.* La population totale du Royaume-Uni, y compris les îles, étant de 30,800,000 habitants en 1868, et la consommation moyenne de blé par habitant et par an étant de 200 litres, il a fallu pourvoir à 61,407,508 hectolitres de froment.

*j.* Si l'on tient compte de la progression de la population du royaume, qui est de 1 million d'habitants tous les cinq ans, l'approvisionnement devra être pour 1877 de 66 millions d'hectolitres.

*k.* A moins que la production intérieure (qui a atteint 35 millions et demi d'hectolitres dans les huit années 1860-67) augmente, il faudra, pour assurer la consommation, au taux réduit de 200 litres par individu, importer 30 millions d'hectolitres de blés étrangers.

## XXVI. — DE LA PRATIQUE DES ENGRAIS (1).

Il y a cinquante ans, il eût été difficile de mal appliquer les engrais, car on ne connaissait à peu près que le fumier, et tous les quatre ou cinq ans, chaque pièce de terre en culture recevait une partie du fumier, obtenu dans l'étable ou dans la cour, et qui offrait d'ailleurs peu de variations comme qualité ou quantité.

Peu à peu, l'achat d'engrais du commerce et de nourritures pour le bétail a supplanté cette routine. Les racines, qui sont aujourd'hui la base des assolements les plus usités de l'Angleterre, sont fumées avec des engrais commerciaux ou du fumier; elles sont consommées sur l'exploitation ou au dehors. Certaines pièces en céréales sont fumées en couverture; d'autres ne le sont pas. Les fumiers provenant du bétail à l'engrais sont plus riches que ceux des cours. Aussi résulte-t-il de la pratique imposée par la culture intensive une abondance de matières fertilisantes, mais en même temps une répartition inégale de ces matières dans la terre.

C'est à cette dernière cause qu'il convient d'attribuer l'incertitude et, plus souvent, l'inégalité des effets des engrais de commerce. L'équilibre des éléments de fertilité que réclame chaque récolte est rompu, si on ne donne pas une attention des plus sérieuses au mode d'application et de distribution des engrais dans le sol.

L'engrais, qui forme une partie du capital flottant d'une exploitation agricole, ne rapporte rien tant qu'il ne concourt pas à augmenter les produits du sol. Une partie figure dans le grain et dans la viande que l'agriculteur vend sur les marchés; une autre partie retourne à la terre par la paille, par les racines et le fourrage consommés; un dernière partie se fixe dans le sol même et y sert de réserve pour les récoltes de l'avenir. Le premier point pour l'agriculteur est de s'efforcer, par son assolement et ses fumures, d'engager la plus grande masse possible d'éléments fertilisants, chaque année, afin d'accroître la production.

### A. — Du Fumier de ferme.

Le fumier de ferme étant l'engrais naturel par excellence, dont les fertilisants du commerce ne sont que les adjuvants ou le complément, à un état beaucoup moins volumineux, il y a lieu de bien connaître l'origine et la composition du fumier.

La paille des céréales, les excréments solides et liquides du bétail et des chevaux nourris à l'étable, ou dans les cours de la ferme, constituent la masse hétérogène du fumier. Les proportions des diverses matières qui forment cette masse complexe permettent de déterminer sa composition dans des circonstances données.

Ainsi, admettons une exploitation de 160 hectares cultivés d'après l'assolement quadriennal. Moitié des racines et 100 tonnes de foin y sont consommées sur place, et la totalité de la paille et des grains est utilisée comme litière et comme aliment. Admettons, en outre, que 12 chevaux sur la ferme consomment 4$^k$.5 d'avoine par tête et par jour, et que l'on dépense 30 francs par hectare en achat de tourteaux pour la nourriture du bétail.

Dans cette hypothèse, le compte des matières formant le fumier d'une année, et la composition chimique de chaque matière, s'établiront comme dans le tableau I.

(1) *On the application of different manures to different crops and on their proper distribution on the farm;* by J. B. Lawes, 1861.

TABLEAU I. — *Production annuelle et composition du fumier sur une ferme de 160 hectares, exploitée par l'assolement quadriennal.*

| | Matière sèche totale. | Matière minérale totale (cendres). | Acide phosphorique à l'état de phosphate de chaux. | Potasse. | Azote. | Azote à l'état d'ammoniaque. |
|---|---|---|---|---|---|---|
| | kil. | kil. | kil. | kil. | kil. | kil. |
| 40.5 hectares de racines ; — demi-récolte ou 15,000 tonnes par hectare, consommées sur la ferme.......... | 13,406 | 3,510 | 764 | 1,093 | 1,139 | 1.382 |
| 40.5 hectares d'orge = 2,800 kil. de paille à l'hectare : 1/5 comme nourriture, 4/5 comme litière du bétail.......... | 89,927 | 5,050 | 415 | 713 | 550 | 668 |
| 100 tonnes de foin consommé sur la ferme.......... | 42,657 | 6,719 | 1,027 | 1,416 | 1,727 | 2,097 |
| 40.5 hectares de blé = 3,360 kil. de paille à l'hectare : 1/5 comme nourriture, 4/5 comme litière des animaux.......... | 106,643 | 6,733 | 741 | 883 | 792 | 961 |
| 198t,6 d'avoine consommée par les chevaux.......... | 3,415 | 543 | 221 | 98 | 338 | 410 |
| 20 tonnes de tourteaux (graine de lin, colza, coton) consommés sur la ferme.......... | 4,502 | 1,494 | 1,137 | 437 | 990 | 1.203 |
| Totaux.......... | 260,550 | 24,049 | 4,305 | 4,640 | 5,536 | 6,721 |

Or le fumier à l'état frais, ou avant sa décomposition, renferme environ 70 pour 100 d'eau. Les 260,550 kilogr. de matière sèche sont donc combinés avec 607,950 kilogr. d'eau, et forment 868 tonnes et demie de fumier frais, c'est-à-dire plus de 200 tonnes par hectare, pour le quart de l'assolement en racines.

*Composition du fumier.* — La composition centésimale du fumier, d'après le compte des matières, serait donc :

| | Pour 100. |
|---|---|
| Matière sèche totale.............. | 30.00 |
| Matière minérale totale........... | 2.77 |
| Acide phosphorique à l'état de phosphate de chaux................. | 0.50 |
| Potasse........................... | 0.53 |
| Azote............................. | 0.64 |
| Azote = Ammoniaque............. | 0.77 |

La proportion de matière sèche ainsi déterminée est plus élevée que la moyenne obtenue dans l'étable à Rothamsted, et que celle donnée par M. Boussingault ; mais elle est inférieure à celle du professeur Voelcker.

La dose de matières minérales, indiquée par les analyses, est une fois et demie plus forte que celle résultant des dosages de la nourriture et des litières, par suite du mélange de terres, d'ordures, etc. Ainsi la teneur du fumier frais en matières minérales, qui n'est guère supérieure à 3 pour 100, est beaucoup plus forte que dans le fumier fait.

Pour l'azote, la moyenne, dans le fumier frais, concorde avec celle de MM. Boussingault et Voelcker, mais elle dépasse un peu celle trouvée à Rothamsted pour le fumier d'étable. Il faut toutefois tenir compte du déchet très-considérable que le fumier subit par la décomposition, surtout lorsqu'il est charrié et mis en tas. La terre ne reçoit donc pas autant d'éléments fertilisants que l'implique l'analyse. La matière organique se réduit notablement ; la proportion d'eau s'accroît dans le fumier consommé ; les matières minérales et l'azote se perdent par un drainage défectueux, ou faute de soins.

D'autre part, la composition et la valeur du fumier dépendent beaucoup de la qualité des nourritures données au bétail. Ainsi, dans le compte du tableau I, si l'on exclut 20 tonnes de tourteaux oléagineux, le fumier renfermera 990 kil. de moins d'azote, ou près de 1,200 kilogr. d'ammoniaque ; c'est-à-dire que chaque tonne de fumier tiendra l'équivalent de 6k.5 d'azote au lieu de 7k.8 ; et pourtant le poids total de matière sèche ajouté par le tourteau à chaque tonne de fumier ne sera que de 5 kilogr. Une dépense de 10,000 francs pour 40 tonnes, au lieu de 20 tonnes, de tourteaux n'ajouterait que 10 tonnes de matière sèche à la masse du fumier de l'année, tandis que le poids de guano du Pérou, obtenu pour la même dépense, serait de 30 tonnes environ.

### B.—Application des engrais aux récoltes.

Tout système de fumure, pour être rationnel et économique, doit être fondé sur la connaissance des effets de chaque espèce d'engrais, et notamment du fumier, sur les récoltes de l'assolement.

*Fumier.* — Ainsi, en Angleterre, dans les terres légères où l'expérience enseigne que le fumier s'applique avantageusement au blé, il faudra faire choix des fumiers de la meilleure qualité. Dans les terres fortes, le meilleur fumier conviendra surtout aux racines, aux mangolds, etc.

L'ordre des récoltes, par rapport à la qualité de fumier qu'elles exigent, sera le suivant :

1. Blé.
2. Mangolds.
3. Navets de Suède.
4. Navets.
5. Vesces.
6. Fèves.
7. Trèfle.

Dans la plupart des sols, de l'autre côté de la Manche, sauf dans les sols légers, le fumier profite plus aux autres récoltes, et surtout aux racines, qu'au blé. Ce dernier reçoit alors des engrais commerciaux, parmi lesquels le guano du Pérou a été longtemps préféré.

Sur les terres fortes, le fumier, appliqué aux racines, offre surtout l'avantage de donner de la légèreté et de la perméabilité au sol.

Il y a de certaines cultures qu'il est à peu près inutile de tenter, si l'on ne dispose pas de fumier ; ce sont les mangolds, les fèves, les vesces, pour lesquels aucun engrais commercial ne saurait être recommandé. D'autres racines que les mangolds peuvent être fumées avec des engrais de commerce, mais seulement lorsqu'elles suivent une récolte ayant reçu du fumier. Les mangolds

exigent donc le meilleur fumier ; les fèves et les vesces peuvent se contenter d'un fumier inférieur, et, à leur défaut, les navets de Suède et le trèfle.

*Engrais commerciaux.* — Nous avons maintenant à signaler, parmi les engrais qui complètent le fumier, ceux qui sont le mieux appropriés à certaines récoltes, de même que l'époque et le mode les plus favorables pour leur application. Les recommandations qui suivent s'appliquent à l'Angleterre ; elles supposent que l'agriculteur suit un assolement ; que les récoltes vertes sont consommées sur place ; et que la paille des céréales est conservée pour faire retour à la terre. Autrement, si les racines, les fourrages et la paille étaient exportés, les engrais complémentaires seraient de peu de valeur, et il y aurait lieu de faire au sol d'autres restitutions que celles indiquées plus loin pour chaque récolte.

Le guano du Pérou, le nitrate de soude, le sulfate d'ammoniaque, le superphosphate de chaux, employés isolément ou en mélange, sont les seuls fertilisants d'une action certaine, d'un emploi général, dont il puisse être question. Les autres sont d'un emploi trop limité ou trop coûteux, pour se prêter à des généralisations.

*Engrais pour le blé.* — Sur les terres les plus fortes, 250 à 275 kilogr. de guano à l'hectare conviennent le mieux. On devra le distribuer à la volée, avant la semaille, et herser. Parfois, il est mélangé avec le double de son poids de sel marin, de cendres, ou d'autres matières qui permettent une meilleure répartition.

*Engrais pour l'orge et l'avoine.* — Lorsque l'une de ces céréales suit une racine enlevée du sol, un mélange par parties égales de guano, de nitrate ou de sulfate d'ammoniaque, avec du superphosphate, est avantageusement employé : 125 kilogr. de l'un des engrais azotés, suivant le prix, et 125 kilogr. de superphosphate suffisent pour un hectare. Le mode de distribution est le même que pour le blé.

Lorsque deux céréales se suivent, on devra doubler le mélange.

Pour fumer en couverture, au printemps, 125 à 190 kilogr. de nitrate de soude seront préférables.

*Engrais pour prairies.* — Sur les prairies exploitées pour foin, on appliquera tous les quatre ou cinq ans, au mois de novembre, de 20 à 25,000 kilogr. de fumier.

Le guano, les sels ammoniacaux et le nitrate de soude, aux doses suivantes, conviennent, lorsqu'on les emploie séparément :

| | | |
|---|---|---|
| Guano du Pérou... | 250 à 315 kilogr. à l'hect. | |
| Sels ammoniacaux.. | 125 à 190 | — |
| Nitrate de soude... | 125 à 190 | — |

Un mélange de 125 kilogr. de nitrate avec 125 kilogr. de superphosphate ; ou bien des trois engrais azotés avec du superphosphate, à raison de 250 kilogr. par hectare, suivant les prix du marché, sera également très-approprié aux prairies.

Si on ne peut pas fumer du 1er au 15 février, on devra préférer le nitrate de soude.

*Engrais pour mangolds.* — Cette récolte exige une fumure très-abondante, de 25, 35 et 50,000 kilogr. du meilleur fumier, à l'hectare. Le fumier est étendu après le premier labour, puis saupoudré de 250 à 375 kilogr. de guano en mélange avec son poids de sel, avant la mise en billons. Le sel marin s'adapte mieux à cette culture qu'à toute autre ; on sait qu'il n'est pas sans effet sur l'asperge, également originaire de la côte.

*Engrais pour turneps.* — Lorsque les turneps ordinaires, ou les navets de Suède, suivent une céréale qui a reçu du fumier, on pourra se contenter de 315 à 375 kilogr. de superphosphate, à distribuer avec la graine, au semoir. Pour les navets de Suède, une addition de 250 à 375 kilog. de guano sera convenable, si la semaille n'a pas lieu tardivement et que la terre est en bonne condition.

Lorsque la précédente récolte n'a pas été fumée, on devra appliquer de 17 à 20,000 kilogr. de fumier par hectare, et distribuer en outre au semoir 300 kilogr. environ de superphosphate. Au cas où le fumier serait trop pauvre, on répandra sur les lignes 250 kilogr. de guano.

A moins de distribuer le superphosphate au semoir, il faudra le répandre à la volée, seul, ou en mélange avec le guano, après l'épandage du fumier. Ces deux engrais ne réagissent pas l'un sur l'autre quand ils sont mélangés, mais le guano seul peut nuire au jeune plant, et pour ce motif, quelques centimètres de sol devront être laissés entre la graine et l'engrais.

Les superphosphates d'os seront utilement mélangés avec les phosphates minéraux. La poudre d'os, sur beaucoup de sols, n'agit pas assez rapidement.

*Culture du turneps.* — Les essais suivis à Rothamsted pour rechercher les causes de pourriture des navets ont appris qu'elles peuvent s'attribuer à un excès d'eau, à des racines trop fortes ou à une trop grande maturité, au moment où l'hiver arrête la croissance.

Or, les engrais commerciaux n'augmentent pas la proportion d'eau, quoique certaines variétés de récente introduction renferment plus d'eau que les anciennes. Ainsi, l'ancienne variété *old purple top* tient environ 12.25 pour 100 de matière sèche, tandis que les variétés verte et rouge de *skirving* en renferment 9.5 seulement. Cette différence explique à elle seule l'infériorité des *skirving* pour résister aux variations de température.

Si les engrais commerciaux augmentent les dimensions des racines, ils ont l'inconvénient d'activer leur maturité avant les froids. Or les turneps mûris avant les froids supportent moins bien les gelées. Il y a donc lieu de se préoccuper des engrais au point de vue de la précocité des turneps. Les engrais minéraux phosphatés poussent à la précocité ; les engrais azotés la retardent.

Lorsque les turneps sont cultivés pour être donnés en nourriture à l'automne, on devra les semer de bonne heure et enfouir la graine avec le superphosphate. Dans le cas contraire, pour la garde en hiver, il faudra recourir aux engrais azotés, au guano, par exemple ; à moins que le fumier employé ne soit déjà très-riche.

*Engrais pour pommes de terre.* — La quantité de matières minérales enlevées au sol par ces racines est très-considérable, par rapport à celle soustraite par le blé, ou par la viande que produit leur consommation. Si une récolte de blé de 25 hectolitres représente 31 kilogr. de matières minérales à l'hectare, une récolte de 20,000 kilogr. de pommes de terre représente 200 kilogr., sur lesquels il y a huit fois plus de potasse que dans le froment.

Or, les sels de potasse sont coûteux, et il ne serait pas économique de restituer au sol la totalité des matières minérales dérobées, en recourant aux engrais commerciaux. Il importe donc lorsque l'on vend les pommes de terre, de même que les racines en général, de compenser la perte en matières minérales et organiques par des engrais volumineux de la localité, tels que fumiers d'écurie, vidanges, engrais de ville, herbes ou feuilles de litières, etc.

On a coutume en Angleterre de fumer fortement les pommes de terre. Il est probable que si elles suivaient une récolte fortement fumée, elles seraient moins exposées à la maladie; mais la récolte serait moindre.

D'après cela, on devrait répandre le fumier à l'automne précédent, et l'enfouir à la charrue, pour planter au printemps; ou bien appliquer au printemps de 375 à 500 kilogr. par hectare d'un mélange à parties égales de guano et de superphosphate.

*Engrais pour le houblon.* — Pour cultiver le houblon avec succès, il suffit de fumer copieusement à l'aide d'engrais organiques. Les engrais de commerce, propres à d'autres cultures dans une rotation, doivent être mélangés, pour le houblon, avec des engrais volumineux.

Les fumiers, les chiffons de laine, tontisses, rognures de peau, etc., en mélange avec un des engrais du commerce, sont bien adaptés. Le but est d'ajouter au fumier, déjà riche en matières minérales et carbonées, des substances riches en ammoniaque; le tourteau de colza est un excellent engrais dans ce but, et le guano également, mais à titre seulement de matière complémentaire.

*Culture du houblon.* — MM. Lawes et Gilbert ont reconnu qu'il était essentiel, pour cette culture, de fumer en couverture, à l'aide d'engrais azotés solubles, et tardivement dans la saison. Par leurs expériences faites conjointement avec M. Paine, de Farnham, sur les meilleures fumures du houblon, ils ont constaté que 375 à 500 kilogr. à l'hectare de sulfate d'ammoniaque appliqué au mois de juillet, produisaient des effets remarquables, arrêtaient parfois tous progrès de la maladie, et rendaient à la récolte sa qualité, en même temps que la quantité.

*Engrais pour canne à sucre.* — La canne à sucre appartient à la même famille que les plantes granifères de nos contrées. Comme pour celles-ci, lorsque le sol est suffisamment pourvu de matières minérales, la proportion de carbone fixée par la canne dépendra de la réserve d'azote assimilable dans le sol. Il n'y a de différence que dans le montant du carbone fixé sous le soleil des tropiques, toutes autres circonstances étant égales.

Sur la plantation, le sucre, qui ne renferme ni matières minérales, ni azote, et qui emprunte ses principes immédiats à l'atmosphère, est le seul produit exporté. Les matières minérales enlevées au sol par une récolte aussi considérable que celle de la canne, se retrouvent dans les cendres des foyers de la plantation, et il importe de les recueillir pour les rendre à la terre. Il suffit d'ajouter à ces cendres un peu de phosphate à l'état de superphosphate. Le stock minéral étant ainsi conservé, on n'a plus à se préoccuper que des engrais azotés.

M. Lawes recommande en conséquence l'emploi, à l'hectare, d'un mélange formé de 125 kilog. de superphosphate avec 375 à 625 kilogr. de sulfate d'ammoniaque, ou bien de guano du Pérou, en quantité équivalente pour la même dépense.

Chaque butte devrait avoir sa quantité d'engrais mesurée; et l'enfouissement se faire aussitôt que possible, avant ou pendant la saison pluvieuse.

Le nitrate de soude et le chlorhydrate d'ammoniaque agiraient peut-être également bien sur le développement de la canne, mais il est à craindre que le jus ne se charge de matières salines peu favorables à la cristallisation du sucre.

Ainsi, pour la canne, comme pour toutes les récoltes, la condition première de l'emploi des engrais commerciaux, c'est la restitution au sol des matières minérales enlevées par la récolte, avec addition, le plus souvent, de phosphates.

### C. Distribution des engrais.

La question de la distribution des engrais, sur une exploitation d'une contenance et d'un assolement déterminés, entraînerait à des détails surabondants. M. Lawes a préféré faire ressortir les effets d'une répartition inégale par quelques exemples, et donner dans un tableau la composition centésimale des principaux produits, récoltes et nourritures, de manière à permettre à l'agriculteur d'égaliser les engrais dans le sol. Le tableau II (p. 746) résume la quantité pour cent de matière sèche, de matière minérale, d'acide phosphorique à l'état de phosphate de chaux, de potasse et d'azote que renferment trente matières différentes.

TABLEAU II. — *Composition pour cent des principaux produits agricoles, nourritures, etc.*

| | Produits agricoles, nourritures, etc. | Matière sèche totale. | Matière minérale totale. | Acide phosphorique à l'état de phosphate de chaux. | Potasse. | Azote. |
|---|---|---|---|---|---|---|
| 1 | Tourteau de lin | 88.0 | 7.00 | 4.92 | 1.65 | 4.75 |
| 2 | Tourteau de coton | 89.0 | 8.00 | 7.00 | 3.12 | 6.50 |
| 3 | Tourteau de colza | 89.0 | 8.00 | 5.75 | 1.76 | 5.00 |
| 4 | Graine de lin | 90.0 | 4.00 | 3.38 | 1.37 | 3.80 |
| 5 | Fèves | 84.0 | 3.00 | 2.20 | 1.27 | 4.00 |
| 6 | Pois | 84.5 | 2.40 | 1.84 | 0.96 | 3.40 |
| 7 | Vesces | 84.0 | 2.00 | 1.63 | 0.66 | 4.20 |
| 8 | Lentilles | 88.0 | 3.00 | 1.89 | 0.96 | 4.30 |
| 9 | Poussier de malt | 94.0 | 8.50 | 5.23 | 2.12 | 4.20 |
| 10 | Farine de maïs | 88.0 | 1.30 | 1.13 | 0.35 | 1.80 |
| 11 | Blé | 85.0 | 1.70 | 1.87 | 0.50 | 1.80 |
| 12 | Orge | 84.0 | 2.20 | 1.35 | 0.55 | 1.65 |
| 13 | Malt | 95.0 | 2.60 | 1.60 | 0.65 | 1.70 |
| 14 | Avoine | 86.0 | 2.85 | 1.17 | 0.50 | 2.00 |
| 15 | Recoupe fine | 86.0 | 5.60 | 6.44 | 1.46 | 2.60 |
| 16 | Recoupe grosse | 86.0 | 6.20 | 7.52 | 1.49 | 2.58 |
| 17 | Son | 86.0 | 6.60 | 7.95 | 1.45 | 2.55 |
| 18 | Trèfle fourrage | 84.0 | 7.50 | 1.25 | 1.30 | 2.50 |
| 19 | Foin des prés | 84.0 | 6.00 | 0.88 | 1.50 | 1.50 |
| 20 | Paille de fèves | 82.5 | 5.55 | 0.90 | 1.11 | 0.90 |
| 21 | Paille des pois | 82.0 | 5.95 | 0.85 | 0.89 | » |
| 22 | Paille de blé | 84.0 | 5.00 | 0.55 | 0.65 | 0.60 |
| 23 | Paille d'orge | 85.0 | 4.50 | 0.37 | 0.63 | 0.50 |
| 24 | Paille d'avoine | 83.0 | 5.50 | 0.48 | 0.93 | 0.60 |
| 25 | Mangold Wurzel | 12.5 | 1.00 | 0.09 | 0.25 | 0.25 |
| 26 | Navets de Suède | 11.0 | 0.60 | 0.13 | 0.18 | 0.22 |
| 27 | Navets ordinaires | 8.0 | 0.68 | 0.11 | 0.29 | 0.18 |
| 28 | Pommes de terre | 24.0 | 1.00 | 0.32 | 0.43 | 0.35 |
| 29 | Carottes | 13.5 | 0.70 | 0.13 | 0.23 | 0.20 |
| 30 | Panais | 15.0 | 1.00 | 0.42 | 0.36 | 0.22 |

Il est avéré que la même terre, fumée de la même façon, fournit des produits très-variables, lorsque l'on envisage plusieurs années consécutives, suivant la saison, la température, l'humidité, etc. La restitution au sol devra donc varier, non-seulement par rapport à la composition des produits, mais encore en raison de leur rendement.

Premier exemple : Une récolte de mangolds, ayant reçu la même fumure en 1859 et en 1860, atteignit 123,000 kilogr. à l'hectare la première année, et moitié seulement la deuxième année. En supposant un rapport exact de 1 à 2, et une composition identique dans les deux cas, l'épuisement offrira les différences suivantes calculées d'après le tableau II :

| | Azote. Kil. | Matières minérales. Kil. |
|---|---|---|
| Pour la récolte de 1859 | 307 | 1,330 |
| Pour la récolte de 1860 | 153.5 | 615 |
| Différence en plus pour 1859 | 153.5 | 615 |

Pour rétablir la balance des éléments fertilisants, en vue des récoltes ultérieures, il ne suffirait pas évidemment d'appliquer un engrais ammoniacal aux céréales, car cet engrais, en augmentant le rendement, troublerait davantage encore l'équilibre des éléments minéraux. Si les 153.5 kilogr. d'azote formant la différence des deux récoltes provenaient de l'engrais et du sol, il faudrait de 25 à 30,000 kilogr. de fumier de qualité moyenne pour les restituer, ainsi que la potasse. L'assolement étant formé de mangolds, orge, légumineuses et blé, l'épuisement de matières minérales par la plus lourde récolte de mangolds serait toutefois mieux comblé encore en appliquant du fumier aux légumineuses qui suivent le blé.

Deuxième exemple : Supposons que des turneps soient fumés sur une pièce avec 250 kilogr. de guano et 250 kilogr. de superphosphate à l'hectare, et sur une autre pièce, à l'aide de 25 tonnes de fumier ; que, sur les deux pièces, la moitié des récoltes soit enlevée et que de l'orge soit cultivée sans fumure, pour être suivie par du trèfle pour fourrages et finalement par du blé. Admettons, en outre, que le rendement des récoltes soit le même, malgré la différence des fumures de la première sole ; ce qui ne serait pas le cas pour des terres légères ou en mauvaise condition. A la fin de la rotation, la différence entre les deux pièces sera telle que l'indique le tableau III.

TABLEAU III. — *Épuisement en matières minérales suivant la fumure.*

| | 25,000 kil. fumier de ferme contenant 3.5 pour 100 de matières minérales. | | 250 kil. de guano du Pérou et 250 kil. de super-phosphate de chaux. | |
|---|---|---|---|---|
| | kil. | kil. | kil. | kil. |
| Matières minérales fournies par l'engrais..... | » | 878 | » | 241 |
| Matières minérales enlevées par 20,000 k. navets | 100 | | 100 | |
| — par 36 hectol. d'orge avec paille........ | 190 | | 190 | |
| — par 5,000 kil. trèfle.. | 376 | | 376 | |
| — par 27 hectol. de blé avec paille........ | 200 | | 200 | |
| | 866 | 878 | 866 | 241 |
| | Gain. | 12 | Perte. | 625 |
| Différence entre les deux pièces = | | | | 637 |

Ainsi, tandis que le fumier apporte au sol, dans un cas, un gain de 12 kilogr. de matières minérales, au terme d'une rotation ; les engrais commerciaux le déprivent, dans l'autre cas, de 625 kilogr. ; soit une différence entre les deux pièces, de 637 kilogr. En outre, les éléments minéraux restitués par le fumier seront à peu près complets, comme variété et comme proportion, eu égard aux besoins des récoltes ; et il n'en sera pas de même avec les engrais commerciaux.

D'après cet exemple, la pièce qui n'a reçu que du guano et du superphosphate devra nécessairement recevoir, dans la rotation suivante, une dose de fumier beaucoup plus considérable que l'autre pièce.

Si le trèfle eût été consommé sur place, au lieu d'avoir été supposé enlevé comme fourrage, l'équilibre entre les deux pièces aurait été rompu d'une manière bien plus tranchée encore en faveur de la pièce en fumier.

Pour l'azote, en somme, il importe peu que la quantité additionnelle à restituer au sol provienne de tourteaux et retourne par le fumier, ou soit appliquée sous forme d'engrais commerciaux, pourvu que les matières minérales ne fassent pas défaut. De même, il importe peu, pour les récoltes, que les éléments minéraux soient fournis à l'état d'excréments des animaux ou d'engrais achetés au dehors. La seule considération qui devra guider le praticien, c'est celle de l'économie, basée sur les cours actuels du grain et de la viande, des nourritures artificielles et des engrais.

# APPENDICE.



Nous avons indiqué, dans le cours de l'ouvrage, que Hermann de Liebig, fils de l'illustre chimiste, avait analysé les sols de Rothamsted (1) et complété ainsi, dans une certaine mesure, les observations présentées par MM. Lawes et Gilbert sur le rôle du sol et des engrais au point de vue de l'épuisement.

Nous croyons utile de reproduire en appendice un extrait du travail de Liebig fils (2) dont nous devons la communication à notre ami M. Risler, d'autant plus que l'on est naturellement enclin à croire que les savants de Rothamsted auraient dû commencer, pour obtenir des résultats absolument indiscutables, par analyser le sol sur lequel ils opéraient.

Sans vouloir répéter l'opinion de MM. Lawes et Gilbert sur l'imperfection des méthodes analytiques dont on disposait alors , et jusqu'à ces dernières années (3) , nous rappellerons qu'après la publication de l'ouvrage principal du chimiste agronome de Giessen, le *Landes Œconomie Collegium* de Berlin entreprenait, en 1847-48, d'analyser les sols qui devaient servir aux expériences culturales dans diverses localités, avant d'y cultiver les plantes jusqu'à épuisement, et de rechercher finalement la composition des sols épuisés. La comparaison analytique des terres, avant et après la culture, devait permettre de préciser la somme de matières nutritives nécessaires à chacune des récoltes, et d'établir la loi de fertilité des terres. Nous avons dit quelle avait été l'insuffi-

(1) Voir p. 26.
(2) Bodenstatik und Bodenanalysen von Hermann von Liebig : *Zeitschrift des Landw. vereins in Bayern; März, April und Mai* 1872.
(3) Voir pages 26 et 126.

sance des premières analyses de Berlin et le résultat de leur discussion par le professeur Magnus (1). Pour n'en citer qu'un exemple, sur un même sol, à Eldena, les trois chimistes chargés des analyses avaient trouvé :

| | Weidenbusch. | Varrentrapp. | Steinberger |
|---|---|---|---|
| Acide sulfurique.. | 0.08 | — | 0.02 |
| Acide phosphoriq. | 0.06 | 0.17 | 0.10 |
| Potasse.......... | 0.38 | 0.13 | — |
| Magnésie........ | 0.17 | — | 0.37 |

C'est en présence de résultats aussi contradictoires que le *Landes Œconomie Collegium* refusa de continuer la recherche analytique des terres en expérience.

Hermann de Liebig, en reprenant vingt ans plus tard l'analyse des sols, avec des méthodes plus perfectionnées, a certainement contribué à jeter quelque lumière sur le rôle chimique de la terre de Rothamsted, par rapport à la production des récoltes. Grâce aux procédés dont on dispose, il est permis aujourd'hui de déterminer les quantités relatives de principes assimilables dans la couche arable et en réserve dans le sous-sol; d'évaluer celles qui font défaut, en indiquant la nature des engrais à introduire; et d'apprécier les causes d'infertilité. Pour cela, il convient de recourir à l'analyse mécanique et physico-chimique du sol, et finalement à l'analyse chimique de la terre mécaniquement préparée. Aussi MM. Lawes et Gilbert songent-ils à confier à M. Warington l'étude complète des sols et des sous-sols de leurs champs d'expériences (2), d'après les nouvelles méthodes inaugurées en Angleterre par le docteur Frankland , et en France, par M. Schlœsing.

Les analyses de Hermann Liebig ont

(1) Voir pp. 26 et 127.
(2) Voir p. 164.

porté sur les terres des parcelles du champ de Broadbalk, consacré depuis vingt-deux années à la culture du blé (1). Le docteur Gilbert lui adressa trois échantillons de cinq parcelles types, prélevés sur une première couche de 0^m.228 d'é- paisseur, ou couche arable; sur une deuxième couche, en sous-sol, de 0^m.228, et sur une troisième couche de même épaisseur. Les deux couches supérieures consistent en argile; la deuxième offre une couleur brique claire.

TABLEAU I.— *Produit total et composition en kilogr. de vingt-deux récoltes obtenues à Broadbalk, 1844 à 1865.*

| Numéros des parcelles. | | Produit total. Matière sèche. | Acide phospho-rique. | Potasse. | Magnésie. | Acide sulfurique. |
|---|---|---|---|---|---|---|
| 3. | *Sans engrais.* | | | | | |
| | Grain.................... | 25.219 | 206 | 138 | 56 | 81 |
| | Paille.................... | 41.697 | 94 | 205 | 46 | 50 |
| | Total.................... | 66.916 | 300 | 343 | 102 | 131 |
| 10 a. | *Avec sels ammoniacaux.* | | | | | |
| | Grain.................... | 37.886 | 310 | 209 | 83 | 121 |
| | Paille.................... | 65.459 | 150 | 320 | 72 | 78 |
| | Total.................... | 103.345 | 460 | 539 | 155 | 199 |
| 5 a. | *Avec engrais minéral.* | | | | | |
| | Grain.................... | 34.411 | 282 | 189 | 75 | 110 |
| | Paille.................... | 56.716 | 119 | 278 | 63 | 68 |
| | Total.................... | 91.127 | 401 | 467 | 138 | 178 |
| 7 a. | *Avec engrais minéral et sels ammoniacaux.* | | | | | |
| | Grain.................... | 52.458 | 429 | 288 | 115 | 167 |
| | Paille.................... | 93.931 | 215 | 459 | 102 | 112 |
| | Total.................... | 146.389 | 644 | 747 | 217 | 279 |
| 2. | *Avec fumier de ferme.* | | | | | |
| | Grain.................... | 51.561 | 423 | 283 | 113 | 165 |
| | Paille.................... | 87.429 | 200 | 429 | 96 | 105 |
| | Total.................... | 138.990 | 623 | 712 | 209 | 270 |

Les parcelles types sur lesquelles les échantillons furent pris en 1865 avaient fourni, comme rendement total, en grain et en paille (matière sèche), les poids qui figurent au tableau I, et les quantités totales d'éléments divers contenus dans les récoltes de vingt-deux années.

Pour le dosage des éléments nutritifs assimilables, Liebig a eu recours à l'acide acétique dilué, et pour celui de l'acide phosphorique, à l'acide azotique également dilué.

Les nombres du rendement total dans le tableau I ont été traduits directement du mémoire de Liebig et correspondent à très-peu près, sauf pour la parcelle n° 2, à ceux que l'on peut calculer directement d'après les moyennes de vingt années que nous avons reproduites dans le tableau de Broadbalk field, page 31.

Les engrais des parcelles types ont été d'ailleurs désignés dans le tableau, page 30 : il est inutile de les rappeler.

Dans le tableau II sont reproduits les résultats des dosages des éléments de la couche arable supérieure solubles dans l'acide acétique. Pour la parcelle n° 3, sans engrais, les résultats des dosages par l'acide chlorhydrique sont également indiqués dans le tableau.

D'une manière générale, on constate, par le rapprochement du résidu actuel d'éléments nutritifs dans le sol (tableau II) avec les quantités extraites du sol en vingt-deux années (tableau I), que l'augmentation correspond à la restitution qui a été faite ; mais que sans restitution il y a eu diminution, surtout en ce qui concerne les phosphates moins solubles dans l'eau.

Le teneur en chaux est variable, parce que le sol qui n'en renfermait pas pri-

(1) Voir p. 28.

mitivement, a dû être amendé avec de la chaux, et que la répartition n'est pas uniforme. On expliquerait d'après l'addition de la chaux pourquoi l'ammoniaque à forte dose n'a pas toujours produit son effet et est restée inefficace l'année suivante. La chaux favoriserait, en effet, la formation du nitrate de potasse soluble, qui soustrait l'azote à l'action immédiate des racines.

TABLEAU II. — *Analyse de la partie soluble dans l'acide acétique du sol de Broadbalk. Première couche,* $0^m.228$.

| Pour 100. | Soluble dans acide chlorhydrique | Soluble dans acide acétique. | | | | |
| --- | --- | --- | --- | --- | --- | --- |
| | N° 3 sans engr. | N° 3 sans engr. | N° 2 avec fumier. | N° 10 a avec sels ammoniacaux. | N° 5 a avec engrais minéral. | N° 7 a avec engrais minéral et sels ammoniacaux. |
| Eau hygroscopique ........ | 1.825 | 1.825 | 1.810 | 2.569 | 1.949 | 2.072 |
| Matières organiques ....... | 5.362 | 5.363 | 6.212 | 4.272 | 4.470 | 5.380 |
| Acide silicique............. | 0.434 | 0.065 | 0.084 | 0.064 | 0.067 | 0.066 |
| Oxyde de fer et alumine ... | 4.463 | 0.100 | 0.116 | 0.139 | 0.182 | 0.100 |
| Chaux............... | 2.298 | 2.065 | 1.785 | 2.227 | 2.410 | 2.232 |
| Magnésie............. | 0.092 | 0 028 | 0.025 | 0.028 | 0.026 | 0.031 |
| Potasse............. | 0.085 | 0.015 | 0.041 | 0.013 | 0.038 | 0.039 |
| Soude............. | 0.066 | 0.012 | 0.019 | 0.013 | 0.009 | 0.011 |
| Acide sulfurique........... | 0.015 | traces. | 0.008 | 0.002 | 0.006 | 0.011 |
| Acide phosphorique........ | 0.075 | 0.075 | 0.093 | 0.076 | 0.108 | 0.126 |

Il est plus facile de suivre la marche dans le sol de l'acide phosphorique, que les racines recueillent presque directement dans ses combinaisons avec la chaux et le fer. Dans la parcelle sans engrais, l'acide phosphorique de la couche végétale, pour l'ensemble des récoltes, a diminué de 0,084 à 0,075, et, parallèlement, le rendement en grain a faibli dans les dernières années de 94 kilogr. en moyenne.

La parcelle 5 *a* n'ayant plus reçu d'ammoniaque à partir de 1853, soit pendant onze ans, a produit en moyenne 1,254 kilogr., soit 196 kilogr. de plus que la parcelle 10 *a*, qui renfermait beaucoup moins d'acide phosphorique. Avec le rendement de 1,254 kilogr. on était arrivé à la limite d'azote pour le blé; et, sans un nouvel apport d'ammoniaque, le rendement ne pouvait augmenter.

Sur la parcelle 10 *a*, qui a toujours reçu de l'ammoniaque et, une seule fois, un mélange de 120 kilogr. d'acide phosphorique avec 67 kilogr. de potasse à l'hectare, les matières minérales ont suffi pour produire en vingt ans 584 kilogr. de grain de plus que la parcelle n° 3, sans engrais, et 388 kilogr. de plus que la parcelle n° 5 *a*, plus riche en éléments assimilables.

La parcelle symétrique 10 *b*, par l'action continue de l'ammoniaque, a vu son rendement diminuer, pendant les onze dernières années, de plus de 112 kilogr.

par an; ce qui démontre que la dose de 0,075 d'acide phosphorique dans le sol ne suffit pas pour atteindre le rendement maximum avec l'ammoniaque. Il en résulte également que le sol de Broadbalk ne peut pas passer pour une terre à blé d'excellente qualité. Suivant Liebig, une bonne terre à blé devrait contenir de 1 à 2 pour 100 d'acide phosphorique, de telle sorte que, par le fumier et la restitution de l'acide soustrait, on y obtienne des récoltes croissantes.

Dans la parcelle 7 *a*, qui n'a pas reçu plus d'ammoniaque que 10 *a*, mais un excédant d'acide phosphorique et de potasse, la moyenne du rendement annuel a excédé de 643 kilogr. Mais 7 *a* a reçu, pendant un certain nombre d'années, 817 kilogr. d'acide phosphorique, et la teneur du sol s'est élevée de 0,084 à 0,126. Une partie de l'acide a donc gagné le sous-sol. D'ailleurs, le sol naturel est loin de se saturer comme dans un essai de laboratoire, les eaux entraînant une plus ou moins forte quantité des composés solubles. C'est ainsi que la parcelle 7 *a*, sur 1,133 kilogr. de potasse qu'elle a reçus, n'a conservé dans la couche supérieure que 530 kilogr.; le reste s'est absorbé dans le sous-sol.

L'acide sulfurique séjourne très-peu dans la terre argileuse. En effet, en comparant le dosage de cet acide dans les parcelles n°s 5 *a* et 7 *a*, qui ont reçu par le sulfate de potasse, le superphosphate et le sulfate d'ammoniaque, environ 2,260 kilogr. d'acide sulfurique, on n'en trouve plus que 0,006 et 0,011 ; c'est-à-dire, si l'on prend ce dernier chiffre, que sur un hectare de terre végétale d'une épaisseur de 0ᵐ.228, il ne reste plus que 370 kilogr. d'acide sulfurique déterminable par l'acide acétique. Dans toutes les autres parcelles, l'acide sulfurique est en quantité bien moindre, et a dû se rendre dans le sous-sol.

TABLEAU III. — *Analyse de la partie soluble dans l'acide acétique du sous-sol de Broadbalk.* — *Deuxième couche, 0ᵐ.228.*

| Pour 100. | Soluble dans l'acide acétique. | | | | |
|---|---|---|---|---|---|
| | N° 3 sans engrais. | N° 2 avec fumier. | N° 10 a avec sels ammoniacaux. | N° 5 a avec engrais minéral. | N° 7 a avec engrais minéral et sels ammoniacaux. |
| Acide silicique | 0.080 | 0.080 | 0.070 | 0.074 | 0.076 |
| Oxyde de fer et alumine | 0.152 | 0.168 | 0.184 | 0.150 | 0.140 |
| Chaux | 0.377 | 0.576 | 0.332 | 0.580 | 0.355 |
| Magnésie | 0.013 | 0.025 | 0.019 | 0.031 | 0.022 |
| Potasse | 0.018 | 0.026 | 0.019 | 0.022 | 0.018 |
| Soude | 0.013 | 0.028 | 0.015 | 0.020 | 0.011 |
| Acide sulfurique | 0.002 | 0.009 | 0.005 | 0.007 | 0.007 |
| Acide phosphorique et extrait d'acide nitrique | 0.047 | 0.065 | 0.047 | 0.058 | 0.061 |

Le tableau III contient les dosages de la couche intermédiaire de 0ᵐ.228 d'épaisseur. Par la comparaison des teneurs en acide phosphorique, on trouve 0,028 pour 100 de moins dans la deuxième couche que dans la première, pour la parcelle sans engrais ; 0.050 pour 100 en moins dans la parcelle 5 a, et 0,065 pour 100 en moins dans la parcelle 7 a. Il en résulte que la couche supérieure a retenu les trois quarts environ de l'acide phosphorique et abandonné un quart au sous-sol.

Le fumier, parcelle n° 2, réalise dans de meilleures conditions la distribution dans le sol de l'acide phosphorique et surtout de la potasse.

L'examen de l'extrait d'acide nitrique, sous le rapport de la potasse, conduit Liebig à conclure que cet alcali acquiert dans le sous-sol l'état *zéolithique*, état mal défini, du reste, mais qui indique l'insolubilité relative de sa combinaison. Tandis que sur les parcelles 5 a et 7 a, fumées avec des sels de potasse, l'alcali est à une dose plus forte dans la couche supérieure ; sur les parcelles 3 et 10 a qui n'ont reçu aucun engrais minéral, il y est à une dose moindre que dans la couche inférieure.

L'acide sulfurique semble également réparti entre les deux couches dans toutes les parcelles.

TABLEAU IV. — *Analyse de la partie soluble dans l'acide acétique du sous-sol du Broadbalk.* — *Troisième couche, 0ᵐ.228.*

| Pour 100. | Soluble dans l'acide acétique. | | | | |
|---|---|---|---|---|---|
| | N° 3 sans engrais. | N° 2 avec fumier. | N° 10 a avec sels ammoniacaux. | N° 5 a avec engrais minéral. | N° 7 a avec engrais minéral et sels ammoniacaux. |
| Acide silicique | » | » | » | 0.090 | » |
| Oxyde de fer et alumine | » | » | » | 0.150 | » |
| Chaux | » | » | » | 0.415 | » |
| Magnésie | » | » | » | 0.016 | » |
| Potasse | 0.011 | » | » | 0.011 | 0.011 |
| Soude | 0.014 | » | » | 0.005 | 0.005 |
| Acide sulfurique | 0.003 | » | » | 0.005 | 0.005 |
| Acide phosphorique et extrait d'acide nitrique | 0.043 | 0.044 | 0.053 | 0.042 | 0.040 |

Enfin, pour la troisième couche inférieure, Liebig n'a analysé complétement que l'échantillon de la parcelle 5 *a*, et s'est borné à doser l'acide phosphorique dans les autres parcelles. Il résulte du tableau IV que cette couche n'a rien reçu des sels alcalins employés à la surface et qu'elle a retenu très-peu de l'acide sulfurique que les eaux ont entraîné.

La teneur en acide phosphorique, dans toutes les parcelles, y est la même, soit de 0,044 en moyenne.

Par la culture alterne, la couche superficielle demeure plus riche en éléments assimilables que le sous-sol ; mais dans la culture continue des céréales, le sous-sol ne contribue pas sensiblement à l'apport de matières nutritives. Au contraire, le trèfle, la luzerne, le lupin, les haricots, le maïs, pour fournir pendant plusieurs années de bonnes récoltes, sont obligés de puiser dans le sous-sol.

Les analyses de Liebig, dont nous négligeons les autres conséquences, tendent à prouver que la magnésie, la potasse, la soude et l'acide sulfurique sont, dans le sol de Broadbalk, à un état peu soluble ; que le sous-sol renferme effectivement peu d'éléments assimilables ; mais que la couche végétale est très-riche en principes nutritifs, et que les craintes sur l'épuisement des matières minérales solubles, malgré les lourds emprunts faits par les récoltes, ne sont pas aussi fondées qu'elles avaient paru à l'illustre chimiste de Giessen.

# TABLE ANALYTIQUE.

### B

# TABLE DES MATIÈRES.

FIN.